Réseaux bayésiens

DANS LA MÊME COLLECTION ————————————————————————————————————

G. DREYFUS *et al.* – **Apprentissage statistique et réseaux de neurones**.
N°12229, 460 pages environ, à paraître au 1er trimestre 2008.

G.FLEURY, P. LACOMME, A. TANGUY. – **Simulation à événements discrets.**
Modèles déterministes et stochastiques. Exemples d'applications implémentés en Delphi et en C++.
N°11924, 2006, 444 pages, *avec CD-ROM.*

J. RICHALET *et al.* – **La commande prédictive**.
Méthodologie et mise en œuvre industrielle.
N°11553, 2005, 272 pages.

P. LACOMME, C. PRINS, M. SEVAUX. – **Algorithmes de graphes.**
N°11385, 2e édition, 2003, 424 pages, *avec CD-ROM.*

J. DRÉO, A. PÉTROWSKI, P. SIARRY, E. TAILLARD – **Métaheuristiques pour l'optimisation difficile.**
Recuit simulé, recherche tabou, algorithmes évolutionnaires et algorithmes génétiques, colonies de fourmis...
N°11368, 2003, 368 pages.

C. GUÉRET, C. PRINS, M. SEVAUX. – **Programmation linéaire.**
65 problèmes d'optimisation modélisés et résolus avec Visual XPress.
N°9202, 2000, 365 pages, *avec CD-ROM.*

AUTRES OUVRAGES

P. NAÏM, M. BAZCALICZA. – **Datamining pour le Web.**
Profiling – Filtrage collaboratif – Personnalisation client.
N°9203, 2001, 279 pages.

R. LEFÉBURE, G. VENTURI. – **Data mining**.
Gestion de la relation client – Personnalisation de sites Web.
N°9176, 2001, 408 pages.

A. CARDON. – **Conscience artificielle et systèmes adaptatifs.**
N°9124, 2000, 384 pages.

Réseaux bayésiens

3ᵉ édition

Patrick Naïm, Pierre-Henri Wuillemin, Philippe Leray, Olivier Pourret, Anna Becker

Avec la contribution de Bruce G. Marcot, Carmen Lacave et Francisco J. Díez

EYROLLES

ÉDITIONS EYROLLES
61, bld Saint-Germain
75240 Paris Cedex 05
www.editions-eyrolles.com

Avant-propos

L'information n'est pas la connaissance. À mesure que se développent les technologies permettant de stocker, d'échanger de l'information et d'y accéder, la question de l'analyse et de la synthèse de ces informations devient essentielle. Le développement de technologies facilitant le passage de l'information à la connaissance est déterminant pour que la société annoncée de l'information ne soit pas en réalité la société du bruit.

Deux types d'approches connaissent donc tout naturellement un intérêt croissant. Les méthodes statistiques tout d'abord, parce qu'elles sont précisément conçues pour permettre le passage de l'observation à la loi, fût-elle loi de probabilité. Les technologies de l'intelligence artificielle ensuite, parce que leur vocation est de permettre aux ordinateurs de traiter de la connaissance plutôt que de l'information.

Les réseaux bayésiens sont le résultat d'une convergence entre ces deux disciplines et constituent aujourd'hui l'un des formalismes les plus complets et les plus cohérents pour l'acquisition, la représentation et l'utilisation de connaissances par des ordinateurs. Encore du domaine de la recherche au début des années 1990, cette technologie connaît de plus en plus d'applications, depuis le contrôle de véhicules autonomes à la modélisation des risques opérationnels, en passant par le *data mining* ou la localisation des gènes.

Les réseaux bayésiens, qui doivent leur nom aux travaux de Thomas Bayes au XVIIIe siècle sur la théorie des probabilités, sont le résultat de recherches effectuées dans les années 1980, dues à J. Pearl à UCLA et à une équipe de recherche danoise à l'université de Aalborg.

L'objectif initial de ces travaux était d'intégrer la notion d'incertitude dans les systèmes experts. Les chercheurs se sont rapidement aperçus que la construction d'un système expert nécessitait presque toujours la prise en compte de l'incertitude dans le raisonnement.

En effet, dans la plupart des domaines complexes, un expert humain est capable de porter un jugement sur une situation, même en l'absence de toutes les données nécessaires. En médecine, par exemple, une même combinaison de symptômes peut être observée dans différentes pathologies.

Il n'y a donc pas de règle stricte qui permette de passer systématiquement d'un ensemble d'observations à un diagnostic. De plus, les informations pertinentes ne sont pas toujours observables. Pour que des systèmes experts puissent être utilisés dans de tels domaines, il faut donc qu'ils soient capables de raisonner sur des faits et des règles incertains. Dans le cadre des systèmes experts, les réseaux bayésiens constituent une approche possible pour intégrer l'incertitude dans le raisonnement. D'autres méthodes existent, mais les réseaux bayésiens présentent l'avantage d'être une approche quantitative.

D'un autre côté, imaginons à présent un statisticien, qui s'efforce d'analyser un tableau de mesures de plusieurs variables sur une population donnée. Il va pour cela essayer de démêler les relations pertinentes entre les variables, les dépendances ou indépendances entre plusieurs groupes de variables. L'utilisation de réseaux bayésiens va lui permettre d'extraire de ce tableau une représentation compacte, sans perte d'information, à partir de laquelle il va être beaucoup plus facile de raisonner.

Le lien entre ces deux problématiques est clairement celui de la connaissance. D'un côté, un expert dispose d'une connaissance présentant certaines incertitudes. Pour la formaliser, il va utiliser des descriptions causales : A a une influence sur B ; en général, si B est observé, il y a de fortes chances que C se produise, etc. Pour rendre cette connaissance opérationnelle, il lui faut quantifier ses incertitudes, c'est-à-dire les convictions plus ou moins précises que l'expert a des liens entre les faits.

D'un autre côté, un ensemble de données contient lui aussi de la connaissance, mais qui n'est pas directement accessible à un analyste, car elle est noyée dans les chiffres. Pour rendre cette connaissance interprétable, il faut la transformer en *modèle de causalité*, mettant en évidence les liens entre les variables observées.

C'est grâce à la notion mathématique de probabilité que les réseaux bayésiens vont permettre de résoudre ces deux problèmes duaux : transformer en chiffres une connaissance subjective, et transformer en modèle interprétable une connaissance contenue dans des chiffres.

L'expert formalise sa connaissance sous forme de modèle de causalité, indiquant les liens entre les variables. Cette description graphique est transformée en une loi de probabilité équivalente. Cette loi de probabilité permet de faire des calculs, et donc en particulier des raisonnements prenant en compte des aspects incertains.

Réciproquement, à partir des données, on va mettre en évidence des propriétés (indépendances, causalités) de la relation entre les différentes variables observées.

Cette relation est transformée en graphe de causalités, qui peut alors être lu et interprété par un analyste, beaucoup plus facilement que les données initiales. Ces deux opérations ne sont possibles que grâce aux trois propriétés suivantes :

- Les probabilités subjectives (celles que l'expert utilise pour décrire les liens entre les variables) sont assimilables à des probabilités mathématiques (H1).
- Les fréquences observées (tableau de mesures) sont assimilables à des probabilités mathématiques (H2).
- Le graphe de causalités est une représentation fidèle d'une loi de probabilité sous-jacente : il est alors possible de raisonner sur le graphe sans revenir aux chiffres.

Les deux premières propriétés sont des hypothèses de travail, et leur discussion peut être considérée comme relevant de la philosophie. La dernière, en revanche, est un résultat très important, qui garantit que tout ce qui peut être déduit du graphe est également vrai dans la distribution de probabilité sous-jacente. Ce résultat sera étudié en détail et démontré dans la suite du livre.

Ce livre est organisé de la façon suivante.

La première partie, *Introduction aux réseaux bayésiens*, est une présentation intuitive de la construction des réseaux bayésiens à partir de quelques exemples simples. Dans cette partie nous abordons également l'étude des algorithmes, mais là encore de façon relativement intuitive. Cette partie se conclut par des exercices simples, qui permettent de manipuler les concepts introduits, ou encore de prendre en main un outil informatique de réseaux bayésiens.

La deuxième partie, *Cadre théorique et algorithmes*, présente une formalisation complète des réseaux bayésiens, ainsi que l'étude détaillée des algorithmes les plus importants, aussi bien pour l'utilisation de ces modèles (inférence) que pour leur construction à partir de données (apprentissage). Cette partie est très technique, car nous avons choisi de démontrer certains des résultats annoncés. Le lecteur rebuté par les longs développements techniques pourra survoler cette partie.

Dans la troisième partie, *Méthodologie de mise en œuvre et études de cas*, nous abordons l'aspect pratique de cette technologie. Le premier chapitre de cette partie, le chapitre 7 page 187, est consacré aux aspects méthodologiques en tentant de répondre aux trois questions suivantes : pourquoi, où (dans quelles applications), et comment utiliser des réseaux bayésiens ? Nous présentons ensuite plusieurs exemples d'application ayant fait l'objet de publications, suivis de six études de cas réelles, auxquelles nous avons directement participé.

Un ensemble d'annexes (*Théorie des graphes*, *Probabilités*, et *Outils*) ainsi qu'une bibliographie et un index complètent le livre.

Écrit par une équipe combinant les points de vue de l'enseignant, du chercheur, de l'ingénieur, et de l'utilisateur final, ce livre s'adresse à un large public.

Il s'adresse aux ingénieurs et décideurs dans l'un des nombreux domaines d'application des réseaux bayésiens : santé, industrie, banque, marketing, informatique, défense, etc. Pour ce profil de lecteur, nous recommandons surtout une lecture de la première partie, éventuellement en omettant le chapitre 3 (*Exercices*), et de la troisième partie. Cette première lecture leur permettra de se faire rapidement une idée sur les possibilités d'utilisation de cette technique dans leur domaine, et leur offrira des points de comparaison avec d'autres techniques.

L'ouvrage s'adresse également aux étudiants et chercheurs du niveau deuxième ou troisième cycle dans plusieurs disciplines : statistiques, mathématiques de la décision, analyse de risque, intelligence artificielle, ainsi qu'à tous les élèves ingénieurs. Ils y trouveront une présentation intuitive des réseaux bayésiens, un développement théorique complet sur les algorithmes les plus récents, ainsi qu'une base pour des investigations complémentaires. Les exercices présentés dans la première partie leur permettront d'évaluer leur compréhension des concepts et algorithmes. Pour ce profil de lecteur, nous recommandons une lecture progressive en fonction du niveau d'approfondissement requis. Pour une prise de contact et une compréhension des concepts de base, la première partie, en incluant les exercices, pourra être suffisante. Pour une étude plus poussée des algorithmes, la deuxième partie sera un compagnon utile des notes de cours, ou un bon point de départ pour des recherches personnelles. Enfin, pour développer un projet applicatif basé sur cette technique, les exemples et études de cas présentés dans la troisième partie seront une bonne source d'inspiration.

Table des matières

Deuxième partie : cadre théorique et algorithmes   **71**

4   Modèles graphiques et indépendances   **73**

Troisième partie : méthodologie de mise en œuvre et études de cas 185

7 Mise en œuvre des réseaux bayésiens 187

Première partie

Introduction aux réseaux bayésiens

Chapitre 1

Approche intuitive

Les réseaux bayésiens reposent sur un formalisme basé sur les théories des probabilités et des graphes. Il est cependant possible et utile de se rendre compte des idées et des notions de manière intuitive, avant d'aborder ce formalisme. C'est ce qui est proposé dans ce chapitre et le suivant.

1.1   Une représentation graphique de la causalité

La représentation graphique la plus intuitive de l'influence d'un événement, d'un fait, ou d'une variable sur une autre, est probablement de représenter la *causalité* en reliant la cause à l'effet par une flèche orientée.

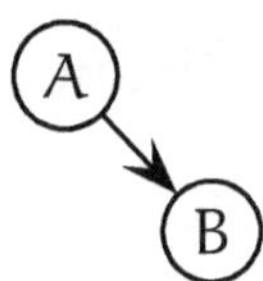

Supposons que A et B soient des événements, qui peuvent être observés ou non, vrais ou faux.

Du point de vue du sens commun, le graphe ci-dessus peut se lire comme ceci : la connaissance que j'ai de A détermine la connaissance que j'ai de B .

Cette détermination peut être stricte, c'est-à-dire que, sachant avec certitude que A est vrai, je peux en déduire B avec certitude. Il peut aussi s'agir d'une simple influence. Dans ce cas, cela signifie que, si je connais A avec certitude, mon opinion sur B est modifiée, sans que je puisse toutefois affirmer si B est vrai ou faux.

Avant d'aller plus loin, il est important de comprendre que, bien que la flèche soit orientée de A vers B, elle peut cependant fonctionner dans les deux sens, et ce même si la *relation causale* est stricte.

Supposons, par exemple, que la relation causale soit l'implication logique $A \Rightarrow B$. Cette relation signifie que si A est vrai, B l'est également. Si A est faux, B peut être vrai ou faux.

A	B
V	V
F	V
F	F

La table ci-dessus représente les configurations possibles de A et B dans le cas où la relation causale $A \Rightarrow B$ est vraie. Cette table nous permet d'affirmer que, si B est faux, A l'est également.

Du point de vue de la logique, il s'agit simplement de la contraposée de $A \Rightarrow B$. Du point de vue de la causalité, cela montre qu'une relation causale, donc orientée, est réversible de l'effet vers la cause, même si elle ne l'est que partiellement. En d'autres termes :

> *S'il existe une relation causale de A vers B, toute information sur A peut modifier la connaissance que j'ai de B, et, réciproquement, toute information sur B peut modifier la connaissance que j'ai de A.*

En présence d'un graphe plus complexe, il est donc essentiel de conserver à l'esprit que l'information ne circule pas seulement dans le sens des flèches.

1.1.1 Circulation de l'information dans un graphe causal

Nous allons à présent étudier de plus près comment l'information circule au sein d'un *graphe causal*.

Pour l'instant, nous continuons à fonder cette discussion sur une notion très intuitive de ce qu'est un graphe causal : il s'agit simplement de relier des « causes » et des « effets » par des flèches orientées.

▶ Un exemple

Pour cela, nous allons utiliser un exemple, extrêmement classique dans la littérature sur les réseaux bayésiens, initialement extrait de Pearl [Pea88a], et repris dans [Jen96].

Ce matin-là, alors que le temps est clair et sec, M. Holmes sort de sa maison. Il s'aperçoit que la pelouse de son jardin est humide. Il se demande alors s'il a plu pendant la nuit, ou s'il a simplement oublié de débrancher son arroseur automatique. Il jette alors un coup d'œil à la pelouse de son voisin, M. Watson, et s'aperçoit qu'elle est également humide. Il en déduit alors qu'il a probablement plu, et il décide de partir au travail sans vérifier son arroseur automatique.

La représentation graphique du *modèle causal* utilisé par M. Holmes est la suivante :

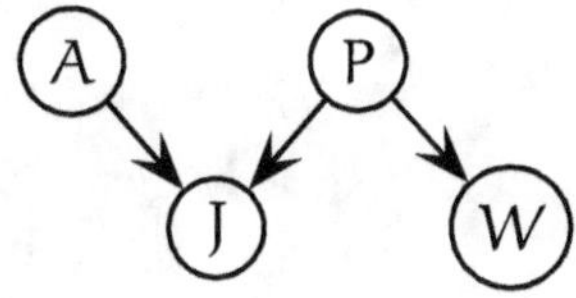

A	J'ai oublié de débrancher mon arroseur automatique.
P	Il a plu pendant cette nuit.
J	L'herbe de mon jardin est humide.
W	L'herbe du jardin de M. Watson est humide.

La lecture du graphe est bien conforme à l'intuition :

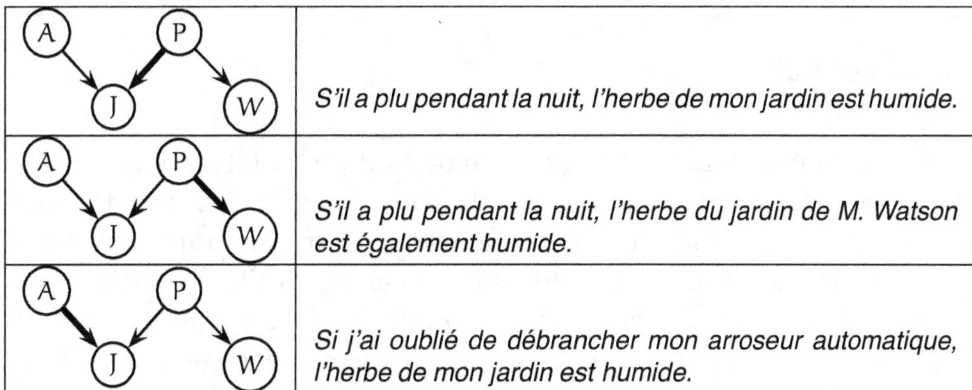

	S'il a plu pendant la nuit, l'herbe de mon jardin est humide.
	S'il a plu pendant la nuit, l'herbe du jardin de M. Watson est également humide.
	Si j'ai oublié de débrancher mon arroseur automatique, l'herbe de mon jardin est humide.

Comment ce graphe est-il utilisé ici pour raisonner ? Autrement dit, comment l'*information* J, dont on sait qu'elle est vraie, est-elle utilisée ?

Tout d'abord, le modèle nous indique que J a dû être causé soit par A, soit par P.

Faute d'information complémentaire, les deux causes sont *a priori* également[1] plausibles[2].

Le fait que W soit également vrai renforce la croyance en P.

Dans cet exemple simple, on voit que l'information a circulé uniquement dans le sens *effet → cause*.

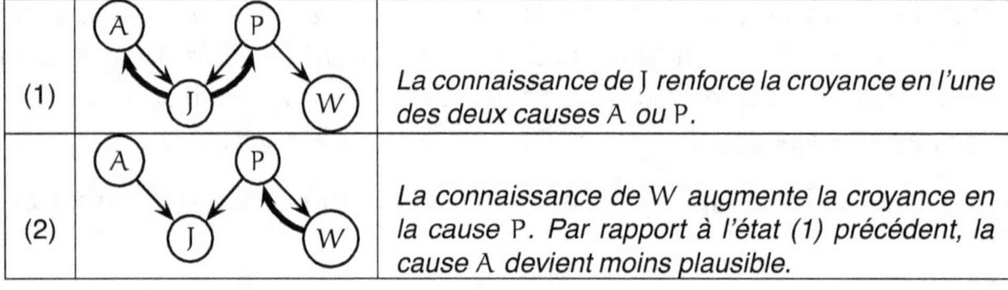

(1)		*La connaissance de J renforce la croyance en l'une des deux causes* A *ou* P.
(2)		*La connaissance de* W *augmente la croyance en la cause* P. *Par rapport à l'état (1) précédent, la cause* A *devient moins plausible.*

Conclusion

Pour prendre un raccourci, M. Holmes a déduit que son arroseur automatique était à l'arrêt à partir du fait que la pelouse de son voisin était humide !

Cet exemple simple, sur lequel nous n'avons utilisé que du raisonnement de sens commun, nous montre bien que l'information peut suivre des chemins peu intuitifs lorsqu'elle se propage dans un réseau de causalités.

▶ Le cas général

Nous allons maintenant étudier la circulation de l'information dans un graphe causal du point de vue général. Dans l'exemple ci-dessus, nous avons vu qu'une information certaine se propage dans un graphe en modifiant les *croyances* que nous avons des autres faits. Nous allons étudier quels chemins cette information peut prendre à l'intérieur d'un graphe. Nous allons considérer les trois cas suivants, qui décrivent l'ensemble des situations possibles faisant intervenir trois événements.

---

[1] En réalité, cela dépend, bien sûr, de la connaissance *a priori* que M. Holmes a de la météorologie de sa région. Ici, nous supposons qu'il n'en a aucune.

[2] Nous utilisons volontairement le mot plausible, au lieu de probable, qui sera utilisé pour la formalisation du raisonnement.

$X \rightarrow Z \leftarrow Y$	*Connexion convergente* : X et Y causent Z.
$X \rightarrow Z \rightarrow Y$ $X \leftarrow Z \leftarrow Y$	*Connexion en série* : X cause Z, Z cause Y (ou le cas symétrique).
$X \leftarrow Z \rightarrow Y$	*Connexion divergente* : Z cause X et Y.

Pour chacun de ces cas, la figure 1.1 ci-après présente une synthèse des conditions de circulation de l'information entre X à Y, en considérant chaque fois un petit exemple.

1.1.2 D-séparation (blocage)

Résumons : nous savons maintenant exactement dans quelles conditions une *information* peut circuler à l'intérieur d'un graphe. On voit qu'il ne s'agit pas de suivre le sens des flèches !

Supposons que nous disposions d'un graphe relativement complexe, pour lequel nous disposons déjà d'un certain nombre d'informations (*i.e* certaines variables sont déjà connues). Si nous apprenons maintenant une autre information, devons-nous réviser notre opinion sur l'ensemble des autres nœuds de ce graphe ?

Pour répondre à cette question, nous pouvons essayer de synthétiser l'étude de ces circuits d'informations en une règle appelée *d-séparation*, qui décrit dans quelles conditions l'information entre un nœud X et un nœud Y est bloquée.

On dira que X et Y sont *d-séparés* par Z si pour tous les chemins entre X et Y, l'une au moins des deux conditions suivantes est vérifiée :
- Le chemin converge en un nœud W, tel que $W \neq Z$, et W n'est pas une cause directe de Z.
- Le chemin passe par Z, et est soit divergent, soit en série au nœud Z.

Exemple

(« X est d-séparé de Y par Z » est noté $\langle X \mid Z \mid Y \rangle$)

Graphe	Propriété	Exemple
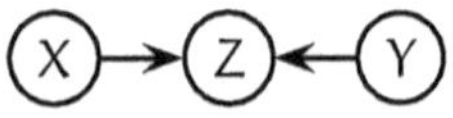 $X \rightarrow Z \leftarrow Y$	*L'information ne peut circuler de* X *à* Y *que si* Z *est connu.* 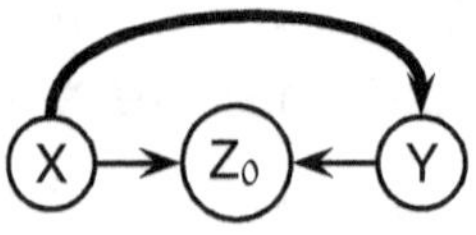	X = *tremblement de terre* Y = *cambriolage* Z = *alarme* Le fait qu'il y ait eu un tremblement de terre dans le voisinage (X) n'a aucun lien *a priori* avec le fait que ma maison ait été cambriolée (Y). En revanche, si mon alarme s'est déclenchée (Z), j'ai tendance à croire que je viens d'être cambriolé (Y). Si maintenant j'apprends qu'il vient d'y avoir un tremblement de terre (X) dans le voisinage, je suis rassuré sur l'éventualité d'un cambriolage (Y).
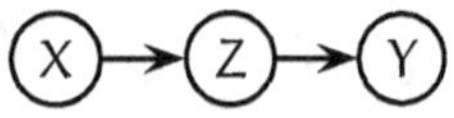 $X \rightarrow Z \rightarrow Y$	*L'information ne peut circuler de* X *à* Y *que si* Z *n'est pas connu.* 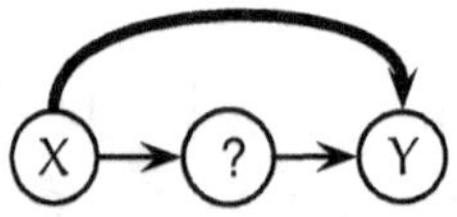	X = *ensoleillement* Y = *prix du blé* Z = *récolte* Si la saison a été ensoleillée (X), la récolte sera abondante (Z). Si la récolte est abondante, le prix du blé est bas (Y). Si je sais déjà que la récolte a été abondante (Z), le fait de connaître l'ensoleillement (X) ne m'apprend plus rien sur le prix du blé (Y).
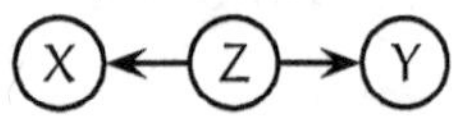 $X \leftarrow Z \rightarrow Y$	*L'information ne peut circuler de* X *à* Y *que si* Z *n'est pas connu.* 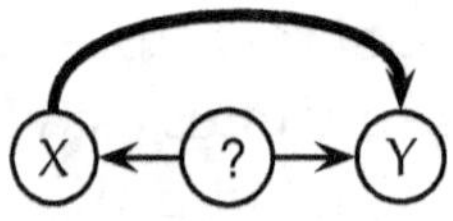	X = *la pelouse de mon jardin est humide* Y = *la pelouse de mon voisin est humide* Z = *il a plu cette nuit* Si la pelouse de mon jardin est humide (X), j'ai tendance à croire qu'il a plu cette nuit (Z), et donc que la pelouse de mon voisin sera aussi humide (Y). Si en revanche je sais qu'il a plu cette nuit (Z), je peux affirmer que la pelouse du jardin de mon voisin sera humide (Y), et l'information que je peux avoir sur l'état de ma propre pelouse (X) n'y change rien.

TAB. 1.1 *Circulation de l'information dans un graphe causal*

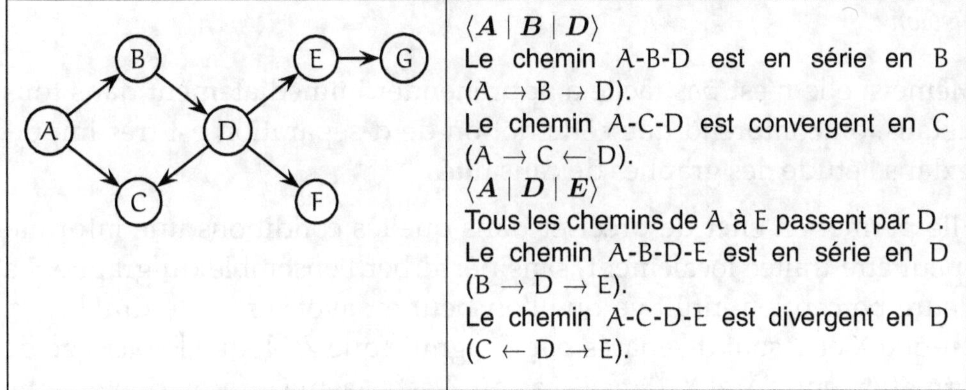

Essayons de comprendre intuitivement cette définition.

Supposons que Z soit la seule information connue dans le graphe. Supposons maintenant que j'apprenne la valeur de X. Si X et Y sont d-séparés par Z, que se passe-t-il ?

Considérons un chemin entre X et Y. Soit ce chemin converge en un point W ($\rightarrow W \leftarrow$), tel que $W \neq Z$, et W n'est pas une cause directe de Z. Donc, par hypothèse (Z est la seule information connue dans le graphe), aucune information n'est disponible sur W. D'après notre étude ci-dessus, ce chemin est donc bloqué.

Sinon, ce chemin passe par Z, et on a soit $\rightarrow Z \rightarrow$, soit $\leftarrow Z \rightarrow$. Toujours d'après notre étude, comme Z est connu, l'information ne peut circuler à travers Z. Tous ces chemins sont donc bloqués.

Donc si X et Y sont d-séparés par Z, et si Z est la seule information connue dans le graphe, une nouvelle information sur X ne modifie en rien mon opinion sur Y.

Extension

Cette définition peut être étendue facilement au cas où Z [3] est un ensemble de nœuds. On dira alors que X et Y sont d-séparés par Z, si pour tous les chemins entre X et Y, l'une au moins des deux conditions suivantes est vérifiée :
- Le chemin converge en un nœud W, tel que $W \notin Z$, et W n'est pas une cause directe d'un élément de Z.
- Le chemin passe par un nœud $Z \in Z$, et est soit divergent, soit en série en ce nœud.

Enfin, elle peut être étendue au cas où X et Y sont des ensembles de nœuds. On dira alors que X et Y sont d-séparés par Z, si tous les éléments de X sont d-séparés par Z de tous les éléments de Y.

---

[3] on note Z un nœud et Z un ensemble de nœuds.

Discussion

Même si elle n'est pas facile à appréhender immédiatement dans tous ses détails, on comprend que cette notion de d-séparation est très importante dans l'étude des graphes de causalités.

Elle permet en effet de préciser dans quelles conditions une information peut être traitée localement, sans perturber l'ensemble du graphe. La meilleure perception intuitive que l'on peut en avoir est celle du *blocage*. Le fait que X et Y sont d-séparés par Z signifie que Z bloque le passage de l'information entre X et Y, dans le cas où Z est la seule information connue dans le graphe.

Il est important également de comprendre que, si la d-séparation est une propriété purement graphique, c'est-à-dire uniquement liée au graphe, son utilisation est liée à la sémantique de causalité que l'on attache à ce graphe, comme nous le voyons ci-après (une information connue est indiquée dans un cercle grisé).

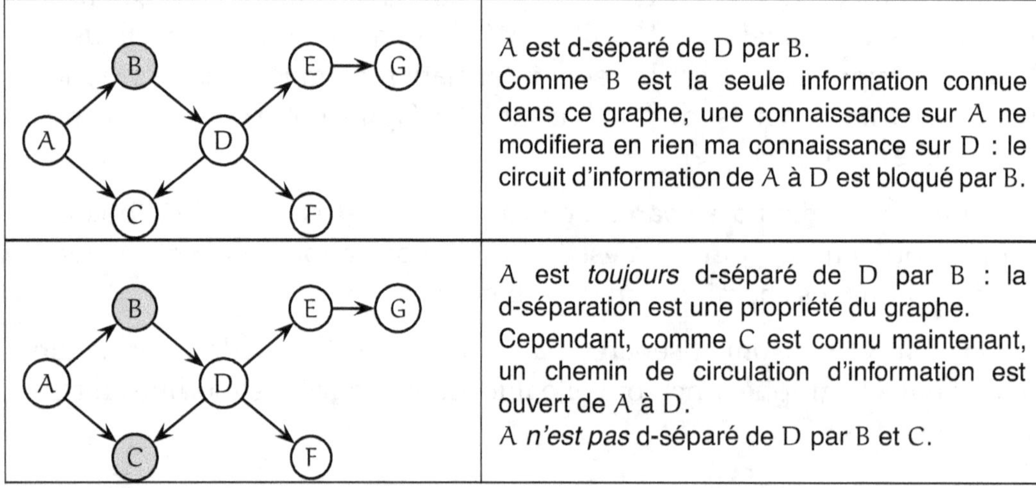

	A est d-séparé de D par B. Comme B est la seule information connue dans ce graphe, une connaissance sur A ne modifiera en rien ma connaissance sur D : le circuit d'information de A à D est bloqué par B.
	A est *toujours* d-séparé de D par B : la d-séparation est une propriété du graphe. Cependant, comme C est connu maintenant, un chemin de circulation d'information est ouvert de A à D. A *n'est pas* d-séparé de D par B et C.

1.1.3 Conclusion

À partir d'une représentation graphique de la causalité fondée uniquement sur le sens commun, nous venons de montrer que (1) l'information ne circule pas uniquement dans le sens *cause→effet*, (2) la circulation de l'information suit cependant des règles bien précises, et (3) une combinaison de ces règles permet de restreindre l'impact d'une information à l'intérieur du graphe.

Nous allons à présent présenter une formalisation de cette représentation, qui permet de quantifier toutes les notions que nous avons évoquées ci-dessus, tout en conservant une parfaite cohérence avec le sens commun.

1.2   Une représentation probabiliste associée

La formalisation des notions intuitives (causalité, information) utilisées ci-après va reposer sur la notion mathématique de probabilité. Nous rappelons en annexe les bases axiomatiques de la théorie des probabilités.

Nous reprenons tout d'abord les exemples que nous venons d'étudier. Nous montrons alors que, en assimilant ce que nous avons appelé la *croyance* en un fait, ou la *plausibilité* d'un fait, à une probabilité mathématique, nous pouvons retrouver *quantitativement* les résultats que nous avions établis qualitativement plus haut.

Ensuite, nous présentons le résultat le plus important de cette formalisation, à savoir l'équivalence entre la représentation graphique et la représentation probabiliste.

1.2.1   Transposition

Avant de reprendre les différents exemples, nous donnons ci-après les règles utilisées pour les transposer en termes de probabilités (les termes utilisés ici sont définis dans l'annexe B page 347). Ces règles permettent simplement de formaliser la transposition intuitive qui pourrait être effectuée. Les règles de transposition complètes sont données en annexe.

Définition des variables

Si le *graphe causal* initial contient les nœuds $\{A, B\}$ pouvant prendre chacun la valeur « vrai » ou « faux », on définit l'*espace probabilisé* E constitué des couples suivants :

$$E = \{(A = V, B = V), (A = V, B = F), (A = F, B = V), (A = F, B = F)\}$$

Chaque couple est appelé un *événement*. La variable A est alors une *variable aléatoire* sur E, définie de la façon suivante (voir annexe B page 347) :

$$\left\{ \begin{array}{l} A((A = V, B = V)) = 1 \\ A((A = V, B = F)) = 1 \\ A((A = F, B = V)) = 0 \\ A((A = F, B = F)) = 0 \end{array} \right.$$

L'ensemble $E = \{(A = V, B = V), (A = V, B = F)\}$, qui est l'image réciproque de 1 par l'application A est noté simplement $A = V$. La variable aléatoire B est définie de façon similaire.

Enfin rappelons que la notation abrégée :

$$p(A \mid B) = p(A)$$

s'interprétant comme A est indépendant de B, signifie en réalité :

$$\begin{cases} p(A = V \mid B = V) = p(A = V) \\ p(A = V \mid B = F) = p(A = V) \\ p(A = F \mid B = V) = p(A = F) \\ p(A = F \mid B = F) = p(A = F) \end{cases}$$

Si le graphe comporte plus de variables, ou plus d'états, les définitions sont faites de façon analogue.

On note donc de la même façon le nœud, la variable, et la variable aléatoire associée.

▶ **Définition des probabilités**

Pour compléter la transposition d'un graphe causal en espace probabilisé, nous devrons également fournir les paramètres suivants (cette règle sera justifiée de façon générale plus loin) :

- Si A n'a aucune cause directe, nous devrons définir $p(A)$, c'est-à-dire les deux nombres $p(A = V)$ et $p(A = F)$.
- Si B a une seule cause directe A, nous devrons définir $p(B \mid A)$, c'est-à-dire les quatre nombres $p(B = V \mid A = V)$, $p(B = V \mid A = F)$, $p(B = F \mid A = V)$, $p(B = F \mid A = F)$.
- Si C a deux causes directes A et B nous devrons définir $p(C \mid A, B)$, c'est-à-dire les huit nombres : $p(C = V \mid A = V, B = V)$, $p(C = V \mid A = V, B = F)$, etc.

Remarque

Nous supposons que les quantités ci-dessus permettent effectivement de définir une probabilité.

1.2.2 Premier exemple : validité de la formalisation probabiliste

▶ **Modélisation**

Plaçons-nous de nouveau dans le cas où la variable A cause B au sens strict, c'est-à-dire au sens de l'implication logique.

Dans cet exemple, nous supposons que A et B représentent des événements dans le monde de la finance. A est l'événement : « L'annonce des chiffres

du commerce extérieur américain est supérieure aux attentes du marché. ».
B est l'événement : « Le cours du dollar contre l'euro monte. ».
Nous considérons que la règle $A \Rightarrow B$ est vraie, c'est-à-dire que si l'annonce des chiffres du commerce extérieur américain est effectivement supérieure aux attentes du marché, le cours du dollar contre l'euro va monter par rapport au cours de la veille. Dans le cas contraire, le cours du dollar va être influencé par d'autres causes, et on ne pourra donc rien dire sur son évolution.

Considérons un financier qui rentre de vacances. Il sait que les chiffres du commerce extérieur américain ont été publiés hier, mais ne connaît pas la valeur numérique qui a été annoncée. Cependant, en consultant le journal qu'il vient de prendre en montant dans l'avion, il constate que le dollar a enregistré une baisse significative. Que peut-il déduire des chiffres du commerce extérieur américain ? Essayons de formaliser ce problème en termes de probabilités. Nous disposons de deux variables A et B, qui peuvent prendre toutes les deux les valeurs « vrai » et « faux ». Par ailleurs, nous pouvons disposer d'un certain nombre d'éléments quantitatifs sur ces variables.

Probabilités a priori

Événement	Probabilité	Commentaire
$A = V$	1/2	*A priori*, rien ne me permet de dire que A est plus certain que $\overline{A}$. J'attribue donc la probabilité 1/2 aux deux événements.
$A = F$	1/2	

Probabilités conditionnelles

$B = V \mid A = V$	1	J'admets que la règle $A \Rightarrow B$ est vraie, donc, si A s'est réalisé, la hausse du dollar est certaine.
$B = F \mid A = V$	0	
$B = V \mid A = F$	1/2	En revanche, si A ne s'est pas réalisé, je ne peux rien dire sur la hausse du dollar.
$B = F \mid A = F$	1/2	

La question que se pose notre financier de retour de vacances est donc de connaître la valeur de $p(A = V \mid B = F)$. Considérons les événements $A = V$ et $A = F$. Ils vérifient les conditions d'application du théorème de

Bayes (voir annexe B page 347), puisque :

$$\begin{cases} (A = V) \cap (A = F) = \varnothing \\ (A = V) \cup (A = F) = E \end{cases}$$

Nous pouvons donc écrire :

$$p(A = V \mid B = F) = \frac{p(B = F \mid A = V).p(A = V)}{p(B = F \mid A = V).p(A = V) + p(B = F \mid A = F).p(A = F)}$$

Donc :

$$p(A = V \mid B = F) = 0$$

En nous replaçant du point de vue qualitatif, notre financier déduit donc que les chiffres du commerce extérieur américain ont certainement été inférieurs aux attentes du marché.

Bien entendu, ce résultat n'a rien de surprenant, puisque nous pouvons le déduire directement de la règle logique $A \Rightarrow B$. Si cette règle est vraie, et si le dollar a baissé, il n'est logiquement pas possible que le chiffre du commerce extérieur américain ait été bon.

Ce résultat nous permet cependant de valider, ou plutôt de ne pas invalider, la transposition de notre relation causale en termes de probabilités. Allons à présent un peu plus loin.

Considérons que le financier, qui n'a pas encore retrouvé toute sa concentration après de longues vacances, s'aperçoive maintenant qu'il s'est trompé de ligne, et qu'il a consulté le cours de la veille. Le cours du jour présente en réalité une forte hausse par rapport à la veille !

Du point de vue des probabilités, nous savons maintenant que $B = V$, et il nous faut calculer $p(A = V \mid B = V)$. Les conditions d'application du théorème de Bayes étant toujours vérifiées, nous pouvons écrire :

$$p(A = V \mid B = V) = \frac{p(B = V \mid A = V).p(A = V)}{p(B = V \mid A = V).p(A = V) + p(B = V \mid A = F).p(A = F)}$$

c'est-à-dire :

$$p(A = V \mid B = V) = \frac{2}{3}$$

Notre financier est donc amené à réviser son jugement, et il est maintenant plutôt convaincu que les chiffres du commerce extérieur ont été bons.

▶ **Discussion**

Nous devons maintenant analyser ce premier exemple de façon très précise, pour examiner les allers et retours que nous avons effectués entre qualitatif et quantitatif, entre croyances subjectives et probabilités mathématiques.

Formalisation

Tout d'abord, nous avons construit un espace probabilisé.

Pour cela, nous avons défini des événements, et nous avons également défini des probabilités pour certains d'entre eux :

$$p(A = V) = p(A = F) = \frac{1}{2}$$

Cette quantification est la plus discutable, puisqu'elle n'est fondée sur rien d'objectif. Cependant, elle traduit le fait que le financier, rentrant de vacances et complètement déconnecté de son environnement, n'a aucune raison *a priori* d'attribuer une croyance plus forte à un événement plutôt qu'à son contraire. Ensuite nous avons traduit la connaissance certaine dont nous disposions. Nous avons admis pour cet exemple que la relation entre A et B était une relation causale stricte, c'est-à-dire $A \Rightarrow B$. La connaissance que nous donne cette relation s'écrit :

	A = V	A = F
B = V	nécessaire	possible
B = F	impossible	possible

Nous avons traduit cette règle en termes de probabilités conditionnelles. Là encore, en l'absence d'information, nous avons choisi d'attribuer la probabilité 1/2 à deux événements complémentaires.
La table ci-dessus devient alors :

	A = V	A = F
B = V	1	1/2
B = F	0	1/2

Nous avons enfin exprimé l'interrogation du financier (quelle a bien pu être l'annonce du commerce extérieur américain ?) en termes de probabilités : quelle est la valeur de $p(A = V \mid B = F)$, puis de $p(A = V \mid B = V)$.

Calcul

Une fois cette formalisation effectuée, le théorème de Bayes nous donne immédiatement les probabilités recherchées.

Modèle causal, faits

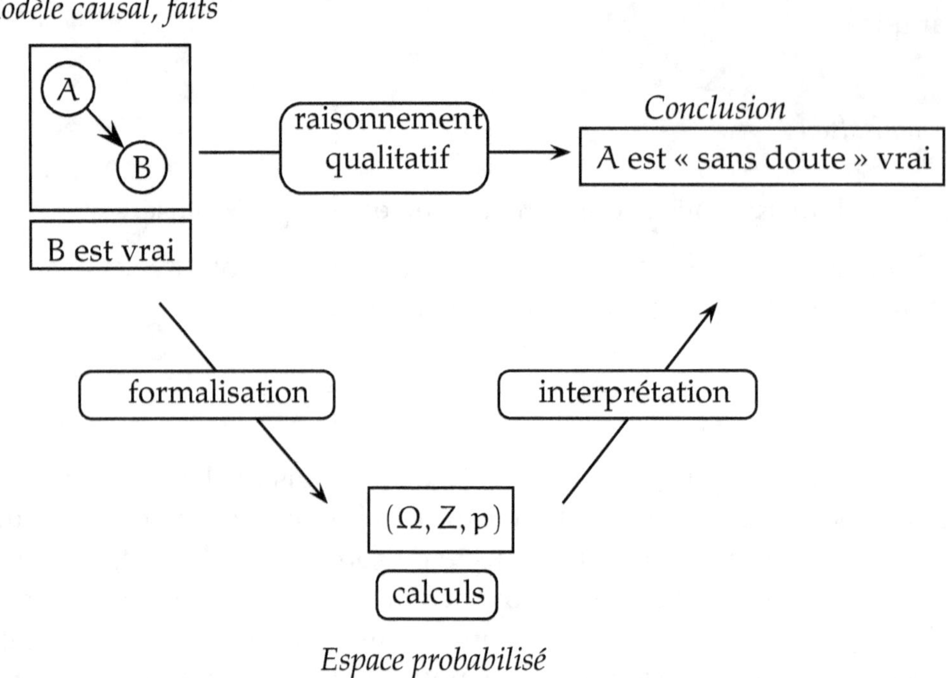

Espace probabilisé

FIG. 1.1 *Transposition probabiliste d'un graphe causal*

Interprétation du résultat

Le résultat obtenu, nous revenons maintenant dans le domaine qualitatif, et nous pouvons interpréter le résultat en termes de conviction : les chiffres du commerce extérieur ont sans doute été bons.

Sur cet exemple, nous constatons que le passage par la formalisation en termes de probabilités nous a conduit à des conclusions conformes au raisonnement de sens commun.

En d'autres termes, le raisonnement qualitatif pur conduit à la même conclusion qualitative que le cycle : formalisation, calculs, interprétation.

Il est clair que cette équivalence ne peut être prouvée. Il s'agit pour nous d'admettre que les opinions, les croyances ou tout autre appellation de la conviction que nous pouvons avoir d'un fait peuvent être fidèlement représentées par des probabilités, et que les calculs effectués au sein du formalisme des probabilités ne nous conduiront jamais à des conclusions choquantes du point de vue de l'intuition.

Remarque

Il existe un débat théorique, presque philosophique, sur la sémantique à associer aux probabilités. Trois approches sont, en général, considérées. L'approche fréquentiste est fondée sur le fait qu'une probabilité est définie par la limite d'une fréquence observée. L'approche objectiviste considère que la probabilité est une propriété des objets du monde réel, et qu'elle mesure leur propension à avoir tel ou tel comportement. Enfin, l'approche subjectiviste considère que la probabilité mesure la croyance qu'un individu attribue à la survenance d'un fait donné. Dans les réseaux bayésiens, considérés comme modèles de causalités, la notion de probabilité utilisée est une notion subjective de croyance. Quand on s'intéresse à l'apprentissage des réseaux bayésiens, on utilise une approche fréquentiste.

1.2.3   Deuxième exemple : dépendances et indépendances

▶ **Modélisation**

Nous reprenons à présent l'exemple du jardin de M. Holmes afin de le transposer également dans notre formalisme probabiliste. Cet exemple va nous permettre de mettre en évidence la correspondance entre la représentation graphique des causalités, et les *indépendances*.

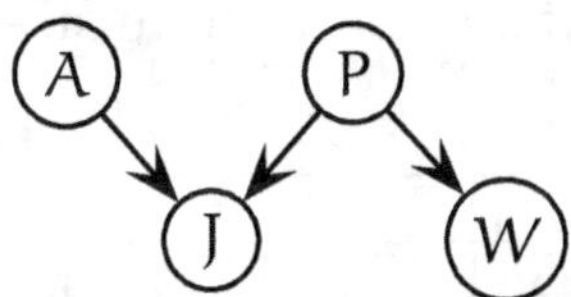

Nous commençons par effectuer la même opération que pour l'exemple précédent, c'est-à-dire que nous construisons un espace probabilisé à partir des connaissances intuitives dont nous disposons. Nous avons ici quatre variables, A, P, J, W, qui peuvent prendre chacune la valeur « vrai » ou « faux ».

A	J'ai oublié de débrancher mon arroseur automatique.
P	Il a plu pendant cette nuit.
J	L'herbe de mon jardin est humide.
W	L'herbe du jardin de M. Watson est humide.

À partir de nos connaissances subjectives, nous pouvons évaluer les probabilités de certains événements, soit marginales, soit conditionnellement à un autre événement. Nous pouvons également traduire le fait qu'il n'y a aucun lien *a priori* entre le fait qu'il ait plu cette nuit, et le fait que M. Holmes ait oublié de débrancher son arroseur automatique.

Probabilités a priori

Événement	Probabilité	Commentaire
A = V	0.4	M. Holmes oublie assez souvent de débrancher son arroseur automatique.
A = F	0.6	
P = V	0.4	La région est relativement pluvieuse.
P = F	0.6	

Probabilités conditionnelles

La table ci-après exprime la connaissance selon laquelle l'herbe de mon jardin est humide si, et seulement si, il a plu, ou si j'ai oublié de débrancher mon arroseur automatique.

	A = V		A = F	
	P = V	P = F	P = V	P = F
J = V	1	1	1	0
J = F	0	0	0	1

Enfin, la table ci-après exprime la connaissance selon laquelle l'herbe du jardin de mon voisin M. Watson est humide si, et seulement si, il a plu.

	P = V	P = F
W = V	1	0
W = F	0	1

Indépendances

Les variables A et P sont indépendantes.

▶ **Utilisation du modèle**

Nous allons maintenant dérouler à nouveau le scénario de M. Holmes, dans le cadre de notre modèle probabiliste. Ce matin-là, alors que le temps est clair et sec, M. Holmes sort de sa maison. Il s'aperçoit que la pelouse de son jardin est humide. (1) Il se demande alors s'il a plu pendant la nuit, ou s'il a simplement oublié de débrancher son arroseur automatique. Il jette alors un coup d'œil à la pelouse de son voisin, M. Watson, et s'aperçoit qu'elle est également humide. Il en déduit alors (2) qu'il a probablement plu, et il décide de partir au travail sans vérifier son arroseur automatique. Transposée en termes de probabilités, la première question (1) que se pose M. Holmes, revient à calculer et à comparer :

$$p(A = V \mid J = V)$$

et :

$$p(P = V \mid J = V)$$

On a (propriété d'inversion de Bayes) :

$$p(A = V \mid J = V) = \frac{p(J = V \mid A = V).p(A = V)}{p(J = V)}$$

et :

$$p(P = V \mid J = V) = \frac{p(J = V \mid P = V).p(P = V)}{p(J = V)}$$

et également (théorème de Bayes et indépendance de A et P) :

$$
\begin{aligned}
p(J = V) = \\
p(J = V \mid A = V, P = V).p(A = V).p(P = V)+ \\
p(J = V \mid A = V, P = F).p(A = V).p(P = F)+ \\
p(J = V \mid A = F, P = V).p(A = F).p(P = V)+ \\
p(J = V \mid A = F, P = F).p(A = F).p(P = F)
\end{aligned}
$$

d'où :

$$p(A = V \mid J = V) = 0,625$$
$$p(P = V \mid J = V) = 0,625$$

Nous retrouvons ici numériquement le résultat intuitif vu plus haut, à savoir que :
- La croyance en chacune des deux causes est augmentée.
- Il n'est pas possible de privilégier l'une des deux causes avec cette seule information.

Dans la seconde partie (2) de son raisonnement, M. Holmes est alors amené à comparer $p(A = V \mid J = V, W = V)$ avec $p(P = V \mid J = V, W = V)$

Calculons tout d'abord $p(P = V \mid W = V)$:

$$p(P = V \mid W = V) = \frac{p(W = V \mid P = V).p(P = V)}{p(W = V)}$$

d'où :

$$p(P = V \mid W = V) = \frac{p(W = V \mid P = V).p(P = V)}{p(W = V \mid P = V).p(P = V) + p(W = V \mid P = F).p(P = F)}$$

et finalement :

$$p(P = V \mid W = V) = 1$$

En d'autres termes, compte tenu de mon modèle, si l'herbe du voisin est mouillée, il a certainement plu ! En revenant à la définition des probabilités, on peut montrer que si $p(A) = 1$, alors $p(A \mid B) = 1$. Donc :

$$p(P = V \mid J = V, W = V) = 1$$

À ce moment, M. Holmes est donc certain qu'il a plu. Les calculs pour obtenir $p(A = V \mid J = V, W = V)$ sont plus compliqués, et nous ne les reproduisons pas ici dans leur intégralité. On retrouverait cependant exactement :

$$p(A = V \mid J = V, W = V) = 0,4 = p(A = V)$$

Ce qui s'interprète en disant que, dans la mesure où M. Holmes a la certitude qu'il a plu, il n'a aucune raison de modifier sa croyance *a priori* dans le fait que son arroseur est resté branché.

▶ Circuits d'information et indépendances

Sur cet exemple, nous pouvons également retrouver la notion de circuit d'information. Nous savons que A et P sont indépendants. Nous allons maintenant donner un sens plus quantitatif à la notion de circulation d'information. Comme J est connu, l'information peut circuler suivant le circuit $A \rightarrow J \leftarrow P$. Qu'est-ce que cela signifie en termes de probabilités ? Calculons :

$$p(A = F, P = F \mid J = V)$$

Par la règle d'inversion de Bayes, on a :

$$p(A = F, P = F \mid J = V) = \frac{p(J = V \mid A = F, P = F).p(A = F, P = F)}{p(J = V)}$$

et donc

$$p(A = F, P = F \mid J = V) = 0$$

car (voir table de probabilités)

$$p(J = V \mid A = F, P = F) = 0$$

or

$$p(A = F \mid J = V) = 1 - p(A = V \mid J = V) = 0,375$$
$$p(P = F \mid J = V) = 1 - p(P = V \mid J = V) = 0,375$$

et donc

$$p(A = F, P = F \mid J = V) \neq p(A = F \mid J = V).p(P = F \mid J = V)$$

A et P ne sont donc pas indépendants conditionnellement à J. Qu'est-ce que cela signifie intuitivement ? Simplement que si deux facteurs indépendants peuvent déterminer le même effet, et que celui-ci soit observé, c'est nécessairement l'une ou l'autre des deux causes qui l'a produit. Donc les valeurs des deux causes sont liées : elles ne sont plus indépendantes, *a posteriori*. Graphiquement, que remarquons-nous ? A et P ne sont pas d-séparés par J : quand J n'est pas connu, l'information ne circule pas de A à P (ils sont indépendants), mais quand J est connu, l'information peut circuler de A à P (ils sont dépendants).

1.2.4   Les réseaux bayésiens

Les exemples précédents nous permettent de constater les faits suivants :
- La transposition d'un *graphe causal* en *espace probabilisé* conduit à des résultats conformes au raisonnement intuitif que l'on peut mener directement sur ce graphe.
- Ces résultats sont quantitatifs.
- Les calculs mis en œuvre, même sur des cas très simples, sont lourds.
- Les propriétés graphiques (*d-séparation*) peuvent être mises en correspondance avec les propriétés d'*indépendance* de l'espace probabilisé associé.

La formalisation complète des réseaux bayésiens permet de prendre en compte ces différents aspects.

▶ **Définition**

Un *réseau bayésien* est défini par :
- un graphe orienté sans circuit (*DAG*) $G = (V, E)$, où V est l'ensemble des nœuds de G, et E l'ensemble des arcs de G ;
- un *espace probabilisé* fini (Ω, Z, p) ;
- un ensemble de *variables aléatoires* associées aux nœuds du graphe et définies sur (Ω, Z, p), tel que :

$$p(V_1, V_2, \cdots, V_n) = \prod_{i=1}^{n} p(V_i \mid C(V_i))$$

où $C(V_i)$ est l'ensemble des causes (parents) de V_i dans le graphe G. C'est très exactement ce que nous avons construit sur les deux exemples ci-dessus.

▶ Propriétés

Un réseau bayésien est donc un graphe causal[4] auquel on a associé une représentation probabiliste sous-jacente. Comme on l'a vu, cette représentation permet de rendre quantitatifs les raisonnements sur les causalités que l'on peut faire à l'intérieur du graphe. Nous avons également évoqué très rapidement le lien entre *d-séparation* et *indépendance*. En réalité un résultat très important existe, qui affirme que « si X et Y sont d-séparés par Z, alors X et Y sont indépendants sachant Z ». Ce résultat, démontré par Verma et Pearl en 1988 [VP88], constitue la propriété fondamentale des réseaux bayésiens, dont nous parlerons plus précisément dans la partie suivante :

$$< X \mid Z \mid Y > \Rightarrow p(X \mid Y, Z) = p(X \mid Z)$$

Ce résultat est très important, car il permet de limiter les calculs de probabilités grâce à des propriétés du graphe. Supposons que X et Y soient d-séparés par Z, et que Z soit connu. Supposons, par ailleurs, que je vienne de calculer $p(X \mid Z)$. Si une nouvelle information sur Y est alors connue, ce résultat me permet de conserver mon calcul de $p(X \mid Z)$ comme valeur de $p(X \mid Z, Y)$. Autrement dit, le résultat sur la d-séparation et le blocage d'informations que nous avions décrit intuitivement sur les graphes de causalités est valable également dans la représentation quantitative probabiliste sous-jacente ! Combinée avec un autre résultat, qui établit qu'un nœud est d-séparé du reste du graphe par l'ensemble constitué de ses parents, de ses enfants, et des autres parents de ses enfants, cette propriété permet de rendre locaux tous les calculs de probabilités dans un graphe causal.

▶ Utilisation et difficultés

L'utilisation essentielle des réseaux bayésiens est donc de calculer des probabilités conditionnelles d'événements reliés les uns aux autres par des relations de cause à effet.

Cette utilisation s'appelle *inférence*.

La correspondance qui existe entre la structure graphique et la structure probabiliste associée va permettre de ramener l'ensemble des problèmes de l'inférence à des problèmes de théorie des graphes.

Cependant, ces problèmes restent relativement complexes, et donnent lieu à de nombreuses recherches.

L'autre difficulté essentielle des réseaux bayésiens se situe précisément dans l'opération de transposition du graphe causal à une représentation

---

[4] Cette présentation intuitive des réseaux bayésiens est forcément partielle. Nous invitons les lecteurs à la lecture du chapitre 4 page 73 pour une définition plus formelle.

probabiliste. Même si les seules tables de probabilités nécessaires pour définir entièrement la distribution de probabilité sont celles d'un nœud conditionné par rapport à ses parents, il reste que la définition de ces tables n'est pas toujours facile pour un expert.

Nous allons donc maintenant aborder ces deux problèmes du point de vue technique.

Chapitre 2

Introduction aux algorithmes

D'un point de vue intuitif, l'*inférence* dans un réseau de causalités consiste à propager une ou plusieurs informations certaines au sein de ce réseau, pour en déduire comment sont modifiées les croyances concernant les autres nœuds. C'est exactement ce que nous avons fait manuellement dans les deux exemples présentés ci-dessus.

2.1   Inférence

Supposons que nous disposions d'un réseau bayésien défini par un graphe et la distribution de probabilité associée (G, p). Supposons que le graphe soit constitué de n nœuds, notés $\{X_1, X_2, ..., X_n\}$.

Le problème général de l'inférence est de calculer $p(X_i \mid Y)$, où $Y \subset X, X_i \notin Y$.

On voit bien que la complexité de ce problème dépend de la structure du réseau. Nous allons tout d'abord étudier le problème de l'inférence de façon empirique, en montrant que la méthode « intuitive » qui consiste à propager l'information le long des arcs, conduit à des conclusions erronées dans le cas général.

Nous présentons ensuite les méthodes applicables dans le cas général.

$A \rightarrow B \rightarrow C$	Chaîne	$p(C \mid A)$?
A, B, C (Arbre)	Arbre	$p(C \mid B)$?
B, A, C, D (Polyarbre)	Polyarbre	$p(D \mid B)$?
$A \rightarrow B$, C, D, E	Réseau avec boucles	$p(E \mid A)$?

TAB. 2.1 *Inférence dans les différentes structures de réseaux bayésiens*

2.1.1 Approche intuitive

Supposons que nous disposions d'un réseau bayésien (G, p), par exemple l'un des quatre réseaux présentés ci-dessus, où toutes les variables sont binaires, et peuvent prendre les valeurs « vrai», ou « faux ». Par exemple, dans le cas du réseau en forme de chaîne, supposons que nous disposions de l'information $A = V$. Comment propager cette information dans le réseau, c'est-à-dire, comment calculer $p(C \mid A = V)$? D'après la structure de ce graphe, nous savons que (définition d'un réseau bayésien) :

$$p(A, B, C) = p(C \mid B).p(B \mid A).p(A)$$

Comme de plus (définition de la probabilité conditionnelle)

$$p(A, B, C) = p(C \mid A, B).p(B \mid A).p(A)$$

on a :

$$p(C \mid A, B) = p(C \mid B)$$

De plus (théorème de Bayes)

$$p(C \mid A) = \sum_B p(C \mid A, B).p(B \mid A)$$

et donc

$$p(C \mid A) = \sum_B p(C \mid B).p(B \mid A)$$

finalement

$$p(C = V \mid A = V) = \; p(C = V \mid B = V).p(B = V \mid A = V) + \\ p(C = V \mid B = F).p(B = F \mid A = V)$$

et de même

$$p(C = F \mid A = V) = \; p(C = F \mid B = V).p(B = V \mid A = V) + \\ p(C = F \mid B = F).p(B = F \mid A = V)$$

On voit donc que l'opération revient à calculer de proche en proche la probabilité de chaque nœud, **en propageant les probabilités conditionnelles connues**.

Voyons maintenant si cette méthode se généralise.

▶ **Chaînes**

Considérons une *chaîne* de longueur n, et calculons $p(X_i \mid X_j)$. Si le nœud X_i est situé en aval du nœud X_j, mais n'est pas le descendant direct de X_i ($j < i - 1$),

on peut écrire :

$$p(X_i \mid X_j) = \sum_{X_{i-1}} p(X_i \mid X_{i-1}).p(X_{i-1} \mid X_j)$$

Si le nœud X_{i-1} est un descendant direct de X_j, on a terminé (cas A, B, C ci-après). Sinon, il suffit de décomposer $p(X_{i-1} \mid X_j)$ de la même façon, jusqu'à arriver au descendant direct de X_j. Dans le cas où le nœud X_i est situé en amont du nœud X_j, c'est un peu plus compliqué.

Il faut d'abord utiliser la propagation avant à partir du début de la chaîne, pour connaître pour chaque nœud sa probabilité marginale $p(X_k)$ pour $1 \leq k \leq j$. On peut utiliser la propriété d'inversion de la probabilité conditionnelle :

$$p(X_i \mid X_{i+1}) = \frac{p(X_{i+1} \mid X_i).p(X_i)}{p(X_{i+1})}$$

De même, si X_i est l'ascendant direct de X_j, on a alors terminé. Sinon, il suffit également de continuer de proche en proche.

▶ **Arbres**

Le cas d'un *arbre* se traite de la même façon que les chaînes, par exemple en considérant qu'un nœud situé à un point de jonction peut être doublé, pour obtenir deux chaînes.

▶ **Polyarbres**

On appelle *polyarbre* un réseau sans boucle. Dans la pratique, cela signifie que chaque nœud peut avoir plusieurs parents.

La propagation de l'information dans un polyarbre est plus complexe, car l'information peut circuler d'un parent à un autre.

Cependant, le cas des polyarbres peut se traiter de la même façon, c'est-à-dire en utilisant une propagation locale.

2.1.2 Cas général

Essayons à présent d'appliquer un raisonnement local à un graphe présentant des boucles.

Supposons que nous cherchions à représenter avec un réseau bayésien les règles logiques suivantes :

$$A \Rightarrow B$$
$$B \Leftrightarrow C$$
$$B \Leftrightarrow \text{non}D$$
$$E \Leftrightarrow \text{XOR}(C, D)$$

Cette connaissance peut être représentée par le graphe suivant :

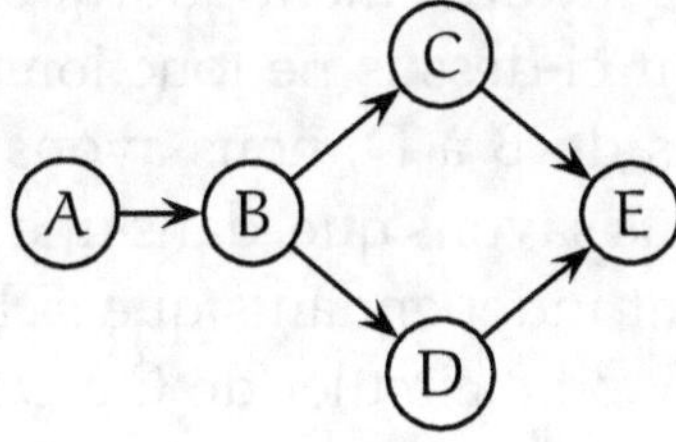

Nous devons également utiliser les tables de probabilités suivantes :

	A = V	A = F
B = V	1	1/2
B = F	0	1/2

	B = V	B = F
C = V	1	0
C = F	0	1

	B = V	B = F
D = V	0	1
D = F	1	0

	C = V		C = F	
	D = V	D = F	D = V	D = F
E = V	0	1	1	0
E = F	1	0	0	1

Supposons que A soit faux, et essayons de conclure sur E. Essayons d'abord le raisonnement logique. Comme A est faux, je ne peux pas utiliser la règle A $\Rightarrow$ B, et donc je ne peux rien dire sur B. Toutefois B est certainement soit vrai, soit faux. Supposons que B soit vrai. Dans ce cas, C est vrai, et D est faux, et E est donc vrai. Supposons que B soit faux. Dans ce cas, C est faux, et D est vrai, et E est donc vrai. Donc si A est faux, E est vrai.

Essayons maintenant la propagation « locale » des probabilités. Comme A est faux, la probabilité que B soit vrai (respectivement faux) est 1/2. Donc la probabilité que C soit vrai est également 1/2, et de même pour D. Finalement, on conclut que la probabilité que E soit vrai est également de 1/2 !

Dans le cas d'un réseau comprenant des boucles, la propagation locale des probabilités ne fonctionne pas.

▶ Conditionnement

Essayons de comprendre intuitivement pourquoi le raisonnement probabiliste que nous avons fait ci-dessus ne fonctionne pas. En propageant l'information de B à C, puis de B à D, nous avons fait comme si C et D étaient indépendants. Or nous savons que, dans une connexion divergente, $C \leftarrow B \rightarrow D$, C et D ne sont indépendants que si B est connu (si B n'est pas connu, l'« information » peut circuler de C à D). Dans notre exemple, comme A était faux, B n'était pas connu et donc nous avons fait un calcul erroné.

Dans le cas général, il n'est donc pas possible d'effectuer une propagation locale des informations.

L'une des méthodes employées consiste précisément à appliquer le premier type de raisonnement. Cette méthode, appelée *conditionnement*, consiste simplement à exécuter les étapes suivantes :

- Identifier un ensemble de nœuds tel que, si tous les arcs partant de ces nœuds étaient supprimés du réseau, le réseau n'aurait plus aucune boucle (B joue ce rôle dans l'exemple précédent).
- Considérer l'ensemble des hypothèses possibles sur les valeurs de chacun de ces nœuds.
- Dans le cadre de chacune de ces hypothèses, effectuer les propagations « locales » dans le réseau sans boucle correspondant, et en déduire la probabilité conditionnelle recherchée.
- Sommer les probabilités obtenues dans chaque hypothèse, pondérées par la probabilité de chaque hypothèse[1].

Dans l'exemple précédent, il suffit d'écrire :

$$P(E \mid A) = \sum_{b} p(E \mid b, A).p(b \mid A)$$

On voit que, dans ce type d'approche, il est important de bien choisir l'ensemble des N nœuds qui suppriment toutes les boucles. En effet, en supposant que chaque nœud a k états possibles, le nombre de propagations complètes à effectuer est égal à k^N.

---

[1] La probabilité de chacune des hypothèses se calcule également par une propagation locale. Ceci peut se démontrer dans la mesure où l'ensemble des nœuds choisis supprime toutes les boucles.

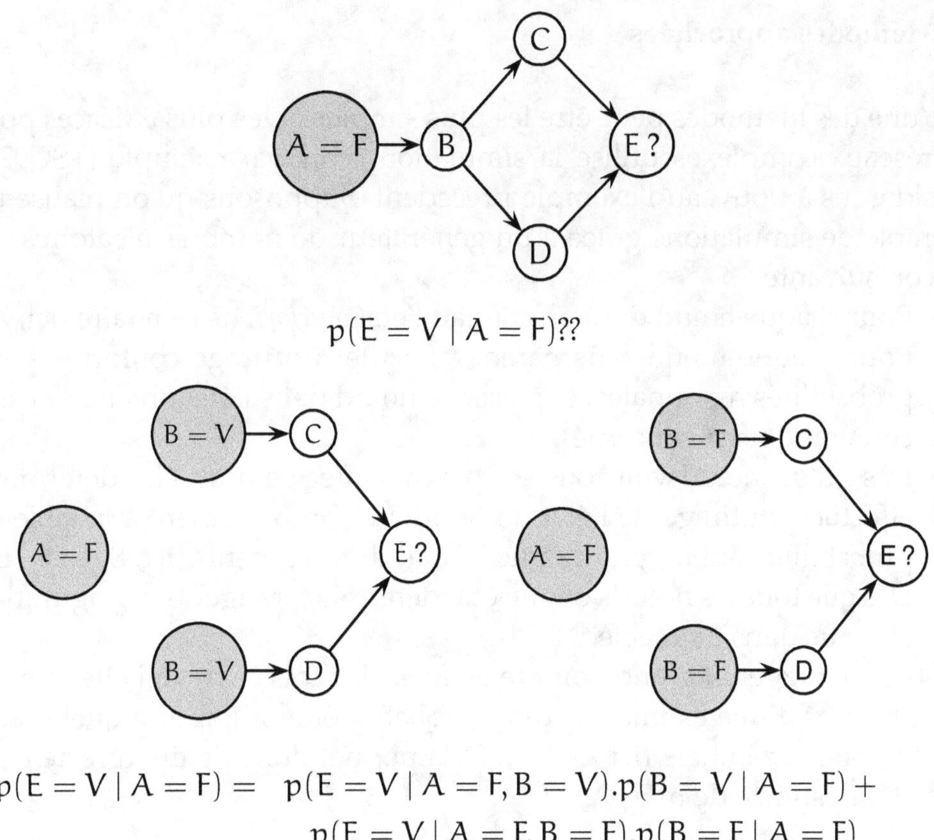

$$p(E = V \mid A = F) = \quad p(E = V \mid A = F, B = V).p(B = V \mid A = F) +$$
$$p(E = V \mid A = F, B = F).p(B = F \mid A = F)$$

FIG. 2.1 *Principe de la méthode de conditionnement*

▶ Arbre de jonction

Il existe une autre méthode plus technique appelée construction de l'*arbre de jonction*. À partir d'un réseau quelconque, on peut construire un réseau qui est un arbre dont les nœuds correspondent à des sous-ensembles de nœuds du réseau initial. Il est alors possible de transformer le problème de l'inférence dans le réseau initial en un problème de propagation d'informations plus complexes dans le réseau transformé.

Cette méthode est aujourd'hui la meilleure connue en termes de complexité algorithmique. Cependant, il a été démontré que le problème général de l'inférence dans un réseau bayésien est NP-complet [Coo90]. Dans certains cas, l'utilisation d'autres méthodes, fondées le plus souvent sur des heuristiques ou des calculs approchés, est nécessaire pour des réseaux de grande taille.

Cette approche est la plus répandue aujourd'hui dans la littérature, et la plus utilisée dans les outils logiciels.

► **Méthodes approchées**

L'une des méthodes peut-être les plus simples et les plus efficaces pour des réseaux complexes utilise la simulation (voir par exemple [TSG92]). Considérons à nouveau l'exemple précédent. Supposons qu'on réalise un ensemble de simulations grâce à un générateur de nombres aléatoires, de la façon suivante :

- Pour chaque nœud dont on connaît l'état *a priori*, ne rien faire (ici, A).
- Pour chaque nœud sans parent, effectuer un tirage conforme à ses probabilités marginales, et placer ce nœud dans l'état obtenu (ici, aucun nœud n'est concerné).
- Dès qu'un nœud voit tous ses parents affectés d'un état déterminé, effectuer un tirage de l'état de ce nœud, conformément à la table de probabilités qui le conditionne à l'état de ses parents (ici, B, C, D, E).
- Dès que tous les nœuds ont un état déterminé, ranger la configuration obtenue dans une table.

Effectuer ce tirage un grand nombre de fois. Une fois ce travail effectué, on peut disposer d'une estimation de la probabilité de n'importe quel nœud sous l'hypothèse initiale (ici $A = F$). Cela permet donc de lire directement une valeur estimée de $p(E \mid A)$.

2.2 Apprentissage

À ce stade de notre étude, il nous paraît intéressant de faire le point sur les résultats que nous avons obtenus.

Tout d'abord, nous avons montré que la représentation intuitive d'un graphe de causalités pouvait être rendue quantitative par l'utilisation de probabilités.

Ensuite, nous avons montré que les propriétés du graphe de causalités permettaient de faciliter les calculs (l'inférence) à l'intérieur de ce graphe, et nous avons décrit les principales méthodes d'inférence.

La dernière question qui se pose, et elle est importante, est : « Où trouver ces probabilités ? » Il est en effet assez peu réaliste de penser qu'un expert pourra fournir de façon numérique l'ensemble des paramètres nécessaires à l'inférence dans un graphe. Même si certaines études ont montré que la sensibilité des conclusions aux paramètres était relativement faible (c'est-à-dire que l'on a surtout besoin d'ordres de grandeur plutôt que de probabilités réelles), il peut être intéressant dans certains cas de déterminer ces paramètres à partir d'une base d'exemples.

Il s'agit donc d'*apprentissage*, en un sens assez voisin de celui qui est utilisé, par exemple, pour les réseaux de neurones, dans la mesure où l'on cherche à trouver le jeu de paramètres tel que, *la structure du réseau étant connue*, celui-ci prenne en compte de la meilleure façon possible la base d'exemples dont nous disposons.

Cette dernière étape franchie, nous disposerons alors d'un ensemble complet d'outils permettant de rendre opérationnelle et quantitative une connaissance empirique décrite sous la forme d'un graphe de causalités.

Allons maintenant encore un peu plus loin.

Supposons que nous disposions de deux modèles de causalité concurrents (il est très facile de trouver de tels exemples en économie, par exemple). Nous ne disposons, en revanche, que d'une seule base d'exemples, qui est celle de la réalité. Il est dès lors très intéressant de confronter ces deux modèles. La méthode est alors directement dérivée de ce qui précède. Pour chacun des deux modèles (chacun des graphes de causalités), nous allons rechercher les paramètres qui lui permettent d'être le plus proche possible des données.

Il est clair que, si l'un des modèles est incomplet (par exemple, s'il suppose que deux variables sont indépendantes alors qu'elles ne le sont pas) la distribution de probabilité qu'il va représenter sera plus pauvre que la réalité. Donc, quels que soient les paramètres utilisés, cette distribution sera plus éloignée de la distribution empirique (constatée sur les données), que celle qui découlerait d'un modèle ne faisant pas l'hypothèse de l'indépendance de ces deux variables.

La méthode d'apprentissage peut être alors utilisée pour comparer deux modèles.

Enfin, en considérant que le nombre de modèles de causalités reliant un certain nombre de variables est fini, même s'il est grand, on peut finalement envisager de se passer d'expert. On peut alors construire un modèle uniquement à partir des données, en recherchant simplement parmi tous les modèles possibles celui qui représente le mieux la réalité.

Nous allons présenter maintenant les principes des méthodes utilisées dans ces deux types d'apprentissage :
- *Apprentissage de paramètres*. La structure d'un réseau (c'est-à-dire le graphe sous-jacent) étant donnée, rechercher le meilleur jeu de paramètres (c'est-à-dire, rappelons-le, les différentes probabilités conditionnelles utilisées dans le graphe) pour rendre compte des données observées.
- *Apprentissage de structure*. Sans aucune hypothèse sur la structure du réseau, rechercher celle, qui, une fois munie des meilleurs paramètres, rende compte le mieux possible des données observées.

2.2.1 Apprentissage de paramètres

Pour comprendre la méthode généralement utilisée pour l'*apprentissage de paramètres*, commençons par l'exemple le plus simple possible.

Tout d'abord, rappelons que par *paramètre* nous entendons ici une probabilité.

Supposons alors que nous disposions d'un clou de tapissier dont nous cherchons à estimer la probabilité de tomber soit sur la tête, soit sur le côté, comme le montre le schéma ci-après. Considérons, de plus, que le côté pile correspond au cas où le clou tombe sur la tête. Nous cherchons à calculer la probabilité d'obtenir pile, que nous noterons θ. Supposons également que nous ayons observé p piles et f faces.

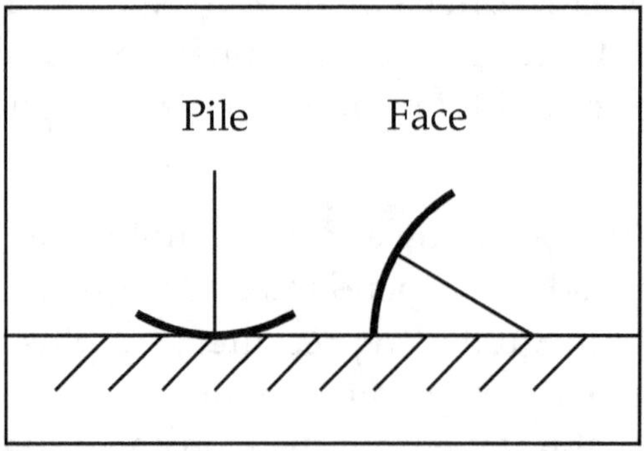

La méthode la plus classique d'estimation de θ, consiste simplement à mesurer la fréquence des côtés piles, et de prendre :

$$\theta = \frac{p}{p + f}$$

Ce résultat peut se retrouver d'une façon un peu plus élaborée. Comme nous ne connaissons pas cette probabilité, nous estimons *a priori* qu'elle suit une certaine distribution $p(\theta)$. La probabilité d'obtenir p piles et f faces, événement que nous noterons $X(p, f)$ pour θ donné est :

$$p(X(p, f) \mid \theta) = C_{p+f}^{p}\theta^{p}.(1 - \theta)^{f}$$

En appliquant la règle d'inversion de Bayes, la distribution de probabilité *a posteriori* de θ, compte tenu de cet événement, est :

$$p(\theta \mid X(p, f)) = k.p(X(p, f) \mid \theta).p(\theta)$$

soit

$$p(\theta \mid X(p, f)) = \theta^{p}.(1 - \theta)^{f}.p(\theta)$$

k étant une constante de normalisation qui garantit que

$$\int_0^1 k.\theta^p.(1 - \theta)^f.p(\theta).d\theta = 1$$

L'espérance mathématique de θ, selon cette distribution *a posteriori*, dépend de la distribution *a priori* $p(\theta)$. Si $p(\theta)$ était, par exemple, une distribution uniforme, on retrouve (après calculs non détaillés ici) le résultat classique :

$$E(\theta) = \frac{p}{p + f}$$

Cependant, il est intéressant d'utiliser pour $p(\theta)$ une distribution particulière, appelée « distribution de Dirichlet », qui s'écrit :

$$p(\theta) = \lambda.\theta^\alpha.(1 - \theta)^\beta$$

L'intérêt de cette distribution réside dans le fait que la distribution *a posteriori* obtenue à partir d'une distribution de Dirichlet, est également une distribution de Dirichlet. Ici, on aurait simplement :

$$p(\theta \mid X(p, f)) = k.\theta^{p+\alpha}.(1 - \theta)^{f+\beta}$$

L'espérance mathématique de θ serait alors :

$$E(\theta) = \frac{p + \alpha}{p + f + \alpha + \beta}$$

Le choix des paramètres α et β initiaux s'effectue grâce à des considérations sur la variance de la distribution de Dirichlet, qui permet de stabiliser l'estimation des paramètres dans le cas où le nombre d'exemples est faible.

Retenons cependant que l'espérance mathématique de θ tend également vers $\frac{p}{p+f}$ après un grand nombre de tirages.

▶ **Cas général**

Soit un réseau bayésien constitué des nœuds $\{X_1, X_2, ..., X_n\}$. Chaque nœud est supposé prendre des valeurs discrètes. Soit également une base d'exemples D constituée de la mesure de chacune des X_i pour un certain nombre d'exemples N. Adoptons alors les notations suivantes. Si X_i est un nœud, on note :
- r_i le nombre de ses états possibles ;
- C_i l'ensemble de ses parents, dont l'ensemble des états possibles est indexé par j.

On note également θ_{ijk} la probabilité pour que X_i soit dans l'état k, conditionnellement au fait que l'ensemble de ses parents soit dans l'état j. Si nous effectuons de plus les hypothèses (fortes) suivantes :

- La base d'exemples D est effectivement produite par un réseau de structure donnée, notée B_S, et elle est complète.
- Les paramètres θ_{ijk} sont indépendants entre eux, et ils sont distribués suivant une loi de Dirichlet.

On peut alors montrer que :

$$E(\theta_{ijk} \mid D, B_S) = \frac{N_{ijk} + \alpha_{ijk}}{N_{ij} + \alpha_{ij}}$$

où :

- N_{ijk} est le nombre d'exemples dans la base D, tels que X_i est dans l'état k alors que ses parents sont dans l'état j.
- N_{ij} est le nombre d'exemples dans la base D, tels que les parents du nœud X_i sont dans l'état j, indépendamment de l'état de ce nœud ($N_{ij} = \sum_{k=1}^{r_i} N_{ijk}$).
- α_{ijk} est l'exposant du paramètre θ_{ijk} dans la distribution de Dirichlet initiale, et $\alpha_{ij} = \sum_{k=1}^{r_i} \alpha_{ijk}$.

Malgré l'apparence un peu complexe de ces calculs, on voit que les valeurs retenues sont similaires aux fréquences relatives dans la base de données D.

2.2.2 Apprentissage de structure

L'apprentissage présenté ci-après suppose que la base de données observée provient effectivement d'une distribution représentée par un réseau bayésien de structure connue.

Si l'on n'est pas certain que cette structure est la meilleure possible (cas de deux modèles concurrents), la première question qui se pose est de pouvoir comparer deux hypothèses de structure.

▶ **Critère**

Le critère le plus classique utilisé pour comparer deux distributions est la mesure de Kullback-Leibler :

$$D(P, P') = \sum_x P(x).\log\frac{P(x)}{P'(x)}$$

Cette mesure peut donc être utilisée pour comparer la distribution empirique obtenue à partir des données, et la distribution déduite du réseau bayésien dont on cherche à tester la structure.

▶ **Recherche : structures contraintes**

Il a été montré que, en général, le problème de l'*apprentissage de structure* dans un réseau bayésien est NP-complet. Cependant, en recherchant la structure parmi un sous-ensemble de structures, il est parfois possible de trouver la structure optimale dans cet ensemble.

Cela est vrai en particulier si la structure est un arbre. Un résultat assez ancien [CL68] montre que l'arbre optimal (au sens de la mesure de Kullback-Leibler) peut être trouvé simplement en calculant les mesures d'informations mutuelles entre deux variables sur la base d'exemples :

$$I(X_i, X_j) = \sum_{x_i, x_j} p(x_i, x_j).\log \frac{p(x_i, x_j)}{p(x_i).p(x_j)}$$

Une fois ces mesures établies, on construit le réseau sous la forme d'un arbre tel que la somme des informations mutuelles sur les arcs qui le composent soit maximale (cet arbre peut être trouvé par un algorithme très simple). Ce résultat est généralisable aux polyarbres.

À titre d'illustration, nous explicitons ici comment une version adaptée de ce résultat a été utilisée pour construire des systèmes de classification. Supposons que nous disposions d'une base de données comportant les variables $\{X_1, X_2, ..., X_n\}$. Pour chacun des exemples de la base de données, nous disposons également de sa classe C. Chacun des X_i, ainsi que C, prend des valeurs discrètes. On calcule les mesures d'informations mutuelles conditionnellement à la classe.

$$I(X_i, X_j \mid C) = \sum_{x_i, x_j, c} p(x_i, x_j, c).\log \frac{p(x_i, x_j \mid c)}{p(x_i \mid c).p(x_j \mid c)}$$

On recherche ensuite l'arbre qui possède la somme maximale de ces informations le long de ses arcs, et on construit alors le réseau bayésien suivant :

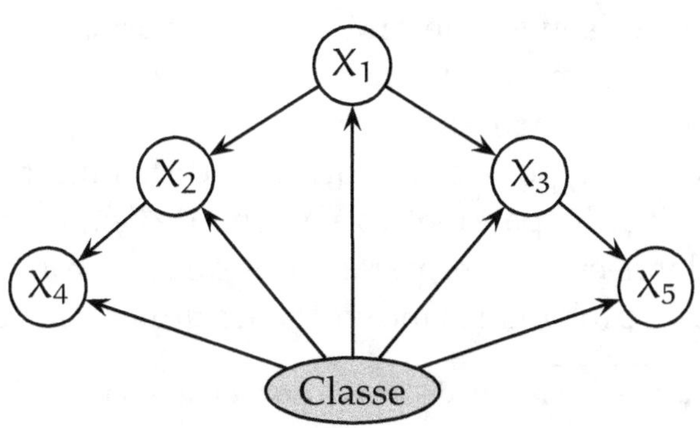

Les paramètres du réseau[2] sont ensuite calculés directement, soit à partir de la méthode expliquée ci-dessus, soit simplement à partir des fréquences. Cet algorithme a montré de meilleurs résultats que les méthodes de l'état de l'art en classification (C4.5).

▶ Recherche : le cas général

Dans le cas général, c'est-à-dire si l'on n'impose aucune contrainte à la structure, le problème est relativement énorme. Pour dix variables, il existe à peu près 4.10^{18} structures possibles !

C'est pourquoi les algorithmes mis en place sont essentiellement des algorithmes de recherche itérative sous-optimaux ! L'un des algorithmes le plus connu, nommé K2 [CH92] et créé par Cooper [Cooper2], ajoute progressivement des arcs, en ne conservant un arc qui vient d'être ajouté que s'il améliore la performance du réseau suivant une métrique donnée.

Voici comment cet algorithme construit le graphe $X_1 \rightarrow X_2 \rightarrow X_3$ (voir figure 2.2 ci-après). Après avoir commencé avec un réseau sans arc, K2 essaie d'ajouter l'arc $X_1 \rightarrow X_2$. Comme cet arc améliore la performance, il est conservé. Ensuite, K2 essaie d'ajouter l'arc $X_1 \rightarrow X_3$, puis l'arc $X_2 \rightarrow X_3$. C'est ce dernier qui obtient le meilleur score, par rapport à la métrique donnée. Et ainsi de suite.

Sur un problème artificiel, c'est-à-dire sur une base de trois mille exemples générée à partir d'un réseau prédéfini, comprenant trente-sept nœuds, quarante-six arcs — chaque nœud ayant entre deux et quatre valeurs — K2 a retrouvé la structure du graphe à deux erreurs près (un arc supprimé et un arc ajouté). Le temps de calcul pour cet exemple était d'une minute environ sur une station de travail Unix.

2.3 Modèles continus

Toutes les méthodes que nous avons étudiées supposent que les variables utilisées sont discrètes. Dans l'état actuel de la recherche, les réseaux bayésiens négligent très souvent le problème des variables continues. Cet aspect peut être pris en compte de la façon suivante :
- soit en discrétisant les variables ;
- soit en faisant une hypothèse de forme de distribution (par exemple, gaussienne). Ainsi, les paramètres à obtenir de l'expert ou à apprendre à partir des données sont les paramètres de la distribution continue, au lieu d'être les probabilités individuelles de chaque valeur discrète.

---

[2] Un exemple de paramètre du réseau de la page précédente est $p(X_3 = x_3^k \mid X_1, \text{Classe})$.

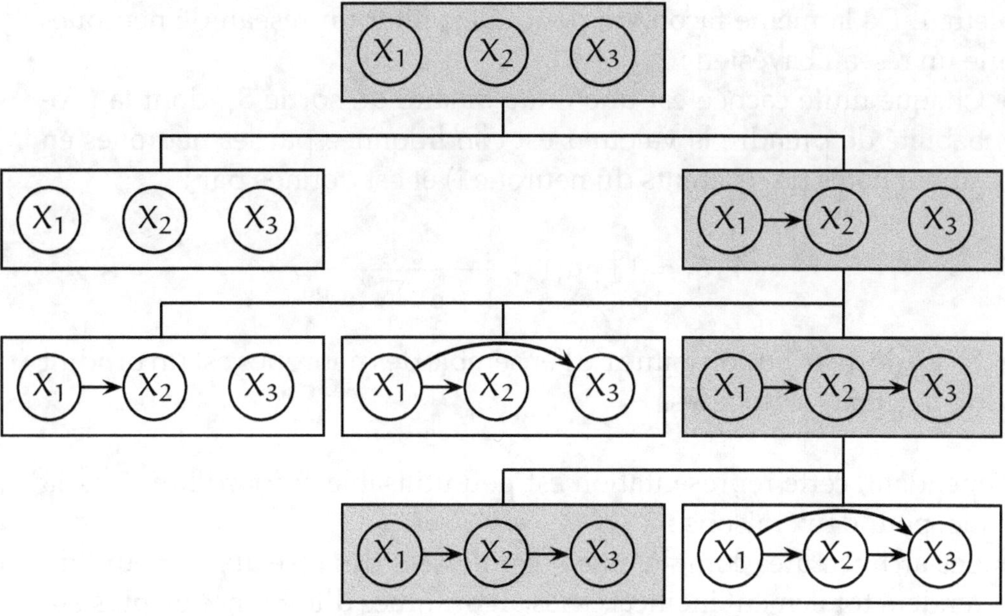

FIG. 2.2 *Principe de l'algorithme d'apprentissage K2*

Il faut reconnaître que la plupart des recherches actuelles utilisent plutôt la première option et négligent complètement le problème des distributions continues de variables.

2.4   Liens avec d'autres méthodes

Des relations formelles ont pu être montrées entre les réseaux bayésiens et d'autres techniques, dans le domaine de la classification, en particulier pour les arbres de décision, et les réseaux neuronaux. L'équivalence formelle entre réseaux bayésiens et réseaux neuronaux, proposée par Michael Jordan de l'université de Berkeley (anciennement au MIT), est particulièrement intéressante [Jor95].

Si un réseau de neurones réalise une fonction continue de ses entrées X vers ses sorties Y, on considère le réseau de neurones comme une distribution conditionnelle de probabilités P(Y | X). Considérons en effet un neurone utilisant la fonction sigmoïde comme fonction de transfert :

$$y = \frac{1}{1 + e^{-\sum_i w_i . x_i}}$$

Si l'on considère le neurone dans le cadre d'un problème de classification binaire, y peut être interprétée comme la probabilité que ce neurone prenne la valeur 1. De la même façon, on peut interpréter un réseau de neurones comme un réseau bayésien :

- Chaque unité cachée est une unité binaire de sortie S_i, dont la probabilité de prendre la valeur 1 est conditionnée par les neurones en amont notés pa_i (parents du neurone i) et est donnée par :

$$P(S_i = 1 \mid pa_i) = \frac{1}{1 + e^{-\sum_i w_j . pa_i^j}}$$

- La loi de distribution jointe de l'ensemble des neurones est un produit de fonctions sigmoïdes.

Cependant, cette représentation est peu utilisable aujourd'hui dans la pratique, pour deux raisons :

- Les architectures complètement connectées des réseaux de neurones rendent totalement inefficaces les algorithmes d'inférence et, plus encore, d'apprentissage dans les réseaux bayésiens.
- Les algorithmes d'apprentissage dans les réseaux bayésiens ne prennent pas (ou peu) en compte les variables cachées, qui font l'essentiel de la puissance des réseaux neuronaux.

Les avantages de cette représentation, dès qu'elle sera rendue opérationnelle, seront nombreux, comme l'intégration de connaissances explicites dans les réseaux neuronaux, ou la recherche dans un cadre unifié de réseaux neuronaux optimisant des fonctions d'utilité de forme quelconque, et en particulier discontinue, voir à ce titre [Mac03].

Signalons que l'utilisation du cadre bayésien de l'apprentissage se développe également pour la sélection de modèles de classification ou de prévision, en particulier les modèles neuronaux. Cette approche bayésienne de l'apprentissage, développée dans la partie suivante (partie théorique), permet notamment d'aborder les problèmes d'hyperparamétrisation des modèles, de sélection des entrées, ou de prise en compte de données manquantes.

Chapitre 3

Exercices (et solutions)

Les exercices proposés dans ce chapitre illustrent les concepts probabilistes utilisés dans cet ouvrage, notamment la notion de loi de probabilité conditionnelle et le théorème de Bayes.

Ce chapitre a également pour but de mettre en évidence différents domaines d'application des réseaux bayésiens (industrie, santé, biologie, droit), et d'aborder les principaux types d'applications : inférence, calcul de risque, propagation d'incertitudes, fusion sensorielle, aide à la décision.

Nous avons choisi de classer les exercices par ordre de difficulté croissante :

- Le paragraphe 3.1 ci-après propose des exercices simples d'*inférence probabiliste*, qui peuvent être résolus en appliquant le théorème de Bayes ou en construisant un réseau bayésien à deux variables.
- Le paragraphe 3.2 page 43 propose quelques problèmes connus de calcul de probabilité, pour lesquels la modélisation par réseau bayésien est particulièrement intuitive et efficace.
- Le paragraphe 3.3 page 44 présente des cas tests dont la résolution manuelle est un peu plus difficile. L'utilisation d'un logiciel de réseau bayésien est recommandée pour vérifier les calculs !
- Le paragraphe 3.4 page 47 est expressément destiné aux lecteurs voulant s'exercer à l'utilisation d'un logiciel de réseau bayésien. La résolution manuelle des exercices de ce paragraphe est fastidieuse, et

seuls les résultats numériques sont donnés en solution.

- Le paragraphe 3.5 page 50 est consacré à l'aide à la décision.
- Enfin, le paragraphe 3.6 page 52 propose quelques exercices théoriques.
- Le paragraphe 3.7 page 53 présente les solutions commentées de ces exercices.

3.1 Pour commencer

3.1.1 Daltonisme

Environ 8 % des hommes et 0,5 % des femmes sont, à des degrés divers, daltoniens.

Estimer le pourcentage de femmes parmi les daltoniens.

3.1.2 Langues orientales

Dans une université de langues orientales où l'on enseigne le chinois et le japonais, il y a parmi les étudiants 40 % d'hommes et 60 % de femmes. Chaque étudiant n'étudie qu'une seule langue. Parmi les hommes, 70 % étudient le japonais et 30 % le chinois ; parmi les femmes, 60 % étudient le japonais et 40 % le chinois.

Quelle est la proportion d'étudiantes dans les cours de japonais ?

3.1.3 Détection d'une maladie animale

Dans une population animale, un individu sur cent est affecté par une maladie. Un test servant à détecter la maladie est caractérisé par une probabilité de non-détection estimée à 5 %, et une probabilité de détection intempestive égale à 1 %.

Estimer la probabilité qu'un individu soit atteint, sachant que le test est négatif.

3.1.4 Provenance d'un composant

Une usine est équipée de deux chaînes de production. La chaîne A produit 200 composants par jour, dont 2 % sont défectueux. La chaîne B, plus moderne, produit 800 composants par jour, dont 1 % sont défectueux.

Déterminer la probabilité qu'un composant défectueux provienne de la chaîne A.

3.2 Grands classiques

3.2.1 Jet de deux dés

On lance deux dés équilibrés. Déterminer la loi de probabilité du maximum des chiffres indiqués par les dés.

3.2.2 Trois coffres

Trois coffres contiennent respectivement :
- une pièce d'or et une pièce d'argent ;
- deux pièces d'or ;
- deux pièces d'argent.

On choisit une pièce dans un des trois coffres. La pièce est en or. Quelle est la probabilité que la seconde pièce du coffre le soit également ?

3.2.3 Trois prisonniers

Andy est prisonnier avec deux camarades, Bruce et Charlie. Leur geôlier les informe que l'un d'entre eux a été choisi au hasard pour être exécuté, et que les deux autres seront libérés.

Andy demande discrètement au geôlier de lui indiquer lequel de ses compagnons sera libéré (dans le cas où le condamné serait Andy lui-même, on suppose que le geôlier désignerait au hasard Bruce ou Charlie). Le geôlier refuse, arguant que la probabilité que Andy soit condamné passerait, à cause de cette information supplémentaire, de $\frac{1}{3}$ à $\frac{1}{2}$.

Le raisonnement du geôlier est-il correct ?

<table>
<tr><th>Meurtrier</th><th>Victime</th><th colspan="2">Peine capitale</th><th colspan="2">Autre peine</th></tr>
<tr><td rowspan="2">Noir</td><td>Noir</td><td>11</td><td rowspan="2">59</td><td rowspan="2">2 448</td><td>2 209</td></tr>
<tr><td>Blanc</td><td>48</td><td>239</td></tr>
<tr><td rowspan="2">Blanc</td><td>Noir</td><td>0</td><td rowspan="2">72</td><td rowspan="2">2 185</td><td>111</td></tr>
<tr><td>Blanc</td><td>72</td><td>2 074</td></tr>
<tr><td></td><td></td><td colspan="2">131</td><td colspan="2">4 633</td></tr>
</table>

TAB. 3.1 *Répartition des condamnations selon la couleur de peau des meurtriers et des victimes*

3.2.4 Meurtres en Floride

Entre 1973 et 1979, 4764 affaires de meurtre ont été jugées dans l'État de Floride, aux États-Unis. La peine de mort a été prononcée 131 fois[1].

Dans le tableau 3.1, la répartition des condamnations est représentée selon la couleur de peau des meurtriers et des victimes. Il résume également ces mêmes statistiques en fonction uniquement de la couleur de peau du meurtrier.

① Vérifier à partir du tableau 3.1 que les noirs sont statistiquement défavorisés à la fois dans les affaires où la victime est noire et dans celles où la victime est blanche.

② D'après le tableau 3.1 (répartition des condamnations selon la couleur de peau des meurtriers), envers quels individus les tribunaux se sont-ils montrés statistiquement les plus cléments ?

③ Expliquer le paradoxe et proposer une représentation des données du tableau 3.1 par un réseau bayésien.

3.3 Cas tests

3.3.1 Diagnostics médicaux contradictoires

Un patient craint d'être atteint du cancer et estime à 10 % la probabilité d'être atteint. Il consulte un médecin A qui ne diagnostique pas le cancer. Pensant que le médecin A s'est peut-être trompé ou a été trop prudent dans son diagnostic, il consulte un second médecin B qui lui, diagnostique le cancer.

On suppose que :
- le médecin A émet un diagnostic correct dans seulement 60 % des cas où il y a effectivement cancer mais ne se trompe jamais lorsqu'il n'y a pas de cancer ;

---

[1] Les données de cet exercice sont extraites de [Whi90].

- le médecin B émet un diagnostic correct dans 80 % des cas où il y a effectivement cancer et se trompe une fois sur dix lorsqu'il n'y a pas de cancer.

À combien le patient peut-il estimer la probabilité de cancer avant et après le diagnostic du second médecin ?

3.3.2 Contrôles antidopage

Dans une compétition sportive, les participants sont systématiquement soumis à deux contrôles antidopage indépendants. Le premier test a une probabilité de non-détection de 5 % et une probabilité de détection intempestive de 1 %. Le second test a une probabilité de non-détection de 10 % mais ne génère pas de détection intempestive. Les organisateurs optent pour un règlement strict : un participant est disqualifié si l'un des deux tests est positif. On fait l'hypothèse que 10 % des participants ont absorbé des produits illicites.

① Quel pourcentage de participants seront disqualifiés ?

② Quelle est la probabilité qu'un concurrent sain soit disqualifié ?

③ Quelle est la probabilité qu'un concurrent disqualifié soit sain ?

3.3.3 Fiabilité d'un système

On considère un système de trois composants A, B et C. Les probabilités de panne des composants A, B et C sont de 15 %, 7 % et 3 %. On suppose que le système a la structure représentée sur le schéma de la figure 3.1 , c'est-à-dire qu'il est en panne si A est en panne, ou si B et C le sont.

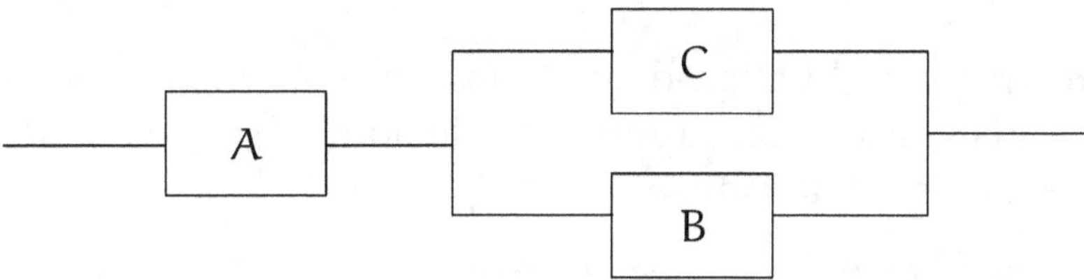

FIG. 3.1 *Système de trois composants (Exercice 3.3.3)*

Représenter à l'aide d'un réseau bayésien les dépendances entre les états des composants A, B, C et l'état du système.

① Calculer la probabilité de panne du système.

② Calculer la probabilité que A soit en panne sachant que le système est en panne.

③ Calculer la probabilité qu'aucun composant ne soit en panne.

3.3.4   Détection d'incendie

Un dispositif de détection d'incendie est composé de trois détecteurs de fumée. En cas d'incendie, chaque détecteur a 90 % de chances de fonctionner correctement. Le dispositif déclenche l'alarme si au moins deux détecteurs sur trois révèlent la présence de fumée. Un opérateur, présent huit heures par jour, peut activer l'alarme manuellement.

Quelle est la probabilité que l'alarme ne soit pas déclenchée en cas d'incendie ?

3.3.5   Au tribunal

Un individu soupçonné d'homicide a été identifié par un témoin dont les experts psychologues affirment qu'il est fiable à 70 % seulement. Un test ADN fiable à 99 % identifie également l'individu comme étant responsable du crime. Estimer la probabilité que l'individu soit coupable en adoptant une probabilité *a priori* de 10 % pour la culpabilité, puis une probabilité de 1 %.

3.3.6   Gestion d'un parc de véhicules

Une entreprise de location de cars possède cinq véhicules identiques qu'elle loue à la journée. On suppose que le nombre de demandes de cars suit une loi de Poisson de moyenne 4.

Déterminer à l'aide d'un réseau bayésien :

① le nombre moyen journalier de demandes non satisfaites ;

② la probabilité qu'il y ait des demandes non satisfaites ;

③ la probabilité qu'un car au moins reste au garage ;

④ le taux moyen d'utilisation des cars.

Que deviennent ces résultats si l'entrepreneur décide d'acheter un sixième car ?

3.4 Plus difficiles

3.4.1 Âges

Un statisticien a trois enfants, Albert, Bianca et Cornélie, dont les âges sont compris entre 0 et 6 ans.

Afin de faire deviner les âges de ses enfants à l'un de ses collègues, il lui donne successivement les trois informations suivantes :
- C_1 : « La somme des âges d'Albert, Bianca et Cornélie est égale à 15 ».
- C_2 : « Bianca est strictement plus âgée qu'Albert ».
- C_3 : « Bianca et Cornélie ont deux ans d'écart ».

Construire un réseau bayésien pour exploiter ces informations.

3.4.2 Décision de justice

Un tribunal de trois juges déclare l'accusé coupable lorsqu'au moins deux juges estiment que cette décision est fondée. On suppose que si l'accusé est coupable, chaque juge se prononce dans ce sens avec une probabilité de 80 %, et que la probabilité qu'un juge estime coupable un accusé innocent est égale à 10 %. Les décisions des juges sont indépendantes, il n'y a pas de concertation. On suppose enfin que le pourcentage d'accusés effectivement coupables est de 80 %.

① Quel est le pourcentage d'accusés qui sont reconnus coupables ?

② Quelle est la probabilité qu'un innocent soit condamné à tort ?

③ Quelle est la probabilité d'acquittement d'un accusé coupable ?

④ Quelle est la probabilité que le troisième juge estime innocent un accusé que les deux premiers juges ont estimé coupable ?

3.4.3 Modèle génétique

Dans une population, on admet que la répartition des gènes est de 70 % pour le gène « yeux marron » et 30 % pour le gène « yeux bleus ». Chaque individu possède deux gènes. Le gène « yeux marron » est supposé dominant : un individu ayant un gène « yeux bleus » et un gène « yeux marron » a nécessairement les yeux marron.

① Représenter ces informations avec un réseau bayésien.

② Calculer la probabilité qu'un enfant ait les yeux bleus si ses parents ont les yeux marron.

③ Calculer la probabilité que la mère ait les yeux bleus si l'enfant et le père ont les yeux marron.

④ Quelle est la proportion d'individus aux yeux marron dans la population ? Cette proportion tend-elle à augmenter au cours des générations ?

⑤ Ajouter au modèle un second enfant en dupliquant les trois nœuds correspondant au premier enfant. Quelle est la probabilité que le second enfant ait les yeux bleus sachant que le premier a les yeux bleus ?

⑥ Utiliser l'absorption de nœuds de manière à rendre le modèle plus lisible.

3.4.4 Contrôle d'un procédé

Un système de contrôle-commande d'un procédé industriel est composé de trois capteurs. Le système déclenche un arrêt automatique du procédé si au moins deux capteurs détectent une anomalie (vote 2/3).

Les capteurs sont soit en bon fonctionnement, soit en panne avérée, soit en panne cachée. Les probabilités respectives sont de 90 %, 9 % et 1 %.

Si un des capteurs est en panne avérée, le système ignore les informations émises par ce capteur et se reconfigure en vote 2/2, c'est-à-dire qu'il déclenche l'alarme si les deux autres capteurs détectent une anomalie.

Enfin, si deux ou trois capteurs sont en panne avérée, l'arrêt automatique se déclenche.

① En cas d'anomalie, quelle est la probabilité de non-déclenchement de l'arrêt ?

② En cas d'anomalie, quelle est la probabilité de non-déclenchement si un des capteurs est en panne avérée ? En panne cachée ?

3.4.5 Jeu télévisé

Un jeu télévisé consiste à deviner le hobby favori de trois invités. Pour cela, le candidat a la possibilité de poser une question à chaque invité concernant un des 3 hobbies proposés. Aujourd'hui, les invités se prénomment Albert, Bruno et Igor ; les hobbies proposés sont : fan des Beatles, basketteur et cinéphile. On suppose que chaque invité a un seul hobby et que les hobbies des invités sont distincts.

Le candidat a regardé les émissions précédentes et en a déduit quelques statistiques. Ainsi, il estime qu'un invité qui se voit poser une question concernant son hobby a :

- 80 % de chances de se montrer « convaincant » dans sa réponse ;
- 19 % de chances de se montrer « plutôt convaincant » ;
- 1 % de chances de se montrer « peu convaincant ».

Par ailleurs, le candidat considère que ces probabilités sont de 15 %, 30 % et 55 %, si la question ne concerne pas le hobby de l'invité. Au cours de l'émission, Albert a été peu convaincant dans sa réponse à une question au sujet des Beatles ; Bruno a fourni une réponse détaillée à une question au sujet de la NBA ; enfin, Igor a été plutôt convaincant dans sa réponse à une question concernant le cinéma. Aidez le candidat à déterminer les hobbies de chaque invité en élaborant un réseau bayésien. Quelle est la probabilité qu'Albert soit cinéphile ? Quel est le hobby le plus probable d'Igor ?

3.4.6 Mesure de température

Un climatologue souhaite installer un dispositif de mesure de la température ambiante. Le dispositif utilise deux thermomètres dont les précisions sont de 1 et 3 degrés, ce qui signifie que la température affichée est égale à la température réelle entachée d'une erreur de moyenne nulle et d'écart-type 1 ou 3 degrés respectivement. On suppose que la température réelle suit une loi gaussienne d'espérance 15 degrés et d'écart-type 5 degrés.

Représenter ces données à l'aide d'un réseau bayésien, en utilisant la discrétisation 0-1, 1-2,..., 29-30.

Que dire de la température réelle si le premier thermomètre affiche 8,5 degrés et le second 12,5 degrés ?

3.4.7 Durée de vie d'une ampoule électrique

Un certain modèle d'ampoule est supposé avoir une durée de vie moyenne de $m = 1100$ heures, d'après les informations fournies par le constructeur. Cette donnée est fournie à 30 % près : en d'autres termes, la valeur *a priori* de l'espérance de la durée de vie suit une loi gaussienne d'espérance 1100 heures et d'écart-type 330 heures. On suppose que la durée de vie suit une loi uniforme, c'est-à-dire que la probabilité que l'ampoule soit défaillante au bout de x heures est égale à $p = \min(x/2m, 1)$. On sélectionne un échantillon de $N = 10$ ampoules.

① Déterminer la loi du nombre d'ampoules défaillantes au bout de 800 heures.

② Réévaluer m si 9 ampoules sont défaillantes au bout de 800 heures.

3.4.8 Mesure d'une superficie

Un terrain a une largeur de 120 mètres et une longueur de 160 mètres. Ces distances sont mesurées à 5 mètres près. Étudier à l'aide d'un réseau bayésien la distribution de probabilité de la superficie du terrain.

3.4.9 Réseau électrique

La figure 3.2 représente un réseau électrique constitué d'une zone de consommation, de deux unités de production G_1 et G_2, et de deux lignes de transport L_1 et L_2.

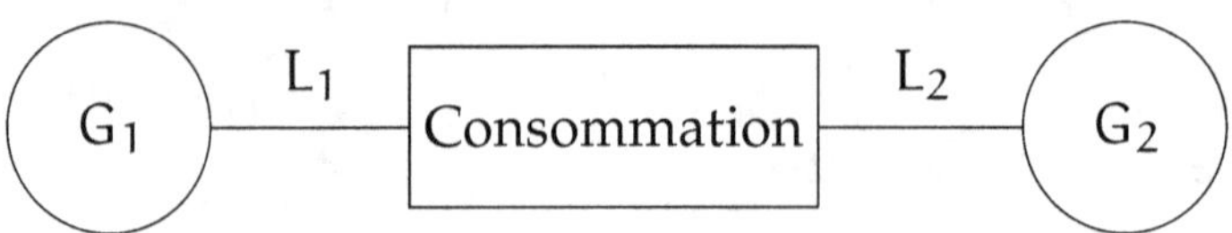

FIG. 3.2 *Réseau électrique (Exercice 3.4.9)*

Les unités de production, d'une puissance de 130 MW, sont disponibles 90 % du temps. La demande dans la zone de consommation dépend de la saison : en moyenne, 150 MW en hiver, 50 MW en été et 100 MW en printemps-automne, avec un écart-type de 30 MW. En hiver, chaque ligne est indisponible 1 % du temps (de manière indépendante) à cause de forts givres.

① Quel pourcentage du temps la demande peut-elle être satisfaite ?

② Si la demande n'est pas satisfaite, le problème provient-il plus vraisemblablement d'une ligne ou d'une unité de production indisponible ?

3.5 Aide à la décision

3.5.1 Dilemme... cornélien

Rodrigue souhaite séduire Chimène... Mais le père de Rodrigue demande à celui-ci de venger son honneur en affrontant en duel le père de Chimène, Don Gormas :

Parapluie	Temps	U
Oui	Pluie	-5
Oui	Soleil	-15
Non	Pluie	-100
Non	Soleil	50

TAB. **3.2** *Fonction d'utilité (Exercice 3.5.2)*

> « Je ne te dis plus rien. Venge-moi, venge-toi ;
>
> Montre-toi digne fils d'un père tel que moi.
>
> Accablé des malheurs où le destin me range,
>
> Je vais les déplorer. Va, cours, vole, et nous venge. »

Rodrigue hésite à accéder à la requête de son père : s'il tue Don Gormas, il estime que ses chances de conquérir Chimène sont de 60 %. En revanche, s'il refuse le duel, il évalue à 70 % la probabilité que Chimène le juge lâche et le rejette. Enfin, Don Gormas étant moins vaillant que Rodrigue, la probabilité d'une issue fatale du duel pour Don Gormas est de 60 %. En construisant un réseau bayésien comportant un nœud de décision, déterminer la décision optimale.

3.5.2 Parapluie

Jacques écoute la prévision météorologique chaque matin à la radio, qui annonce environ sept fois sur dix du soleil et trois fois sur dix de la pluie. Il sait par expérience que les prévisions sont fiables à 90 %. Jacques souhaite déterminer s'il emmène ou pas son parapluie. Pour cela, il détermine sa fonction d'utilité, notée U décrite dans le tableau 3.2.

Représenter ces données dans un réseau bayésien en introduisant un nœud de décision et un nœud d'utilité. Quelle est la décision optimale si la météo annonce du soleil ? Quelle est la décision optimale si Jacques oublie d'écouter le bulletin météo ? Comparer le réseau bayésien avec une modélisation équivalente par arbre de décision.

3.5.3 Tournoi de tennis

Gilbert est un marchand ambulant qui a l'habitude de se rendre au tournoi de tennis de Roland-Garros. Suivant les prévisions météorologiques, Gilbert emporte des parapluies ou des boissons fraîches. On admet les hypothèses suivantes :

Option A	Emporter des parapluies : le chiffre d'affaires maximal est de 2 000 euros.
Option B	Emporter des boissons : le chiffre d'affaires maximal est de 1 000 euros.
Option C	Emporter un stock diversifié : le chiffre d'affaires maximal est de 1 000 euros pour les parapluies et de 500 euros pour les boissons.
Option D	Ne pas se rendre au tournoi et exercer une activité (indépendante du climat) lui assurant un chiffre d'affaires de 300 euros.

TAB. 3.3 *Options (Exercice 3.5.3 page précédente)*

- Le temps à Roland-Garros est soit « beau », soit « pluvieux », soit « orageux », soit « frais ».
- Si le temps est beau, Gilbert vend toutes les boissons fraîches.
- Si le temps est pluvieux, les matchs sont annulés et Gilbert ne vend rien.
- Si le temps est orageux, Gilbert écoule son stock de parapluies à cause des pluies fortes et passagères, mais vend aussi ses boissons car le temps est chaud.
- Si le temps est frais, Gilbert vend 20 % de son stock de boissons et aucun parapluie.

Quatre options se présentent en fonction des prévisions (tableau 3.3).

On suppose enfin que la météo prévoit de manière équilibrée les quatre types de climat, avec une fiabilité de 70 % ; lorsque la prévision est erronée, le climat réel se répartit équitablement entre les trois possibilités non prévues.

Construire un réseau bayésien pour représenter ces informations. Quelle est la décision optimale ?
- Si la météo annonce un temps « frais » ?
- Dans le cas où l'organisme de météo est en grève ?

3.6   Exercices théoriques

3.6.1   Pouvoir de modélisation des réseaux bayésiens

On considère n variables aléatoires discrètes $X_1, X_2, \ldots, X_n$. Démontrer qu'il est possible de modéliser la loi de $X = (X_1, X_2, \ldots, X_n)$ par un réseau bayésien (quelles que soient les dépendances entre les X_i).

3.6.2   Apprentissage de probabilités

Dans une urne contenant des boules noires et blanches, soit θ la proportion de boules noires. En l'absence de toute information sur θ, on se donne une loi de probabilité *a priori* sur θ, uniforme sur l'intervalle [0,1]. On fait N tirages avec remises et on obtient k boules noires.

Quelle est la loi *a posteriori* de θ et son espérance ?

On pourra vérifier ce résultat, à l'aide d'un logiciel, dans le cas pratique $N = 10$; $k = 7$.

3.6.3   Indépendances 2 à 2

On considère trois variables booléennes A_1, A_2 et A_3, vérifiant les hypothèses suivantes :
- A_1 a 50 % de chances d'être vraie.
- A_2 est indépendante de A_1 et a également 50 % de chances d'être vraie.
- A_3 est vraie seulement lorsque $A_1 = A_2$.

Construire un réseau bayésien représentant ces hypothèses.

① Les trois variables sont-elles indépendantes ? Indépendantes 2 à 2 ?

② Que constate-t-on quand on inverse un lien ?

③ Que constate-t-on quand on absorbe un nœud ?

3.7   Commentaires et solutions des exercices

✧ **Exercice 3.1.1 page 42**

D'après le théorème de Bayes (cf. page 353), la probabilité qu'un individu soit une femme sachant qu'il est daltonien s'écrit :

$$P(\text{femme} \mid \text{daltonien}) = \frac{P(\text{femme})P(\text{daltonien} \mid \text{femme})}{P(\text{daltonien})} \tag{3.1}$$

Par ailleurs, la probabilité d'être daltonien peut être décomposée selon l'équation :

$$P(\text{daltonien}) = P(\text{femme}) \cdot P(\text{daltonien} \mid \text{femme}) \tag{3.2}$$
$$+ \, P(\text{homme}) \cdot P(\text{daltonien} \mid \text{homme}). \tag{3.3}$$

On en déduit, en admettant que la population comporte autant d'hommes que de femmes :

$$P(\text{femme} \mid \text{daltonien}) = \frac{0,5 \times 0,005}{0.5 \times 0,08 + 0.5 \times 0.005} \tag{3.4}$$

La proportion de femmes parmi les daltoniens est donc égale à $\frac{1}{17}$, soit environ 5,88 %.

Notons que l'application du théorème de Bayes est intuitive : une femme sur deux cents est daltonienne ; or pour deux cents hommes, il y a en moyenne seize daltoniens. On retrouve ainsi de manière immédiate la proportion d'une femme pour dix-sept daltoniens.

FIG. 3.3 *Réseau bayésien modélisant l'influence du sexe d'un individu (S) sur le daltonisme (D)*

Montrons à présent comment cet exercice peut être résolu à l'aide d'un réseau bayésien.

Soient S et D les variables correspondant au sexe de l'individu et au daltonisme. D'après l'énoncé, le daltonisme est plus fréquent chez les hommes que chez les femmes : il y a bien influence de la variable S sur la variable D (figure 3.3).

S'il y a autant d'hommes que de femmes dans la population, la loi de probabilité du nœud parent S est représentée par le tableau suivant :

Homme	Femme
0.5	0.5

Quant à la loi de probabilité conditionnelle de D en fonction de S, elle est caractérisée, d'après l'énoncé, par le tableau suivant :

	Daltonien	Non daltonien
Homme	0,08	0,92
Femme	0,005	0,995

La structure de la figure 3.3 et les tables de probabilités des nœuds S et D définissent un réseau bayésien. En saisissant ce réseau bayésien à l'aide d'un logiciel et en y introduisant l'information « D = daltonien », il apparaît que la probabilité que l'individu soit une femme passe de 50 % à 5,88 %. On retrouve ainsi la proportion $\frac{1}{17}$.

La figure 3.4 représente le réseau bayésien saisi avec le logiciel Netica. Sur cette copie d'écran, les lois de probabilité marginales des variables S et D sont représentées graphiquement à l'aide d'histogrammes.

↬ **Exercice 3.1.2 page 42**

Cet exercice, ainsi que les deux suivants, est analogue à l'exercice 3.1.1 page 42. Il se résout en appliquant le théorème de Bayes.

On peut observer dans cet exemple que la relation entre les deux variables représentant l'étudiant(e) et la langue étudiée ne traduit pas nécessairement une causalité entre les paramètres.

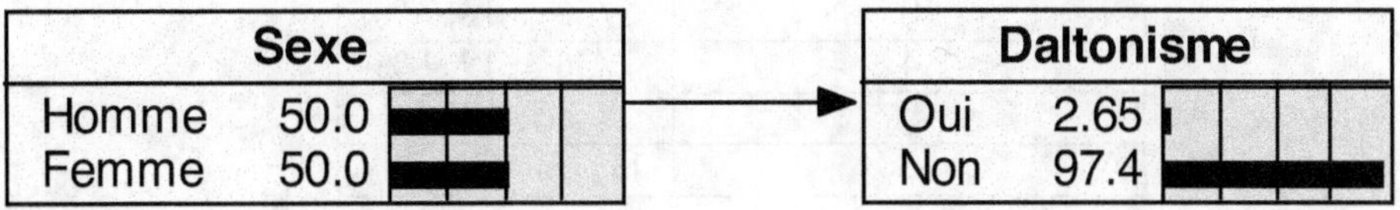

FIG. 3.4 *Réseau bayésien pour la relation entre le sexe d'un individu et le daltonisme (logiciel Netica) (Exercice 3.1.1 page 42)*

Le pourcentage d'étudiantes dans les cours de japonais est égale à 56,25 %.

⇨ Exercice 3.1.3 page 42

La probabilité que l'animal soit atteint est égale à $\frac{50}{9851}$, soit environ 0,51 %.

⇨ Exercice 3.1.4 page 43

La probabilité que le composant provienne de la chaîne A est égale à $\frac{1}{3}$.

⇨ Exercice 3.2.1 page 43

Étant données deux variables aléatoires X et Y, et une fonction déterministe f à deux variables, la loi de probabilité de la variable aléatoire $f(X, Y)$ peut être déterminée à l'aide d'un réseau bayésien ayant la structure de la figure 3.5 . Le réseau bayésien « propage » les lois de probabilité de X et Y, qu'on peut supposer, dans cet exercice, uniformes sur l'ensemble $\{1, ..., 6\}$, de manière à déterminer la loi de $f(X, Y) = \max(X, Y)$. Les résultats numériques sont donnés dans le tableau 3.4 ci-après.

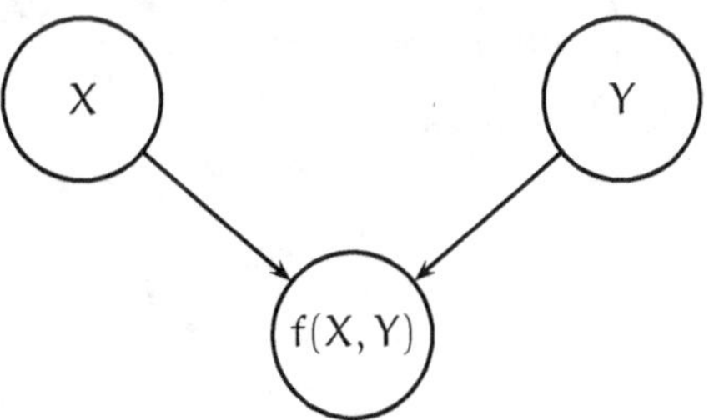

FIG. 3.5 *Réseau bayésien pour la loi de probabilité d'une fonction de deux variables aléatoires : le modèle « propage » les incertitudes sur X et Y.*

⇨ Exercice 3.2.2 page 43

La probabilité que la seconde pièce soit en or, sachant que la première est en or, est égale à $\frac{2}{3}$, et non à $\frac{1}{2}$ comme on pourrait le supposer. La démonstration de ce résultat est immédiate : si l'on note respectivement X_1 et X_2 les événements « la première pièce tirée est en or » et « la seconde pièce tirée est en or », la probabilité

Maximum des deux dés	Probabilité
1	$1/36 = 2,78\,\%$
2	$3/36 = 8,33\,\%$
3	$5/36 = 13,9\,\%$
4	$7/36 = 19,4\,\%$
5	$9/36 = 25\,\%$
6	$11/36 = 30,6\,\%$

TAB. 3.4 *Loi de probabilité de la valeur maximale de deux dés*

Coffre	Or	Argent
1	0,5	0,5
2	1	0
3	0	1

TAB. 3.5 *Loi de probabilité de la première pièce tirée (Exercice 3.2.2 page 43)*

recherchée s'écrit, par définition de la probabilité conditionnelle :

$$P(X_2 \mid X_1) = \frac{P(X_1 \text{ et } X_2)}{P(X_1)} \tag{3.5}$$

Au numérateur, on reconnaît la probabilité de tirer deux pièces d'or, c'est-à-dire la probabilité de choisir le second coffre, égale à $\frac{1}{3}$. La probabilité $P(X_1)$ qui figure au dénominateur est égale à $\frac{1}{2}$, par symétrie du problème. On en déduit le résultat annoncé.

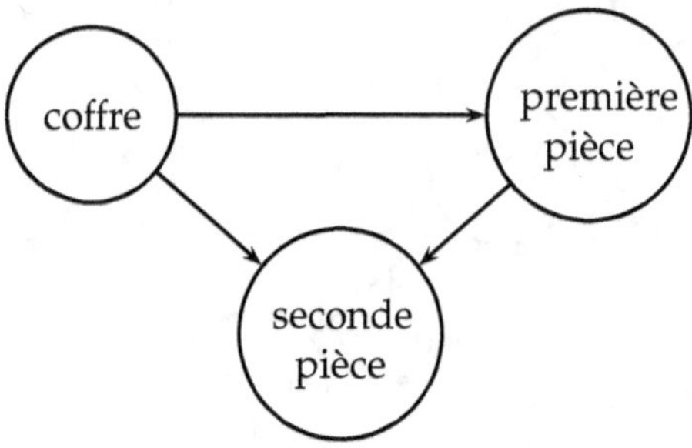

FIG. 3.6 *Réseau bayésien pour le problème des trois coffres (Exercice 3.2.2 page 43)*

Ce problème classique, dû au mathématicien Joseph Bertrand, peut être résolu à l'aide d'un réseau bayésien ayant la structure de la figure 3.7. On peut supposer que la loi de probabilité du nœud « coffre » est uniforme. La première pièce tirée dépend du coffre, selon la loi de probabilité conditionnelle représentée dans le tableau 3.5. La seconde pièce dépend à la fois du coffre et de la première pièce : la loi de probabilité de cette variable est donnée dans le tableau 3.6 ci-après. On peut

Coffre	Première pièce	Or	Argent
1	Or	0	1
1	Argent	1	0
2	Or	1	0
2	Argent	impossible	
3	Or	impossible	
3	Argent	0	1

TAB. 3.6 *Loi de probabilité de la seconde pièce tirée (Exercice 3.2.2 page 43)*

remarquer que dans ce tableau, toutes les probabilités conditionnelles sont égales à 0 ou à 1 : la variable dépend de manière déterministe de ses variables parentes. La propagation à travers le réseau bayésien de l'observation « la première pièce est en or » modifie les lois de probabilité des deux autres variables du modèle, et l'on vérifie en particulier que la probabilité que la seconde pièce soit en or, initialement égale à $\frac{1}{2}$, devient $\frac{2}{3}$.

✧ Exercice 3.2.3 page 43

Le raisonnement du geôlier est faux.

Sans information particulière lui permettant d'envisager l'avenir avec plus ou moins d'optimisme, Andy doit naturellement admettre que la probabilité qu'il soit condamné est égale à $\frac{1}{3}$. Supposons que le geôlier accède à la demande d'Andy et désigne, par exemple, Bruce comme devant être libéré. Cette information n'est d'aucune utilité à Andy, qui savait déjà que l'un de ses deux camarades serait libéré. La probabilité qu'Andy soit condamné demeurerait donc égale à $\frac{1}{3}$. En revanche, la probabilité que Charlie soit condamné devient $\frac{2}{3}$.

Plusieurs modélisations de ce problème par réseau bayésien sont possibles. La plus simple consiste à introduire deux variables L et D, correspondant respectivement au prisonnier libéré et au prisonnier désigné par le geôlier, et à construire un réseau bayésien ayant la structure élémentaire de la figure 3.7 .

FIG. 3.7 *Réseau bayésien pour le problème des trois prisonniers*

La loi de probabilité de L est uniforme, puisque chaque prisonnier a une chance sur trois d'être libéré ; quant à la loi de D, elle est caractérisée par la table de probabilités conditionnelles du tableau suivant :

	Bruce est désigné par le geôlier	Charlie est désigné par le geôlier
Andy condamné	0,5	0,5
Bruce condamné	0	1
Charlie condamné	1	0

En propageant dans le réseau bayésien l'information « D=Bruce », on constate que la probabilité qu'Andy soit libéré reste inchangée.

Il existe de nombreuses versions de ce problème [PB99] : jeu des trois enveloppes, des trois portes, *Monty Hall Problem*.

⇨ Exercice 3.2.4 page 44

Cet exercice décrit un phénomène assez courant en statistiques et connu sous le nom de paradoxe de Simpson.

Le tableau 3.1 page 44 montre que les blancs sont favorisés à la fois dans les affaires où la victime est blanche (3,4 % de peines capitales contre 16,7 %) et dans celles où la victime est noire (0,5 % contre 0 %). Ces observations laissent supposer une discrimination favorable aux blancs.

Cependant, les données agrégées du tableau 3.1 page 44 montrent au contraire que les tribunaux favorisent globalement les noirs (2,4 % de peines capitales contre 3,2 %).

Afin de comprendre le paradoxe, examinons de nouveau le tableau 3.1 page 44. On observe tout d'abord que dans 92 % des affaires, le meurtrier et la victime sont de même couleur de peau. Par ailleurs, les tribunaux sont nettement plus sévères lorsque la *victime* est blanche que lorsqu'elle est noire : 5,2 % de peines capitales contre 0,5 %.

Ainsi les meurtriers blancs apparaissent globalement défavorisés parce que, statistiquement, leurs victimes sont plus souvent de la même couleur de peau, et parce que les tribunaux sont, statistiquement, plus sévères dans les affaires où la victime est blanche.

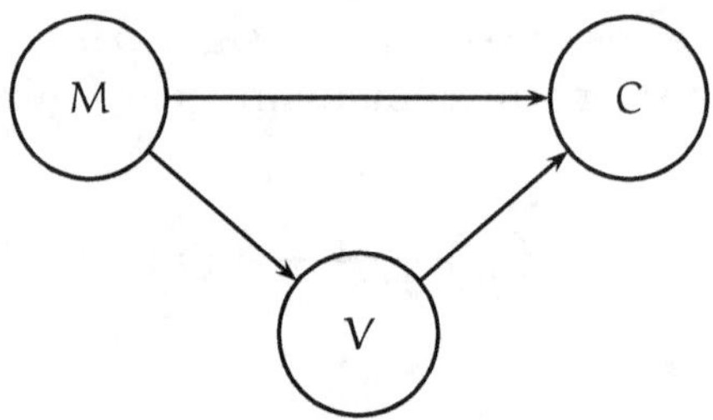

FIG. 3.8 *Dépendance entre la couleur de peau du meurtrier (M), la couleur de peau de la victime (V) et la condamnation (C) sous forme d'un réseau bayésien.*

Néanmoins, pour un même « type d'affaire » (le type d'affaire étant ici défini par la couleur de peau de la victime), les noirs sont nettement défavorisés par rapport aux blancs. Or, pour étudier l'influence du seul paramètre « couleur de peau du meurtrier » sur la décision des tribunaux, il convient d'étudier son effet indépendamment des autres paramètres, autant que le permettent les données disponibles.

Remarquons que si l'on détaillait encore davantage les données du tableau 3.1 page 44 (par exemple en distinguant les crimes avec ou sans préméditation, crapuleux ou passionnels, etc.), on pourrait être amené à reconsidérer les conclusions tirées de l'analyse de ce tableau. Cet exercice montre combien il est délicat de tirer des conclusions à partir de statistiques et en particulier de postuler l'existence d'une causalité à partir de l'observation de corrélations entre variables.

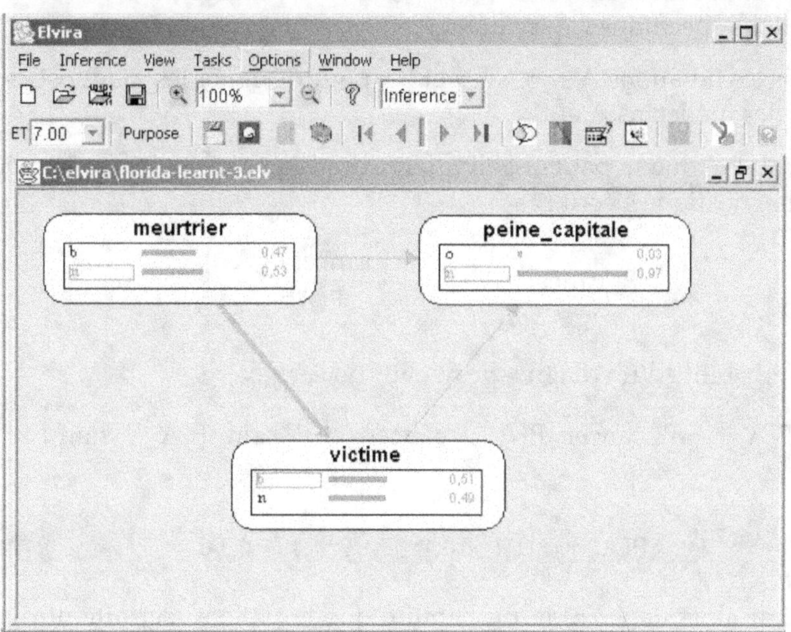

FIG. 3.9 *Réseau bayésien construit par le logiciel Elvira (Exercice 3.2.4 page 44)*

Pour modéliser par un réseau bayésien la distribution de probabilité représentées par ces données, notons respectivement M, V et C les variables correspondant à la couleur de peau du meurtrier, à celle de la victime et à la condamnation. Différentes structures de réseau bayésien sont envisageables pour relier les trois variables : la figure 3.8 page précédente montre une solution possible. Comme les variables M et V sont fortement corrélées, le lien entre ces deux variables peut être considéré comme indispensable, mais il n'en est pas de même des liens $M - C$ et $V - C$, qui s'appuient sur des corrélations moins évidentes d'après les données de l'exercice.

Il est également intéressant d'utiliser les données de cet exercice pour tester les fonctionnalités d'apprentissage de structure d'un logiciel de réseau bayésien. En effet, les statistiques du tableau 3.1 page 44 peuvent être considérées comme résumant un fichier de 4764 observations du triplet (couleur meurtrier, couleur victime, condamnation).

À partir d'un tel fichier d'exemples, certains logiciels sont capables de proposer des structures de réseau bayésien qui traduisent les dépendances entre variables. La figure 3.7 est une copie d'écran du logiciel Elvira, qui montre une structure de réseau bayésien « apprise » par l'outil à partir des données. On note l'épaisseur du trait reliant la variable M (meurtrier) et V (victime) : le logiciel a clairement identifié la corrélation très forte entre ces deux variables.

⇨ **Exercice 3.3.1 page 44**

Les réseaux bayésiens sont des outils de diagnostic puissants. Dans le domaine médical, ils offrent la possibilité de prendre en compte à la fois l'expertise du médecin, des données statistiques sur la fréquence des pathologies, ainsi bien sûr que les observations spécifiques au patient.

Utilisons les notations A^+, A^-, B^+ et B^- pour désigner les diagnostics positifs ou négatifs des médecins A et B.

La probabilité que le patient soit atteint du cancer sachant que le médecin A ne l'a pas diagnostiqué s'écrit :

$$P(\text{ cancer} \mid A^-) = \frac{P(\text{ cancer et } A^-)}{P(A^-)} \tag{3.6}$$

Or, la probabilité d'un diagnostic négatif de A est :

$$P(A^-) = P(\text{ cancer })P(A^- \mid \text{ cancer }) + P(\text{ sain })P(A^- \mid \text{ sain }) \tag{3.7}$$

Soit

$$P(A^-) = 0,1 \times 0,4 + 0,9 \times 1 = 0,94. \tag{3.8}$$

On déduit alors de (3.6) la probabilité que le patient soit atteint du cancer, sachant le diagnostic de A :

$$P(\text{ cancer} \mid A^-) = \frac{0,1 \times 0,4}{0,94} = \frac{2}{47} \approx 4,26\,\%. \tag{3.9}$$

Le même raisonnement s'applique pour « actualiser » la probabilité après le diagnostic positif du second médecin :

$$P(\text{ cancer} \mid A^- \text{ et } B^+) = \frac{P(\text{ cancer et } A^- \text{ et } B^+)}{P(A^- \text{ et } B^+)} \tag{3.10}$$

Or, la probabilité d'un diagnostic négatif de A et d'un diagnostic positif de B est :

$$P(A^- \text{ et } B^+) = P(\text{ cancer })P(A^- \text{ et } B^+ \mid \text{ cancer}) + P(\text{ sain })P(A^- \text{ et } B^+ \mid \text{ sain }) \tag{3.11}$$

Soit, en supposant que les diagnostics soient indépendants conditionnellement à l'état du patient :

$$P(A^- \text{ et } B^+) = 0,1 \times 0,4 \times 0,8 + 0,9 \times 1 \times 0,1 = 0,122. \tag{3.12}$$

On déduit alors de (3.10) la probabilité que le patient soit atteint du cancer, sachant les diagnostics de A et B :

$$P(\text{ cancer} \mid A^-) = \frac{0,1 \times 0,4 \times 0,8}{0,122} = \frac{16}{61} \approx 26,2\,\%. \tag{3.13}$$

✧ Exercice 3.3.2 page 45

La deuxième question est la plus facile à traiter. En effet, puisque le second test ne génère pas de détection intempestive, un concurrent sain ne peut être disqualifié que si le premier test le déclare positif. Ainsi :

$$P(\text{disqualifié} \mid \text{sain})) = 0,01 \tag{3.14}$$

Évaluons à présent la probabilité qu'un concurrent soit disqualifié. On peut l'écrire :

$$P(\text{disqualifié}) = P(\text{disqualifié et sain}) + P(\text{disqualifié et dopé}) \tag{3.15}$$

soit

$$P(\text{disqualifié}) = P(\text{sain})P(\text{disqualifié} \mid \text{sain}) + P(\text{dopé})P(\text{disqualifié} \mid \text{dopé}) \tag{3.16}$$

Un concurrent dopé sera positif si l'un ou l'autre des tests est positif. D'où :

$$P(\text{disqualifié} \mid \text{dopé}) = 0,95 + 0,9 - 0,9 \times 0,95 \tag{3.17}$$

L'équation (3.16) donne alors :

$$P(\text{disqualifié}) = 0,9 \times 0,01 + 0,1 \times (0,95 + 0,9 - 0,9 \times 0,95) = 0,1085 \tag{3.18}$$

Le pourcentage de participants disqualifiés sera donc en moyenne de 10,85 %. Il reste à évaluer la probabilité qu'un concurrent disqualifié soit sain. Celle-ci s'écrit, d'après le théorème de Bayes :

$$P(\text{sain} \mid \text{disqualifié}) = P(\text{disqualifié} \mid \text{sain}) \frac{P(\text{sain})}{\text{disqualifié}} = 0,01 \frac{0,9}{0,1085} \tag{3.19}$$

La probabilité qu'un concurrent soit sain sachant qu'il a été disqualifié est donc environ égale à 8,29 %.

✧ Exercice 3.3.3 page 45

Notons respectivement a, b, et c les probabilités que les composants A, B et C soient en marche. Pour que le système soit en marche, il faut que A soit en marche, et que B ou C le soit également. Par conséquent, la probabilité que le système soit en marche est égale à :

$$a.(b + c - bc). \tag{3.20}$$

La probabilité de panne du système est donc égale à :

$$P(\text{panne}) = 1 - a.(b + c - bc) = \frac{30357}{200000} \approx 15,2\,\%. \tag{3.21}$$

Calculons la probabilité que A soit en panne sachant que le système est en panne :

$$P(\text{A en panne} \mid \text{système en panne}) = \frac{P(\text{A en panne et système en panne})}{P(\text{système en panne})} \tag{3.22}$$

Lorsque A est en panne, le système est forcément en panne. Par conséquent, l'événement « A est en panne et le système est en panne » se résume à « A est en panne ». D'où :

$$P(\text{A en panne} \mid \text{système en panne}) = \frac{1-a}{P(\text{système en panne})} = \frac{30000}{30357} \approx 98.8\ \%. \tag{3.23}$$

Si le système est en panne, il est donc très probable que le composant A soit en panne.

Enfin, la probabilité qu'aucun composant ne soit en panne est égale au produit abc, soit $\frac{153357}{200000}$ (environ 76,7 %).

Cet exercice illustre l'utilisation d'un réseau bayésien pour une étude de fiabilité. Les réseaux bayésiens constituent une généralisation des arbres de défaillances : on aurait pu traiter dans cet exercice, le cas d'un système série, parallèle, « deux-sur-trois », etc.

⇨ Exercice 3.3.4 page 46

L'alarme automatique ne sera pas déclenchée si deux ou trois détecteurs sont en panne. Par conséquent, en notant p_0 la probabilité de panne d'un détecteur (égale à 0,1), la probabilité de non-déclenchement de l'alarme automatique s'écrit :

$$C_3^2 p_0^2 (1 - p_0) + p_0^3. \tag{3.24}$$

Si l'on suppose que le risque d'incendie est indépendant de la présence de l'opérateur et que l'opérateur est toujours apte à déclencher l'alarme lorsqu'il est présent, il reste à multiplier la probabilité de non-déclenchement de l'alarme automatique par la probabilité que l'opérateur soit absent ($\frac{2}{3}$).

On établit ainsi que la probabilité que l'alarme ne soit pas déclenchée est égale à $\frac{7}{375}$, soit environ 1,87 %.

Cet exercice est un autre exemple d'utilisation d'un réseau bayésien pour une étude de fiabilité. Ici l'étude est prévisionnelle, mais le même réseau bayésien peut aussi s'utiliser en diagnostic, pour analyser *a posteriori* les causes d'un événement : si l'alarme ne s'est pas déclenchée, chaque détecteur a 32 % de chances de n'avoir pas fonctionné et l'opérateur était nécessairement absent.

⇨ Exercice 3.3.5 page 46

Notons respectivement T et T' les événements « identification par le témoin » et « test ADN positif ». D'après le théorème de Bayes, la probabilité de culpabilité du suspect s'écrit :

$$P(\text{coupable} \mid T \text{ et } T') = \frac{P(\text{coupable et } T \text{ et } T')}{P(T \text{ et } T')} \tag{3.25}$$

Soit x la probabilité de culpabilité *a priori* du suspect. En supposant l'indépendance conditionnelle du test ADN et du témoignage humain, on a :

$$P(\text{coupable} \mid T \text{ et } T') = \frac{0,7 \times 0,99 \times x}{0,7 \times 0,99 \times x + 0,3 \times 0,01 \times (1-x)} \tag{3.26}$$

Numériquement, avec $x = 0,1$ et $x = 0,01$, la probabilité de culpabilité est respectivement de 96,25 % et de 70 %.

En dépit de la grande fiabilité du test ADN, la probabilité *a priori* de culpabilité du suspect influe fortement sur la conclusion que fournit le théorème de Bayes. En particulier, dans les deux situations extrêmes où l'on présume l'innocence ($x = 0$) ou la culpabilité ($x = 1$) du suspect, la probabilité de culpabilité reste respectivement égale à 0 et à 1 lorsqu'on l'actualise avec le témoignage et le résultat du test ADN.

L'utilisation du théorème de Bayes fait parfois l'objet de débats dans la communauté juridique : un ouvrage récent a d'ailleurs été consacré aux applications des réseaux bayésiens en médecine médico-légale [TAGB06]. Dans cet exemple, la modélisation par réseau bayésien permet de combiner une information objective (le résultat d'un test scientifique) et un témoignage subjectif ; cependant, la notion de probabilité *a priori* du suspect pose des problèmes éthiques.

↳ **Exercice 3.3.6 page 46**

Cet exercice est un exemple d'utilisation d'un réseau bayésien pour traiter un problème de dimensionnement.

Notons D le nombre de demandes et n le nombre de véhicules. La variable D suit une loi de Poisson de moyenne 4, ce qui signifie que pour tout entier naturel k :

$$P(D = k) = e^{-4}\frac{4^k}{k!}. \tag{3.27}$$

Le nombre de demandes non satisfaites est nul si $D \leq n$, et égal à la différence $n - D$ sinon. Cela se résume par l'équation :

$$D_0 = \max(0, D - n). \tag{3.28}$$

La loi de D_0 peut être explicitée à l'aide d'un réseau bayésien, par propagation de la loi de D, comme le montre la figure 3.7 ci-après. Théoriquement, les variables D et D_0 ne sont pas bornées : cependant, comme les logiciels de réseaux bayésiens ne traitent généralement que des variables prenant un nombre fini de modalités, des valeurs maximales fictives (20 et 10) ont été attribuées à D et D_0.

La probabilité qu'il y ait des demandes non satisfaites est

$$p_1 = P(D_0 \geq 1). \tag{3.29}$$

La probabilité qu'un car au moins reste au garage est

$$p_2 = P(D \leq n - 1). \tag{3.30}$$

Enfin, le taux d'utilisation des cars est égal à :

$$\tau = \frac{\mathbb{E}(D - D_0)}{n}. \tag{3.31}$$

Réponses : avec $n = 5$: il y a chaque jour, en moyenne, $\mathbb{E}(D_0) = 0,41$ demandes non satisfaites ; $p_1 = 0,215$; $p_2 = 0,63$ et $\tau = 72$ %. Avec 6 cars, ces résultats numériques deviennent $\mathbb{E}(D_0) = 0,195$; $p_1 = 0,11$, $p_2 = 0,79$, et $\tau = 63$ %.

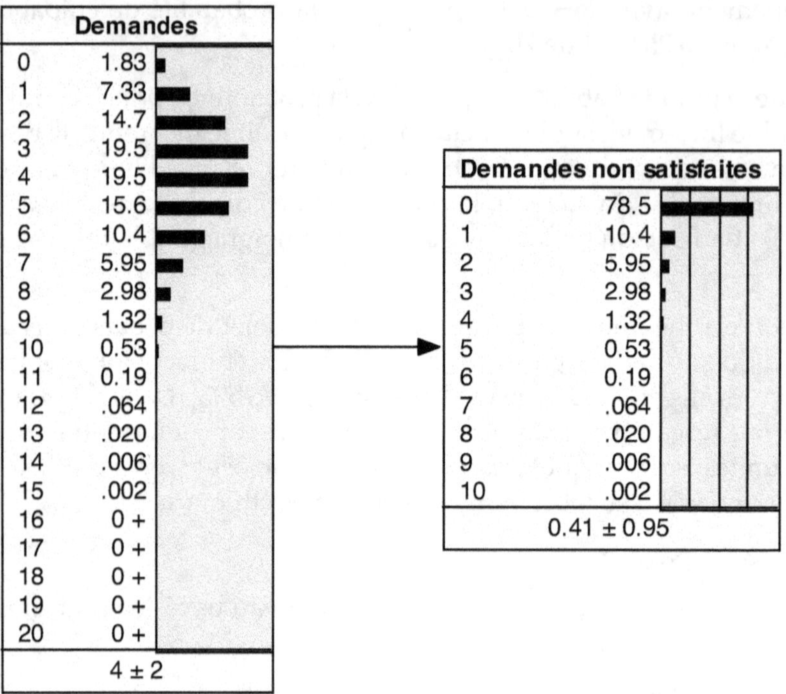

FIG. 3.10 *Détermination de la loi de probabilité du nombre de demandes de cars non satisfaites (Exercice 3.3.6 page 46)*

↪ Exercice 3.4.1 page 47

Cet exercice montre l'utilisation d'un réseau bayésien pour traiter un problème classique de résolution de contraintes.

Afin d'exploiter les informations données par le statisticien, construisons un réseau bayésien en introduisant tout d'abord trois nœuds correspondant aux âges des enfants. Faute d'information particulière, on peut affecter *a priori* aux trois variables une distribution uniforme sur l'ensemble de valeurs $\{0, 1, 2, 3, 4, 5, 6\}$.

La prise en compte de la contrainte C_1 s'effectue en introduisant une variable S, dont les variables parentes sont les âges des trois enfants, et qui est définie comme la somme des trois âges. On peut alors propager l'information « $S = 15$ » à travers le réseau bayésien et observer l'actualisation des lois de probabilité des âges des enfants. Conditionnellement à cette information, il devient notamment impossible qu'un des trois enfants ait 0, 1 ou 2 ans.

Puis on introduit une variable C_2, booléenne, vraie si et seulement si la contrainte C_2 est satisfaite (c'est-à-dire si Bianca est plus âgée qu'Albert). On peut alors propager l'information « C_2 est vraie ». On procède de même pour la contrainte C_3. La non-linéarité des contraintes C_2 et C_3 ne pose aucun problème. La figure 3.11 ci-après représente la structure du réseau bayésien ainsi obtenu.

La loi de probabilité *a priori* qu'on se donne pour résoudre l'exercice n'a pas d'importance, car le statisticien a donné suffisamment d'informations pour que l'on puisse déterminer de façon certaine les âges des trois enfants : Albert, Bianca

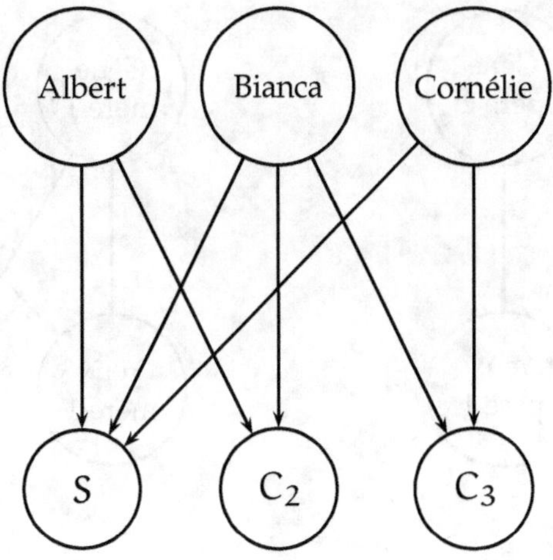

FIG. 3.11 *Réseau bayésien pour le problème des âges*

et Cornélie ont respectivement 5, 6 et 4 ans.

⇨ **Exercice 3.4.2 page 47**

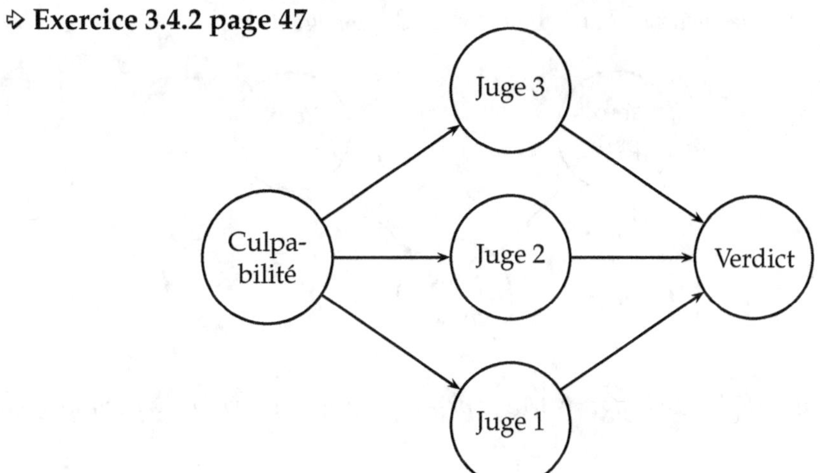

FIG. 3.12 *Réseau bayésien pour le problème des trois juges*

La figure 3.12 représente la structure d'un réseau bayésien montrant l'influence de la culpabilité sur les décisions des juges, puis la dépendance du verdict en fonction des avis des 3 juges.

Réponses : 72,2 %, 2,8 %, 10,4 % et 20,3 %.

⇨ **Exercice 3.4.3 page 47**

La figure 3.13 ci-après propose une structure de réseau bayésien pour représenter les informations de l'énoncé.

Cet exemple met en évidence la double utilisation d'un même réseau bayésien pour la prévision (détermination des conséquences probables à partir des causes) et le diagnostic (détermination des causes probables à partir des conséquences).

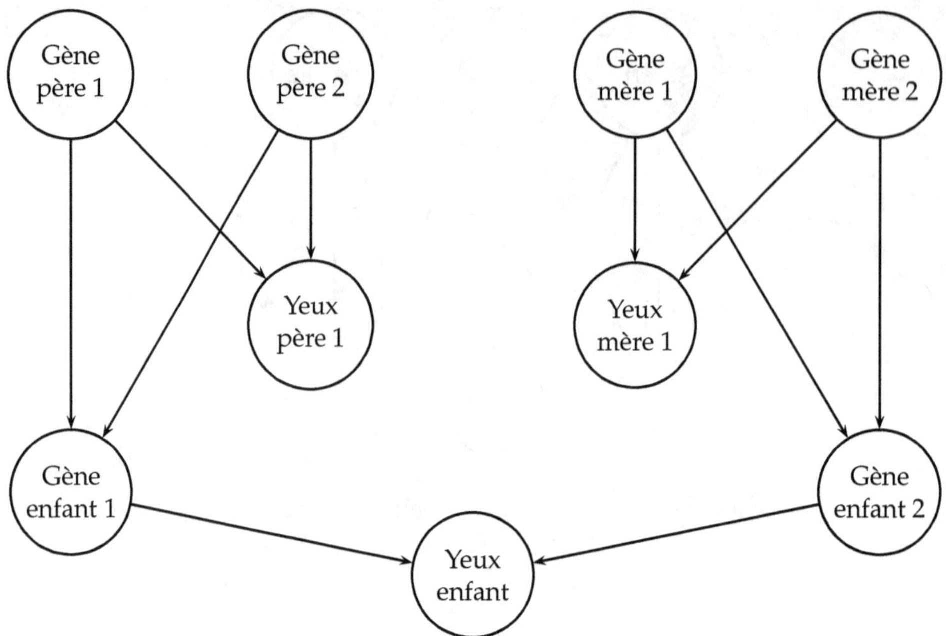

FIG. 3.13 *Réseau bayésien représentant l'influence de la couleur des yeux des parents sur la couleur des yeux de l'enfant (Exercice 3.4.3 page 47)*

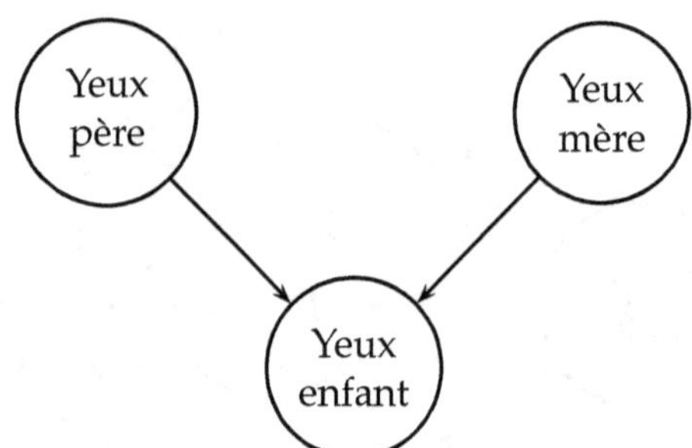

FIG. 3.14 *Réseau bayésien de la figure 3.13 , après absorption des variables correspondant aux gènes*

Certains logiciels de réseaux bayésiens sont dotés d'une fonction d'absorption de nœuds qui élimine certains nœuds du modèle. Dans cet exercice, il est intéressant de ne considérer que les variables observées, à savoir les couleurs des yeux. En effet, les variables correspondant aux gènes n'ont pas d'autre intérêt que d'expliquer le phénomène d'hérédité. On obtient alors le réseau bayésien de la figure 3.14 . Ce procédé d'« absorption » de variables permet une véritable simplification du modèle : il ne s'agit pas seulement d'un moyen d'améliorer sa lisibilité (Réponses : 2) 5,33 % ; 3) 7,44 % ; 4) 91 %, Non et 5) 42,2 %).

⇨ **Exercice 3.4.4 page 48**

Réponses : 0,52 %, 1,81 % et 18,2 %. Les résultats numériques montrent que la panne cachée d'un capteur compromet fortement le bon fonctionnement du système.

Cet exercice met en évidence l'utilisation d'un réseau bayésien pour une étude de type *what-if* : on détermine simplement à l'aide du modèle quelle est l'augmentation du risque due à l'occurrence d'une panne.

Dans le domaine des études de fiabilité, les réseaux bayésiens ont l'avantage de permettre la modélisation de composants présentant des modes de défaillance multiples.

⇩ Exercice 3.4.5 page 48

Une structure du réseau bayésien apte à représenter les données de l'énoncé est proposée dans la figure 3.15 . Le nœud « Contrainte » est égal à « vrai » si les candidats ont trois hobbies distincts et à « faux » sinon. L'inférence bayésienne à partir des réponses des candidats s'effectue en fixant à « vrai » la valeur de cette variable (Réponses : la probabilité qu'Albert soit cinéphile est de 78,7 % ; le hobby le plus probable d'Igor consiste à écouter les Beatles).

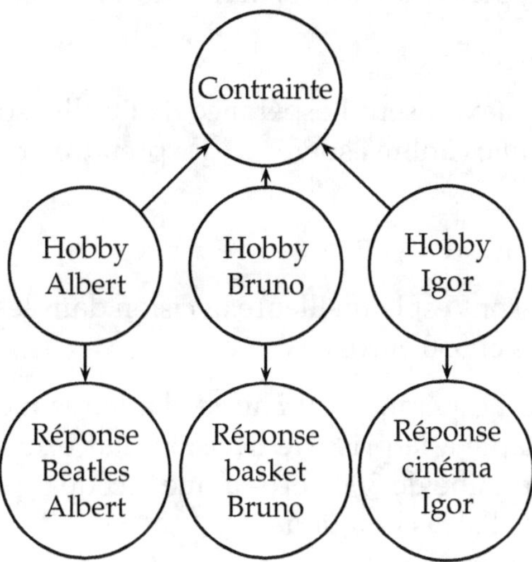

FIG. 3.15 *Réseau bayésien pour les hobbies des invités au jeu télévisé (Exercice 3.4.5 page 48)*

⇩ Exercice 3.4.6 page 49

Réponses : 9,2 degrés est la valeur la plus probable. Le réseau bayésien est utilisé dans cet exercice comme outil de fusion sensorielle : on estime la « vraie valeur » d'un paramètre mesuré par différents capteurs.

⇩ Exercice 3.4.7 page 49

Réponse : la fourchette la plus probable pour m est l'intervalle 800-1000 heures (probabilité de 60,4 %). Cet exercice montre l'utilisation d'un réseau bayésien comme outil de statistique bayésienne : on met à jour une loi de probabilité *a priori* à partir de données de retour d'expérience.

⇩ Exercice 3.4.8 page 50

Cet exercice est un autre exemple d'utilisation d'un réseau bayésien pour propager des incertitudes : étant données deux variables X et Y entachées d'incertitude, le réseau bayésien calcule la loi de probabilité de $f(X, Y)$. On retrouve ici la structure de la figure 3.5 page 55 (page 55). Notons qu'avec la plupart des outils de réseaux bayésiens, il est nécessaire de discrétiser les variables X, Y et $f(X, Y)$ pour évaluer la loi de probabilité de $f(X, Y)$.

⇨ Exercice 3.4.9 page 50

La demande peut être satisfaite 93 % du temps (en été : 99 % ; en hiver : 83 %) ; d'une unité de production. On aurait pu prendre en compte d'autres dépendances : périodes de maintenance des lignes en fonction de la saison, dépendances entre lignes (pas de maintenance simultanée sur les deux lignes, risque d'incidents simultanés sur les deux lignes, dus par exemple à un fort givre, à la foudre, à une tempête, etc.). L'utilisation de réseaux bayésiens pour les études de systèmes électriques sera abordée au chapitre 9.1 page 232.

⇨ Exercice 3.5.1 page 50

Rodrigue doit accepter le duel (probabilité de succès = 36 %).

⇨ Exercice 3.5.2 page 51

Les décisions qui maximisent l'espérance de l'utilité sont respectivement : ne pas prendre de parapluie (utilité espérée : -1) ; prendre un parapluie (utilité espérée : $-11, 6$).

⇨ Exercice 3.5.3 page 51

Emporter des boissons est la meilleure décision dans les deux cas (chiffre d'affaire espéré : 340 euros et 550 euros).

On remarque que l'espérance du chiffre d'affaires n'est pas nécessairement le critère le mieux adapté à la prise de décision. Par exemple, le marchand peut préférer une recette certaine de 300 euros à une recette espérée de 340 euros mais variable en fonction de l'aléa climatique.

⇨ Exercice 3.6.1 page 52

Ce résultat théorique, qui se démontre immédiatement par récurrence, est important en pratique. Il montre en effet que, quelle que soit la complexité des interactions entre les variables du système étudié, il est possible de les représenter par un réseau bayésien.

⇨ Exercice 3.6.2 page 53

La densité de probabilité *a posteriori* $f(\theta, k)$ du paramètre θ est d'après le théorème de Bayes :

$$f(\theta, k) = \frac{f(k \mid \theta)}{\int_0^1 f(k \mid \theta) f_0(\theta)\, d\theta} \tag{3.32}$$

où $f_0(\theta)$ est la densité *a priori* du paramètre θ, uniformément égale à 1 sur l'intervalle $[0, 1]$. On obtient après calcul :

$$f(\theta, k) = \frac{(n + 1)!}{k!(n - k)!} \theta^k (1 - \theta)^{n-k} \tag{3.33}$$

La loi *a posteriori* est donc une loi β, de moyenne $(k + 1)/(N + 2)$. Ainsi, avec $k = 7$ et $N = 10$, et une probabilité *a priori* de 50 %, le réseau bayésien évalue la proportion de boules noires à 2/3. L'apprentissage des probabilités à partir de données s'effectue par *estimation bayésienne*. Le terme réseau bayésien provient cependant de l'utilisation du théorème de Bayes pour propager les probabilités.

⇨ Exercice 3.6.3 page 53

Les trois variables sont dépendantes, bien que deux à deux mutuellement indépendantes. On observe que le problème est symétrique.

Deuxième partie

Cadre théorique et algorithmes

Chapitre 4

Modèles graphiques et Indépendances

Dans le chapitre d'initiation, nous avons présenté successivement les deux champs théoriques à la base des réseaux bayésiens, la théorie des graphes et la théorie des probabilités. Nous avons présenté une méthode intuitive de transposition d'un graphe causal vers un *espace probabilisé*. Enfin, nous avons mentionné l'existence d'un résultat important reliant une *propriété graphique* (la d-séparation) et une *propriété probabiliste* (l'indépendance conditionnelle).

Ce type de résultat est loin d'être évident au premier abord. En effet, on peut considérer intuitivement que les graphes permettent la représentation de relations binaires entre éléments d'un même ensemble alors que les probabilités induisent une relation qualitative *ternaire* – l'*indépendance conditionnelle* – qui ne semble pas autoriser le même genre de représentation.

Dans ce chapitre, nous allons présenter les outils théoriques permettant de concilier effectivement la théorie des graphes et la théorie des probabilités.
Cet exposé est plus général que ce qui serait strictement indispensable pour les réseaux bayésiens, puisque nous allons étudier dans le même cadre théorique les modèles non orientés, appelés aussi réseaux de Markov, et

les modèles orientés que sont les réseaux bayésiens.

En conclusion, nous présentons quelques arguments qui nous font préférer les *arcs* aux *arêtes*, ou autrement dit les réseaux bayésiens aux modèles de Markov.

4.1 Graphoïdes

La relation d'indépendance conditionnelle sur un ensemble de variables V est une relation ternaire sur l'ensemble des parties de V et peut donc se décrire, par extension, comme la liste des triplets de sous-ensembles disjoints de V vérifiant cette relation. Plus généralement, une telle liste de triplets détermine par extension une relation ternaire, quelle que soit la sémantique de la relation. Cette partie étudie les propriétés formelles et les structures intéressantes d'une telle relation.

4.1.1 Modèles d'indépendance

➠ Définition 4.1 (modèle d'indépendance)
Soit V un ensemble fini et non vide de variables, on note $T(V)$ *l'ensemble des triplets* $\ll A \Leftrightarrow B \mid C \gg$ *de sous-parties disjointes A,B, C de V où A et B sont non vides. Toute sous-partie de* $T(V)$ *est un modèle d'indépendance.*

$\ll A \Leftrightarrow B \mid C \gg_M$ *est la proposition logique qui indique que le triplet* $\ll A \Leftrightarrow B \mid C \gg$ *appartient au modèle d'indépendance M.*

$$\ll A \Leftrightarrow B \mid C \gg_M \iff \ll A \Leftrightarrow B \mid C \gg \in M$$

Note 4.1 [Pea88a] parle de *dependency model*. Cependant, comme chaque triplet sera interprété, dans un contexte probabiliste, comme une indépendance conditionnelle, il semble opportun de profiter de la traduction pour rectifier cette appellation.

4.1.2 Semi-graphoïde et graphoïde

Les modèles d'indépendance tels que définis ci-dessus sont des ensembles très peu contraints. Pour être utiles, ils doivent être structurés. Cette structure est donnée par de nouvelles notions, présentées ici telles qu'introduites par [Pea88a] : les semi-graphoïdes et les graphoïdes.

➠ Définition 4.2 (semi-graphoïde)
Un modèle d'indépendance M est un semi-graphoïde s'il satisfait pour tout A, B, S, P sous-ensembles disjoints de V :

(Indépendance triviale)	$\ll A \diamond \emptyset \mid S \gg_M$		
(Symétrie)	$\ll A \diamond B \mid S \gg_M$	$\Rightarrow$	$\ll B \diamond A \mid S \gg_M$
(Décomposition)	$\ll A \diamond (B \cup P) \mid S \gg_M$	$\Rightarrow$	$\ll A \diamond B \mid S \gg_M$
(Union faible)	$\ll A \diamond (B \cup P) \mid S \gg_M$	$\Rightarrow$	$\ll A \diamond B \mid (S \cup P) \gg_M$
(Contraction)	$et \left\{ \begin{array}{c} \ll A \diamond B \mid (S \cup P) \gg_M \\ \ll A \diamond P \mid S \gg_M \end{array} \right\}$	$\Rightarrow$	$\ll A \diamond (B \cup P) \mid S \gg_M$

NOTE 4.2 L'axiome d'indépendance triviale n'est pas explicitement donné dans [Pea88a]. Cependant, comme le remarque [Wil94], il semble être nécessaire et implicitement accepté [1].

On peut définir pour chaque modèle d'indépendance $M \subset T(V)$ un semi-graphoïde $SG(M)$ qui est le semi-graphoïde minimal (au sens de l'inclusion) contenant M. $SG(M)$ est la *fermeture* de semi-graphoïde de M.

➡ DÉFINITION 4.3 (GRAPHOÏDE)
Un modèle d'indépendance M est un graphoïde s'il est un semi-graphoïde et s'il satisfait :

(Intersection)	$et \left\{ \begin{array}{c} \ll A \diamond B \mid (S \cup P) \gg_M \\ \ll A \diamond P \mid (S \cup B) \gg_M \end{array} \right\}$	$\Rightarrow$	$\ll A \diamond (B \cup P) \mid S \gg_M$

De même que plus haut, $G(M)$ est la *fermeture* de graphoïde de M.

[Pea88a] donne de ces structures une représentation visuelle qui fixe assez bien les idées sur les intuitions qui les sous-tendent (voir figure 4.1).

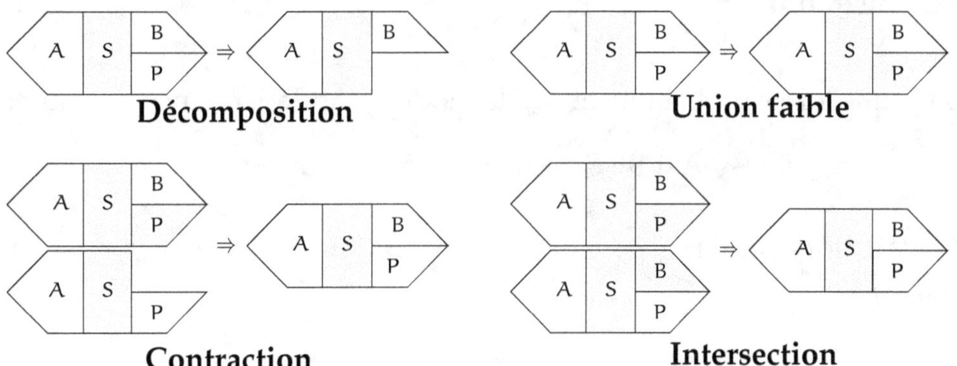

FIG. 4.1 *Représentations graphiques [Pea88a] des différents axiomes caractérisant les graphoïdes et les semi-graphoïdes.*

Les semi-graphoïdes et graphoïdes sont des structures très abstraites qui possèdent bien plus d'un champ d'application. [Daw98], [Stu97] ainsi

---

[1] Voir, par exemple, [Pea88a], paragraphe 3.2.1, page 97 :

(…) *Note that* $B_1(\alpha)$ *is nonempty because* $I(X, S, \emptyset)$ *guarantees that* (…).

que [CDLS99] en citent un certain nombre telles que : l'indépendance conditionnelle probabiliste, l'indépendance conditionnelle pour les fonctions de croyance, la dépendance multivaluée, les fonctions conditionnelles naturelles, la théorie des bases de données relationnelles, la séparation dans les graphes, l'orthogonalité d'espaces vectoriels, etc. Pour ce qui nous intéresse ici, deux champs d'application sont particulièrement pertinents : l'indépendance conditionnelle et la séparation dans les graphes.

4.2 Modèle d'indépendance et loi de probabilité

Le lien entre modèle d'indépendance et loi de probabilité est assez simple. Toute loi de probabilité $\mathcal{P}$ sur un ensemble V de variables définit un modèle d'indépendance. Il suffit en effet de lister l'ensemble des triplets (A, B, C) de sous-ensembles disjoints de V qui vérifient la propriété d'indépendance conditionnelle $A \perp\!\!\!\perp B \mid C$ [2]. En notant $M_{\mathcal{P}}$ le modèle d'indépendance ainsi créé, on a :

THÉORÈME 4.1

- $M_{\mathcal{P}}$ *possède une structure de semi-graphoïde.*
- *Si $\mathcal{P}$ est positive alors $M_{\mathcal{P}}$ possède une structure de graphoïde.*

Démonstration

Soit $\mathcal{P}$ une loi de probabilité et $M_{\mathcal{P}}$ le modèle d'indépendance vérifiant :

$$\ll A \diamond B \mid C \gg_{M_{\mathcal{P}}} \Longleftrightarrow A \perp\!\!\!\perp B \mid C$$

$M_{\mathcal{P}}$ doit alors vérifier :

① *Symétrie*

$$\begin{aligned}
\ll A \diamond B \mid S \gg_{M_{\mathcal{P}}} &\Longleftrightarrow A \perp\!\!\!\perp B \mid S \\
&\Rightarrow B \perp\!\!\!\perp A \mid S \\
&\Longleftrightarrow \ll B \diamond A \mid S \gg_{M_{\mathcal{P}}}
\end{aligned}$$

② *Décomposition*

$$\begin{aligned}
\ll A \diamond B \cup P \mid S \gg_{M_{\mathcal{P}}} &\Longleftrightarrow A \perp\!\!\!\perp B \cup P \mid S \\
&\Rightarrow A \perp\!\!\!\perp B \mid S \\
&\Longleftrightarrow \ll A \diamond B \mid S \gg_{M_{\mathcal{P}}}
\end{aligned}$$

---

[2] Rappelons que la notion d'indépendance conditionnelle est dépendante de la loi $\mathcal{P}$. En toute rigueur, elle devrait donc s'écrire : $A \perp\!\!\!\perp B \mid C[\mathcal{P}]$ (voir page 355).

③ *Union faible*

$$\ll A \diamond B \cup P \,|\, S \gg_{M_{\mathcal{P}}} \quad \Longleftrightarrow \quad A \perp\!\!\!\perp B \cup P \,|\, S$$
$$\text{or} \quad P = F(S \cup P) \text{ (projection)}$$
$$\Rightarrow \quad A \perp\!\!\!\perp B \cup P \,|\, S \cup P$$
$$\Rightarrow \quad A \perp\!\!\!\perp B \,|\, S \cup P$$
$$\Longleftrightarrow \quad \ll A \diamond B \,|\, (S \cup P) \gg_{M_{\mathcal{P}}}$$

④ *Contraction et Intersection*
Ces deux démonstrations sont des utilisations directes des propriétés
(P4) et (P5) de la sous-section B.2.2 page 357.

⑤ *Indépendance triviale*

$$\ll A \diamond \emptyset \,|\, S \gg_{M_{\mathcal{P}}} \quad \text{car } A \perp\!\!\!\perp \emptyset \,|\, S.$$

$\square$

Ce théorème énonce une implication : le modèle d'indépendance issu d'une loi de probabilité a une structure de semi-graphoïde. Il s'agit maintenant de se poser la question réciproque : qu'en est-il d'un semi-graphoïde ? Représente-t-il nécessairement une loi de probabilité ?

CONJECTURE 4.2 (PEARL AND PAZ, 1985)
Soit M un modèle d'indépendance. Si M est un semi-graphoïde alors il existe une probabilité $\mathcal{P}$ telle que

$$\mathcal{P}(X \,|\, Y, Z) = \mathcal{P}(X \,|\, Z) \quad \Longleftrightarrow \quad \ll X \diamond Y \,|\, Z \gg_{M}$$

De plus, si M est un graphoïde alors il existe une probabilité $\mathcal{P}$ positive vérifiant cette relation.

Malheureusement, [Stu92] montre que cette conjecture est fausse.

THÉORÈME 4.3 ([STU92])
Soit une famille de propositions de type :

$$\left[\ll A_1 \diamond B_1 \,|\, C_1 \gg \& \dots \& \ll A_r \diamond B_r \,|\, C_r \gg \right] \Rightarrow \ll A_{r+1} \diamond B_{r+1} \,|\, C_{r+1} \gg \quad (\Diamond)$$

Si $|V|>4$ alors aucune famille finie de propositions de type $(\Diamond)$ ne peut caractériser complètement les relations d'indépendance conditionnelle sur V.

NOTE 4.3 Une telle famille finie est une tentative d'axiomatisation de la relation d'indépendance conditionnelle (voir, par exemple, [GPP91] ou [Mal91]).

La définition d'un graphoïde prend effectivement la forme d'une famille de type ($\diamond$) page précédente. Donc, d'après ce théorème, un modèle d'indépendance muni d'une structure de graphoïde ne peut caractériser complètement toute relation d'indépendance conditionnelle. La conjecture 4.2 page précédente est donc fausse dans le cas général. Cependant, pour des classes particulières de modèles d'indépendance, cette réciproque est vérifiée, par exemple pour des modèles d'indépendance où toutes les variables de V apparaissent dans au moins un triplet ([GP90], [Mal91]), ou encore pour des modèles dits marginaux où les variables de conditionnement sont fixées ([GPP91]). De tels résultats négatifs ou restrictifs remettent en cause l'utilisation des modèles d'indépendance pour manipuler les indépendances conditionnelles probabilistes. Heureusement, [Stu97] propose un théorème (assez technique) qui permet d'établir que l'intuition de Pearl qui avait conduit à l'introduction de la notion de semi-graphoïde et à la conjecture 4.2 page précédente était bien fondée.

Théorème 4.4

La fermeture F de sous-graphoïde de tout couple d'éléments de $T(V)$ *est un modèle d'indépendance conditionnelle probabiliste.*

C'est-à-dire : il existe une loi de probabilité $\mathcal{P}$ *sur l'ensemble des variables* V *telle que*
$$\mathcal{P}(X \mid Y, Z) = \mathcal{P}(X \mid Z) \iff \ll X \diamond Y \mid Z \gg_F.)$$

4.3 Modèles d'indépendance et séparation dans les graphes

De la même façon que pour les probabilités dans la sous-section précédente, les modèles d'indépendance permettent aussi de décrire certaines propriétés en théorie des graphes. Réciproquement, représenter un modèle par un graphe permettrait de visualiser beaucoup plus facilement la relation représentée par ce modèle.

Comme il a été dit plus haut, l'écueil principal est qu'un graphe est une relation binaire entre les éléments d'un ensemble alors qu'un modèle d'indépendance est une relation ternaire entre sous-parties de cet ensemble. Le lien entre ces deux types de relation est apporté par la notion de *séparation*. La séparation établit, quel que soit le type de graphe, s'il est possible de séparer (dans un certain sens) deux sous-ensembles de nœuds par un troisième. Le « certain sens » dépend du type de graphe qui est utilisé (voir les sections suivantes qui décrivent précisément ces séparations).

➠ Définition 4.4 (Séparation)
Soit un graphe $G = (V, E)$, *pour tout triplet* (X, Y, S) *de sous-parties de* V, *disjointes deux à deux, on note* $\langle X \mid S \mid Y \rangle_G$ *la propriété « X et Y sont séparés par S*

dans le graphe G ».

NOTE 4.4 La propriété contraposée de la séparation est appelée la *connexion*. X et Y, sous-ensembles de V, sont donc soit connectés, soit séparés par Z.

La séparation permet d'introduire une relation ternaire sur les sous-ensembles de nœuds d'un graphe. Tout comme dans la sous-section précédente, il s'agit maintenant de préciser la formalisation de cette relation comme modèle d'indépendance.

➡ DÉFINITION 4.5 (I-MAP, D-MAP, P-MAP, GRAPHE-ISOMORPHISME)
soit $G = (V, E)$ *un graphe et* $M \subset T(V)$ *un modèle d'indépendance,*

- G *est une* D-*map de* M *ssi* $\ll X \diamond Y \mid Z \gg_M$ $\Rightarrow$ $\langle X \mid Z \mid Y \rangle_G$.
- G *est une* I-*map de* M *ssi* $\ll X \diamond Y \mid Z \gg_M$ $\Leftarrow$ $\langle X \mid Z \mid Y \rangle_G$.
- G *est une* P-*map de* M *ssi* $\ll X \diamond Y \mid Z \gg_M$ $\Longleftrightarrow$ $\langle X \mid Z \mid Y \rangle_G$.

Un modèle d'indépendance est dit graphe-isomorphe si et seulement s'il existe un graphe G *qui soit une P-map de* M.

NOTE 4.5 Les termes de D-map (*dependency map*), I-map (*independency map*) et P-map (*perfect map*) ont été gardés comme définis par [Pea88a].

Si un graphe G est une D-map d'un modèle M, toute connexion de sous-ensembles de nœuds indique une dépendance dans M (contraposée de la définition ci-dessus). Réciproquement, si le graphe est une I-map, toute séparation est alors l'indication d'une indépendance dans le modèle. Enfin, une P-map est à la fois une D-map et une I-map.

En notant M_G le modèle d'indépendance induit par la séparation dans le graphe G (c'est-à-dire $\langle X \mid Z \mid Y \rangle_G \Longleftrightarrow \ll X \diamond Y \mid Z \gg_{M_G}$), on peut aussi dire que pour un modèle d'indépendance M :

- G est une D-map de M si et seulement si $M \subset M_G$ (certaines indépendances lues par séparation dans le graphe G ne sont pas dans le modèle M).
- G est une I-map de M si et seulement si $M \supset M_G$ (toute indépendance lue par séparation dans le graphe G est présente dans le modèle M ; cependant, certaines indépendances du modèle M ne sont pas représentées).
- G est une P-map de M si et seulement si $M = M_G$.

EXEMPLE 4.6 Pour un ensemble de variables V, le graphe $(V, \emptyset)$ est une I-map de tout modèle d'indépendance. De même, le graphe non orienté complet $(V, V \times V)$ est une D-map de tout modèle d'indépendance.

De fait, l'expressivité de chaque type de graphe va dépendre de l'exacte définition de la séparation puisque cette dernière aura des répercussions fortes sur la classe des modèles qui peut y être représentée. Ainsi il s'avère que certains modèles n'ont de P-map dans aucun type de graphe.

Si un modèle n'a pas de P-map, aucune représentation graphique ne sera complète. Utiliser une représentation graphique d'un modèle d'indépendance n'est pas intéressant si cette représentation est capable de « mentir » sur le modèle. Un moindre mal est que le mensonge soit par omission et le plus faible possible. C'est la raison pour laquelle la notion la plus importante est celle de *I-map minimale*.

Les trois sections suivantes s'attachent à décrire plus exactement la séparation dans les différents types de graphe.

4.4 Modèles non orientés : réseaux de Markov

4.4.1 Définition

➤ DÉFINITION 4.6 (SÉPARATION NON ORIENTÉE)
Soit $G = (V, E)$ *un graphe non orienté ; pour tout triplet* (X, Y, Z) *de sous-ensembles disjoints de G, X est séparé de Y par Z dans G (noté* $\langle X \mid Z \mid Y \rangle_G$*) si et seulement si toute chaîne d'un nœud de X vers un nœud de Y passe par un nœud de Z.*

$$\langle X \mid Z \mid Y \rangle_G \iff \left[\begin{array}{l} \forall (x_i)_{i \in \{1 \ldots p\} \subset \mathbb{N}} \; \textit{chaîne de } G, \\[1em] \left. \begin{array}{l} x_1 \in X \\ x_p \in Y \end{array} \right\} \Rightarrow \exists i \in \{1 \ldots p\}, x_i \in Z \end{array} \right]$$

EXEMPLE 4.7 Dans la figure 4.2 , toutes les chaînes de $\{1, 4, 7\}$ vers $\{3, 5, 6\}$ passent nécessairement par 2 : $\langle \{1, 4, 7\} \mid \{2\} \mid \{3, 5, 6\} \rangle$. De même, toutes les chaînes de 2 vers 5 passent nécessairement par 6 ou 3 : $\langle \{2\} \mid \{6, 3\} \mid \{5\} \rangle$.

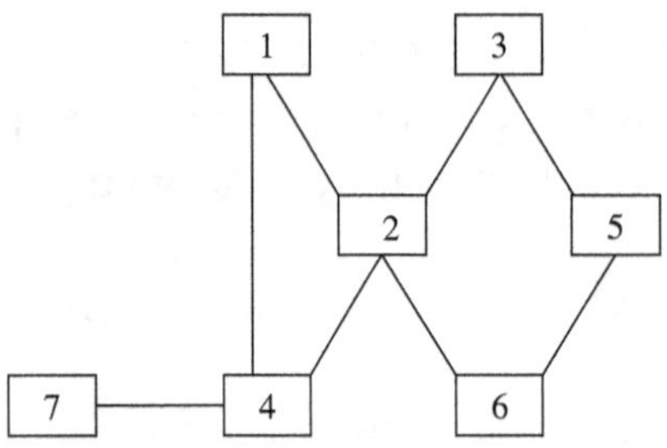

FIG. 4.2 *Séparation dans un graphe non orienté*

4.4.2 Séparation et indépendances : propriétés de Markov

Soit un graphe $G = (V, E)$ et une probabilité $\mathcal{P}$ sur l'ensemble des variables V. La question qui se pose ici est de trouver le rapport entre séparation et probabilité (ou plus exactement *indépendance conditionnelle*), qui permet de mesurer la précision des informations que le graphe G apporte sur $\mathcal{P}$. Cette mesure est donnée par une série de propriétés dites de Markov qui sont plus ou moins fortes : plus le graphe vérifie de propriétés fortes, mieux il représente la loi $\mathcal{P}$.

➡ DÉFINITION 4.7 (PROPRIÉTÉS DE MARKOV)
Le graphe G et la loi $\mathcal{P}$ peuvent vérifier :
  (P) **la propriété de Markov par paire**
    si et seulement si $\forall x, y \in V$, x et y non adjacents dans G,

$$x \perp\!\!\!\perp y \,|\, (V \setminus \{x, y\})$$

  (L) **la propriété de Markov locale**
    si et seulement si $\forall x \in V$,

$$x \perp\!\!\!\perp \left(V \setminus \overline{\vartheta}_x\right) | \vartheta_x$$

  où ϑ_x est le voisinage du nœud x et $\overline{\vartheta}_x$ est la fermeture de voisinage de x, c'est-à-dire $\overline{\vartheta}_x = \vartheta_x \cup \{x\}$ (voir section A.3 page 341).
  (G) **la propriété de Markov globale**
    si et seulement si $\forall A, B, S \subset V$ disjoints,

$$\langle A \,|\, S \,|\, B \rangle_G \Rightarrow A \perp\!\!\!\perp B \,|\, S$$

➡ DÉFINITION 4.8 (RÉSEAU MARKOVIEN)
Un graphe vérifiant (G) pour $\mathcal{P}$ est un réseau markovien de $\mathcal{P}$.

La propriété (G) de Markov globale correspond à un graphe G, I-map du modèle d'indépendance conditionnelle probabiliste engendré par $\mathcal{P}$. Les propriétés sont ici données dans l'ordre de force croissante. Plus précisément, ces trois propriétés sont en relation comme suit :

THÉORÈME 4.5

$$(G) \Rightarrow (L) \Rightarrow (P)$$

Démonstration

- $(G) \Rightarrow (L)$: on a toujours $\langle x \,|\, \vartheta_x \,|\, (V \setminus \overline{\vartheta}_x) \rangle_G$.

- $(L) \Rightarrow (P)$: soit un graphe G et une loi $\mathcal{P}$ pour lesquels (L) est vérifiée.

$$x \perp\!\!\!\perp \left(V \setminus \overline{\vartheta}_x\right) | \vartheta_x$$

Soit x et y non adjacents dans G. D'après la propriété (P3) de la sous-section B.2.2 page 357,

$$x \perp\!\!\!\perp \left(V \setminus \overline{\vartheta}_x\right) | \left[\vartheta_x \cup \left(\left(V \setminus \overline{\vartheta}_x\right) \setminus \{y\}\right)\right]$$

$$\text{ou encore } \quad x \perp\!\!\!\perp \left(V \setminus \overline{\vartheta}_x\right) | V \setminus \{x, y\}$$

Or $y \in \left(V \setminus \overline{\vartheta}_x\right)$ (en tant que non adjacent de x) et donc, d'après la propriété (P2) de la sous-section B.2.2 page 357,

$$x \perp\!\!\!\perp y | V \setminus \{x, y\}$$

$\square$

Les réciproques $(P) \Rightarrow (L) \Rightarrow (G)$ seraient bien plus intéressantes que le théorème lui-même. En effet, tester (P) ne demande que de tester chaque paire de variables non adjacentes alors que tester (G) demande un calcul sur un grand nombre de triplets de sous-ensembles de V. Avec les réciproques, il serait aisé d'obtenir des résultats sur la qualité de représentation du modèle d'indépendance de $\mathcal{P}$ par le graphe G. Malheureusement, elles ne sont pas toujours vraies. Le résultat[3] exact est le suivant :

THÉORÈME 4.6

Si la loi $\mathcal{P}$ vérifie la propriété suivante :

$$\forall A, B, C, D \text{ sous-ensembles disjoints de V,}$$
$$Si \ A \perp\!\!\!\perp B | C \cup D \ et \ A \perp\!\!\!\perp C | B \cup D \ alors \ A \perp\!\!\!\perp B \cup C | D$$

Alors, l'équivalence $(G) \iff (L) \iff (P)$ est vérifiée.

NOTE 4.8 On note que la propriété que doit vérifier $\mathcal{P}$ est exactement la propriété P5 page 357.

4.4.3 Réseaux de Markov et factorisation

Dans le chapitre précédent, on a montré la relation entre indépendance conditionnelle et factorisation de la probabilité (voir théorème B.2 page 356). Nécessairement, une relation existe entre propriétés de Markov et factorisation.

---

[3] Pearl and Paz

➥ Définition 4.9 (Factorisation)

Soit une loi de probabilité jointe $\mathcal{P}(V)$ et un graphe non orienté $G = (V, E)$, on dit que $\mathcal{P}$ possède une factorisation selon G si et seulement si pour tout sous-graphe complet S de G, il existe une fonction $\Psi_S(V)$ ne dépendant que des nœuds de S telle que :

$$\mathcal{P}(V) = \prod_{S \text{ sous-graphe complet de } G} \Psi_S(V)$$

Ψ_S est appelée un *potentiel*. Cette factorisation de $\mathcal{P}$ en potentiels n'est pas unique. De fait, par multiplication des potentiels, on peut restreindre la factorisation à l'ensemble des cliques de G.

Propriété 4.10

Soit $\mathcal{C}$ l'ensemble des cliques de G. $\mathcal{P}$ se factorise selon G si et seulement si pour toute clique C de $\mathcal{C}$, il existe un potentiel Ψ_C tel que :

$$\mathcal{P}(V) = \prod_{C \in \mathcal{C}} \Psi_C(V)$$

Toutes les probabilités ne se factorisent pas ainsi. On note souvent $\mathcal{M}_F(G)$ l'ensemble des probabilités pouvant se factoriser ainsi selon G. Pour une probabilité $\mathcal{P}$, on note (F) la propriété « $\mathcal{P} \in \mathcal{M}_F(G)$ ». La relation entre factorisation et propriétés de Markov peut alors s'énoncer comme suit :

Théorème 4.7

Une probabilité $\mathcal{P}$ pouvant se factoriser selon G vérifie alors la propriété globale de Markov (G) (qui, elle-même, implique les deux autres propriétés de Markov : locale (L) puis par paire (P)).

$$(F) \Rightarrow (G) \Rightarrow (L) \Rightarrow (P).$$

De plus, si $\mathcal{P}$ est positive,

$$(F) \Longleftrightarrow (G) \Longleftrightarrow (L) \Longleftrightarrow (P).$$

4.4.4 Limites

Grâce à ces résultats, la représentation graphique d'une probabilité sur plusieurs variables par un graphe non orienté sur ces variables semble bien cernée. Il est possible de discerner assez aisément les I-map d'une loi de probabilité et même d'essayer de les améliorer pour obtenir une I-map minimale. Pourquoi chercher plus loin et essayer de trouver d'autres représentations certainement plus complexes, en tout cas moins intuitives ? La raison principale est la limitation du modèle non orienté.

Soit un système de trois variables $\{D_1, D_2, S\}$. D_1 et D_2 représentent toutes deux le tirage d'un dé (valeur entre 1 et 6) ; S représente la somme de ces deux tirages (valeur entre 2 et 12). Ce système vérifie le modèle d'indépendance représenté dans le tableau 4.1.

$D_1 \perp\!\!\!\perp D_2$	Les deux tirages sont indépendants
non $D1 \perp\!\!\!\perp S$ non $D2 \perp\!\!\!\perp S$	Chaque tirage et la somme sont dépendants
non $D_1 \perp\!\!\!\perp D_2 \mid S$	La connaissance de la somme rend dépendants les deux tirages

TAB. 4.1 *Modèle d'indépendance de* $\{D_1, D_2, S\}$

Pour représenter un tel modèle, il faudrait pouvoir :

- ne pas relier D_1 et D_2 ;
- relier D_1 et S, relier D_2 et S ;
- trouver un moyen pour qu'il n'y ait pas $\langle D_1 \mid S \mid D_2 \rangle$.

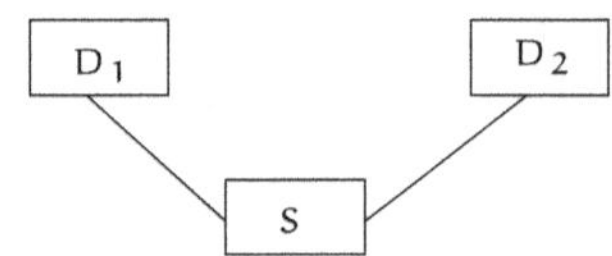

FIG. 4.3 *Représentation non orientée des relations dans* $\{D_1, D_2, S\}$.

Il n'est pas possible de représenter par une P-map un tel modèle dans un graphe non orienté. La figure 4.3 est une représentation possible. Ce graphe ne vérifie que les deux premiers points mais ne vérifie pas le troisième. En fait, il ne vérifie ni (G), ni (L), ni même (P). Une autre représentation serait un graphe complet entre les trois variables, mais le premier point ne serait pas vérifié et la représentation ne serait pas meilleure.

D'où l'intérêt d'aller chercher des modèles plus complexes qui permettent de mieux représenter (ou au moins différemment) ces lois de probabilité en utilisant des graphes orientés.

4.5 Modèles orientés : réseaux bayésiens

4.5.1 Définitions

La séparation dans les graphes orientés est plus complexe que dans les graphes non orientés. En effet, il ne suffit pas de savoir si au moins un nœud de tout chemin entre X et Y appartient à Z ; il faut aussi que ce nœud vérifie des conditions supplémentaires, apportées par les orientations des arcs. Cette notion provient également de [Pea87a]. Tout comme lui, on présentera d'abord la notion de _chaîne active_ qui facilite grandement celle de séparation orientée (_directed separation_ ou _d-séparation_). Dans toute cette partie, on considérera que les graphes orientés dont on parle sont sans circuit.

Soit une chaîne $C = (x_i)_{i \in I}$ dans un graphe orienté $\vec{G}$. On dira que x_i est un _puits_ de la chaîne C s'il est du type : $x_{i-1} \to x_i \leftarrow x_{i+1}$; c'est-à-dire s'il est un sommet à arcs convergents dans la chaîne.

➠ DÉFINITION 4.11 (CHAÎNE ACTIVE, BLOQUÉE)
Soit une chaîne $C = (x_i)_{i \in I}$ _dans_ $\vec{G}$ _et_ Z _un sous-ensemble de nœuds de_ $\vec{G}$. _C est une chaîne active par rapport à_ Z _si les deux conditions suivantes sont réunies :_
- _Tout puits de_ C _a l'un de ses descendants dans_ $\vec{G}$ _ou lui-même qui appartient à_ Z.
- _Aucun élément de_ C _qui n'y est pas un puits n'appartient à_ Z.
Une chaîne non active par rapport à Z _est dite bloquée par_ Z.

Le type de modèles d'indépendance que peuvent prendre en compte les graphes orientés (et que ne pouvaient pas prendre en compte les graphes non orientés) est caractérisé dans cette définition un peu complexe : comment représenter la situation où deux variables sont indépendantes mais où la connaissance d'une troisième les rendrait dépendantes[4] ? Pour deux variables qui ne sont reliées que par une unique chaîne, cette situation se présente si l'unique chaîne est bloquée par la troisième variable en question.

➠ DÉFINITION 4.12 (D-SÉPARATION)
Soit $\vec{G} = (V, E)$ _un graphe orienté, pour tout triplet_ (X, Y, Z) _de sous-ensembles disjoints de_ V, X _est d-séparé de_ Y _par_ Z _dans_ $\vec{G}$ _(noté_ $\langle X \mid Z \mid Y \rangle_{\vec{G}}$_) si et seulement si toute chaîne_ $(x_i)_{i \in \{1 \ldots p\}}$ _avec_ $x_1 \in X$ _et_ $x_p \in Y$ _est bloquée par_ Z.

La d-séparation est certainement moins lisible que la séparation. Cependant, il est facile d'automatiser une procédure de reconnaissance ou même, avec un peu d'expérience, de repérer directement les sous-ensembles d-séparés d'un graphe.

EXEMPLE 4.9 Dans la figure 4.4 ci-après,
- non $\langle \overline{\{1\} \mid \{2\} \mid \{3\}} \rangle$ - il y a deux chaînes : $\{1, 2, 3\}$ et $\{1, 4, 2, 6, 5, 3\}$. La seconde est bloquée par 2 (qui n'est pas un puits dans cette chaîne) et par 6. En revanche, la première est active puisque 2 y est un puits.
- De même, si on considère la d-séparation de $\{1\}$ et $\{3\}$ par $\{7\}$, la chaîne $\{1, 2, 3\}$ est active puisque 7 est un descendant de 2, puits de la chaîne.
- $\langle \overline{\{3\} \mid \{4\} \mid \{7\}} \rangle$ - toutes les chaînes de 3 à 7 passent par 4 et 4 n'y est jamais un puits. Donc toutes les chaînes de 3 à 7 sont bloquées par 4.

---

[4] C'est exactement le cas dans la sous-section 4.4.4 page 83.

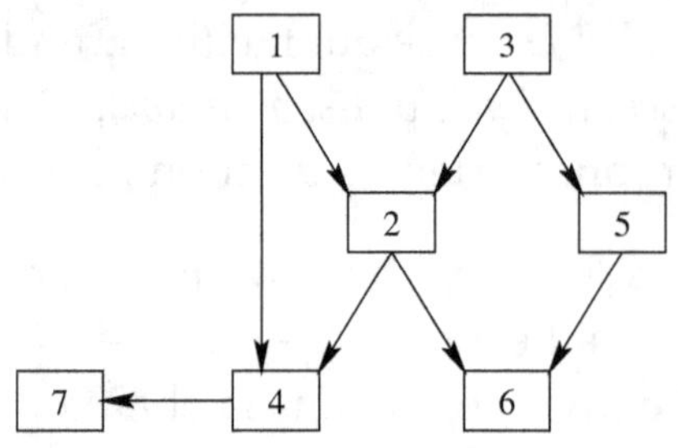

FIG. 4.4 *Séparation dans un graphe orienté*

4.5.2 Propriétés de Markov dans les graphes orientés

L'étude des propriétés de Markov dans les graphes orientés – et donc de la qualité de représentation des modèles orientés – est à la base du développement du domaine des réseaux bayésiens. On peut ainsi citer [KSC84], [Pea87a], [Smi89], etc.

La définition de la d-séparation montre que la symétrie entre tous les voisins d'un nœud dans un graphe est brisée par l'orientation : les puits et les descendants des puits jouent un rôle très particulier. Ce rôle se répercute dans les propriétés orientées de Markov par l'importance de la notion de *non-descendant* dans ces énoncés.

➧ DÉFINITION 4.13 (PROPRIÉTÉS ORIENTÉES DE MARKOV)
Le graphe $\vec{G}$ et la loi $\mathcal{P}$ peuvent vérifier :
    (OP) **Propriété orientée de Markov par paire**
      si et seulement si $\forall x, y \in V$, x et y non adjacents dans $\vec{G}$ et $y \in \text{nd}(x)$,

$$x \perp\!\!\!\perp y \,|\, (\text{nd}(x) \setminus \{y\})$$

    (OL) **Propriété orientée de Markov locale**
      si et seulement si $\forall x \in V$,

$$\{x\} \perp\!\!\!\perp \text{nd}(x) \,|\, \Pi_x$$

    (OG) **Propriété orientée de Markov globale**
      si et seulement si $\forall A, B, S \subset V$ disjoints,

$$\langle \overrightarrow{A \,|\, S \,|\, B} \rangle_{\vec{G}} \Rightarrow A \perp\!\!\!\perp B \,|\, S$$

➧ DÉFINITION 4.14 (RÉSEAU BAYÉSIEN)
Un graphe orienté vérifiant (OG) *pour $\mathcal{P}$ est un réseau bayésien de $\mathcal{P}$.*

Comme pour les graphes non orientés, (OG) représente la plus forte propriété que peut vérifier un graphe orienté pour y lire directement une *indépendance conditionnelle*.

De même que pour les réseaux markoviens, on a :

THÉORÈME 4.8

De plus,

$$(OG) \iff (OL) \Rightarrow (OP)$$

Il est à remarquer qu'il y a toujours équivalence entre (OG) et (OL), contrairement au cas non orienté. Par contre, le théorème 4.6 page 82 reste vrai pour l'équivalence entre (OP) et (OL). En particulier, si la loi $\mathcal{P}$ est positive, alors il y a équivalence entre les trois propriétés orientées de Markov.

4.5.3 Réseaux bayésiens et factorisation

De même que pour les réseaux de Markov, il faut maintenant relier propriétés de Markov et factorisation de la probabilité. Cette factorisation est étonnamment simple et suffit à elle seule à expliquer une grande partie de l'intérêt porté aux réseaux bayésiens.

➧ DÉFINITION 4.15 (FACTORISATION RÉCURSIVE)
Soit une loi de probabilité jointe $\mathcal{P}(V)$ et un graphe orienté $\overrightarrow{G} = (V, E)$. On dit que $\mathcal{P}$ possède une factorisation récursive selon $\overrightarrow{G}$ si et seulement si pour tout nœud X de G, il existe une fonction $k_X(X, \Pi_X)$ telle que :

$$\mathcal{P}(V) = \prod_{X \in V} k_X(X, \Pi_X)$$

De plus, les fonctions k_X (kernels ou noyaux de Markov) sont les lois de probabilité conditionnelles de X étant donné Π_X :

$$\mathcal{P}(V) = \prod_{X \in V} \mathcal{P}(X \mid \Pi_X)$$

Bien sûr, toutes les lois ne se factorisent pas ainsi. Soit (OF) la propriété « $\mathcal{P}$ se factorise récursivement selon $\overrightarrow{G}$ ». La relation entre factorisation récursive et propriétés orientées de Markov peut alors s'énoncer comme suit :

THÉORÈME 4.9

$$(\text{OF}) \iff (\text{OG})$$

Par ailleurs, il n'y a pas forcément unicité du graphe $\overrightarrow{G}$ permettant la factorisation récursive de $\mathcal{P}$, on appelle *classe d'équivalence de Markov* l'ensemble des graphes permettant une factorisation récursive de $\mathcal{P}$, c'est-à-dire l'ensemble des graphes représentant le même modèle d'indépendance.

Bien plus que pour les réseaux de Markov, la factorisation récursive est intéressante aussi pour la représentation de la loi : les noyaux de Markov sont des fonctions dépendant chacune d'un unique nœud du graphe. Ce qui implique que la représentation graphique de la loi peut être améliorée grâce à une localisation des données qui suit exactement le graphe, sans structure complémentaire. Le graphe ainsi augmenté représente qualitativement la loi de probabilité (en indiquant les indépendances conditionnelles) mais aussi quantitativement (en permettant les calculs par factorisation).

EXEMPLE 4.10 Soit le graphe $\overrightarrow{G}$ de la figure 4.4 page 86. Une loi $\mathcal{P}$ se factorisant récursivement par rapport à $\overrightarrow{G}$ peut s'écrire :

$$\mathcal{P}(1,2,3,4,5,6,7) = \mathcal{P}(1).\mathcal{P}(3).\mathcal{P}(2\,|\,1,3).\mathcal{P}(4\,|\,1,2).\mathcal{P}(5\,|\,3).\mathcal{P}(6\,|\,2,5).\mathcal{P}(7\,|\,4)$$

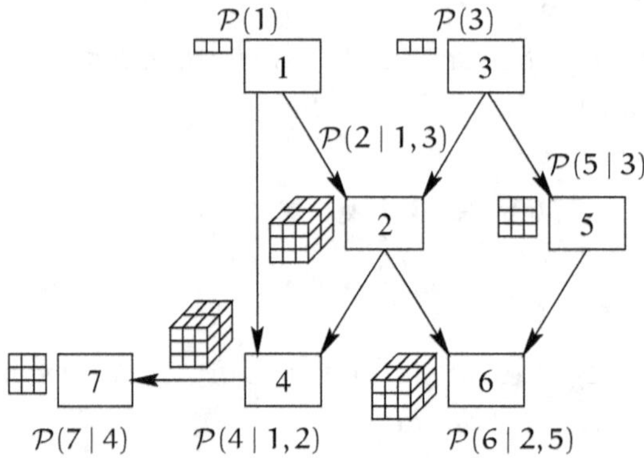

FIG. 4.5 *Représentation graphique d'un réseau bayésien – les probabilités conditionnelles (ainsi que leurs dimensions) sont représentées pour chaque nœud.*

Ce qui est intéressant à noter est, tout d'abord, la compression que représente une telle factorisation : en supposant que toutes les variables sont binaires, $\mathcal{P}(1,2,3,4,5,6,7)$ représente un tableau comprenant $2^7 = 128$ valeurs. La factorisation, elle, est représentée par un ensemble de tableaux comprenant en tout $2 + 2 + 8 + 8 + 4 + 8 + 4 = 36$ valeurs. On représente donc exactement la même loi avec trois fois moins de valeurs.

La seconde propriété intéressante d'une telle décomposition est que les probabilités conditionnelles impliquées dans la factorisation sont très faciles à lire à partir du graphe puisqu'elles sont toutes liées à un nœud particulier. En fait, dans la représentation graphique, on peut joindre à chaque nœud sa probabilité conditionnelle suivant ses parents (voir figure 4.5 page précédente), ce qui augmente l'aspect synthétique de la représentation.

4.5.4 Limites

Tout comme pour les réseaux de Markov, il existe des limites à la capacité d'expressivité du modèle des réseaux bayésiens. Les questions sont toujours : existe-t-il des lois de probabilité (des modèles d'indépendance) qui n'étaient pas représentables par un réseau de Markov mais qui le soient par un réseau bayésien ? Existe-t-il des lois de probabilité qui ne soient pas représentables par un réseau bayésien[5] ?

En ce qui concerne la première question, l'exemple de la sous-section 4.4.4 page 83 — dont le modèle d'indépendance est donné par le tableau 4.1 page 84 — est bien représentable par un réseau bayésien (voir la figure 4.6). En effet, le puits S de l'unique chaîne entre D_1 et D_2 assure la dépendance de D_1 et D_2 étant donné S et l'indépendance marginale de D_1 et D_2.

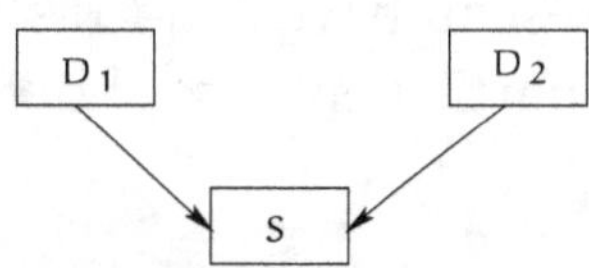

FIG. 4.6 *Résolution orientée de la figure 4.3 page 84*

Certains modèles sont cependant problématiques. Soit une probabilité sur les quatre variables A, B, C, D vérifiant le modèle d'indépendance conditionnelle décrit dans le tableau 4.2. Ce tableau présente aussi la forme d'un réseau de Markov pour cette loi.

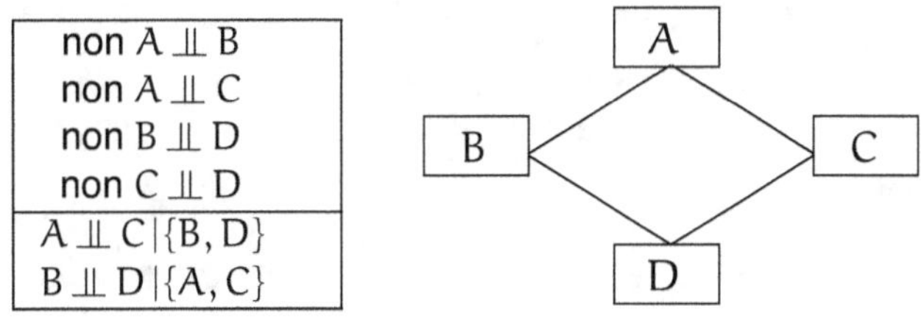

TAB. 4.2 *Modèle d'indépendance de $\{A, B, C, D\}$ et un réseau de Markov le représentant*

Il n'est pas possible de trouver un réseau bayésien représentant ce modèle d'indépendance : la structure de base (due aux indépendances margi-

---

[5] De même que plus haut, une loi est représentable si elle possède une P-map.

nales) doit être celle du réseau de Markov présenté (le réseau bayésien doit avoir comme graphe non orienté sous-jacent ce réseau de Markov). Mais étant donné qu'un réseau bayésien doit être un DAG, l'un de ces nœuds doit être un puits. Il est alors facile de vérifier que l'une des indépendances conditionnelles ($A \perp\!\!\!\perp C \,|\, \{B, D\}$ ou $B \perp\!\!\!\perp D \,|\, \{A, C\}$) sera ainsi nécessairement violée.

4.6   Pourquoi des arcs plutôt que des arêtes ?

Les deux modèles – orienté et non orienté – ont montré leurs imperfections dans le sens où aucun n'a un pouvoir de représentation au moins égal à celui de l'autre. Comment choisir dans ces conditions entre une modélisation orientée et une modélisation non orientée ? Ou plutôt, puisque le suspense n'est pas de mise, pourquoi choisir la représentation sous forme de réseau bayésien ? Il s'agit ici d'essayer de lister l'ensemble des raisons qui participent à ce choix.

4.6.1   Factorisation

Comme simple rappel, un réseau de Markov permet de factoriser la loi de probabilité jointe comme suit :

$$\mathcal{P}(V) = \prod_{C \in \mathcal{C}} \Psi_C(V)$$

où $\mathcal{C}$ est l'ensemble des cliques du graphe non orienté. Cette factorisation est à comparer à la factorisation récursive des réseaux bayésiens :

$$\mathcal{P}(V) = \prod_{X \in V} \mathcal{P}(X \,|\, \Pi_X)$$

Il est alors aisé de voir les avantages de la seconde représentation :
- **Unicité** : la factorisation récursive a le grand mérite d'être unique (étant donné le graphe) alors que la factorisation en potentiels ne l'est pas. Il existe une famille de potentiels qui vérifient cette égalité.
- **Localisation** : alors que dans un réseau bayésien, il semble clair et figuratif de localiser l'information dans chaque nœud du graphe, la factorisation dans un réseau de Markov localise l'information dans chaque clique ; ceci nécessite l'utilisation de la structure seconde qu'est le graphe de jonction pour pouvoir localiser aisément cette information.

4.6.2 Sémantique et causalité

L'orientation permet aussi de garantir une certaine lisibilité du graphe. Même si le sens des arcs peut être illusoire, ou si la désorientation a le mérite d'être plus proche des données (puisqu'une corrélation en statistique est une opération symétrique), il n'en reste pas moins que l'orientation est une aide précieuse pour la lecture et la compréhension d'un réseau.

Par exemple, la figure 4.7 montre assez clairement comment le théorème de Bayes est représentable uniquement grâce à l'orientation d'une liaison entre deux nœuds.

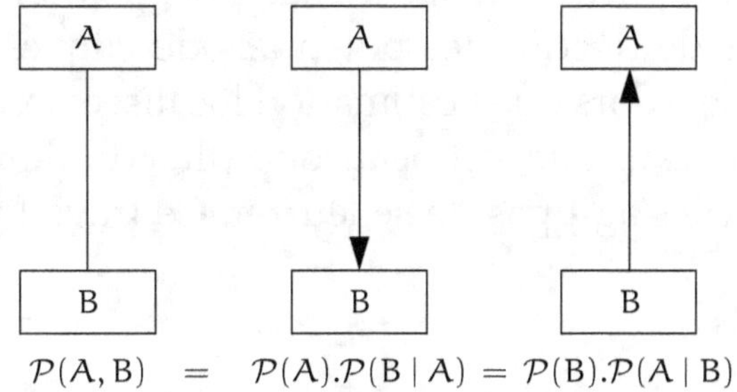

$$\mathcal{P}(A, B) \quad = \quad \mathcal{P}(A).\mathcal{P}(B \mid A) = \mathcal{P}(B).\mathcal{P}(A \mid B)$$

FIG. 4.7 *Le théorème de Bayes comme inversion d'arcs*

Il n'y a pas lieu ici de parler très précisément de *causalité*. Ce domaine reste un sujet polémique où tous les avis sont encore représentés. La question de savoir si la causalité est une notion mathématiquement représentable ou non n'est pas tranchée ; de même, celle de savoir si une quelconque causalité peut être retrouvée statistiquement à partir d'une base de données. Disons simplement que pour l'instant, le domaine est ouvert[6].

Toutefois, la *causalité* est une notion intuitive, qu'un humain comprend finalement plus naturellement que la corrélation statistique. Dans le cadre d'un processus de construction d'un modèle par un expert, cette causalité a donc un rôle important. Pour plus de précisions, on pourra se référer, par exemple, à [SGS00] et [Pea99].

D'un point de vue pratique, pour relier la causalité au théorème de Bayes représenté dans la figure 4.7 , il semble opportun de représenter la loi jointe d'une cause A et de sa conséquence B par la factorisation $\mathcal{P}(A).\mathcal{P}(B \mid A)$: la probabilité que la conséquence se produise – sachant que la cause s'est déjà produite – a bien un sens causal. Seuls les réseaux bayésiens, par opposition aux réseaux markoviens, sont capables d'une telle repré-

---

[6] Pour plus de détails, voir principalement [Pea01].

sentation de la causalité. Un réseau bayésien qui respecte cette causalité est nommé *réseau causal*.

4.6.3 Pragmatisme

La phase de construction d'un modèle est bien sûr une phase sensible. Il y a principalement deux méthodes pour le construire : soit utiliser l'apprentissage automatique (et toutes les méthodes qui s'y réfèrent), soit être aidé d'experts qui seront capables de transposer leurs connaissances du domaine dans la formalisation du modèle. Cette transposition n'est pas une tâche facile. Il est donc important de faciliter le plus possible le travail de l'expert. Lui demander de décrire des potentiels de cliques de variables semble vraiment difficile. Alors que l'estimation localisée nœud par nœud, et si possible utilisant la causalité, est beaucoup plus du domaine de l'accessible. Cependant, il ne s'agit pas de se leurrer. Ce travail reste souvent très difficile.

Chapitre 5

Propagations dans les réseaux bayésiens

Le modèle représenté par un réseau bayésien n'est pas un modèle statique, fermé. Il est capable d'intégrer de nouvelles informations exogènes nommées habituellement $\mathcal{E}$. Celles-ci, en modifiant la vraisemblance de certains nœuds, vont modifier les probabilités *a posteriori* de l'ensemble du système.

D'une manière générale, tout calcul portant sur la distribution de probabilité associée à un réseau bayésien relève de l'*inférence*. Certains types de calcul ont traditionnellement une plus grande importance, parce qu'ils peuvent correspondre à des utilisations pratiques.

C'est vrai en particulier du calcul de la probabilité d'une variable conditionnée à un ensemble d'observations. Ce type d'inférence, appelée aussi *mise à jour des probabilités*, est essentiel dans des applications de diagnostic, où l'on doit reconsidérer son appréciation de la situation en fonction d'une ou plusieurs nouvelles observations.

Le problème de l'inférence est uniquement un problème de calculs. Il n'y a aucun problème théorique ; en effet, la distribution de probabilité étant entièrement définie, on peut (en principe) tout calculer.

Il nous semble important de préciser ce point avant d'aborder ce chapitre. En effet, notre objectif ici est de présenter des méthodes de calcul pour l'inférence dans un réseau bayésien. Notre discussion portera donc sur des aspects algorithmiques.

On nomme une information affectant un nœud X une *information élémentaire* sur le nœud X. On distingue deux grandes classes d'informations élémentaires :

- **Déterministes** : une certaine variable du modèle prend une valeur précise : $p(X = x \mid \mathcal{E}) = 1$; on parle aussi d'instanciation d'une variable. Une telle information élémentaire est notée $\overline{\mathcal{E}_X}$;
- **Imprécises** : une certaine variable du modèle ne peut pas prendre une valeur : $p(X = x \mid \mathcal{E}) = 0$ ou encore plus généralement, la loi d'une certaine variable change : $P(X \mid \mathcal{E}) \neq P(X)$. On note simplement $\mathcal{E}_X$ ce type d'information élémentaire.

Pour tenir compte de ces informations, le réseau bayésien doit mettre à jour l'ensemble des lois de ses variables. Cette opération, l'*inférence probabiliste*, a été prouvée NP-difficile dans le cas général ([Coo88], [Coo90]).

Deux classes principales de méthodes exactes sont utilisées pour l'effectuer : les méthodes dites de propagation de messages étendues par des algorithmes de coupe (ou de conditionnement) [Pea88a] et les méthodes utilisant des regroupements de nœuds ([LS88], améliorées par [JLO90], [Jen96]). Les premières proposent un mécanisme de calcul utilisant la propagation de messages le long des arcs d'un graphe sans cycle (la méthode est facilement généralisable à tous les graphes grâce à un algorithme dit de *coupe-cycle*), les secondes opèrent d'abord des modifications importantes du graphe (appelées *moralisation* et *triangulation*) pour obtenir une structure secondaire d'*arbre de jonction* dans laquelle chaque nœud représente une clique du réseau bayésien et qui permet d'appliquer un algorithme simplifié de propagation de messages (méthodes dites de *clustering*).

Enfin, il faut noter aussi qu'existe un certain nombre de méthodes approchées à base de méthodes stochastiques type MCMC ([Hen88], [GRS96], [MRR$^+$53]), comprenant entre autres les échantillonneurs de Gibbs ([Nea93], [Yor92]).

Les sections suivantes s'appliquent à décrire plus exactement ces différents calculs.

5.1 Propagation par messages locaux dans un arbre

Pour un réseau bayésien $(V, G, [P(X \mid \Pi_X)]_{X \in V})$, une méthode de résolution exacte du problème du calcul des différentes probabilités marginales *a posteriori* ($P(X \mid \mathcal{E})$) a été proposée en premier par [KP83]. Cette méthode procède par calculs locaux, en chaque nœud du graphe. De proche en proche, chaque nœud communique à ses voisins les informations qu'il a collectées, jusqu'à ce que tout nœud puisse mettre à jour sa probabilité marginale en fonction de l'ensemble de l'information $\mathcal{E}$ reçue par le graphe.

Rappelons que l'information $\mathcal{E}$ exogène se compose d'informations élémentaires déterministes ou imprécises sur un sous-ensemble des nœuds du graphe.

Cette propagation agit par transmission de messages entre nœuds voisins, transitant par les arcs entre ces nœuds. Le but étant que chaque nœud apprenne toute l'information $\mathcal{E}$ et fasse connaître à l'ensemble du graphe l'information élémentaire qui le concerne, il paraît assez naturel de considérer qu'au moins deux messages transiteront par chaque arc. En effet, pour deux nœuds X et Y, un message doit transiter de X vers Y pour que Y connaisse l'information en X et réciproquement. Il faut noter aussi que les choses se compliquent nettement lorsque le graphe n'est pas un arbre et qu'il peut alors exister plus d'un chemin de X à Y. Dans un premier temps, nous nous restreindrons donc au cas d'un arbre.

5.1.1 Décomposition de l'information

Comme le graphe que l'on considère ici est un arbre, il est par définition (voir A.11 page 344) connexe et sans circuit. Autrement dit, il existe une unique chaîne entre deux nœuds de ce graphe. Cette propriété permet de partitionner le graphe relativement à un nœud X :

(+) les nœuds dont la chaîne vers X passe par un parent de X ;
(−) les nœuds dont la chaîne vers X passe par un enfant de X ;
(o) le nœud X lui-même.

Soit une information $\mathcal{E}$ sur l'ensemble du graphe, on peut de même la partitionner en trois sous-ensembles différents relativement au nœud X : $\mathcal{E}_X^+$, $\mathcal{E}_X^-$ et $\mathcal{E}_X^o$ qui correspondent aux informations élémentaires sur des nœuds respectivement de type (+),(−) et (o).

Supposons, dans un premier temps, qu'aucun des nœuds considérés ici ne soit ni une feuille ni une racine ni n'ait été observé : tous les nœuds considérés ici ont donc au moins un parent, un enfant et peuvent toujours séparer l'information en $\mathcal{E}^+$ et $\mathcal{E}^-$.

$\forall x \in \mathcal{D}_X$, en appliquant le théorème de Bayes (voir Bayes-3 page 354) à $P(x \mid \mathcal{E}_X^+)$,

$$P(x \mid \mathcal{E}) = P(x \mid \mathcal{E}_X^+, \mathcal{E}_X^-) \propto P(\mathcal{E}_X^- \mid x, \mathcal{E}_X^+) \cdot P(x \mid \mathcal{E}_X^+)$$

Puisque toute chaîne d'un nœud U de type (+) vers un nœud Y de type (−) doit passer par X et que pour cette chaîne, X ne peut pas être un puits, il y a d-séparation de ces deux nœuds conditionnellement à X. Ce qui a comme conséquence de rendre indépendantes les informations $\mathcal{E}_X^+$ et $\mathcal{E}_X^-$ et donc de permettre d'écrire $P(\mathcal{E}_X^- \mid x, \mathcal{E}_X^+) = P(\mathcal{E}_X^- \mid x)$. D'où :

$$P(x \mid \mathcal{E}) \propto P(\mathcal{E}_X^- \mid x) \cdot P(x \mid \mathcal{E}_X^+)$$
$$\propto \lambda(x) \cdot \pi(x)$$

NOTE 5.1 Rappelons que la proportionnalité entre ces deux quantités est suffisante pour calculer $P(x \mid \mathcal{E})$ puisque, cette valeur définissant une probabilité, sa somme sur le domaine doit être égale à 1 :

$$P(x \mid \mathcal{E}) = \frac{\lambda(x) \cdot \pi(x)}{\sum_{x' \in \mathcal{D}_X} \left[\lambda(x') \cdot \pi(x') \right]}$$

Dans cette factorisation, l'information $(\pi(x) = P(x \mid \mathcal{E}_X^+))$ venant de la zone (+) intervient comme une loi *a posteriori* alors que l'information $(\lambda(.) = P(\mathcal{E}_X^- \mid x))$ venant de la zone (−) apparaît comme une vraisemblance.

Reste à calculer ces deux facteurs. Supposons que le nœud X a pour parents les nœuds $U_1, \ldots, U_n$ et pour enfants les nœuds $Y_1, \ldots, Y_m$. Le principe sera toujours d'utiliser la possibilité de partitionner l'information grâce à la structure d'arbre du réseau bayésien.

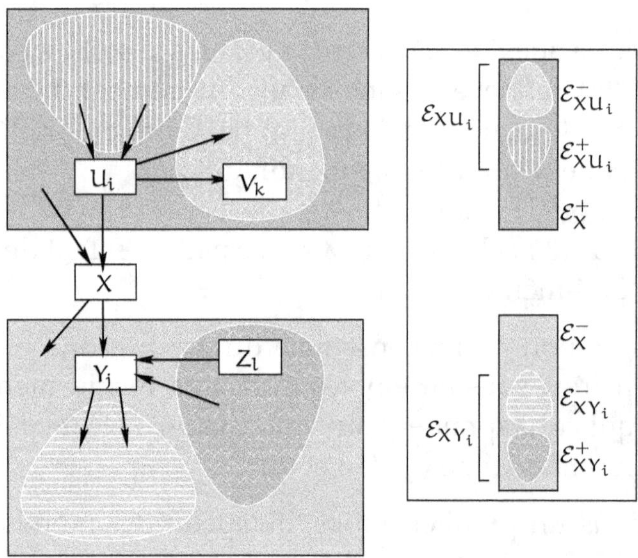

FIG. 5.1 *Les différentes zones d'informations dans un arbre*

En remarque préliminaire à ces calculs, notons que l'on peut également partitionner :

- $\mathcal{E}_X^- = \bigcup_{1 \le j \le m} \mathcal{E}_{XY_j}$ où $\mathcal{E}_{XY_j}$ représente l'ensemble des informations élémentaires sur des nœuds pour lesquels la chaîne vers X passe par Y_j.
- $\mathcal{E}_X^+ = \bigcup_{1 \le i \le m} \mathcal{E}_{XU_i}$ où $\mathcal{E}_{XU_i}$ représente l'ensemble des informations élémentaires sur des nœuds pour lesquels la chaîne vers X passe par U_i.

▶ **Calcul de $\lambda(x)$**

De même que plus haut, toute chaîne d'un nœud destinataire d'une information de $\mathcal{E}_{XY_j}$ vers un nœud destinataire d'une information de $\mathcal{E}_{XY_{j'}}$, avec $j \ne j'$, passe nécessairement par X qui n'est pas un puits de cette chaîne et qui donc d-sépare ces deux nœuds. D'où :

$$\lambda(x) = P(\mathcal{E}_X^- \mid x)$$
$$= P(\bigcup_{1 \le j \le m} \mathcal{E}_{XY_j} \mid x)$$
$$\lambda(x) = \prod_{1 \le j \le m} P(\mathcal{E}_{XY_j} \mid x) \tag{5.1}$$

Une fois de plus, on doit partitionner chaque $\mathcal{E}_{XY_j}$ entre $\mathcal{E}_{XY_j}^+$, l'information venant des parents de Y_j différents de X (les Z_l, voir figure 5.1 page précédente) de Y_j et de $\mathcal{E}_{XY_j}^-$, l'information venant des enfants de Y_j.

Il faut noter que :
- Y_j d-sépare $\mathcal{E}_{XY_j}^+$ et $\mathcal{E}_{XY_j}^-$. En effet, toute chaîne d'un nœud comportant une information de $\mathcal{E}_{XY_j}^+$ vers un nœud comportant une information de $\mathcal{E}_{XY_j}^-$ passe par Y_j qui n'est pas un puits de cette chaîne.
- Les Z_l d-séparent X de $\mathcal{E}_{XY_j}^+$ (ce ne sont pas des feuilles, donc ils ne comportent pas d'information et toute chaîne depuis un nœud comportant de l'information de $\mathcal{E}_{XY_j}^+$ vers X passe par un des Z_l qui n'est pas un puits de la chaîne).

Avec $\mathcal{D}_Z = \mathcal{D}_{Z_1} \times \mathcal{D}_{Z_2} \times \ldots \times \mathcal{D}_{Z_l}$, on peut alors écrire chaque terme de ce produit comme suit :

$$P(\mathcal{E}_{XY_j} \mid x) = P(\mathcal{E}_{XY_j}^+, \mathcal{E}_{XY_j}^- \mid x) = \sum_{y_j \in \mathcal{D}_{Y_j}, z \in \mathcal{D}_Z} P(\mathcal{E}_{XY_j}^+, \mathcal{E}_{XY_j}^- \mid x, y_j, z) \cdot P(y_j, z \mid x)$$

z est le vecteur de valeurs des z_l. D'après les d-séparations précitées,

$$= \sum_{y_j, z} P(\mathcal{E}_{XY_j}^+ \mid z) \cdot P(\mathcal{E}_{XY_j}^- \mid y_j) \cdot P(y_j, z \mid x)$$

avec l'application du théorème de Bayes pour $P(\mathcal{E}^+_{XY_j} \mid z)$ et une factorisation pour $P(y_j, z \mid x)$,

$$= \sum_{y_j, z} P(\mathcal{E}^-_{XY_j} \mid y_j) \cdot \frac{P(\mathcal{E}^+_{XY_j}) \cdot P(z \mid \mathcal{E}^+_{XY_j})}{p(z)} \cdot P(y_j \mid z, x) \cdot P(z \mid x)$$

$P(\mathcal{E}^+_{XY_j})$ est une constante durant ce calcul. Étant donné que les Z_l sont indépendants marginalement de X : $P(z \mid x) = P(z)$

$$P(\mathcal{E}_{XY_j} \mid x) \propto \sum_{y_j, z} P(\mathcal{E}^-_{XY_j} \mid y_j) \cdot P(z \mid \mathcal{E}^+_{XY_j}) \cdot P(y_j \mid x, z)$$

En remarquant les rôles analogues des U_i par rapport à X et des Z_l par rapport aux Y_j, on peut noter $\mathcal{E}^+_{XY_j} = \bigcup_l \mathcal{E}_{Y_i Z_l}$ où $\mathcal{E}_{Y_j Z_l}$ est l'ensemble de l'information dont la chaîne vers Y_j passe par Z_l. On peut alors écrire, par d-séparation conditionnellement à Y_j :

$$P(z \mid \mathcal{E}^+_{XY_j}) = \prod_l P(z_l \mid \mathcal{E}_{Y_j Z_l})$$

On obtient finalement que :

$$\lambda(x) \propto \prod_{1 \leq j \leq m} \sum_{y_j \in \mathcal{D}_{Y_j}} P(\mathcal{E}^-_{XY_j} \mid y_j) \cdot \sum_{z \in \mathcal{D}_z} P(y_j \mid x, z) \cdot \prod_l P(z_l \mid \mathcal{E}_{Y_j Z_l}) \qquad (5.2)$$

▶ **Calcul des $\pi(x)$**

$\mathcal{E}^+_X$ ayant été partitionné en $\bigcup_{1 \leq i \leq m} \mathcal{E}_{XU_i}$ où $\mathcal{E}_{XU_i}$ représente l'ensemble des informations élémentaires sur des nœuds pour lesquels la chaîne vers X passe par U_i, on peut écrire (avec $\mathcal{D}_U = \mathcal{D}_{U_1} \times \ldots \times \mathcal{D}_{U_n}$) :

$$\pi(x) = P(x \mid \mathcal{E}^+_X)$$
$$= P(x \mid \mathcal{E}_{XU_1}, \ldots, \mathcal{E}_{XU_n})$$
$$= \sum_{u \in \mathcal{D}_U} P(x \mid u) \cdot P(u \mid \mathcal{E}_{XU_1}, \ldots, \mathcal{E}_{XU_n})$$

et par d-séparation conditionnellement à X des $\mathcal{E}_{XU_i}$ (u est le vecteur des u_i),

$$\pi(x) = \sum_{u \in \mathcal{D}_U} P(x \mid u) \cdot \prod_{1 \leq i \leq n} P(u_i \mid \mathcal{E}_{XU_i}) \qquad (5.3)$$

De même que pour le calcul de λ, il est nécessaire de séparer chaque $\mathcal{E}_{XU_i}$ en deux parties : $\mathcal{E}_{XU_i}^+$ représente l'information venant des parents de U_i et $\mathcal{E}_{XU_i}^-$ représente l'information venant des enfants de U_i autres que X (les V_k, voir la figure 5.1 page 96). Alors, en appliquant le théorème de Bayes à $P(x \mid \mathcal{E}_{XU_i})$ puis la d-séparation sachant U_i de $\mathcal{E}_{XU_i}^-$ et de $\mathcal{E}_{XU_i}^+$:

$$
\begin{aligned}
P(u_i \mid \mathcal{E}_{XU_i}) &= P(u_i \mid \mathcal{E}_{XU_i}^+, \mathcal{E}_{XU_i}^-) \\
&\propto P(\mathcal{E}_{XU_i}^- \mid u_i, \mathcal{E}_{XU_i}^+) \cdot P(u_i \mid \mathcal{E}_{XU_i}^+) \\
&\propto P(\mathcal{E}_{XU_i}^- \mid u_i) \cdot P(u_i \mid \mathcal{E}_{XU_i}^+)
\end{aligned}
$$

Pour le dernier partitionnement, on procède comme suit : $\mathcal{E}_{XU_i}^-$ se partitionne en $\bigcup_k \mathcal{E}_{U_i V_k}$ qui représentent, pour chaque k, l'ensemble des informations élémentaires dont la chaîne vers U_i passe par V_k et qui sont tous d-séparés par U_i. D'où :

$$
\begin{aligned}
P(\mathcal{E}_{XU_i}^- \mid u_i) &= P(\bigcup_k \mathcal{E}_{U_i V_k} \mid u_i) \\
&= \prod_k P(\mathcal{E}_{U_i V_k} \mid u_i)
\end{aligned}
$$

Et finalement,

$$
\pi(x) \propto \sum_{u \in \mathcal{D}_U} P(x \mid u) \cdot \prod_{1 \leq i \leq n} \left[P(u_i \mid \mathcal{E}_{XU_i}^+) \cdot \prod_k P(\mathcal{E}_{U_i V_k} \mid u_i) \right] \tag{5.4}
$$

▶ **Synthèse et écriture itérative**

Les équations 5.2 page précédente et 5.4 nous donnent donc :

$$
P(x \mid \mathcal{E}) \propto P(\mathcal{E}_X^- \mid x) \cdot P(x \mid \mathcal{E}_X^+) = \lambda(x) \cdot \pi(x)
$$

$$
\lambda(x) \propto \prod_{1 \leq j \leq m} \left[\sum_{y_j \in \mathcal{D}_{Y_j}} P(\mathcal{E}_{XY_j}^- \mid y_j) \cdot \sum_{z \in \mathcal{D}_z} P(y_j \mid x, z) \cdot \prod_l P(z_l \mid \mathcal{E}_{Y_j Z_l}) \right]
$$

$$
\pi(x) \propto \sum_{u \in \mathcal{D}_U} P(x \mid u) \cdot \prod_{1 \leq i \leq n} \left[P(u_i \mid \mathcal{E}_{XU_i}^+) \cdot \prod_k P(\mathcal{E}_{U_i V_k} \mid u_i) \right]
$$

$$
\tag{5.5}
$$

Les expressions entre crochets dans l'équation 5.5 sont d'une certaine façon des informations localisées provenant respectivement d'un enfant de X pour λ et d'un parent de X pour π. On appellera $\lambda_{Y_j}(x)$ la contribution de l'enfant Y_j dans λ et $\pi_{U_i}(x)$ la contribution du parent U_i dans π. D'après les équations 5.1 page 97 et 5.3 page 98, on peut alors écrire :

$$\lambda_{Y_j}(x) = P(\mathcal{E}_{XY_j} \mid x)$$
$$= \sum_{y_j \in \mathcal{D}_{Y_j}} P(\mathcal{E}_{XY_j}^- \mid y_j) \cdot \sum_{z \in \mathcal{D}_z} P(y_j \mid x, z) \cdot \prod_l P(z_l \mid \mathcal{E}_{Y_j Z_l})$$

$$\pi_X(u_i) = P(u_i \mid \mathcal{E}_{XU_i})$$
$$= P(u_i \mid \mathcal{E}_{XU_i}^+) \cdot \prod_k P(\mathcal{E}_{U_i V_k} \mid u_i)$$

Il s'agit maintenant de s'apercevoir d'identités ou d'analogies entre ensembles d'informations :

- $\mathcal{E}_{XY_j}^-$ est l'ensemble des informations dont la chaîne vers X passe par un enfant de Y_j. Puisque le graphe est un arbre, $\mathcal{E}_{XY_j}^-$ est donc aussi l'ensemble des informations dont la chaîne vers Y_j passe par un de ses enfants : $\mathcal{E}_{Y_j}^-$; mais alors, par analogie avec $P(\mathcal{E}_X^- \mid x) = \lambda(x)$,

$$P(\mathcal{E}_{XY_j}^- \mid y_j) = P(\mathcal{E}_{Y_j}^- \mid y_j) = \lambda(y_j)$$

- $\mathcal{E}_{XU_i}^+$ est l'ensemble des informations dont la chaîne vers X passe par un parent de U_i. $\mathcal{E}_{XU_i}^+$ est donc aussi l'ensemble des informations dont la chaîne vers U_i passe par un de ses parents : $\mathcal{E}_{U_i}^+$; mais alors par analogie avec $P(x \mid \mathcal{E}_X^+) = \pi(x)$,

$$P(u_i \mid \mathcal{E}_{XU_i}^+) = P(u_i \mid \mathcal{E}_{U_i}^+) = \pi(u_i)$$

- Si $P(u_i \mid \mathcal{E}_{XU_i}) = \pi_X(u_i)$ alors $P(z_l \mid \mathcal{E}_{Y_j Z_l}) = \pi_{Y_j}(z_l)$.
- Si $P(\mathcal{E}_{XY_j} \mid x) = \lambda_{Y_j}(x)$ alors $P(\mathcal{E}_{U_i V_k} \mid u_i) = \lambda_{V_k}(u_i)$.

Afin de généraliser cette équation, on remarque que :
- Les (Y_j) sont les enfants de $X : \Xi_X$.
- Les (U_i) sont les parents de $X : \Pi_X$.
- Les (V_k) sont les enfants d'un U (parent de X) sauf X : $\Xi_U \setminus \{X\}$.
- Les (Z_l) sont les parents d'un Y (enfant de X) sauf X : $\Pi_Y \setminus \{X\}$.

Ceci nous permet de réécrire l'équation 5.5 page 99 :

$$P(x \mid \mathcal{E}) \propto \lambda(x) \cdot \pi(x)$$

$$\lambda(x) \propto \prod_{Y \in \Xi_X} \lambda_Y(x)$$

$$\pi(x) \propto \sum_{u \in \mathcal{D}_{\Pi_X}} P(x \mid u) \cdot \prod_{U_i \in \Pi_X} \pi_X(u_i)$$

$$\text{avec } Y \in \Xi_X \text{ et } U \in \Pi_X,$$

$$\lambda_Y(x) \propto \sum_{y \in \mathcal{D}_Y} \lambda(y) \cdot \sum_{z \in \mathcal{D}_{\Pi_Y \setminus \{X\}}} P(y \mid x, z) \cdot \prod_{Z_l \in \Pi_Y \setminus \{X\}} \pi_Y(z_l)$$

$$\forall u \in \mathcal{D}_U, \pi_X(u) \propto \pi(u) \cdot \prod_{V \in \Xi_U \setminus \{X\}} \lambda_V(u)$$

(5.6)

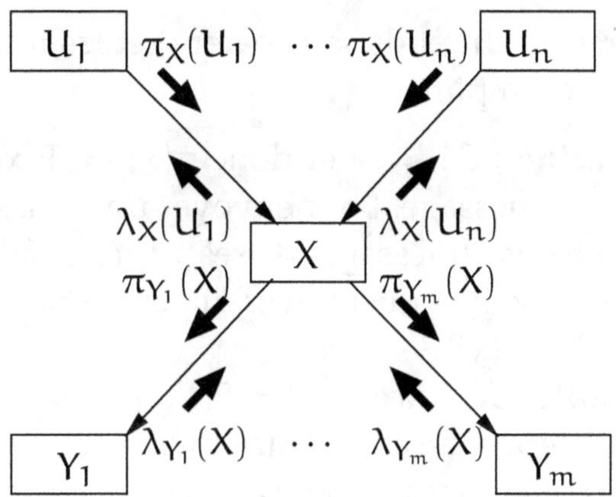

FIG. 5.2 *Messages issus de* X *dans une propagation type Pearl*

L'équation 5.6 synthétise la propagation de l'information. Chaque $\pi_X(U)$ et $\lambda_Y(X)$ sont les contributions respectivement du parent U et de l'enfant Y au calcul de la probabilité *a posteriori* de X. On peut alors considérer que les parents et les enfants de X envoient ces messages vers X, messages qui permettent à X d'envoyer à son tour ses propres messages vers ses voisins (voir figure 5.2).

Dans cette méthode proposée par [KP83] et [Pea86], la propagation des messages dans un arbre consiste en deux flux simultanés : l'un pour lequel les messages (les π-messages) transitent dans le sens de l'orientation des arcs (des racines vers les feuilles), le second où les messages (les λ-messages) transitent dans le sens inverse.

Il faut cependant remarquer quelques règles qui dirigent les itérations de l'algorithme :

① X a besoin des messages de tous ses voisins pour pouvoir calculer $P(X \mid \mathcal{E})$.

② X a besoin des messages de tous ses enfants pour calculer $\lambda(X)$.

③ X a besoin des messages de tous ses parents pour calculer $\pi(X)$.

④ Le nœud Y qui veut envoyer un λ-message $\lambda_Y(X)$ vers son parent X a besoin des λ-messages de tous ses enfants et des π-messages de tous ses parents sauf X.

⑤ Le nœud U qui veut envoyer un π-message $\pi_X(U)$ vers son enfant X a besoin des π-messages de tous ses parents et des λ-messages de tous ses enfants sauf X.

► **Cas des racines, des feuilles et des nœuds informés**

Pour le cas des racines (nœuds sans parent) et les feuilles (nœuds sans enfant), les formules se simplifient :

- **si X est une racine** : $\mathcal{E}_X^+ = \emptyset$ et donc $\pi(x) = P(x \mid \mathcal{E}_X^+) = P(x)$. X n'envoie pas de λ-message. Pour envoyer un π-message vers son enfant Y, il a besoin des λ-messages de ses autres enfants. En particulier, s'il n'a qu'un enfant, il peut envoyer directement ce message (qui est exactement $\pi(x) = P(x)$).
- **si X est une feuille** : $\mathcal{E}_X^- = \emptyset$ et $\lambda(x) = P(\mathcal{E}_X^- \mid x) = 1$ (par convention[1]). X n'envoie pas de π-message. Pour envoyer un λ-message vers son parent Y, il a besoin des π-messages de ses autres parents. En particulier, s'il n'a qu'un parent, il peut envoyer son λ-message (qui est cette fonction constante à 1).
- **si X est observée** : $\mathcal{E}_X^o \neq \emptyset$. Il faut alors écrire :

$$P(x \mid \mathcal{E}_X^o, \mathcal{E}_X^+, \mathcal{E}_X^-) \propto P(\mathcal{E}_X^o \mid x, \mathcal{E}_X^+, \mathcal{E}_X^-) \cdot P(x \mid \mathcal{E}_X^+, \mathcal{E}_X^-)$$
$$\propto P(\mathcal{E}_X^o \mid x) \cdot P(\mathcal{E}_X^- \mid x) \cdot P(x \mid \mathcal{E}_X^+)$$

Tout se passe comme si X possédait un enfant supplémentaire e_X qui lui envoyait un message $\lambda_{e_X}(x) = P(\mathcal{E}_X^o \mid x)$.

Toute observation élémentaire sur un nœud X est donc transformée en une feuille virtuelle e_X, enfant de X et qui envoie non pas un message non informatif ($\lambda(x) = 1$) mais un message tenant compte de cette observation. Il est à noter que, puisque le nœud virtuel ajouté e_X est une feuille, le graphe reste un arbre.

---

[1] En fait, il s'agit pour $\lambda(x)$ d'être constant quel que soit x. En effet, λ est une vraisemblance de l'information $\mathcal{E}_X^-$. Si celle-ci n'existe pas, il n'y a aucune raison que la vraisemblance de cette information nulle varie en fonction de la valeur de x.

5.1.2 Algorithme de propagation : *polytree propagation*

D'après le schéma de propagation de l'équation 5.6 page 101, chaque nœud X peut être dans cinq états différents :

① Attente de messages : en notant n_X le nombre de ses voisins, tant que X a reçu moins de $n_X - 1$ messages, il ne peut rien faire.

② Calcul de messages de collecte : X a reçu $n_X - 1$ messages, il est donc capable de calculer le message vers le seul voisin Y qui ne lui a rien envoyé. D'une manière générale, on dira que X est en phase de *collecte*.

③ Attente de réponse : X est en attente d'un message de ce dernier voisin.

④ Calcul de messages de distributions : X a reçu le dernier message. Il est en mesure de calculer $\lambda(x)$, $\pi(x)$ et $P(x \mid \mathcal{E})$. Il est aussi en mesure de distribuer les $n_X - 1$ messages qu'il n'a pas encore envoyés.

⑤ Fin : X est au repos. L'algorithme est terminé en ce qui le concerne.

L'algorithme prend alors cette forme générale :

THÉORÈME 5.1

Soit un réseau bayésien de graphe $\overrightarrow{G} = (U, E)$, *l'algorithme suivant permet de calculer* $P(X \mid \mathcal{E})$ *pour tout nœud X du réseau bayésien.*

① *Tout nœud de* U *à l'état 1.*

② $U_{\text{collecte}} = U$

③ *Tant que* $U_{\text{collecte}} \neq \emptyset$

    (a) $\exists X \in U_{\text{collecte}}$ *tel que X peut passer à l'état 2.*

    (b) $U_{\text{collecte}} = U_{\text{collecte}} \setminus \{X\}$.

    (c) X *passe à l'état 2 et envoie à Y son message puis passe à l'état 3.*

④ *Le dernier Y peut passer à l'état 4.* $U_{\text{distrib}} = \{Y\}$.

⑤ *Tant que* $U_{\text{distrib}} \neq \emptyset$

    (a) $\exists Y \in U_{\text{distrib}}$ *et* $U_{\text{distrib}} = U_{\text{distrib}} \setminus \{Y\}$.

    (b) Y *passe à l'état 4, envoie ses messages à tous ses voisins et passe à l'état 5.*

    (c) $U_{\text{distrib}} = U_{\text{distrib}} \cup \vartheta_Y$

Démonstration

Deux points sont à prouver :

- **Étape 3a** : à toute étape, il existe un nœud X pouvant servir de candidat à cette étape.

La preuve se fait par récurrence :

○ *étape initiale* 0 : le graphe G est un arbre. Il existe donc au moins un nœud X_0 de G de degré 1 (n'ayant qu'un voisin). Ce nœud est un candidat pour la première itération de l'étape 3a.

○ *étape courante* i : soit U_i le $U_{collecte}$ de l'étape i et $V_i = U \setminus U_i$ c'est à dire l'ensemble des nœuds déjà traités dans des itérations précédentes.

Hypothèse de récurrence : $\forall j \leq i$, le graphe réduit de G sur U_j est un arbre.

Il existe donc un nœud X_i de degré 1 (et de voisin Y) dans ce sous-graphe.

· Soit X_i est aussi une feuille dans G et est alors candidat pour cette itération.

· Soit X_j n'est pas une feuille dans G. Tous ses autres voisins dans G font alors partie de V_i, c'est-à-dire, tous ses voisins autres que Y ont déjà été visités et ont déjà envoyé leurs messages. Nécessairement, ces messages ont été envoyés vers X_i.

En effet, soit B_k un tel voisin $\in V_i$ et $k < i$ l'étape dans laquelle B_k a envoyé un message vers un nœud A_k. Si A_k n'est pas X_i alors à l'étape $k+1$, A_k et X_i appartenaient au graphe réduit sur U_{k+1} mais pas B_k. Or la seule chaîne de A_k vers X_i dans l'arbre G passe par B_k. Le graphe réduit de l'étape $k+1$ n'était donc pas un arbre. Ce qui est absurde, par hypothèse de récurrence.

Donc, ce nœud X_i est un candidat pour l'étape i. Comme c'est un nœud d'ordre 1 dans l'arbre réduit de G sur V_i, le graphe réduit sur $V_{i+1} = V_i \setminus X_i$ est aussi un arbre.

- **Etape 5** : à la fin de cette étape, tout nœud est à l'état 5.

  Le schéma général de l'étape 5 est une recherche en profondeur (ou en largeur) d'abord. Étant donné que G est connexe, tous les nœuds vont être visités par cette étape ; chaque nœud visité passant à l'état 5. On est assuré que tous les nœuds peuvent calculer leur probabilité marginale *a posteriori* $P(. \mid \mathcal{E})$.

$\square$

5.2 Conditionnement global

5.2.1 Principe de la coupe

L'algorithme qui vient d'être décrit en détail ne s'applique que sur les réseaux bayésiens dont le graphe est un arbre. Le problème se pose de l'étendre à tout réseau bayésien. La méthode proposée également par [Pea86] consiste à trouver un ensemble S de variables qui, en supprimant les arcs qui en sont issus, permettent d'obtenir un graphe réduit qui soit un arbre. Il s'agira alors, pour chaque ensemble de valeurs possibles des variables de S, de calculer une propagation dans cet arbre, puis de réussir à agréger l'ensemble de ces propagations.

Cet algorithme s'appelle l'algorithme du *coupe-cycle*ou, plus généralement de *conditionnement* (*conditionning*). Sa complexité est bien exponentielle en fonction du nombre de variables de S.

5.2.2 Propagation conditionnée

Soit un réseau bayésien sur un graphe $\overrightarrow{G} = (V, E)$; instancier une variable $X \in V$ correspond non pas à la supprimer du graphe mais au moins à supprimer les arcs qui en sont issus. C'est cette opération qui est utilisée pour obtenir un graphe réduit sans cycle à partir de $\overrightarrow{G}$.

De manière générale, étant donné $S \subset V$ un ensemble de variables, on note $\sigma(E, S)$ l'ensemble des arcs de E qui n'ont pas d'origine dans S. S est un ensemble de coupe si le graphe réduit $(V, \sigma(E, S))$ est un arbre.

Soit une information $\mathcal{E}$ et un ensemble de coupe $S = \{S_1, \ldots, S_n\}$, il s'agit maintenant de calculer $P(X \mid \mathcal{E})$ pour toute variable X de V.

Ceci est toujours vrai :

$$P(x \mid \mathcal{E}) = \sum_{s \in \mathcal{D}_S} \left[P(x \mid \mathcal{E}, s) \cdot P(s \mid \mathcal{E}) \right]$$

En fait, le terme $P(x \mid \mathcal{E}, s)$ peut être calculé facilement dans le graphe réduit $(V, \sigma(E, S))$ (puisque l'instanciation des variables de S par les valeurs s permet de couper le graphe de manière à obtenir un arbre).

Reste à calculer la valeur de $P(s \mid \mathcal{E})$. Ce calcul se mène récursivement :

$$P(s_1, \ldots, s_n \mid \mathcal{E}_1, \ldots, \mathcal{E}_e) \propto \quad P(\mathcal{E}_e \mid s_1, \ldots, s_n, \mathcal{E}_1, \ldots, \mathcal{E}_{e-1})$$
$$\cdot P(s_1, \ldots, s_n \mid \mathcal{E}_1, \ldots, \mathcal{E}_{e-1})$$

$$P(s_1, \ldots, s_n \mid \mathcal{E}_1, \ldots, \mathcal{E}_{e-1}) \propto \quad P(\mathcal{E}_{e-1} \mid s_1, \ldots, s_n, \mathcal{E}_1, \ldots, \mathcal{E}_{e-2})$$
$$\cdot P(s_1, \ldots, s_n \mid \mathcal{E}_1, \ldots, \mathcal{E}_{e-2})$$

$$\ldots$$

$$P(s_1, \ldots, s_n \mid \mathcal{E}_1, \mathcal{E}_2) \propto \quad P(\mathcal{E}_2 \mid s_1, \ldots, s_n, \mathcal{E}_1)$$
$$\cdot P(s_1, \ldots, s_n \mid \mathcal{E}_1)$$

$$P(s_1, \ldots, s_n \mid \mathcal{E}_1) \propto \quad P(\mathcal{E}_1 \mid s_1, \ldots, s_n)$$
$$\cdot P(s_1, \ldots, s_n)$$

Chaque terme $P(\mathcal{E}_i \mid s_1, \ldots, s_n, \mathcal{E}_1, \ldots, \mathcal{E}_{i-1})$ peut lui aussi être calculé par une propagation dans le graphe réduit. Reste à calculer la loi jointe *a priori* $P(s_1, \ldots, s_n)$.

Le calcul par une phase d'initialisation a été proposé par [SC91]. Sachant que les nœuds Si sont numérotés en suivant un ordre topologique, on a :

$$P(s_1, \ldots, s_n) = P(s_1) \cdot P(s_2 \mid s_1) \cdot \ldots \cdot P(s_n \mid s_1, \ldots, s_{n-1})$$

En notant $V = (V_1, \ldots, V_n)$ l'ensemble des variables numérotées également en suivant un ordre topologique, il suffit maintenant d'utiliser les sous-graphes réduits créés :

- Par les variables de V_1 à S_1 [2]. Ce graphe est un arbre (autrement S_1 ne serait pas la première variable de coupe) et crée un réseau bayésien représentant $P(V_1, \ldots, S_1)$. Ce qui permet de calculer $P(s_1)$.
- Itérativement, par les variables de V_1 à S_i. $\{S_1, \ldots, S_{i-1}\}$ est un ensemble de coupe pour ce graphe. Il est donc aisé de calculer en une propagation les valeurs de $P(c_i \mid c_1, \ldots, c_{i-1})$.

Le nombre d'itérations nécessaires pour calculer une telle propagation, dans un graphe dont S est l'ensemble de coupe, est égal au produit des tailles des domaines des différentes variables de la coupe.

$$\#_{\text{iteration}} = \prod_i |\mathcal{D}_{S_i}|$$

5.3 Arbre de jonction

Comme le montrent les sections précédentes, une propagation de messages dans un arbre est aisée. Afin de traiter les graphes plus généraux, la section présente propose une méthode où il s'agit de couper des arcs afin d'obtenir un arbre. Une autre méthode, proposée initialement par [LS88] et [JLO90], a pour principe de fusionner des nœuds afin d'obtenir une structure dite d'*arbre de jonction*.

5.3.1 Moralisation et Triangulation

La section 4.4.3 page 82 présentait une factorisation de la probabilité sur un réseau de Markov.

$$\mathcal{P}(V) = \prod_{C \in \mathcal{C}} \Psi_C(V)$$

---

[2] $\exists j$ tel que $S_1 = V_j$.

où $\mathcal{C}$ est l'ensemble des cliques du réseau de Markov et $\Psi_C(V)$ est un potentiel ne dépendant que des variables de C. Le but de cette partie est de transformer un réseau bayésien en un réseau de Markov afin de pouvoir utiliser cette factorisation.

➠ DÉFINITION 5.1 (GRAPHE MORAL)
Soit un graphe orienté $\overrightarrow{G} = (V, E)$, le graphe moral, noté $G^m = (V, E^m)$ de $\overrightarrow{G}$ est un graphe non orienté obtenu par :

$$(u\!-\!v) \in E^m \iff \left[(u\!\to\!v) \in E\right] \text{ ou } \left[(v\!\to\!u) \in E\right] \text{ ou } \left[\exists w \in V, u, v \subset \Pi_w\right]$$

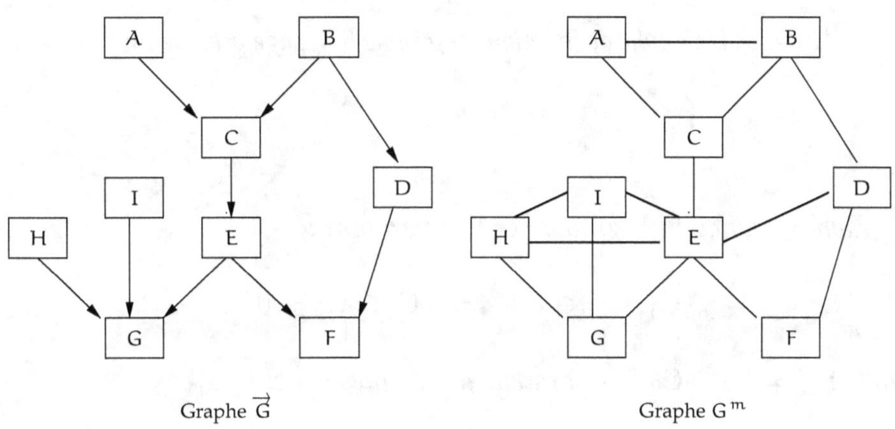

FIG. 5.3 *Moralisation d'un graphe*

Le graphe moral est obtenu en « désorientant » les arcs et en « mariant » les parents d'un même nœud. Le graphe moral a donc la propriété de créer une clique pour chaque nœud et ses parents (par exemple la clique H,I,E,G dans la figure 5.3).

Les potentiels Ψ_C fusionnent toutes les variables de la clique C en une unité d'ordre supérieur[3]. Cependant, une variable peut apparaître dans plusieurs cliques différentes (elle peut être le parent de plusieurs nœuds différents par exemple). On peut ainsi construire une relation binaire entre cliques, caractérisant les couples de cliques (C_1, C_2) partageant une ou plusieurs variables. Ces variables forment le *séparateur* entre ces deux cliques $S_{12} = C_1 \cap C_2$. Ce qui permet de définir une structure seconde sur $\mathcal{C}$ l'ensemble des cliques :

➠ DÉFINITION 5.2 (GRAPHE DE JONCTION)
Soit $G = (V, E)$ un graphe non orienté ; soit $\mathcal{C}$ l'ensemble des cliques de G. On

____
[3] Unité qu'on pourrait considérer comme une unique variable aléatoire.

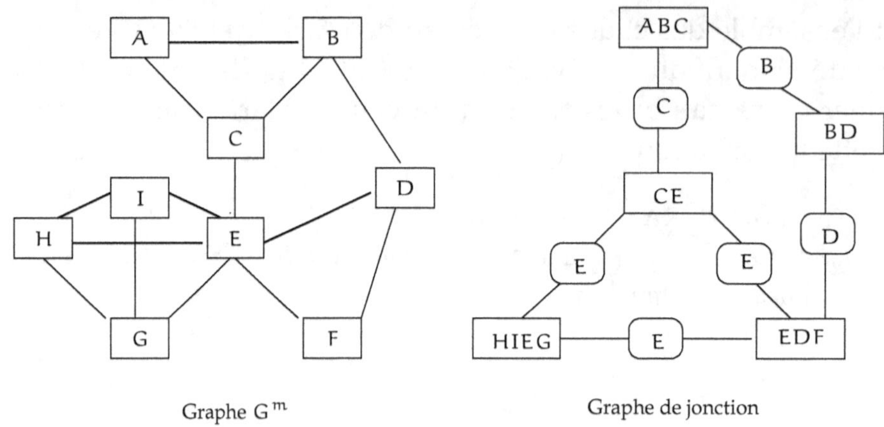

Graphe G^m Graphe de jonction

FIG. 5.4 *Graphe de jonction du graphe 5.3 page précédente*

nomme graphe de jonction le graphe $(\mathcal{C}, \mathsf{E}_\mathcal{C})$ *vérifiant :*

$$(\mathsf{C}_1, \mathsf{C}_2) \in \mathsf{E}_\mathcal{C} \iff \mathsf{C}_1 \cap \mathsf{C}_2 \neq \emptyset$$

On nomme $\mathsf{S}_{12} = \mathsf{C}_1 \cap \mathsf{C}_2$ *le séparateur des cliques* C_1 *et* C_2*.*

Le graphe de jonction n'est pas un arbre. Dans le contexte de la circulation de messages, il existe toutefois deux types de cycles dans ce graphe : des cycles pour lesquels tous les séparateurs sont d'intersection non nulle et les cycles où les séparateurs sont d'intersection nulle.

EXEMPLE 5.2 Dans la figure 5.4 , $(\mathrm{CE}, \mathrm{EDF}, \mathrm{HIEG})$ est un cycle de la première espèce, qui pourrait être supprimé facilement (en retirant un des arcs) sans perdre la possibilité de communiquer de l'information ; par contre, le cycle $(\mathrm{ABC}, \mathrm{BD}, \mathrm{EDF}, \mathrm{CE})$ est un cycle qui ne possède aucun arc redondant.

Un *graphe de jonction minimal* est un graphe de jonction qui ne possède aucun arc redondant. D'un point de vue général, le graphe de jonction minimal d'un graphe G est un arbre si et seulement si ce graphe vérifie une propriété de 'décomposabilité'. Cette propriété revient, pour un graphe non orienté, à celle de graphe triangulé (voir par exemple [CDLS99] ou [Lau96].

➡ DÉFINITION 5.3 (GRAPHE TRIANGULÉ)
Un graphe non orienté est un graphe triangulé si et seulement si tout cycle de longueur supérieur à 3 possède une corde (c'est-à-dire une arête reliant deux nœuds non adjacents dans le cycle).

Le graphe de jonction minimal d'un graphe triangulé est un arbre de jonction.

Cette définition revient à dire que tous les cycles minimaux d'un graphe triangulé sont de longueur 3.

La triangulation est l'opération qui a pour but d'obtenir un graphe triangulé à partir d'un graphe non orienté. Si $\vec{G}$ est un graphe orienté, on note $\overline{G^m}$ son graphe moralisé, puis triangulé.

Un graphe triangulé a principalement une propriété utile pour la propagation dans cette structure : la propriété dite de l'intersection courante.

PROPRIÉTÉ 5.4 (INTERSECTION COURANTE)
Un graphe G possède la propriété de l'intersection courante si ses cliques peuvent être énumérées dans un ordre $(C_1, \ldots, C_m)$ tel que :

$$\forall i, \exists j < i, C_i \cap \bigcup_{l<i} [C_l] \subset C_j$$

THÉORÈME 5.2
Un graphe triangulé possède la propriété de l'intersection courante.

Cet ordre d'énumération qui intervient dans la propriété de l'intersection courante permet de définir exactement l'*arbre de jonction*.

NOTE 5.3 La propriété de l'intersection courante précise qu'il existe un tel ordre mais pas son unicité : l'arbre de jonction n'est donc pas unique.

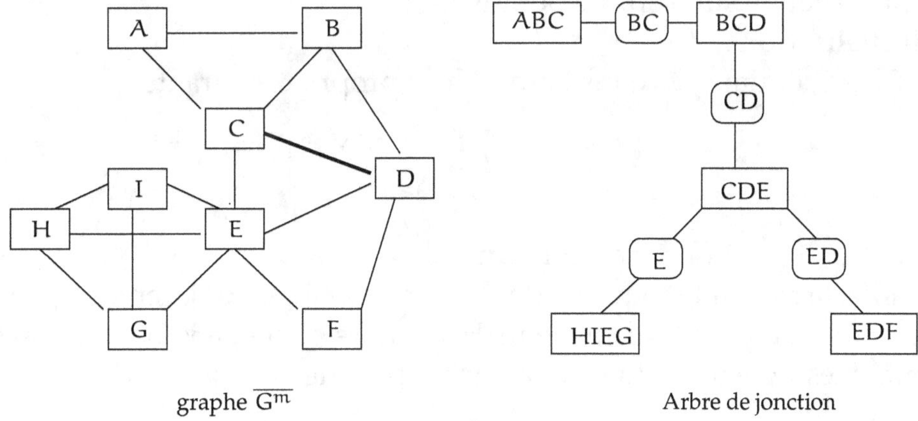

FIG. 5.5 *Graphe triangulé du graphe de la figure 5.3 page 107 et arbre de jonction*

Dans l'arbre de jonction, la propriété de l'intersection courante se lit comme suit : soit deux cliques C_1 et C_2 du graphe $\overline{G^m}$, alors tous les séparateurs (et les cliques) de la chaîne de C_1 à C_2 dans l'arbre de jonction associé contiennent $C_1 \cap C_2$. Ainsi, dans la figure 5.5 page précédente, la chaîne de (A, B, C) à (C, D, E) est :

$$\{(A, B, C), [B, C], (B, C, D), [C, D], (C, D, E)\}$$

Tous ces sous-ensembles contiennent bien le nœud C.

5.3.2 Propagation dans l'arbre de jonction

La propagation dans l'arbre de jonction, algorithme de la famille des algorithmes dits de *clustering*, repose sur la notion de potentiels et sur la factorisation en potentiels de cliques et séparateurs :

$$P(V) = \frac{\prod_{C \in \mathcal{C}} \Psi_C(V)}{\prod_{S \in \mathcal{S}} \Psi_S(V)}$$

où $\mathcal{C}$ est l'ensemble des cliques du graphe et $\mathcal{S}$ l'ensemble des séparateurs de l'arbre de jonction.

Le but de la propagation dans un arbre de jonction est que chaque potentiel de clique soit actualisé, en fin de calcul, pour devenir la loi jointe *a posteriori* des variables de la clique. La *cohérence de potentiels* permet de s'assurer que la marginalisation pour une variable des différents potentiels de cliques dont elle fait partie donne le même résultat (on peut obtenir la probabilité marginale d'une variable en marginalisant le potentiel de n'importe quelle clique dont elle fait partie).

La propagation suit le principe suivant :
- **Initialisation** :

  $\forall C_i \in \mathcal{C}$, énumérées dans l'ordre de la propriété courante,

  $$\Psi_{C_i}^0 = \prod_{X \in C_i, X \notin C_j, j < i} P(X \mid \Pi_X)$$

  $\forall S \in \mathcal{S}, \Psi_S^0 = 1$ (fonction constante).
- **Collecte** : soit une clique C_i dont toutes les cliques adjacentes C_k sauf une unique C_j ont calculé leurs $\Psi_{C_k}^1$. Alors on met à jour successivement les potentiels du séparateur S_{ij} puis de la clique S_j de la façon suivante :

  $$\Psi_{S_{ij}}^1(s) = \sum_{C_i \backslash S_{ij}} \Psi_{C_i}^1(c)$$

  $$\Psi_{C_j}^1 = \Psi_{C_j}^0 \cdot \frac{\Psi_{S_{ij}}^1}{\Psi_{S_{ij}}^0}$$

On itère cette étape tant qu'il existe une telle clique (noter que les nœuds pendants de l'arbre de jonction initient cette propagation).

- **Distribution** : le dernier nœud de l'étape précédente, racine de la propagation, distribue vers tous ses voisins (qui feront de même) en utilisant exactement les mêmes formules que ci-après.

$$\Psi^2_{S_{ij}}(s) = \sum_{C_i \setminus S_{ij}} \Psi^2_{C_i}(c)$$

$$\Psi^2_{C_j} = \Psi^1_{C_j} \cdot \frac{\Psi^2_{S_{ij}}}{\Psi^1_{S_{ij}}}$$

Il est à noter que la cohérence (calcul de la probabilité marginale d'un nœud X identique dans chaque clique contenant X) n'est atteinte qu'à la fin de la propagation ou plus précisément, lorsque Ψ^2 a été calculé dans chaque clique contenant la variable X.

5.4 Méthodes approchées

Seuls les réseaux bayésiens très complexes, notamment ceux qui comportent beaucoup de cycles, doivent encore utiliser des algorithmes approchés. Ceux-ci sont principalement de deux types :
- les algorithmes qui utilisent des méthodes exactes mais opèrent seulement sur une partie du graphe ;
- les algorithmes qui utilisent des méthodes stochastiques (simulations).

5.4.1 Méthodes exactes sur des topologies approchées

Ces méthodes sont relativement récentes et sont globalement réparties en deux écoles distinctes. La première, suivie par [Kjæ93] et [Kjæ94], exploite le fait que certaines dépendances du réseau sont faibles, c'est-à-dire que, qualitativement, il existe un arc entre des nœuds X et Y parce que ces variables ne sont pas exactement indépendantes l'une de l'autre, mais que, quantitativement, cette dépendance est insignifiante ; autrement dit, les variables X et Y se comportent presque comme si elles étaient indépendantes. L'idée de l'algorithme de propagation est alors d'éliminer de tels arcs, rendant ainsi X et Y indépendantes : les calculs en sont accélérés, la taille des matrices de probabilité conditionnelle en est réduite et l'erreur engendrée reste raisonnable (Jensen cite un exemple dans lequel il réduit les temps de calcul drastiquement tout en limitant l'erreur à moins de 5 %).

La philosophie de la deuxième école est légèrement différente : il s'agit de conserver le graphe d'origine, mais de n'effectuer la propagation des informations que partiellement. Là encore, plusieurs méthodes sont utilisées : [HSC89] et [D'a93] réalisent la propagation dans la totalité du réseau, mais n'utilisent que des sous-parties des matrices de probabilité conditionnelle. [D'a93], par exemple, suppose que les lois de probabilité des variables sont quasi certaines, c'est-à-dire que les variables possèdent une valeur ayant une probabilité beaucoup plus élevée que les autres.

5.4.2 Méthodes stochastiques

Pour traiter les réseaux bayésiens complexes, hormis les modifications de topologie décrites ci-dessus, il existe aussi un ensemble de méthodes reposant sur des principes stochastiques.

Une étude statistique classique consiste souvent à rechercher les paramètres de la loi π suivie par un processus en utilisant une base de données (échantillons) qui permet de calculer des estimateurs approchés des différents paramètres de π (moyenne, écart-type, etc.).

Cette estimation est en fait le calcul de la moyenne d'une fonction $\mathcal{F}$ pour tous les échantillons de la base grâce à :

$$E_\pi(\mathcal{F}) \approx \frac{1}{N} \sum_{i=1}^{N} \left[\mathcal{F}(X^{(i)}) \right]$$

où $X^{(i)}$ est le $i^{\text{ème}}$ échantillon de la base des N cas ; $E_\pi(\mathcal{F})$ (espérance mathématique de $\mathcal{F}$) est l'estimateur recherché qu'on approche par la moyenne des $\mathcal{F}(X^{(i)})$. Par exemple, si $\mathcal{F}$ est l'identité, $E_\pi(\mathcal{F}) \approx \sum_{i=1}^{N} \left[X^{(i)} \right] / N$ permet d'estimer la moyenne de la loi π.

Bien sûr, cette approximation est d'autant meilleure que la taille de la base est importante. L'idée de départ des méthodes stochastiques est donc d'utiliser ce que l'on connaît de la loi étudiée pour générer automatiquement des échantillons d'une base de données représentative de cette loi (génération d'exemples) ; c'est donc bien de la simulation. Il suffit alors d'utiliser cette base simulée pour calculer les différents estimateurs.

Entre autres, on pourra retrouver les lois marginales par $\mathcal{P}(X_i = x_i) \approx \frac{N_{X_i = x_i}}{N}$: on assimile la probabilité que X_i soit égal à x_i à la fréquence d'occurrence de $X_i = x_i$ dans la base de données [4].

À partir de ce même principe, différentes méthodes sont apparues, qui se distinguent par leur façon de mener les simulations, de générer la base d'exemples en fonction de différentes connaissances de la loi étudiée. Citons par exemple, les méthodes dites *probabilistic logic sampling* [Hen88], les méthodes MCMC (*Markov Chain Monte Carlo*). Plus précisément, les MCMC

---

[4] La fonction $\mathcal{F}$ utilisée ici est une fonction indicatrice de : $\mathcal{F}_{i,x}(X) = 1$ si $X_i = x$ et 0 sinon. Ainsi, $\mathcal{P}(X_i = x_i) = E_\pi(\mathcal{F}_{i,x_i})$

sont une famille de méthodes stochastiques comprenant entre autres Metropolis ([MRR$^+$53] ou [GRS96]) et l'échantillonneur de Gibbs [Nea93].

▶ Connaissance parfaite de la loi à simuler

La manière la plus simple consiste à considérer une connaissance totale de toutes les lois conditionnelles de notre réseau bayésien. On peut alors « tirer » les valeurs des différentes variables en prenant l'ordre logique des racines vers les feuilles du graphe. Ce sont les méthodes dites de *Monte-Carlo* ou *probabilistic logic sampling* [Hen88]. La figure 5.6 présente le type de calcul que ces méthodes impliquent, ainsi que leur séquencement.

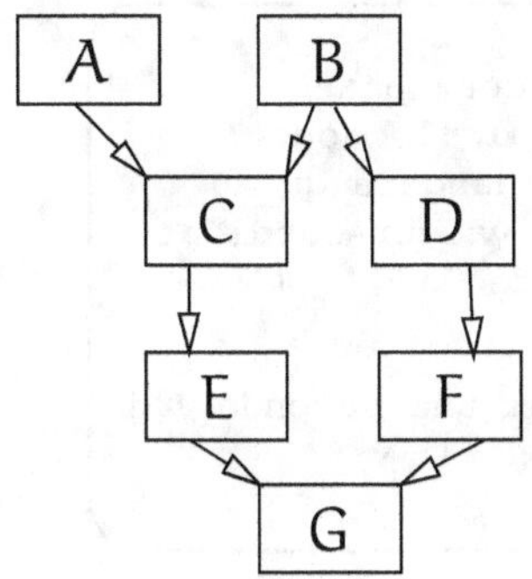

(a) Réseau bayésien utilisé.

Variable tirée	Loi de tirage	Tirage
B	$\mathcal{P}(B)$	$\overline{b}$
D	$\mathcal{P}(D \mid B = \overline{b})$	$\underline{d}$
F	$\mathcal{P}(F \mid D = \underline{d})$	$\underline{f}$
A	$\mathcal{P}(A)$	$\overline{a}$
C	$\mathcal{P}(C \mid A = \overline{a}, B = \overline{b})$	$\underline{c}$
E	$\mathcal{P}(E \mid C = \underline{c})$	$\underline{e}$
G	$\mathcal{P}(G \mid E = \underline{e}, F = \underline{f})$	$\overline{g}$

(b) Ordre de tirage pour l'échantillon $(\overline{a}, \overline{b}, \underline{c}, \underline{d}, \underline{e}, \underline{f}, \overline{g})$.

FIG. 5.6 *Monte-Carlo : un exemple de génération d'un cas*

▶ Connaissance imparfaite de la loi à simuler

Lorsque la loi est mal connue ou pour des raisons de rapidité de convergence et de calculs des échantillons, il est parfois impossible d'effectuer des tirages selon la loi étudiée. C'est pour ces raisons qu'on utilise des méthodes dites *MCMC* (*Markov Chain Monte Carlo*). Ce sont d'autres méthodes principalement issues de la physique statistique, considérant la base d'échantillons comme une *chaîne de Markov*.

Une chaîne de Markov est une série « temporelle » de variables aléatoires $(X^{(t)}, t \in \mathbb{N})$ telle que la loi de $X^{(t)}$ ne dépend que de $X^{(t-1)}$. Mathématiquement :

$$\mathcal{P}(X^{(t)} = x_i \mid X^{(t-1)} = x_j, \ldots, X^{(0)} = x_k) = \mathcal{P}(X^{(t)} = x_i \mid X^{(t-1)} = x_j) = p_{ij}$$

Sous certaines conditions, on prouve qu'il existe une loi limite π – ne dépendant que des p_{ij} qu'on appelle la matrice de transition ou le noyau de la chaîne de Markov – vers laquelle les séries $(X^{(t)}, t \in \mathbb{N})$ tendent, quels que soient les $X^{(0)}$. On a alors le même résultat que précédemment :

$$E_\pi(\mathcal{F}) \approx \frac{1}{N} \sum_{i=m}^{N+m} \left[\mathcal{F}(X^{(i)}) \right]$$

où m représente le nombre d'étapes nécessaires afin que la chaîne de Markov atteigne une « quasi-stationnarité » autour de la loi π (*burn in*). Cette valeur est choisie expérimentalement.

```
Soit X₁,...,Xₙ, n variables à simuler.
Alors, chaque itération (t) de l'algorithme comportera deux phases :
  ① Choix : pour i choisi à chaque itération, on calcule le nouvel
     X⁽ᵗ⁾ en fonction de l'ancien X⁽ᵗ⁻¹⁾ auquel on ne changera qu'au
     plus la valeur du iᵉᵐᵉ composant par une nouvelle valeur-candidat
     Xᵢ* tirée suivant une loi dépendant de la valeur de X à t−1.
  ② Acceptation-Rejet : cette valeur candidat peut être acceptée
     (Xᵢ⁽ᵗ⁾ = Xᵢ*) ou rejetée (X⁽ᵗ⁾ = X⁽ᵗ⁻¹⁾) suivant une seconde loi
     de probabilité dépendant de X⁽ᵗ⁻¹⁾ et de Xᵢ* : A(X⁽ᵗ⁻¹⁾,Xᵢ*).
```

FIG. 5.7 *Algorithme d'Acceptation-Rejet généralisé*

Pour simuler la base de données représentant un réseau bayésien, il suffit alors d'utiliser une chaîne de Markov dont le noyau est calculé de telle façon que la loi-limite soit la loi du réseau bayésien étudié.

Pratiquement, un algorithme utilisant une telle méthode est appelé un algorithme d'« Acceptation-Rejet généralisé » et peut se décrire sommairement comme présenté dans le tableau 5.7 .

Les problèmes sont évidemment nombreux : comment construire la chaîne de Markov, comment choisir le *burn in* ? Comment choisir le m (quand peut-on considérer que la chaîne de Markov a assez convergé) ?

Le nom des méthodes (Metropolis, échantillonneur de Gibbs, ...) varie en fonction de la façon dont est obtenue cette chaîne de Markov.

Il est particulièrement intéressant de noter que l'implémentation de l'échantillonneur de Gibbs [GG84] est particulièrement aisée dans le cadre des réseaux bayésiens. En effet, il devient extrêmement simple et se réduit au choix, à chaque itération, d'une variable dont on change la valeur en fonction des valeurs de son entourage ([Pea87b], [Yor92]).

Cet algorithme présenté dans la figure 5.8 définit bien une chaîne de Markov. Cependant, si les lois ne sont pas entièrement positives (c'est-à-dire, s'il existe des 0 dans les tables de probabilités), la convergence n'est plus assurée.

```
Soit un réseau bayésien de n variables (X₁,...,Xₙ), dont certaines sont
observées. On suit alors l'algorithme :
  ① Initialisation : pour toute variable, on choisit aléatoirement
     une valeur, compatible avec les observations.

  ② Itération (t) : à chaque itération (t) de l'algorithme, on veut
     calculer l'échantillon X^(t) en fonction de l'échantillon précédent
     X^(t-1). Pour cela, on choisit une variable Xᵢ parmi les variables
     non observées - par exemple chacune à tour de rôle - et on
     modifie sa valeur en fonction de sa loi conditionnellement à
     ses parents dans le graphe.
```

FIG. 5.8 *Échantillonneur de Gibbs dans un réseau bayésien*

Chapitre 6

Apprentissage dans les réseaux bayésiens

Les chapitres précédents nous ont montré qu'un réseau bayésien est constitué à la fois d'un graphe (aspect qualitatif) et d'un ensemble de probabilités conditionnelles (aspect quantitatif). L'apprentissage d'un réseau bayésien doit donc répondre aux deux questions suivantes :

- Comment estimer les lois de probabilités conditionnelles ?
- Comment trouver la structure du réseau bayésien ?

Nous allons donc séparer le problème de l'*apprentissage* en deux parties :

- L'*apprentissage des paramètres*, où nous supposerons que la structure du réseau a été fixée, et où il faudra estimer les probabilités conditionnelles de chaque nœud du réseau.
- L'*apprentissage de la structure*, où le but est de trouver le meilleur graphe représentant la tâche à résoudre.

Comme pour tout problème de modélisation, différentes techniques sont possibles selon la disponibilité de données concernant le problème à traiter, ou d'experts de ce domaine. Ces techniques peuvent se partager en deux grandes familles :

- **apprentissage à partir de données**, complètes ou non, par des approches statistiques ou bayésiennes ;
- **acquisition de connaissances** avec un expert du domaine.

La suite de ce chapitre va donc étudier successivement ces différentes méthodes, tout d'abord pour l'apprentissage des paramètres d'un réseau de structure fixée, puis pour l'apprentissage de la structure elle-même.

6.1 Apprentissage des paramètres

6.1.1 À partir de données complètes

Nous cherchons ici à estimer les distributions de probabilités (ou les paramètres des lois correspondantes) à partir de données disponibles. L'estimation de distributions de probabilités, paramétriques ou non, est un sujet très vaste et complexe. Nous décrirons ici les méthodes les plus utilisées dans le cadre des réseaux bayésiens, selon que les données à notre disposition sont complètes ou non, en conseillant la lecture de [Hec98], [Kra98] et [Jor98] pour plus d'informations.

▶ **Apprentissage statistique**

Dans le cas où toutes les variables sont observées, la méthode la plus simple et la plus utilisée est l'*estimation statistique* qui consiste à estimer la probabilité d'un événement par la fréquence d'apparition de l'événement dans la base de données. Cette approche, appelée *maximum de vraisemblance* (*MV*), nous donne alors :

$$\hat{P}\left(X_i = x_k \mid pa(X_i) = x_j\right) = \hat{\theta}_{i,j,k}^{MV} = \frac{N_{i,j,k}}{\sum_k N_{i,j,k}} \tag{6.1}$$

où $N_{i,j,k}$ est le nombre d'événements dans la base de données pour lesquels la variable X_i est dans l'état x_k et ses parents sont dans la configuration x_j.

Démonstration

Soit $x^{(l)} = \{x_{k_1}^{(l)} ... x_{k_n}^{(l)}\}$ un exemple de notre base de données. La vraisemblance de cet exemple conditionnellement aux paramètres θ du réseau est :

$$
\begin{aligned}
P(\mathcal{X} = x^{(l)} \mid \theta) &= P(X_1 = x_{k_1}^{(l)}, ..., X_n = x_{k_n}^{(l)} \mid \theta) \\
&= \prod_{i=1}^{n} P(X_i = x_{k_i}^{(l)} \mid pa(X_i) = x_j^{(l)}, \theta) \\
&= \prod_{i=1}^{n} \theta_{i,j(l),k(l)}
\end{aligned}
$$

La vraisemblance de l'ensemble des données $\mathcal{D}$ est :

$$L(\mathcal{D} \mid \theta) = \prod_{l=1}^{N} P(\mathcal{X} = \boldsymbol{x}^{(l)} \mid \theta) = \prod_{i=1}^{n} \prod_{l=1}^{N} \theta_{i,j(l),k(l)}$$

L'examen détaillé du produit $\prod_l \theta_{i,j(l),k(l)}$ nous montre que le terme $\theta_{i,j,k}$ (pour i, j, k fixés) apparaît autant de fois que l'on trouve la configuration $X_i = x_k$ et $pa(X_i) = x_j$ dans les données, soit $N_{i,j,k}$. La vraisemblance des données peut donc se réécrire :

$$L(\mathcal{D} \mid \theta) = \prod_{i=1}^{n} \prod_{l=1}^{N} \theta_{i,j(l),k(l)} = \prod_{i=1}^{n} \prod_{j=1}^{q_i} \prod_{k=1}^{r_i} \theta_{i,j,k}^{N_{i,j,k}} \tag{6.2}$$

La log-vraisemblance s'écrit alors :

$$LL(\mathcal{D} \mid \theta) = \log L(\mathcal{D} \mid \theta) = \sum_{i=1}^{n} \sum_{j=1}^{q_i} \sum_{k=1}^{r_i} N_{i,j,k} \log \theta_{i,j,k} \tag{6.3}$$

Nous savons aussi que les $\theta_{i,j,k}$ sont liés par la formule suivante :

$$\sum_{k=1}^{r_i} \theta_{i,j,k} = 1 \qquad \text{soit} \qquad \theta_{i,j,r_i} = 1 - \sum_{k=1}^{r_i-1} \theta_{i,j,k}$$

Réécrivons la log-vraisemblance à partir des $\theta_{i,j,k}$ indépendants :

$$LL(\mathcal{D} \mid \theta) = \sum_{i=1}^{n} \sum_{j=1}^{q_i} \left(\sum_{k}^{r_i-1} N_{i,j,k} \log \theta_{i,j,k} + N_{i,j,r_i} \log \left(1 - \sum_{k=1}^{r_i-1} \theta_{i,j,k} \right) \right)$$

Et sa dérivée par rapport à un paramètre $\theta_{i,j,k}$ est :

$$\frac{\partial LL(\mathcal{D} \mid \theta)}{\partial \theta_{i,j,k}} = \frac{N_{i,j,k}}{\theta_{i,j,k}} - \frac{N_{i,j,r_i}}{\left(1 - \sum_{k=1}^{r_i-1} \theta_{i,j,k} \right)} = \frac{N_{i,j,k}}{\theta_{i,j,k}} - \frac{N_{i,j,r_i}}{\theta_{i,j,r_i}}$$

La valeur $\hat{\theta}_{i,j,k}$ du paramètre $\theta_{i,j,k}$ maximisant la vraisemblance doit annuler cette dérivée et vérifie donc :

$$\frac{N_{i,j,k}}{\hat{\theta}_{i,j,k}} = \frac{N_{i,j,r_i}}{\hat{\theta}_{i,j,r_i}} \qquad \forall k \in \{1, ..., r_i - 1\}$$

soit

$$\frac{N_{i,j,1}}{\hat{\theta}_{i,j,1}} = \frac{N_{i,j,2}}{\hat{\theta}_{i,j,2}} = ... = \frac{N_{i,j,r_i-1}}{\hat{\theta}_{i,j,r_i-1}} = \frac{N_{i,j,r_i}}{\hat{\theta}_{i,j,r_i}} = \frac{\sum_{k=1}^{r_i} N_{i,j,k}}{\sum_{k=1}^{r_i} \hat{\theta}_{i,j,k}} = \sum_{k=1}^{r_i} N_{i,j,k}$$

d'où

$$\hat{\theta}_{i,j,k} = \frac{N_{i,j,k}}{\sum_{k=1}^{r_i} N_{i,j,k}} \qquad \forall k \in \{1, ..., r_i\}$$

$\square$

▶ Apprentissage bayésien

Le principe de l'*estimation bayésienne* est quelque peu différent. Elle consiste à trouver les paramètres θ les plus probables *sachant que les données ont été observées*, en utilisant des *a priori* sur les paramètres. La règle de Bayes nous dit que :

$$P(\theta \mid \mathcal{D}) \quad \propto \quad P(\mathcal{D} \mid \theta)P(\theta) = L(\mathcal{D} \mid \theta)P(\theta)$$

Lorsque la distribution de l'échantillon suit une loi multinomiale (voir équation 6.2 page précédente), la distribution *a priori* conjuguée est la distribution de *Dirichlet* :

$$P(\theta) \propto \prod_{i=1}^{n} \prod_{j=1}^{q_i} \prod_{k=1}^{r_i} (\theta_{i,j,k})^{\alpha_{i,j,k}-1}$$

où $\alpha_{i,j,k}$ sont les coefficients de la *distribution de Dirichlet* associée à la loi *a priori* $P(X_i = x_k \mid pa(X_i) = x_j)$. Un des avantages des distributions exponentielles comme la distribution de Dirichlet est qu'il est possible d'exprimer facilement la loi *a posteriori* des paramètres $P(\theta \mid \mathcal{D})$ [Rob94] :

$$P(\theta \mid \mathcal{D}) \propto \prod_{i=1}^{n} \prod_{j=1}^{q_i} \prod_{k=1}^{r_i} (\theta_{i,j,k})^{N_{i,j,k}+\alpha_{i,j,k}-1}$$

En posant $N'_{i,j,k} = N_{i,j,k} + \alpha_{i,j,k} - 1$, on retrouve le même genre de formule que dans l'équation 6.2 page précédente. Un raisonnement identique permet de trouver les valeurs des paramètres $\theta_{i,j,k}$ qui vont maximiser $P(\theta \mid \mathcal{D})$.

L'approche de *maximum* a posteriori (MAP) nous donne alors :

$$\hat{P}(X_i = x_k \mid pa(X_i) = x_j) = \hat{\theta}_{i,j,k}^{MAP} = \frac{N_{i,j,k} + \alpha_{i,j,k} - 1}{\sum_k (N_{i,j,k} + \alpha_{i,j,k} - 1)} \qquad (6.4)$$

où $\alpha_{i,j,k}$ sont les paramètres de la distribution de Dirichlet associée à la loi *a priori* $P(X_i = x_k \mid pa(X_i) = x_j)$.

Une autre approche bayésienne consiste à calculer l'espérance *a posteriori* des paramètres $\theta_{i,j,k}$ au lieu d'en chercher le maximum. Cette approche d'*espérance* a posteriori *(EAP)* nous donne alors (voir [Rob94]) :

$$\hat{P}\left(X_i = x_k \mid pa(X_i) = x_j\right) = \hat{\theta}_{i,j,k}^{EAP} = \frac{N_{i,j,k} + \alpha_{i,j,k}}{\sum_k \left(N_{i,j,k} + \alpha_{i,j,k}\right)} \qquad (6.5)$$

Les estimations que nous venons d'évoquer (maximum de vraisemblance, maximum *a posteriori* et espérance *a posteriori*) ne sont valables que si les variables sont entièrement observées. Les méthodes suivantes vont donc essayer de traiter le cas où certaines données sont manquantes.

6.1.2　À partir de données incomplètes

Dans les applications pratiques, les bases de données sont très souvent incomplètes. Certaines variables ne sont observées que partiellement ou même jamais, que ce soit à cause d'une panne de capteurs, d'une variable mesurable seulement dans un contexte bien précis, d'une personne sondée ayant oublié de répondre à une question, etc.

Nous allons voir qu'il existe différents types de données incomplètes, puis aborder les deux cas traitables automatiquement, pour ensuite nous concentrer sur un des algorithmes les plus utilisés pour l'*apprentissage des paramètres*, l'algorithme EM.

▶　**Nature des données manquantes**

Notons $\mathcal{D} = \{X_i^l\}_{1 \leqslant i \leqslant n, 1 \leqslant l \leqslant N}$ notre ensemble de données, avec $\mathcal{D}_o$ la partie observée mais incomplète de $\mathcal{D}$, et $\mathcal{D}_m$ la partie manquante. Notons aussi $\mathcal{M} = \{M_{il}\}$ avec $M_{il} = 1$ si X_i^l est manquant, et 0 sinon.

Le traitement des données manquantes dépend de leur nature. [Rub76] en distingue plusieurs :
- *MCAR* (*Missing Completly At Random*) : $P(\mathcal{M} \mid \mathcal{D}) = P(\mathcal{M})$, la probabilité qu'une donnée soit manquante ne dépend pas de $\mathcal{D}$.
- *MAR* (*Missing At Random*) : $P(\mathcal{M} \mid \mathcal{D}) = P(\mathcal{M} \mid \mathcal{D}_o)$, la probabilité qu'une donnée soit manquante dépend des données observées.
- *NMAR* (*Not Missing At Random*) : la probabilité qu'une donnée soit manquante dépend à la fois des données observées et manquantes.

Les situations MCAR et MAR sont les plus faciles à résoudre car les données observées contiennent toutes les informations nécessaires pour estimer la distribution des données manquantes. La situation NMAR est plus délicate car il faut alors faire appel à des informations extérieures pour réussir à modéliser la distribution des données manquantes et revenir à une situation MCAR ou MAR.

▶ Traitement des données MCAR

Lorsque les données manquantes sont de type MCAR, la première approche possible et la plus simple est l'*analyse des exemples complets*. Cette approche consiste à estimer les paramètres à partir de $\mathcal{D}_{co}$ ensemble des exemples complétement observés dans $\mathcal{D}_o$. Lorsque $\mathcal{D}$ est MCAR, l'estimateur basé sur $\mathcal{D}_{co}$ n'est pas biaisé. Malheureusement, lorsque le nombre de variables est élevé, la probabilité qu'un exemple soit complétement mesuré devient faible et $\mathcal{D}_{co}$ peut être vide ou insuffisant pour que la qualité de l'estimation soit bonne.

Une autre approche, l'*analyse des exemples disponibles*, est particulièrement intéressante dans le cas des réseaux bayésiens. En effet, puisque la loi jointe est décomposée en un produit de probabilités conditionnelles, nous n'avons pas besoin de mesurer toutes les variables pour estimer la loi de probabilité conditionnelle $P(X_i \mid Pa(X_i))$, mais seulement des variables X_i et $Pa(X_i)$. Il suffit donc d'utiliser tous les exemples où X_i et $Pa(X_i)$ sont complétement mesurés pour l'estimation de $P(X_i \mid Pa(X_i))$

▶ Traitement des données MAR

De nombreuses méthodes tentent d'estimer les paramètres d'un modèle à partir de données MAR. Citons par exemple le *sequential updating* [SL90], *l'échantillonnage de Gibbs* [GG84], et l'algorithme *expectation maximisation* (EM) [DLR77, Lau95].

Plus récemment, les algorithmes *bound and collapse* [RS98] et *robust bayesian estimator* [RS00] cherchent à résoudre le problème quel que soit le type de données manquantes.

L'application de l'algorithme itératif EM aux réseaux bayésiens a été proposée dans [CDLS99] et [NH98] puis adaptée aux grandes bases de données dans [TMH01]. Nous allons présenter les grandes lignes de cet algorithme dans le cas de l'apprentissage statistique puis de l'apprentissage bayésien.

▶ Apprentissage statistique et algorithme EM

Soit $\log P(\mathcal{D} \mid \theta) = \log P(\mathcal{D}_o, \mathcal{D}_m \mid \theta)$ la log-vraisemblance des données. $\mathcal{D}_m$ étant une variable aléatoire non mesurée, cette log-vraisemblance est elle aussi une variable aléatoire fonction de $\mathcal{D}_m$. En se fixant un modèle de référence θ^*, il est possible d'estimer la densité de probabilité des données manquantes $P(\mathcal{D}_m \mid \theta^*)$ et ainsi de calculer $Q(\theta : \theta^*)$ espérance de la log-vraisemblance précédente :

$$Q(\theta : \theta^*) = E_{\theta^*}\left[\log P(\mathcal{D}_o, \mathcal{D}_m \mid \theta)\right] \qquad (6.6)$$

$Q(\theta : \theta^*)$ est donc l'espérance de la vraisemblance d'un jeu de paramètres θ quelconque calculée en utilisant une distribution des données manquantes $P(\mathcal{D}_m \mid \theta^*)$.

Cette équation peut se ré-écrire de la façon suivante (voir équation 6.3 page 119) :

$$Q(\theta : \theta^*) = \sum_{i=1}^{n} \sum_{k=1}^{r_i} \sum_{j=1}^{q_k} N_{ijk}^* \log \theta_{i,j,k} \qquad (6.7)$$

où $N_{i,j,k}^* = E_{\theta^*}[N_{i,j,k}] = N * P(X_i = x_k, Pa(X_i) = pa_j \mid \theta^*)$ est obtenu par inférence dans le réseau de paramètres θ^* si les $\{\,X_i,\, Pa(X_i)\,\}$ ne sont pas complétement mesurés, et par simple comptage sinon.

L'*algorithme EM* est très simple : soient $\theta^{(t)} = \{\theta_{i,j,k}^{(t)}\}$ les paramètres du réseau bayésien à l'itération t.

- *expectation* : estimer les N^* de l'équation 6.7 à partir des paramètres de référence $\theta^{(t)}$,
- *maximisation* : choisir la meilleure valeur des paramètres $\theta^{(t+1)}$ en maximisant Q,

$$\theta_{i,j,k}^{(t+1)} = \frac{N_{i,j,k}^*}{\sum_k N_{i,j,k}^*} \qquad (6.8)$$

- répéter ces deux étapes tant que l'on arrive à augmenter la valeur de Q.

[DLR77] a prouvé la convergence de cet algorithme, ainsi que le fait qu'il n'était pas nécessaire de trouver l'optimum global $\theta^{(t+1)}$ de la fonction $Q(\theta : \theta^{(t)})$ mais uniquement une valeur qui permette à la fonction Q d'augmenter (*Generalized EM*).

De nombreuses heuristiques permettent d'accélérer ou d'améliorer la convergence de l'algorithme EM [NH98]. Citons par exemple, l'ajout d'un *moment* γ, proposé par Nowlan [Now91] qui permet d'accélérer la convergence si le paramètre γ est bien réglé :

$$\theta_{i,j,k}^{(t+1)} \leftarrow \theta_{i,j,k}^{(t+1)} + \gamma\theta_{i,j,k}^{(t)} \qquad (6.9)$$

Exemple simple :

Prenons le réseau bayésien et la base d'exemples définis ci-après (où « ? » représente une donnée manquante) :

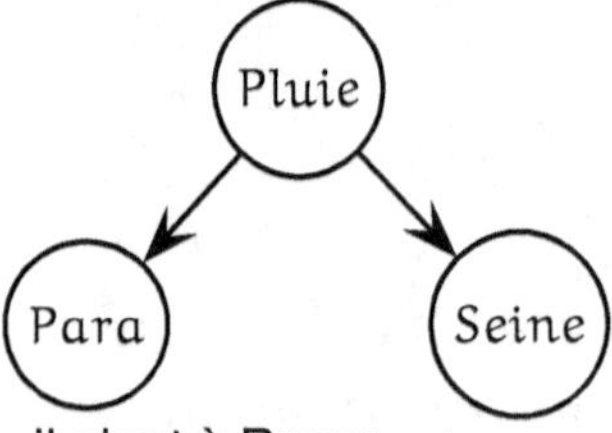

Pluie	Seine
o	?
n	?
o	n
n	n
o	o

$Pluie$ = « il pleut à Rouen » ;
$Seine$ = « la Seine déborde » ;
$Para$ = « j'ai sorti mon parapluie ».

Commençons par définir quels sont les paramètres à estimer :
- $P(Pluie) = [\theta_P \ \ 1 - \theta_P]$
- $p(P(Seine \mid Pluie = o) = [\theta_{S|P=o} \ \ 1 - \theta_{S|P=o}]$
- $P(Seine \mid Pluie = n) = [\theta_{S|P=n} \ \ 1 - \theta_{S|P=n}]$
- idem pour $P(Para \mid Pluie)$...

Concentrons-nous sur l'estimation des paramètres $\theta_{S|P=o}$ et $\theta_{S|P=n}$ avec l'algorithme EM.

Initialisation

Les valeurs initiales des paramètres sont : $\theta_{S|P=o}^{(0)} = 0.3$, $\theta_{S|P=n}^{(0)} = 0.4$

Première itération

Le calcul de l'étape E est résumé dans le tableau ci-après (les valeurs suivies d'un $^+$ sont obtenues par calcul des probabilités selon le modèle $\theta^{(0)}$) :

Pluie	Seine	$P(S \mid P = o)$		$P(S \mid P = n)$	
		$S = o$	$S = n$	$S = o$	S=n
o	?	0.3^+	0.7^+	0	0
n	?	0	0	0.4^+	0.6^+
o	n	0	1	0	0
n	n	0	0	0	1
o	o	1	0	0	0
	N^*	1.3	1.7	0.4	1.6

L'étape M nous donne $\theta_{S|P=o}^{(1)} = \frac{1.3}{1.3+1.7} = 0.433$ et $\theta_{S|P=n}^{(1)} = \frac{0.4}{0.4+1.6} = 0.2$

Deuxième itération

Étape E (les valeurs suivies d'un $^+$ sont obtenues par calcul des probabilités selon le modèle $\theta^{(1)}$ obtenu à l'itération précédente) :

TAB. 6.1 Exécution de l'algorithme EM (à suivre . . .)

Pluie	Seine	$P(S \mid P = o)$		$P(S \mid P = n)$	
		$S = o$	$S = n$	$S = o$	$S = n$
o	?	$0.433^{\,+}$	$0.567^{\,+}$	0	0
n	?	0	0	$0.2^{\,+}$	$0.8^{\,+}$
o	n	0	1	0	0
n	n	0	0	0	1
o	o	1	0	0	0
	N^*	1.433	1.567	0.2	1.8

Étape M : $\theta^{(1)}_{S|P=o} = \frac{1.433}{1.433+1.567} = 0.478$ et $\theta^{(1)}_{S|P=n} = \frac{0.2}{0.2+1.8} = 0.1$

Convergence

Après quelques itérations de l'algorithme EM, les valeurs de paramètres convergent vers $\theta^{(t)}_{S|P=o} = 0.5$ et $\theta^{(t)}_{S|P=n} = 0$

Dans cet exemple très simple, les données manquantes sont MCAR et les approches *analyse des exemples complets* ou *analyse des exemples disponibles* (voir page 122) auraient fourni directement la solution.

TAB. 6.1 Exécution de l'algorithme EM

▶ **Apprentissage bayésien et algorithme EM**

L'algorithme EM peut aussi s'appliquer dans le cadre bayésien. Pour l'apprentissage des paramètres, il suffit de remplacer le maximum de vraisemblance de l'étape M par un maximum (ou une espérance) *a posteriori*. Nous obtenons dans le cas de l'espérance *a posteriori* :

$$\theta^{(t+1)}_{i,j,k} = \frac{N^*_{i,j,k} + \alpha_{i,j,k}}{\sum_k (N^*_{i,j,k} + +\alpha_{i,j,k})} \tag{6.10}$$

Exemple simple : Reprenons l'exemple précédent. Il nous faut ajouter un *a priori* sur les paramètres, par exemple une *distribution* de Dirichlet uniforme avec $\alpha_{i,j,k} = 1$. L'algorithme EM utilisant un maximum de vraisemblance nous donne :

- $\theta^{(1)}_{S|P=o} = \frac{1.3+1}{1.3+1.7+2} = 0.46$ et $\theta^{(1)}_{S|P=n} = \frac{0.4+1}{0.4+1.6+2} = 0.35$
- $\theta^{(2)}_{S|P=o} = \frac{1.46+1}{1.46+1.54+2} = 0.492$ et $\theta^{(1)}_{S|P=n} = \frac{0.35+1}{0.35+1.65+2} = 0.338$
- ...

- $\theta^{(t)}_{S|P=o} = 0.5$ et $\theta^{(t)}_{S|P=n} = 0.333$

L'ajout d'un *a priori* uniforme sur les paramètres a empêché la valeur $\theta^{(t)}_{S|P=n}$ de tendre vers 0 alors que la configuration $\{S = o$ et $P = n\}$ n'est pas présente dans les données.

TAB. 6.2 Exécution de l'algorithme EM avec *a priori* de Dirichlet

6.1.3   Incorporation de connaissances

Dans de nombreuses applications réelles, il n'existe pas (ou très peu) de données. Dans ces situations, l'apprentissage des paramètres du réseau bayésien passe par l'utilisation de connaissances d'experts pour tenter d'estimer les probabilités conditionnelles. Cette difficulté, souvent appelée *élicitation de probabilités* dans la littérature, est générale dans le domaine de l'acquisition de connaissances.

Nous décrirons tout d'abord l'utilisation d'une *échelle de probabilités* permettant à l'expert d'estimer de manière quantitative ou qualitative la probabilité d'un événement quelconque.

Malheurement, chaque paramètre d'un réseau bayésien est une loi de probabilité conditionnelle dont la taille augmente exponentiellement par rapport au nombre de parents de la variable considérée. Il n'est donc pas réaliste d'interroger un expert sur toutes les valeurs de chacune de ces lois. Nous détaillerons quelques méthodes permettant de simplifier une loi de probabilité conditionnelle, ramenant ainsi à un nombre raisonnable le nombre de questions à poser à l'expert. Nous proposerons aussi quelques règles permettant de vérifier la cohérence des estimations de l'expert.

Pour finir, nous aborderons le problème de l'estimation de la probabilité d'un événement en présence de plusieurs experts ou de *sources d'information multiples*. Comment prendre en compte la fiabilité de ces experts et de ces sources ? Et que faire lorsqu'ils sont en désaccord ?

▶   **Comment demander à un expert d'estimer une probabilité ?**

De nombreux travaux comme ceux de [Ren01a] abordent le sujet de l'élicitation de probabilités. La tâche la plus difficile est souvent de trouver un expert disponible et familiarisé à la notion de probabilité. Ensuite il faut tenir compte des biais éventuels parfois subconscients (un expert va souvent surestimer la probabilité de réussite d'un projet le concernant, etc.). La dernière étape consiste à fournir à l'expert des outils associant des notions qualitatives et quantitatives pour qu'il puisse associer une probabilité aux différents événements. L'outil le plus connu et le plus facile à mettre en œuvre est l'échelle de probabilité [DVHJ00] présentée figure 6.1 ci-après. Cette échelle permet aux experts d'utiliser des informations à la fois textuelles et numériques pour assigner un degré de réalisation à telle ou telle affirmation, puis éventuellement de comparer les probabilités des événements pour les modifier. [vRW+02] propose une étude détaillée des techniques d'élicitation de probabilités pour résoudre un problème de diagnostic médical.

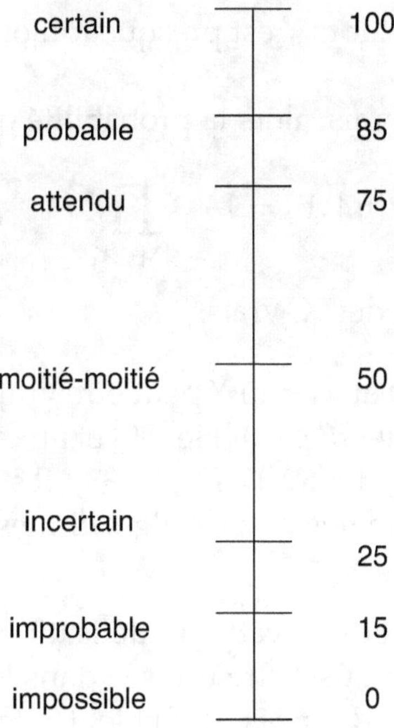

FIG. 6.1 *Échelle de probabilité*

► Quelles probabilités estimer ?

Nous supposons ici que l'expert doive estimer la probabilité condition-nelle $P(Y \mid X_1, X_2, ..., X_n)$ et que toutes nos variables (Y et X_i) soient binaires (de valeurs respectives $\{y$ et $\overline{y}\}$ et $\{x_i$ et $\overline{x_i}\}$).

L'expert devra donc estimer 2^n valeurs, ce qui est peu réaliste pour des problèmes complexes (manque de temps, fiabilité des 2^n valeurs, etc.). Plu-sieurs approches permettent de simplifier cette probabilité conditionnelle par diverses formes d'approximation comme le modèle *OU bruité*, les fac-teurs d'interpolation ou le modèle log-linéaire.

Modèle OU bruité

Le modèle OU bruité, proposé initialement par Pearl [Pea86], fait les hypothèses suivantes :
- La probabilité suivante (probabilité que X_i cause Y lorsque les autres variables X_j sont absentes) est facile à estimer :

$$p_i = P(y \mid \overline{x_1}, \overline{x_2}, ..., x_i, ..., \overline{x_n}) \qquad (6.11)$$

- Le fait que X_i cause Y est indépendant des autres variables X_j (pas d'effet mutuel des variables).

Ces hypothèses permettent alors d'affirmer que :

- Si un des X_i est vrai, alors Y est presque toujours vrai (avec la probabilité p_i),
- Si plusieurs X_i sont vrais, alors la probabilité que Y soit vrai est :

$$P(y \mid \mathcal{X}) = 1 - \prod_{i \mid X_i \in \mathcal{X}_p} (1 - p_i) \tag{6.12}$$

où $\mathcal{X}_p$ est l'ensemble des X_i vrais.

Ce modèle a été étendu au cas où Y peut être vrai sans qu'une seule des causes soit vraie (*leaky noisy-OR gate*) [Hen89] et aux variables multivaluées (*generalized noisy-OR gate*) [Hen89, Die93, Sri93]. Il s'intègre très facilement aux algorithmes d'inférence tels que les algorithmes de *message passing* ou d'arbre de jonction.

Il est important de noter que cette modélisation simplifiée des probabilités conditionnelles peut aussi être utilisée dans le cadre de l'apprentissage, lorsque le nombre de données est faible. Cette approche a donné de bons résultats dans des domaines tels que le diagnostic médical [PPMH94, ODW01] ou le diagnostic de pannes [BRM02].

Facteurs d'interpolation

L'utilisation de *facteurs d'interpolation* a été proposée par [Cai04] pour la détermination pratique de tables de probabilités conditionnelles. À la différence du modèle précédent, l'expert est consulté pour déterminer les probabilités des événements suivants :

$$\overline{p_i} = P(y \mid x_1, x_2, ..., \overline{x_i}, ..., x_n) \tag{6.13}$$

$$\overline{p} = P(y \mid \overline{x_1}, \overline{x_2}, ..., \overline{x_i}, ..., \overline{x_n}) \tag{6.14}$$

$$p = P(y \mid x_1, x_2, ..., x_i, ..., x_n) \tag{6.15}$$

Ces valeurs permettent de calculer les facteurs d'interpolation IF_i de la façon suivante :

$$IF_i = \frac{\overline{p_i} - \overline{p}}{p - \overline{p}} \tag{6.16}$$

Ce facteur peut être interprété comme l'effet relatif (par rapport à $\overline{p_i}$, situation où tous les X_i sont absents) du passage de X_i de $\overline{x_i}$ à x_i (lorsque tous les autres X_j sont à x_j).

Dans le cas le plus simple proposé par Cain, *parents non modifiants*, l'effet de chaque X_i sur Y ne dépend pas de la valeur des autres X_j. Avec cette hypothèse, le facteur d'interpolation est donc de manière plus générale l'effet de la variation de X_i quelles que soient les valeurs prises par les autres

X_j, ce qui nous permet de calculer par récurrence la valeur de n'importe quelle probabilité $P(y \mid \mathcal{X})$, par exemple :

$$P(y \mid x_1, x_2, ..., \overline{x_i}, ...\overline{x_j}, ..., x_n) = \overline{p} + IF_i(\overline{p_j} - \overline{p}) \qquad (6.17)$$

et ainsi de suite pour les probabilités où k X_i sont absents ($\overline{x_i}$) en faisant intervenir les probabilités où $(k-1)$ X_i sont absents et le facteur d'interpolation de l'autre variable.

Cain adapte ensuite cette utilisation de facteurs d'interpolation à des variables discrètes quelconques. L'approche se généralise aussi au cas où certains parents sont *modifiants* en estimant des facteurs d'interpolation spécifiques à chaque configuration de ces parents modifiants.

Modèles log-linéaires

Les *modèles log-linéaire* [Chr97] peuvent aussi être utilisés pour simplifier le nombre de paramètres d'une loi de probabilité conditionnelle, ou plus généralement la loi de probabilité jointe d'une variable et de ces parents $P(Y, X_1, X_2, ..., X_n)$.

Le principe, très général, de ces modèles est de décomposer le logarithme d'une loi de probabilité en une somme de terme décrivant les interactions entre les variables. Cette décomposition est dite *saturée* lorsque tous les termes sont présents dans la décomposition, et *non saturée* lorsque des hypothèses supplémentaires sont rajoutées, comme par exemple le fait que certaines variables soient indépendantes, pour supprimer des termes dans la décomposition.

Dans le cas qui nous intéresse, nous savons aussi que les parents sont mutuellements indépendants. De plus, [Cor03] propose de ne garder que les termes d'interaction d'ordre inférieur ou égal à 2 (u u_i, u_i'), arrivant au modèle log-linéaire non saturé suivant :

$$\log P(Y, X_1, ..., X_n) = u + \sum_i u_i(x_i) + \sum_i u_i'(x_i, y) \qquad (6.18)$$

La détermination de ces termes d'interaction passe par la résolution d'un système linéaire, en utilisant certaines contraintes comme le fait que la somme des $P(Y, X_1, ..., X_n)$ doit être égale à 1. En supposant que l'expert soit interrogé sur toutes les probabilités marginales $P(x_i)$, $P(y)$, et sur toutes les probabilités conditionnelles $P(y \mid x_i)$ et $P(y \mid \overline{x_i})$, [Cor03] montre qu'il reste encore $2^n - 2n$ contraintes à satisfaire pour déterminer complétement les paramètres du modèle log-linéaire.

Cette approche permet donc d'obtenir une modélisation plus générale que les deux premières, mais nécessite davantage d'estimations de la part de l'expert lorsque le nombre de parents d'une variable est important.

Cohérence des estimations

Les méthodes que nous venons d'étudier permettent de simplifier une distribution de probabilité conditionnelle en estimant un nombre réduit de probabilités d'événements, à l'aide par exemple d'une échelle de probabilité.

[Cor03] propose une série de règles permettant de vérifier la cohérence des estimations de l'expert, et éventuellement de corriger automatiquement certaines des probabilités estimées. Cette approche décrite ci-après dans le cadre de l'utilisation de modèles log-linéaires se généralise assez facilement aux autres approches :

① Estimation par l'expert des probabilités marginales $P(x_i)$ et $P(y)$. Ces probabilités correspondent à des événements non conditionnés qui sont en général faciles à estimer. Ces valeurs ne sont pas suffisantes, mais permettront par la suite de vérifier la cohérence des estimations de l'expert.

② Estimation des probabilités conditionnelles $P(y \mid x_i)$ et $P(y \mid \overline{x_i})$ pour toutes les variables X_i.

③ Utilisation des redondances pour vérifier la cohérence des estimations. En effet, nous savons que, pour chaque variable X_i :

$$P(y) = P(y \mid x_i)P(x_i) + P(y \mid \overline{x_i})(1 - P(x_i)) \qquad (6.19)$$

Puisque chacune de ces valeurs a été estimée par l'expert, nous pouvons donc comparer le $P(y)$ estimé et celui obtenu par l'équation 6.19 pour détecter des incohérences éventuelles.

④ Correction des incohérences. Cette correction peut être soit manuelle, en redemandant à l'expert de réestimer les $P(y \mid x_i)$ et $P(y \mid \overline{x_i})$ incriminés, soit automatique, en les modifiant tout en gardant leurs proportions respectives pour que l'équation 6.19 soit vérifiée.

▶ Comment fusionner les avis de plusieurs experts ?

En ingénierie de la connaissance, l'ingénieur doit souvent faire face à des sources d'informations de diverses natures : experts, données collectées selon des moyens variés, etc. La prise en compte de ces différentes expertises doit se faire avec précaution. Afin d'éviter d'utiliser des données biaisées, Druzdzel *et al.* [DD00] proposent un critère pour vérifier si les diverses sources d'informations ont été utilisées dans les mêmes conditions.

Supposons maintenant que plusieurs experts proposent une estimation des mêmes valeurs. Comment faut-il combiner ces différents résultats, en sachant que les experts ne sont pas forcément tous fiables (ou le sont uniquement sur une partie du problème) ? La prise en compte de données incertaines a été abordée avec différentes méthodes dont la logique floue [BM03], les réseaux de neurones (avec par exemple les mélanges d'experts proposés par [JJNH91]), ou la théorie des fonctions de croyances [Sme00]. Pour ce dernier cas, S. Populaire *et al.* [PDG$^+$02] proposent une méthode qui permet de combiner l'estimation des probabilités faite par un expert avec celle obtenue grâce à des données.

6.2 Apprentissage de la structure

6.2.1 Introduction

Dans la première partie de ce chapitre, nous avons examiné différentes méthodes d'apprentissage des paramètres d'un réseau bayésien à partir de données complètes ou incomplètes, ou à l'aide d'un expert, en supposant que la structure de ce réseau était déjà connue. Se pose maintenant le problème de l'apprentissage de cette structure : comment trouver la structure qui représentera le mieux notre problème.

Avant d'évoquer les deux grandes familles d'approches (recherche d'indépendances conditionnelles et méthodes basées sur un score), nous commencerons par rappeler le cadre dans lequel nous travaillons. Ainsi l'apprentissage de la structure d'un réseau bayésien à partir de données revient à trouver un graphe qui soit une P-map d'un modèle d'indépendance associé à une distribution de probabilité dont nous possédons un echantillon. Il faut donc être certain de l'existence d'une telle P-map (fidélité) et de bien connaître toutes les variables (suffisance causale).

Nous évoquerons ensuite une notion générale, l'équivalence de Markov, qui nous sera utile dans les deux types d'approche, notion liée au fait que plusieurs graphes avec le même squelette pourront représenter les mêmes indépendances conditionnelles.

Comme précédemment, nous pourrons aussi distinguer trois cas :
- les données sont complètes et représentent totalement le problème ;
- les données sont incomplètes et/ou il existe des *variables latentes* ;
- peu de données sont disponibles, et il faut utiliser une connaissance experte.

Une première approche, proposée initialement par Spirtes *et al.* d'un côté, et Pearl et Verma de l'autre, consiste à rechercher les différentes indépendances conditionnelles qui existent entre les variables. Les autres approches tentent de quantifier l'adéquation d'un réseau bayésien au problème à résoudre, c'est-à-dire d'associer un score à chaque réseau bayésien. Puis elles recherchent la structure qui donnera le meilleur score dans l'espace $\mathbb{B}$ des graphes dirigés sans circuits. Une approche exhaustive est impossible en pratique en raison de la taille de l'espace de recherche. La formule 6.20 démontrée par [Rob77] prouve que le nombre de structures possibles à partir de n nœuds est superexponentiel (par exemple, $NS(5) = 29281$ et $NS(10) = 4.2 \times 10^{18}$).

$$NS(n) = \begin{cases} 1 & , \quad n = 0 \text{ ou } 1 \\ \sum_{i=1}^{n}(-1)^{i+1}\binom{n}{i}2^{i(n-1)}NS(n-i), & n > 1 \end{cases} \tag{6.20}$$

Pour résoudre ce problème, ont été proposées un certain nombre d'heuristiques de recherche dans l'espace $\mathbb{B}$, qui restreignent cet espace à l'espace des arbres (*MWST (Maximum Weight Spanning Tree)*), ordonnent les nœuds pour limiter la recherche des parents possibles pour chaque variable (*K2*), ou effectuent une recherche gloutonne dans $\mathbb{B}$ (*GS (Greedy Search)*).

En partant du principe que plusieurs structures encodent les mêmes indépendances conditionnelles (équivalence de Markov) et possèdent le même score, d'autres méthodes proposent de parcourir l'espace $\mathbb{E}$ des représentants des classes d'équivalence de Markov, espace certes superexponentiel (mais légèrement plus petit) mais qui possède de meilleures propriétés.

Nous nous intéresserons aussi aux méthodes qui permettent d'incorporer des connaissances *a priori* sur le problème à résoudre en détaillant plus précisément l'apprentissage de structure dans le cadre de la classification, et l'apprentissage de structure lorsque des variables latentes sont définies explicitement.

Pour tenter de répondre à ces différentes questions, nous examinerons successivement les méthodes existantes, en détaillant à chaque fois une des approches les plus représentatives. Nous finirons en abordant quelques problèmes ouverts dans l'apprentissage de structure : la découverte automatique de variables latentes et l'apprentissage de réseaux bayésiens réellement causaux.

6.2.2 Hypothèses

Les liens entre modèle d'indépendance et réseau bayésien sont largement décrits dans la section 4.3 page 78. Un réseau bayésien n'est pas capable de représenter n'importe quelle distribution de probabilité (ou la liste des indépendances conditionnelles associées). La première hypothèse que nous ferons est donc l'existence d'un réseau bayésien qui soit la P-map du modèle d'indépendance associé à la distribution de probabilité P sous-jacente à nos données. Cette hypothèse se retrouve souvent sous le terme de *fidélité* (*faithfulness*) entre le graphe et P.

L'autre hypothèse importance, est celle de *suffisance causale*. Un ensemble de variables $\mathcal{X}$ est suffisant causalement pour une population donnée $\mathcal{D}$ si et seulement si dans cette population, chaque cause Y commune à plusieurs variables de $\mathcal{X}$ appartient aussi à $\mathcal{X}$, ou si Y est constant pour toute la population. Cela signifie que l'ensemble $\mathcal{X}$ est suffisant pour représenter toutes les relations d'indépendances conditionnelles qui pourraient être extraites des données.

6.2.3 Notion d'équivalence de Markov

➤ Définition 6.1

Deux réseaux bayésiens $\mathcal{B}_1$ et $\mathcal{B}_2$ sont dit équivalents au sens de Markov ($\mathcal{B}_1 \equiv \mathcal{B}_2$) s'ils représentent les mêmes relations d'indépendance conditionnelle.

Afin d'illustrer simplement cette notion, montrons que les structures $\mathcal{B}_1$, $\mathcal{B}_2$ et $\mathcal{B}_3$ décrites ci-après sont équivalentes.

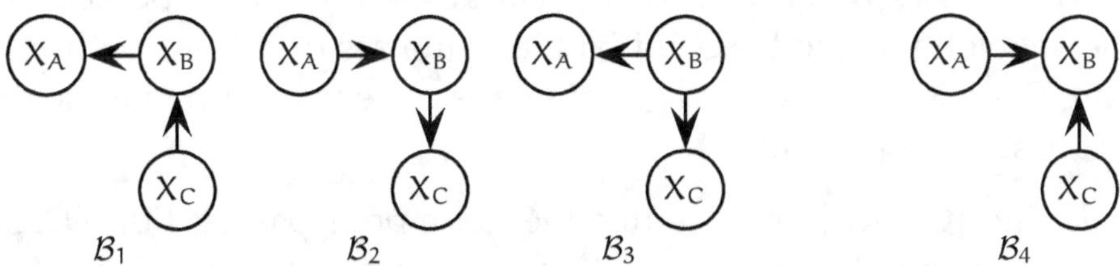

Démonstration

Montrons-le pour $\mathcal{B}_1$ et $\mathcal{B}_2$:

Selon $\mathcal{B}_1$: $P(X_A, X_B, X_C)_{\mathcal{B}_1} = P(X_A \mid X_B) * P(X_B \mid X_C) * P(X_C)$

Selon $\mathcal{B}_2$: $P(X_A, X_B, X_C)_{\mathcal{B}_2} = P(X_A) * P(X_B \mid X_A) * P(X_C \mid X_B)$

Mais d'après la définition d'une probabilité conditionnelle,

$$P(X_A, X_B) = P(X_A \mid X_B) * P(X_B) * P(X_A) * P(X_B \mid X_A)$$
$$P(X_B, X_C) = P(X_C \mid X_B) * P(X_B) * P(X_C) * P(X_B \mid X_C)$$

et donc

$$
\begin{aligned}
&= \quad P(X_A \mid X_B) * P(X_B) * P(X_C \mid X_B) \\
&= \quad P(X_A \mid X_B) * P(X_B \mid X_C) * P(X_C) \\
&= \quad P(X_A, X_B, X_C)_{\mathcal{B}_1}
\end{aligned}
$$

Les réseaux bayésiens $\mathcal{B}_1$ et $\mathcal{B}_2$ sont donc équivalents (id. avec $\mathcal{B}_3$).

Par contre, ces trois structures ne sont pas équivalentes à la V-structure $\mathcal{B}_4$. En effet, nous avons $P(X_A, X_B, X_C)_{\mathcal{B}_4} = P(X_A) * P(X_C) * P(X_B \mid X_A, X_C)$ et le terme $P(X_B \mid X_A, X_C)$ ne peut pas se simplifier. $\qquad\square$

Verma et Pearl [VP91] ont démontré que tous les DAG équivalents possèdent le même squelette (graphe non dirigé) et les mêmes V-structures. Une *classe d'équivalence*, c'est-à-dire un ensemble de réseaux bayésiens qui sont tous équivalents, peut donc être représentée par le graphe sans circuit partiellement dirigé (*PDAG*) qui a la même structure que tous les réseaux équivalents, mais pour lequel les arcs réversibles (n'appartenant pas à des V-structures, ou dont l'inversion ne génère pas de V-structure) sont remplacés par des arêtes (non orientées). Le DAG partiellement dirigé ainsi obtenu est dit *complété* (*CPDAG*) ou *graphe essentiel* [AMP95]. La table 6.4 page 136 nous donne le graphe ASIA et son CPDAG représentant dans l'espace des classes d'équivalence de Markov. Ce CPDAG possède bien le même squelette que le DAG initial ainsi que ses deux V-structures. De plus, l'arc $O \rightarrow X$ est forcément orienté dans ce sens pour ne pas créer de V-structure supplémentaire.

Chickering [Chi02b] propose une méthode pour passer d'un DAG représentant un réseau bayésien à son CPDAG représentant sa classe d'équivalence de Markov. Pour cela, il faut commencer par ordonner tous les arcs du réseau de départ (algorithme *Ordonner-Arc*), puis parcourir l'ensemble des arcs ainsi ordonnés pour simplifier les arcs réversibles (algorithme *DAGtoCPDAG*).

Algorithme DAGtoCPDAG

- Ordonner les arcs du DAG
- $\forall$arc, étiquette(arc) $\leftarrow \emptyset$
- $\mathcal{A} \leftarrow$ liste des arcs non étiquetés
- Répéter

    $(X_i, X_j) \leftarrow \min_{\mathcal{A}}(\text{arc})$ (plus petit arc non étiqueté)

    $\forall X_k /$ étiquette$(X_k, X_i) = $ Nonréversible

        Fin $\leftarrow$ Faux

        si $X_k \notin pa(X_j)$ alors

            étiquette$(*, X_j) \leftarrow$ Nonréversible

            $\mathcal{A} \leftarrow \mathcal{A} \setminus (*, X_j)$

            Fin $\leftarrow$ Vrai

        sinon

            étiquette$(X_k, X_j) \leftarrow$ Nonréversible

            $\mathcal{A} \leftarrow \mathcal{A} \setminus (X_k, X_j)$

    si Fin $=$ Faux alors

        si $\exists$arc $(X_{k^\circ}, X_j)/X_{k^\circ} \notin pa(X_i) \cup \{X_i\}$ alors

            $\forall (X_k, X_j) \in \mathcal{A},$

                étiquette$(X_k, X_j) \leftarrow$ Nonréversible

                $\mathcal{A} \leftarrow \mathcal{A} \setminus (X_k, X_j)$

        sinon

            $\forall (X_k, X_j) \in \mathcal{A},$

                étiquette$(X_k, X_j) \leftarrow$ réversible

                $\mathcal{A} \leftarrow \mathcal{A} \setminus (X_k, X_j)$

Tant que $\mathcal{A} \neq \emptyset$

Ordonner-Arc
- Trier les X_i dans l'ordre topologique
- $k \leftarrow 0$
- $\mathcal{A} \leftarrow$ liste des arcs (non ordonnés)
- Répéter

    $X_{j^\circ} \leftarrow \min_j(X_j/(X_i, X_j) \in \mathcal{A})$

        plus petit nœud destination d'un arc non ordonné

    $X_{i^\circ} \leftarrow \max_i(X_i/(X_i, X_{j^\circ}) \in \mathcal{A})$

        plus grand nœud origine d'un arc non ordonné vers X_{j°

    Ordre$(X_{i^\circ}, X_{j^\circ}) \leftarrow k$

    $k \leftarrow k + 1$

    $\mathcal{A} \leftarrow \mathcal{A} \setminus (X_{i^\circ}, X_{j^\circ})$

Tant que $\mathcal{A} \neq \emptyset$

Tab. 6.3 *Algorithme DAGtoCPDAG*

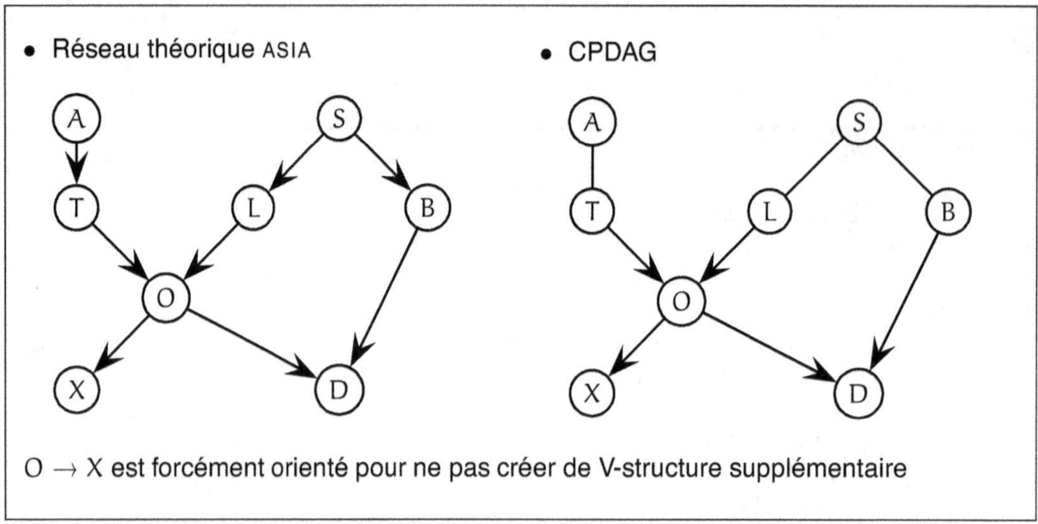

TAB. 6.4 Exemple de réseau bayésien et son représentant dans l'espace des classes d'équivalence de Markov

Il existe plusieurs algorithmes inverses capables de générer un des réseaux bayésiens équivalents à partir d'un PDAG, si ce PDAG est bien le représentant d'une classe d'équivalence (on dit alors que le DAG résultant est une extension consistante du PDAG de départ). Nous décrivons dans la table 6.5 ci-après l'algorithme PDAGtoDAG proposé par Dor et Tarsi [DT92].

Notons qu'il est aussi possible d'utiliser les règles d'orientation d'arcs proposées par les algorithmes IC et PC que nous décrirons dans les prochaines sections (table 6.6 page 140) puisqu'elles résolvent également la même tâche.

6.2.4 Recherche d'indépendances conditionnelles

Cette première série d'approches d'apprentissage de structure, souvent appelée recherche sous contraintes, est issue des travaux de deux équipes concurrentes, Pearl et Verma d'une part avec les algorithmes *IC* et *IC**, Spirtes, Glymour et Scheines de l'autre avec les algorithmes *SGS, PC, CI, FCI*, plus récemment l'algorithme *BN-PC* de Cheng *et al.* [CBL97a, CBL97b, CGK+02]. Ces algorithmes sont tous basés sur un même principe :
- construire un graphe non dirigé contenant les relations entre les variables, à partir de tests d'indépendance conditionnelle ;
- détecter les V-structures (en utilisant aussi des tests d'indépendance conditionnelle) ;
- propager les orientations de certains arcs ;

```
Algorithme PDAGtoDAG

• B ← PDAG
• A ← liste des arêtes de PDAG
• Répéter
        Recherche d'un nœud Xᵢ tel que
            - il n'existe aucun arc Xᵢ ← Xⱼ dans A
            - et pour tout Xⱼ tel qu'il existe Xᵢ–Xⱼ dans A,
                Xⱼ est adjacent à tous les autres nœuds adjacents à Xᵢ

        Si Xᵢ n'existe pas alors
            PDAG n'admet aucune extension complètement dirigée
        sinon
            ∀Xⱼ tel que Xᵢ–Xⱼ ∈ A
                Xᵢ → Xⱼ dans B
                A ← A \ (Xᵢ, Xⱼ)

Tant Que A ≠ ∅
```

Notations :	PDAG	graphe sans circuit partiellement dirigé
	B	DAG complètement dirigé, extension consistante de PDAG

TAB. 6.5 *Algorithme PDAGtoDAG*

- prendre éventuellement en compte les causes artificielles dues à des variables latentes (voir section 6.2.8 page 177).

La caractéristique principale de toutes ces méthodes réside dans la détermination à partir de données des relations d'*indépendance conditionnelle* entre deux variables quelconques conditionnellement à un ensemble de variables. Ceci nous amènera à évoquer les tests statistiques d'indépendance classiquement utilisés. Nous passerons ensuite en revue les algorithmes principaux issus de ces travaux et les améliorations qui y ont été apportées.

▶ **Tests d'indépendance conditionnelle**

Les tests statistiques classiquement utilisés pour tester l'indépendance conditionnelle sont les tests du χ^2 et du rapport de vraisemblance G^2. Détaillons le *test d'indépendance* du χ^2 puis son utilisation dans le cadre de l'indépendance conditionnelle.

Soient deux variables discrètes X_A et X_B, de taille respective r_A et r_B. Soit N_{ab} le nombre d'occurrences de $\{X_A = x_a$ et $X_B = x_b\}$ dans la base d'exemples, $N_{a.}$ le nombre d'occurrences de $\{X_A = x_a\}$ et $N_{.b}$ le nombre d'occurrences de $\{X_B = x_b\}$.

Le test du χ^2 va mettre en concurrence deux modèles :
- Le modèle observé $p_o = P(X_A, X_B)$, représenté par les occurrences observées $O_{ab} = N_{ab}$.
- Le modèle théorique $p_t = P(X_A)P(X_B)$, représenté par les occurrences théoriques $T_{ab} = \frac{N_{a.}*N_{.b}}{N}$.

➥ DÉFINITION 6.2 (TEST DU χ^2)

Soit la statistique suivante (de degré de liberté $df = (r_A - 1)(r_B - 1)$*) :*

$$\chi^2 = \sum_{a=1}^{r_A} \sum_{b=1}^{r_B} \frac{(O_{ab} - T_{ab})^2}{T_{ab}} = \sum_{a=1}^{r_A} \sum_{b=1}^{r_B} \frac{(N_{ab} - \frac{N_{a.}*N_{.b}}{N})^2}{\frac{N_{a.}*N_{.b}}{N}} \qquad (6.21)$$

L'hypothèse d'indépendance entre X_A *et* X_B *est vérifiée pour un seuil de confiance* α *si et seulement si*

$$\chi^2 < \chi^2_{théorique}(df, 1 - \alpha)$$

Lorsqu'un effectif T_{ab} est faible ($T_{ab} < 10$), la formule 6.21 n'est plus applicable. Il faut alors remplacer le terme $\frac{(O_{ab} - T_{ab})^2}{T_{ab}}$ par $\frac{(|O_{ab} - T_{ab}| - 0.5)^2}{T_{ab}}$ (correction de Yates).

Spirtes *et al.* proposent aussi d'utiliser le rapport de vraisemblance G^2 (qui suit aussi une loi du χ^2 de degré de liberté $df = (r_A - 1)(r_B - 1)$) :

$$G^2 = 2 \sum_{a=1}^{r_A} \sum_{b=1}^{r_B} O_{ab} \ln(\frac{O_{ab}}{T_{ab}}) = 2 \sum_{a=1}^{r_A} \sum_{b=1}^{q_B} N_{ab} \ln(\frac{N_{ab} * N}{N_{a.} * N_{.b}}) \qquad (6.22)$$

Notons que ce rapport de vraisemblance est relativement proche de l'information mutuelle entre les variables X_A et X_B, notion qui sera reprise par certaines fonctions de score des réseaux bayésiens (voir équations 6.26 page 145 et 6.27 page 145).

Les équations 6.21 et 6.22 testent l'indépendance entre deux variables. L'utilisation de ces tests pour la recherche de structure dans les réseaux bayésiens nécessite une adaptation pour les tests d'indépendance conditionnelle entre deux variables X_A et X_B conditionnellement à un ensemble quelconque de variables $\mathcal{X}_C$. Pour cela le principe ne change pas, il faut mettre en concurrence les deux modèles suivants :
- le modèle observé $p_o = P(X_A, X_B \mid \mathcal{X}_C)$, représenté par les occurrences observées $O_{abc} = N_{abc}$ où N_{abc} est le nombre d'occurrences de $\{X_A = x_a, X_B = x_b$ et $\mathcal{X}_C = x_c\}$;
- le modèle théorique $p_t = P(X_A \mid \mathcal{X}_C)P(X_B \mid \mathcal{X}_C)$, représenté par les occurrences théoriques $T_{abc} = \frac{N_{a.c}*N_{.bc}}{N_{..c}}$.

➤ DÉFINITION 6.3 (χ^2 CONDITIONNEL)
Soit la statistique suivante (de degré de liberté $df = (r_A - 1)(r_B - 1)r_C$) :

$$\chi^2 = \sum_{a=1}^{r_A} \sum_{b=1}^{r_B} \sum_{c=1}^{r_C} \frac{(O_{abc} - T_{abc})^2}{T_{abc}} \tag{6.23}$$

L'hypothèse d'indépendance entre X_A et X_B conditionnellement à $\mathcal{X}_C$ est vérifiée si $\chi^2 < \chi^2_{théorique}(df, 1 - \alpha)$ (pour un seuil de confiance α).

Se pose ici un inconvénient majeur lorsque le nombre de variables disponibles est important : plus $\mathcal{X}_C$ est grand, plus il y a de termes dans la somme de l'équation 6.23 (df croît exponentiellement) et plus les N_{abc} sont faibles, ce qui rend le test du χ^2 peu applicable en grande dimension.

Spirtes _et al._ proposent une heuristique simple pour pallier cet inconvénient : si le nombre de données n'est pas suffisamment important par rapport au degré de liberté ($df > \frac{N}{10}$), alors l'hypothèse est rejetée et les variables X_A et X_B sont déclarées dépendantes conditionnellement à $\mathcal{X}_C$.

Grâce à ces tests statistiques, il est possible de déterminer une série de contraintes sur la structure du réseau bayésien recherché : une indépendance entre deux variables se traduit par l'absence d'arc entre deux nœuds, une dépendance conditionnelle correspond à une V-structure, etc. Nous allons maintenant étudier les deux familles d'algorithmes qui utilisent ces informations pour apprendre la structure du réseau bayésien.

▶ Algorithmes PC et IC

La détermination des indépendances conditionnelles à partir de données peut donc permettre de générer la structure du réseau bayésien représentant toutes ces indépendances.

Sur ce principe, Spirtes, Glymour et Scheines [SGS93] ont tout d'abord proposé l'algorithme SGS. Celui-ci part d'un graphe non orienté complètement relié et teste toutes les indépendances conditionnelles pour supprimer des arêtes. Il s'agit de chercher ensuite toutes les V-structures et de propager l'orientation des arcs obtenus sur les arêtes adjacentes.

Cette méthode requiert malheureusement un nombre de tests d'indépendance conditionnelle exponentiel par rapport au nombre de variables. Spirtes _et al._ ont alors proposé une variation de SGS, l'algorithme PC [SGS93] détaillé dans la table 6.6 ci-après qui limite les tests d'indépendance aux indépendances d'ordre 0 ($X_A \perp X_B$) puis aux indépendances conditionnelles d'ordre 1 ($X_A \perp X_B \mid X_C$), et ainsi de suite.

- Construction d'un graphe non orienté
    Soit $\mathcal{G}$ le graphe reliant complètement tous les nœuds $\mathcal{X}$
    $i \leftarrow 0$
    Répéter
        Recherche des indépendances cond. d'ordre i
        $\forall \{X_A, X_B\} \in \mathcal{X}^2$ tels que $X_A - X_B$ et $\mathrm{Card}(\mathrm{Adj}(\mathcal{G}, X_A, X_B)) \geq i$
        $\forall \mathcal{S} \subset \mathrm{Adj}(\mathcal{G}, X_A, X_B)$ tel que $\mathrm{Card}(\mathcal{S}) = i$
            si $X_A \perp X_B \mid \mathcal{S}$ alors
                - suppression de l'arête $X_A - X_B$ dans $\mathcal{G}$
                - $SepSet(X_A, X_B) \leftarrow SepSet(X_A, X_B) \cup \mathcal{S}$
                - $SepSet(X_B, X_A) \leftarrow SepSet(X_B, X_A) \cup \mathcal{S}$
        $i \leftarrow i + 1$
    Jusqu'à $\mathrm{Card}(\mathrm{Adj}(\mathcal{G}, X_A, X_B)) < i, \forall \{X_A, X_B\} \in \mathcal{X}^2$
- Recherche des V-structures
    $\forall \{X_A, X_B, X_C\} \in \mathcal{X}^3$ tels que $\neg \overline{X_A X_B}$ et $X_A - X_C - X_B$,
        si $X_C \notin SepSet(X_A, X_B)$ alors rajouter $X_A \rightarrow X_C \leftarrow X_B$ (V-structure)
- Ajout récursif de $\rightarrow$
    Répéter $\forall \{X_A, X_B\} \in \mathcal{X}^2$,
        si $X_A - X_B$ et $X_A \rightsquigarrow X_B$, alors rajouter $X_A \rightarrow X_B$
        si $\neg \overline{X_A X_B}$, $\forall X_C$ tel que $X_A \rightarrow X_C$ et $X_C - X_B$ alors rajouter $X_C \rightarrow X_B$
    Tant qu'il est possible d'orienter des arêtes

Tab. 6.6 Algorithme PC

L'exemple 6.7 page 143 illustre la façon dont les tests d'indépendance conditionnelle permettent de simplifier le graphe non dirigé complètement connecté du départ (étapes 1a à 1c), puis dirigent les arêtes des V-structures détectées dans les données (étape 2).

À l'issue de ces deux étapes, le graphe obtenu est un CPDAG qu'il faut finir d'orienter, en s'appliquant à ne pas rajouter de V-structures non détectées précédemment (étapes 3 et 4). Notons que les règles proposées par Spirtes *et al.* pour ces deux dernières étapes peuvent être implémentées de manière plus systématique par l'algorithme de Dor et Tarsi (voir l'algorithme 6.5 page 137) détaillé dans la section 6.2.3 page 133.

Notations de l'algorithme PC :

$\mathcal{X}$	ensemble de tous les nœuds
$\mathrm{Adj}(\mathcal{G}, X_A)$	ensemble des nœuds adjacents à X_A dans $\mathcal{G}$
$\mathrm{Adj}(\mathcal{G}, X_A, X_B)$	$\mathrm{Adj}(\mathcal{G}, X_A) \setminus \{X_B\}$
$X_A - X_B$	il existe une arête entre X_A et X_B
$X_A \rightarrow X_B$	il existe un arc de X_A vers X_B
$\overline{X_A X_B}$	X_A et X_B adjacents $X_A - X_B$, $X_A \rightarrow X_B$ ou $X_B \rightarrow X_A$
$X_A \rightsquigarrow X_B$	il existe un chemin dirigé reliant X_A et X_B

La première étape de l'algorithme PC (recherche d'indépendances conditionnelles) est l'étape la plus coûteuse de l'algorithme. Spirtes *et al.* ont suggéré plusieurs simplifications ou heuristiques permettant de diminuer cette complexité.

- Dans l'algorithme PC*, ils proposent de ne plus parcourir tous les S possibles, mais seulement les ensembles de variables adjacentes à X_A ou X_B qui sont sur un chemin entre X_A et X_B. Cette solution est malheureusement inutilisable avec un trop grand nombre de variables puisqu'elle revient à stocker tous les chemins possibles dans le graphe.
- Trois heuristiques permettent d'accélérer l'algorithme PC en choisissant judicieusement les nœuds X_A et X_B et l'ensemble S :
  - PC-1 : les couples de variables $\{X_A, X_B\}$ et les ensembles S possibles sont parcourus dans l'ordre lexicographique.
  - PC-2 : les couples de variables $\{X_A, X_B\}$ sont testés dans l'ordre croissant de la statistique utilisée pour le test d'indépendance (des moins dépendants aux plus dépendants). Les ensembles S sont parcourus dans l'ordre lexicographique.
  - PC-3 : pour une variable X_A fixée, sont testés d'abord les X_B les moins dépendants à X_A conditionnellement aux ensembles S les plus dépendants à X_A.

L'algorithme IC (*Inductive Causation*), proposé par Pearl [Pea00], est basé sur le même principe, mais construit le graphe non orienté en rajoutant des arêtes au lieu d'en supprimer. Il faut noter que Pearl [PV91] a proposé en 1991 un algorithme IC différent qui prend en compte les variables latentes. Cet algorithme, renommé IC* dans [Pea00], est présenté dans la section 6.2.8 page 177.

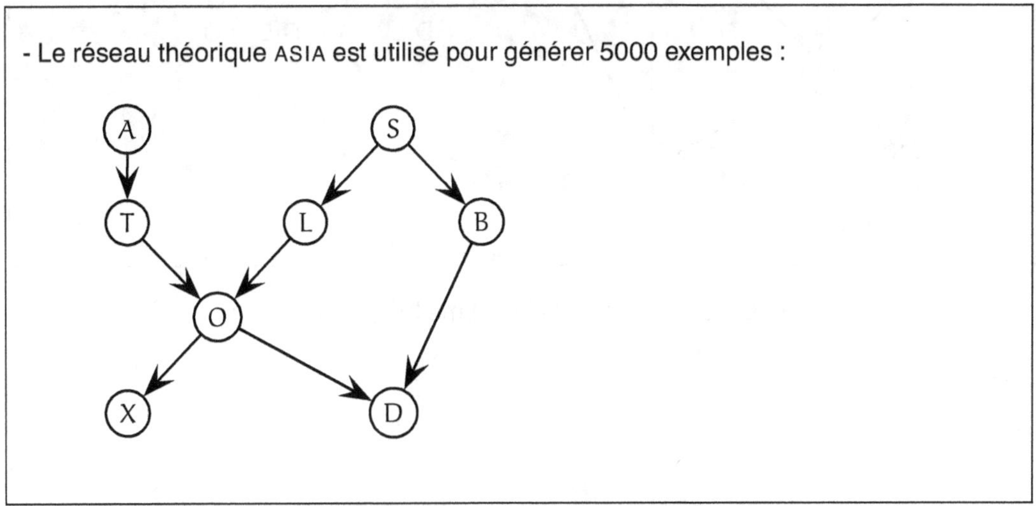

TAB. 6.7 Exécution de l'algorithme PC (à suivre ...)

- Étape 0 : Génération du graphe non orienté reliant tous les nœuds :

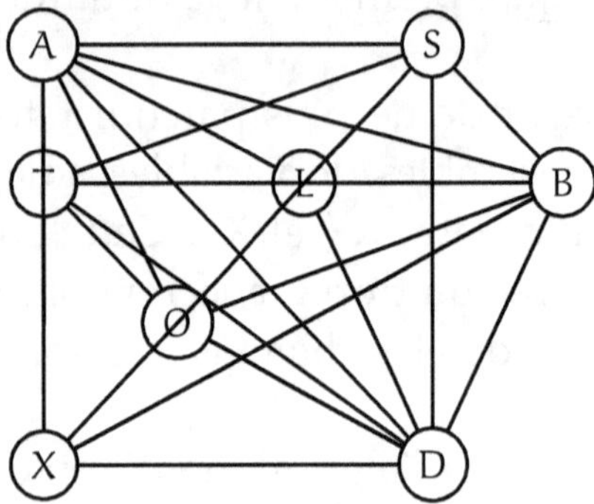

- Étape 1a : Suppression des indépendances conditionnelles d'ordre 0 :

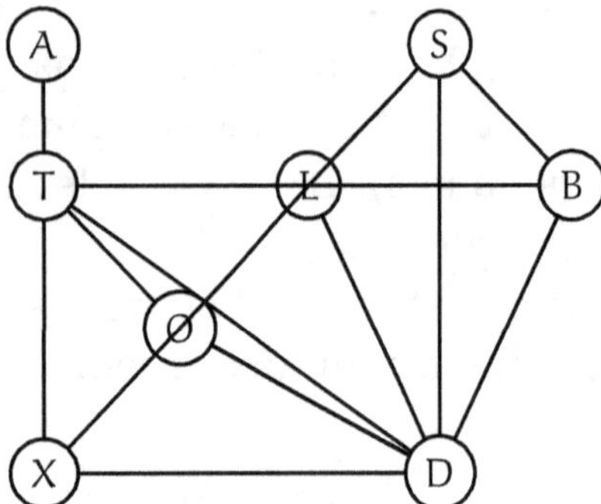

Test du χ^2 sur les données :

$S \perp A \qquad L \perp A \qquad B \perp A$
$O \perp A \qquad X \perp A \qquad D \perp A$
$T \perp S \qquad L \perp T$
$O \perp B \qquad X \perp B$

- Étape 1b : Suppression des indépendances conditionnelles d'ordre 1

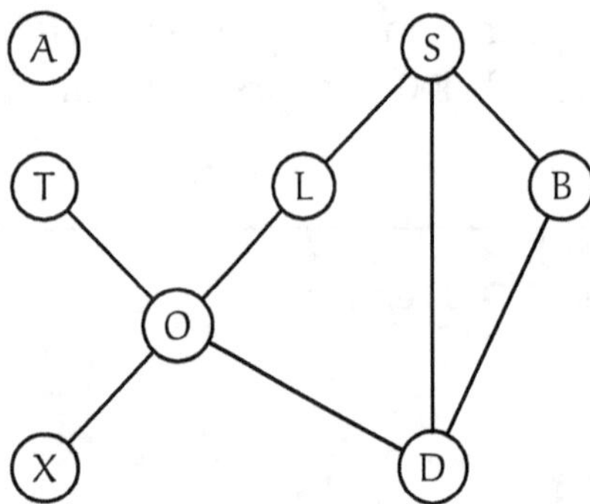

Test du χ^2 sur les données :

$T \perp A \mid O \qquad O \perp S \mid L$
$X \perp S \mid L \qquad B \perp T \mid S$
$X \perp T \mid O \qquad D \perp T \mid O$
$B \perp L \mid S \qquad X \perp L \mid O$
$D \perp L \mid O \qquad D \perp X \mid O$

TAB. 6.7 Exécution de l'algorithme PC (à suivre …)

- Étape 1c : Suppression des indépendances conditionnelles d'ordre 2

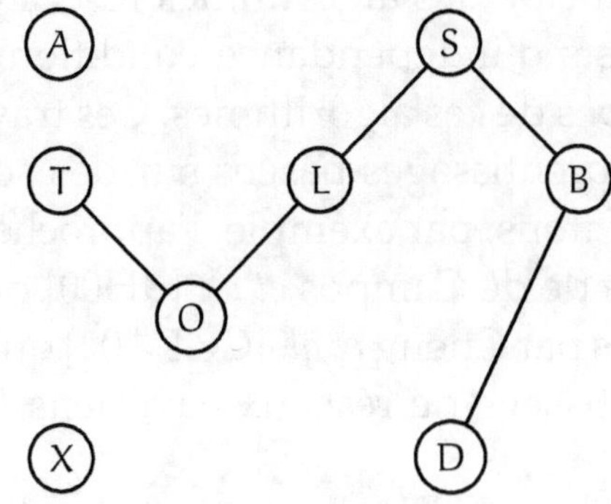

Test du χ^2 sur les données :
$$D \perp S \mid \{L, B\}$$
$$X \perp O \mid \{T, L\}$$
$$D \perp O \mid \{T, L\}$$

- Étape 2 : Recherche des V-structures

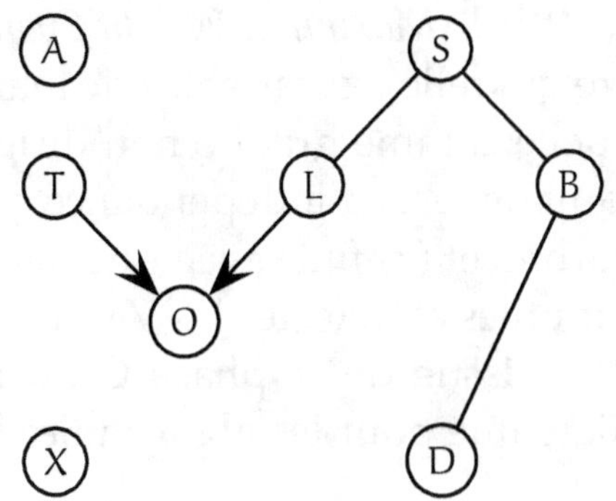

Test du χ^2 sur les données :
découverte de la V-structure
$$T \rightarrow O \leftarrow L$$

- Étape 3 : Orientation récursive de certaines arêtes (aucune ici)

- Étape 4 : Orientation des arcs restants :

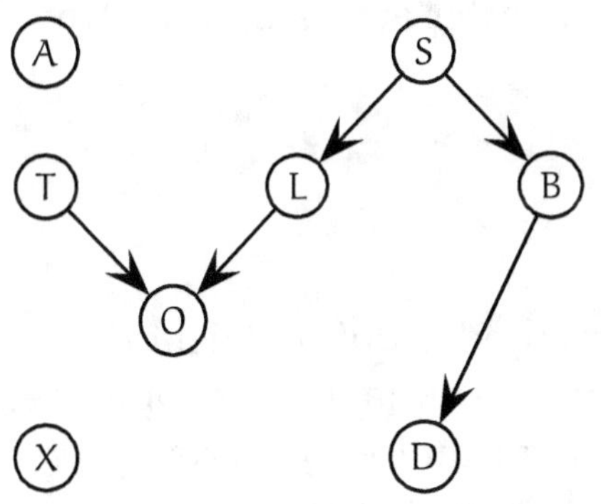

Seule condition :
ne pas introduire de nouvelle
V-structure

Dans cet exemple, le test du χ^2 sur 5000 exemples n'a pas réussi à retrouver trois arcs ($A \rightarrow T$, $O \rightarrow X$ et $O \rightarrow D$). En supposant que nos données aient pu nous permettre de trouver un lien O–X, l'étape 3 aurait forcé son orientation en $O \rightarrow X$ pour ne pas générer une V-structure $O \rightarrow X \leftarrow T$ (ou L) non détectée dans l'étape 2.

TAB. 6.7 Exécution de l'algorithme PC

▶ Quelques améliorations

Des travaux récents ont repris le principe des algorithmes IC et PC en essayant de diminuer le nombre de tests d'indépendance conditionnelle nécessaires dans les deux premières étapes de ces algorithmes. Ces travaux vont aussi s'inspirer de méthodes d'apprentissages basées sur des scores que nous présenterons en section 6.2.5. Citons, par exemple, l'approche par squelette de van Dijk *et al.* [vvT03], celle de de Campos *et al.* [dH00] ou les deux algorithmes BN-PC A et B proposés par Cheng *et al.* [CGK$^+$02] qui ont donné naissance à un logiciel d'apprentissage de réseaux bayésiens *Belief Network PowerConstructor*.

L'algorithme BN-PC-B [CBL97b] est le plus général des deux. Le principe de cet algorithme est simple et se décompose en trois phases : (1) utiliser l'arbre de recouvrement maximal (*MWST (Maximum Weight Spanning Tree)*, voir algorithme 6.8 page 151), arbre qui relie les variables de manière optimale au sens de l'information mutuelle comme graphe non dirigé de départ, puis (2) effectuer un nombre réduit de tests d'indépendance conditionnelle pour rajouter des arêtes à cet arbre, et (3) finir avec une dernière série de tests pour supprimer les arêtes inutiles et détecter les V-structures. Le graphe partiellement dirigé obtenu à l'issue de la phase C est alors orienté complètement de la même manière que pour les algorithmes IC et PC.

Afin de diminuer le nombre de $O(n^4)$ tests d'indépendance conditionnelle à effectuer dans le pire des cas pour BN-PC-B, l'algorithme BN-PC-A [CBL97a] considère un ordre des nœuds qui permet d'orienter les arêtes dès la phase 1 de l'algorithme. Cela permet de tester au maximum $O(n^2)$ indépendances au lieu de $O(n^4)$.

6.2.5 Algorithmes basés sur un score

Contrairement à la première famille de méthodes qui tentaient de retrouver des indépendances conditionnelles entre les variables, les approches suivantes vont soit chercher la structure qui va maximiser un certain *score*, soit chercher les meilleures structures et combiner leurs résultats.

Pour que ces approches à base de score soient réalisables en pratique, nous verrons que le score doit être décomposable localement, c'est-à-dire s'exprimer comme la somme de scores locaux au niveau de chaque nœud. Se pose aussi le problème de parcours de l'espace $\mathbb{B}$ des réseaux bayésiens à la recherche de la meilleure structure. Comme une recherche exhaustive est impossible à effectuer, les algorithmes proposés travaillent sur un espace réduit (espace des arbres, ordonnancement des nœuds) ou effectuent une recherche gloutonne dans cet espace.

▶ **Les scores possibles**

La plupart des scores existants dans la littérature appliquent le principe de parcimonie du rasoir d'Occam : trouver le modèle qui correspond le mieux aux données $\mathcal{D}$ mais qui soit le plus simple possible. Ainsi ces scores sont souvent décomposables en deux termes : la vraisemblance $L(\mathcal{D} \mid \theta, \mathcal{B})$ et un second terme qui va tenir compte de la complexité du modèle, à l'aide entre autres, du nombre de paramètres nécessaires pour représenter le réseau.

Soit X_i un nœud du réseau bayésien de taille r_i, et $pa(X_i)$ ses parents. Le nombre de paramètres nécessaires pour représenter la distribution de probabilité $P(X_i \mid pa(X_i) = x_j)$ est égal à $r_i - 1$. Pour représenter $P(X_i \mid pa(X_i))$, il faudra donc $Dim(X_i, \mathcal{B})$ paramètres, avec :

$$Dim(X_i, \mathcal{B}) = (r_i - 1) \prod_{X_j \in pa(X_i)} r_j = (r_i - 1)q_i \qquad (6.24)$$

Le nombre de paramètres nécessaires pour représenter toutes les distributions de probabilités du réseau $\mathcal{B}$ est $Dim(\mathcal{B})$:

$$Dim(\mathcal{B}) = \sum_{i=1}^{n} Dim(X_i, \mathcal{B}) = \sum_{i=1}^{n} (r_i - 1)q_i \qquad (6.25)$$

Différents scores ont alors été proposés :
• L'*entropie conditionnelle* de la structure $\mathcal{B}$ [Bou93] :

$$H(\mathcal{B}, \mathcal{D}) = \sum_{i=1}^{n} \sum_{j=1}^{q_i} \sum_{k=1}^{r_i} -\frac{N_{i,j,k}}{N} \log(\frac{N_{i,j,k}}{N_{i,j}}) \qquad (6.26)$$

En partant de l'équation 6.3 page 119, il est possible de faire le lien entre l'entropie et le maximum de la log-vraisemblance :
Démonstration

$$\begin{aligned}
\log L(\mathcal{D} \mid \theta, \mathcal{B}) &= \sum_{i=1}^{n} \sum_{j=1}^{q_i} \sum_{k=1}^{r_i} N_{i,j,k} \log \theta_{i,j,k} \\
\log L(\mathcal{D} \mid \theta^{MV}, \mathcal{B}) &= \sum_{i=1}^{n} \sum_{j=1}^{q_i} \sum_{k=1}^{r_i} N_{i,j,k} \log(\frac{N_{i,j,k}}{N_{i,j}}) \\
\log L(\mathcal{D} \mid \theta^{MV}, \mathcal{B}) &= -N \times H(\mathcal{B}, \mathcal{D}) \qquad (6.27)
\end{aligned}$$

$\square$

La vraisemblance – ou l'entropie – n'impose aucun contrôle sur la complexité de la structure recherchée. Au contraire, pour un ensemble de données $\mathcal{B}$ fixé, la structure la plus vraisemblable sera celle qui possède le plus de paramètres, c'est-à-dire la structure reliant toutes les variables [FGG97].

- Les *critères AIC* [Aka70] et *BIC* [Sch78] peuvent aussi s'appliquer aux réseaux bayésiens :

$$\text{ScoreAIC}(\mathcal{B}, \mathcal{D}) = \log L(\mathcal{D} \mid \theta^{MV}, \mathcal{B}) - \text{Dim}(\mathcal{B}) \qquad (6.28)$$

$$\text{ScoreBIC}(\mathcal{B}, \mathcal{D}) = \log L(\mathcal{D} \mid \theta^{MV}, \mathcal{B}) - \frac{1}{2}\text{Dim}(\mathcal{B}) \log N \qquad (6.29)$$

À la différence de la vraisemblance, ces deux équations 6.28 et 6.29 illustrent bien la volonté de rechercher un modèle capable de bien modéliser les données tout en restant simple.

- La *longueur de description minimale* : Il est aussi possible d'appliquer le principe de longueur de description minimale MDL (*Minimum Description Length*) [Ris78]. Ce principe général affirme que le modèle représentant au mieux un ensemble de données est celui qui minimise la somme des deux termes suivants : (1) la longueur de codage du modèle et (2) la longueur de codage des données lorsque ce modèle est utilisé pour représenter ces données.
  Plusieurs travaux ont appliqué cette approche aux réseaux bayésiens : Bouckaert [Bou93], Lam et Bacchus [LB93] et Suzuki [Suz99]. Nous ne citerons ici que l'approche de Lam et Bacchus [LB93] :

$$\text{ScoreMDL}(\mathcal{B}, \mathcal{D}) = \log L(\mathcal{D} \mid \theta^{MV}, \mathcal{B}) - \mid \mathcal{A_B} \mid \log N - c.\text{Dim}(\mathcal{B})$$
$$(6.30)$$

où $\mid \mathcal{A_B} \mid$ est le nombre d'arcs dans le graphe $\mathcal{B}$ et c est le nombre de bits utilisés pour stocker chaque paramètre numérique.

- Le *score BD* (*bayesian Dirichlet*) : Cooper et Herskovits [CH92] proposent un score basé sur une approche bayésienne. En partant d'une loi *a priori* sur les structures possibles $P(\mathcal{B})$, le but est d'exprimer la probabilité *a posteriori* des structures possibles sachant que les données $\mathcal{D}$ ont été observées $P(\mathcal{B} \mid \mathcal{D})$, ou plus simplement $P(\mathcal{B}, \mathcal{D})$:

$$\begin{aligned}
\text{ScoreBD}(\mathcal{B}, \mathcal{D}) &= P(\mathcal{B}, \mathcal{D}) = \int_\theta L(\mathcal{D} \mid \theta, \mathcal{B}) P(\theta \mid \mathcal{B}) P(\mathcal{B}) \, d\theta \\
&= P(\mathcal{B}) \int_\theta L(\mathcal{D} \mid \theta, \mathcal{B}) P(\theta \mid \mathcal{B}) \, d\theta \qquad (6.31)
\end{aligned}$$

L'intégrale de l'équation 6.31 page précédente n'est pas toujours exprimable simplement. De manière générale, Chickering et Heckerman [CH96] montrent comment utiliser l'approximation de Laplace pour calculer cette intégrale (avec un échantillon de grande taille), et qu'une simplification de cette approximation mène au ScoreBIC.

Avec les hypothèses classiques d'indépendance des exemples, et en prenant une distribution *a priori* de Dirichlet sur les paramètres, il est néanmoins possible d'exprimer le ScoreBD facilement :

$$\text{ScoreBD}(\mathcal{B}, \mathcal{D}) = P(\mathcal{B}) \prod_{i=1}^{n} \prod_{j=1}^{q_i} \frac{\Gamma(\alpha_{ij})}{\Gamma(N_{ij} + \alpha_{ij})} \prod_{k=1}^{r_i} \frac{\Gamma(N_{ijk} + \alpha_{ijk})}{\Gamma(\alpha_{ijk})} \quad (6.32)$$

où Γ est la fonction *Gamma*

- Le *score BDe* (*Bayesian Dirichlet Equivalent*) : ce critère proposé par Heckerman [HGC94] s'appuie sur la même formule que le score *Bayesian Dirichlet* avec des propriétés supplémentaires intéressantes comme la conservation du score pour des structures équivalentes (voir page 161).

  Le score BDe utilise une distribution *a priori* sur les paramètres définie par :

$$\alpha_{ijk} = N' \times P(X_i = x_k, pa(X_i) = x_j \mid \mathcal{B}_c) \quad (6.33)$$

  où $\mathcal{B}_c$ est la structure *a priori* n'encodant aucune indépendance conditionnelle (graphe complètement connecté) et N' est un nombre d'exemples équivalent définis par l'utilisateur.

  Dans le cas où la distribution de probabilité conditionnelle en X_i est uniforme, Heckerman *et al.* montrent que l'on retrouve les coefficients de Dirichlet de l'équation 6.34 correspondant à un *a priori* uniforme non informatif proposé tout d'abord par [Bun91] (le score BDe utilisant les α_{ijk} décrits dans l'équation 6.34 est souvent appelé score *BDeu*).

$$\alpha_{ijk} = \frac{N'}{r_i q_i} \quad (6.34)$$

  Heckerman *et al.* [HGC94] montrent aussi que le score BDe utilisant les *a priori* définis par l'équation 6.33 n'a plus besoin d'utiliser une distribution de Dirichlet comme loi *a priori* sur les paramètres.

- Le *score BDγ* (*generalized bayesian Dirichlet*) [BK02] proposent une généralisation du score BD en introduisant un hyperparamètre γ :

$$\text{ScoreBD}\gamma(\mathcal{B}, \mathcal{D}) = P(\mathcal{B}) \prod_{i=1}^{n} \prod_{j=1}^{q_i} \frac{\Gamma(\gamma N_{ij} + \alpha_{ij})}{\Gamma((\gamma + 1)N_{ij} + \alpha_{ij})} \dots (6.35)$$

$$\dots \prod_{k=1}^{r_i} \frac{\Gamma((\gamma + 1)N_{ijk} + \alpha_{ijk})}{\Gamma(\gamma N_{ijk} + \alpha_{ijk})}$$

Borgelt *et al.* démontrent aussi que leur fonction de score permet de passer du score bayésien ($\gamma = 0$) à l'entropie conditionnelle ($\gamma \to +\infty$), contrôlant ainsi la tendance à sélectionner des structures simples.

▶ **Déterminer un *a priori* sur les structures**

Certains scores (ScoreBD, ScoreBDe et ScoreBDγ) utilisent des métriques bayésiennes et nécessitent la détermination d'une loi de *probabilité a priori sur les structures*. Cette distribution de probabilité est soit uniforme (la solution la plus simple), soit calculable à partir de connaissances *a priori* fixées par un expert (en fixant une distribution de probabilité sur les arcs possibles ou une structure de référence).

- La loi uniforme est la distribution sur les structures la plus simple :

$$P(\mathcal{B}) = \text{constante}$$

- Il est également possible de décomposer la probabilité d'une structure comme produit des probabilités de chaque relation parent-nœud :

$$P(\mathcal{B}) = \prod_{i=1}^{n} P(pa_i^{\mathcal{B}} \to X_i)$$

où $P(pa_i^{\mathcal{B}} \to X_i)$ est la probabilité que $pa_i^{\mathcal{B}}$ soient les parents de X_i. Ces probabilités locales peuvent être fournies par exemple par un expert, comme le proposent Richardson *et al.* [RD03].

- Une autre façon de prendre en compte les connaissances expertes est de privilégier les structures proches du réseau *a priori* $\mathcal{B}_e$ donné par un expert :

$$P(\mathcal{B}) \propto \kappa^{\delta}$$

où δ est le nombre d'arcs différents entre $\mathcal{B}$ et $\mathcal{B}_e$ et κ un cœfficient de pénalisation [HGC94].

▶ Pourquoi chercher la meilleure structure ?

Dans de nombreux domaines, la structure de score maximal est souvent beaucoup plus vraisemblable que les autres (voir [HMC97, FK00]). Par contre, il existe aussi des situations où plusieurs structures candidates sont à peu près aussi vraisemblables. Dans ce cas, [FK00] proposent, toujours dans le cadre des approches bayésiennes, l'approche de *model averaging*. Le principe n'est pas d'interroger le meilleur modèle, mais de faire la moyenne sur tous les réseaux possibles.

Supposons par exemple que nous cherchions la probabilité de la variable X_A :

$$P(X_A \mid \mathcal{D}) = \sum_{\mathcal{B}} P(X_A \mid \mathcal{B}, \mathcal{D}) P(\mathcal{B} \mid \mathcal{D}) \tag{6.36}$$

Nous avons vu avec l'équation 6.20 page 132 que l'espace des réseaux bayésiens est superexponentiel. Il n'est donc pas question de calculer tous les termes de cette somme. L'approximation la plus courante est issue des méthodes MCMC [MRY$^+$93] où quelques structures vont être générées puis utilisées dans le calcul de 6.36. Une autre approche possible consiste à utiliser les méthodes de type bootstrap [FGW99] pour générer différents ensembles de données qui serviront à obtenir plusieurs structures candidates, et à utiliser l'équation 6.36 avec ces structures.

▶ Recherche dans l'espace des réseaux bayésiens

L'estimation du score d'un réseau bayésien peut mener à de nombreux calculs inutiles et rendre les méthodes d'apprentissage de structure inutilisables en pratique. La première précaution à prendre concerne l'utilisation d'un score *décomposable* localement pour ne pas recalculer complètement le score d'une nouvelle structure.

$$Score(\mathcal{B}, \mathcal{D}) = \text{constante} + \sum_{i=1}^{n} score(X_i, pa_i) \tag{6.37}$$

Il est facile de montrer que les scores évoqués précédemment sont des scores décomposables (en prenant le logarithme pour *ScoreBD* et *ScoreBDe*). Par la suite, nous noterons $Score(.)$ le score global et $score(.)$ le score local en chaque nœud.

Cette décomposition locale du score permet une évaluation rapide de la variation du score entre deux structures en fonction d'un nombre réduit de scores locaux liés aux différences entre ces deux structures. Il reste maintenant à parcourir l'espace $\mathbb{B}$ des réseaux bayésiens pour trouver la structure possédant le meilleur score. Nous avons vu en 6.2.3 page 133 qu'une recherche exhaustive n'est pas envisageable. Plusieurs heuristiques permettent de remédier à ce problème, soit en réduisant l'espace de recherche à un sous-espace particulier (l'espace des arbres), soit en ordonnant les nœuds pour ne chercher les parents d'un nœud que parmi les nœuds suivants, soit en effectuant une heuristique de parcours de l'espace $\mathbb{B}$ de type recherche gloutonne.

- **Restriction à l'espace des arbres**
  Cette méthode utilise une notion classique en recherche opérationnelle, *l'arbre de recouvrement maximal* (*Maximum Weight Spanning Tree*) : l'arbre qui passe par tous les nœuds et maximise un score défini pour tous les arcs possibles.
  Chow et Liu [CL68] ont proposé d'utiliser un score basé sur un critère d'information mutuelle :

$$
\begin{aligned}
W_{\text{CL}}(X_A, X_B) &= \sum_{a,b} P(X_A = a, X_B = b) \log \frac{P(X_A = a, X_B = b)}{P(X_A = a)P(X_B = b)} \\
&= \sum_{a,b} \frac{N_{ab}}{N} \log \frac{N_{ab}N}{N_{a.}N_{.b}}
\end{aligned}
\tag{6.38}
$$

Heckerman [HGC94] propose d'utiliser un score quelconque, localement décomposable, en définissant le poids d'une arête par :

$$
W(X_A, X_B) = \text{score}(X_A, X_B) - \text{score}(X_A, \emptyset)
\tag{6.39}
$$

où $\text{score}(X_A, X_B)$ est le score local en X_A en supposant que X_B est son parent, et $\text{score}(X_A, \emptyset)$ est le score local en X_A en supposant qu'il ne possède aucun parent.

Parmi toutes les heuristiques qui permettent de construire l'arbre optimal à partir des poids des arêtes, nous utiliserons l'algorithme de Kruskal (voir par exemple [Sak84, CLR94, AU98]). Celui-ci part d'un ensemble de n arbres d'un seul nœud (un par variable) et les fusionne en fonction du poids des arêtes (voir algorithme 6.8 ci-après).

L'arbre de recouvrement maximal est un arbre non orienté reliant toutes les variables. Notons que cet arbre non orienté est le représentant de la classe d'équivalence de Markov de tous les arbres dirigés possédant ce même squelette.

En effet, par définition, un arbre orienté ne peut pas contenir de V-structure donc tous les arbres de même squelette sont équivalents au sens de Markov (voir section 6.2.3 page 133).

L'orientation de cet arbre non orienté pourrait donc se faire en utilisant l'algorithme 6.5 page 137, ou plus simplement, en choisissant

Algorithme MWST dirigé
- Construction de l'arbre optimal (Kruskal)
     $\forall X_i, \mathcal{T}(X_i) = \{X_i\}$
     $\mathcal{B}^\circ \leftarrow \emptyset$
     $\forall(X_i, X_j) \in \mathcal{A}$
          si $\mathcal{T}(X_i) \neq \mathcal{T}(X_j)$ alors
          - $\mathcal{B}^\circ \leftarrow \mathcal{B}^\circ \cup (X_i, X_j)$
          - $\mathcal{T}' \leftarrow \mathcal{T}(X_i) \cup \mathcal{T}(X_j)$
          - $\mathcal{T}(X_i) \leftarrow \mathcal{T}'$
          - $\mathcal{T}(X_j) \leftarrow \mathcal{T}'$
- Orientation des arêtes
     $\mathcal{B} \leftarrow \emptyset$
     $\{pa_i\} \leftarrow \mathrm{ParcoursProfondeur}(\mathcal{B}^\circ, X_r)$
     $\forall X_i,$
          si $pa_i \neq \emptyset$ alors ajout de $pa_i \rightarrow X_i$ dans $\mathcal{B}$

Notations :

$\mathcal{A}$	liste des arêtes (X_i, X_j) dans l'ordre décroissant des W
$\mathcal{T}(X_i)$	arbre passant par le nœud X_i
X_r	racine choisie pour orienter l'arbre
pa_i	parent du nœud X_i
$\mathcal{B}^\circ$	arbre optimal non orienté
$\mathcal{B}$	structure finale obtenue par l'algorithme

TAB. 6.8 *Algorithme MWST dirigé*

arbitrairement un nœud racine et en dirigeant chaque arête à partir de ce nœud. Pour cela, il suffit d'effectuer un parcours en profondeur de l'arbre en mémorisant le père de chaque nœud, puis de se servir de cette information pour orienter les arêtes.

Nous appellerons algorithme *MWST dirigé*, l'algorithme de construction d'un arbre orienté qui utilise l'algorithme de Kruskal pour obtenir l'arbre de recouvrement optimal non orienté, puis qui oriente les arêtes à partir d'un nœud racine arbitraire.

L'exemple 6.9 ci-après illustre certains avantages et inconvénients de cet algorithme. Il permet d'obtenir rapidement un arbre orienté très proche de la structure d'origine. De plus, par définition de l'arbre de recouvrement, aucun nœud ne sera écarté de la structure, ce qui permet de retrouver des liens difficiles à apprendre (comme le lien $A \leftarrow T$ de l'exemple, qui n'a pas un poids W très fort et qui est le dernier lien ajouté). Cette propriété peut aussi devenir gênante puisqu'elle forcera des variables à appartenir au graphe alors qu'elles ne seraient pas vraiment utiles au problème.

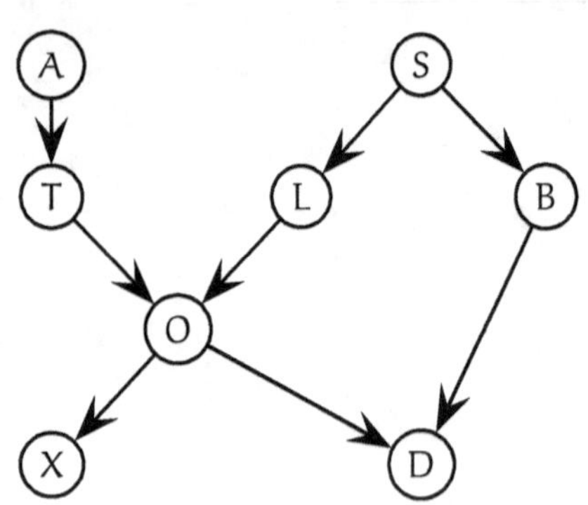

- Le réseau théorique ASIA est utilisé pour générer 10000 exemples et calculer la matrice W.

- Les arêtes potentielles sont triées dans l'ordre décroissant des W :
B-D (1), **L-B (2)**, **O-X (3)**, L-X, **S-B (4)**, **T-O (5)**, S-D, **S-L (6)**, O-D, T-X, S-O, L-D, X-D, S-X, T-D, L-B, B-O, B-X, **A-T (7)**, S-T, A-L, A-O, T-B, T-L, A-S, A-X, A-D, A-B

- Les arêtes en gras sont ajoutées au fur et à mesure dans l'arbre non orienté. Les autres sont ignorées car les nœuds correspondants appartiennent déjà à l'arbre au moment où l'arête est traitée.

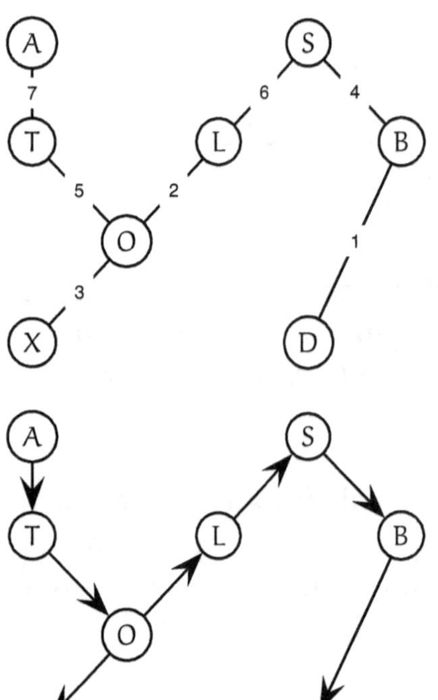

- Arbre optimal (les arêtes sont étiquetées en fonction de leur ordre d'apparition à l'étape précédente).

- Arbre orienté obtenu par un parcours en profondeur, en partant de A.

- Le graphe obtenu est bien l'un des meilleurs arbres possibles. En effet, rajouter l'arc $O \rightarrow D$ ou inverser les arcs $O \rightarrow L \rightarrow S$ pour se rapprocher du graphe théorique nous fait sortir de l'espace des arbres.

TAB. 6.9 Exécution de l'algorithme MWST dirigé

Algorithme K2

Pour $i = 1$ à n
    $pa_i \leftarrow \emptyset$
    $g_{old} \leftarrow g(i, pa_i)$
    $OK \leftarrow vrai$
    Répéter
        • Chercher $X_j \in Pred(X_i) \backslash pa_i$ qui maximise $g(i, pa_i \cup \{X_j\})$
        • $g_{new} \leftarrow g(i, pa_i) \cup \{X_j\}$
        • Si $g_{new} > g_{old}$ alors
            $g_{old} \leftarrow g_{new}$
            $pa_i \leftarrow pa_i \cup \{X_j\}$
        sinon $OK \leftarrow faux$
    Tant Que OK et $| pa_i | < u$

Notations :

$Pred()$	relation d'ordre sur les nœuds X_i
u	borne sup. du nombre de parents possibles pour un nœud
pa_i	ensemble des parents du nœud X_i
$g(i, pa_i)$	score local défini dans l'équation (6.40)

TAB. 6.10 *Algorithme K2*

- **Ordonnancement des nœuds**

  Un autre moyen pour limiter l'espace de recherche consiste à rester dans l'espace des réseaux bayésiens, tout en ajoutant un ordre sur les nœuds pour se limiter dans la recherche des arcs intéressants : si X_i est avant X_j alors il ne pourra y avoir d'arc de X_j vers X_i. Cette hypothèse forte réduit le nombre de structures possibles de $NS(n)$ (équation 6.20 page 132) à $NS'(n) = 2^{n(n-1)/2}$. Par exemple, $NS'(5) = 1024$ contre $NS(5) = 29281$ et $NS'(10) = 3.5 \times 10^{13}$ contre $NS(10) = 4.2 \times 10^{18}$.

Pour rendre cette idée exploitable, il faut encore diminuer l'espace de recherche en ajoutant des heuristiques supplémentaires. Ainsi l'algorithme *K2* de Cooper et Herskovits [CH92] détaillé dans la table 6.10 reprend le score *bayesian Dirichlet* (équation 6.32 page 147) avec un *a priori* uniforme sur les structures. Ce score peut s'écrire de la façon suivante :

$$ScoreBD(\mathcal{B}, \mathcal{D}) \propto \prod_{i=1}^{n} g(i, pa_i)$$

avec

$$g(i, pa_i) = \prod_{j=1}^{q_i} \frac{\Gamma(\alpha_{ij})}{\Gamma(N_{ij} + \alpha_{ij})} \prod_{k=1}^{r_i} \frac{\Gamma(N_{ijk} + \alpha_{ijk})}{\Gamma(\alpha_{ijk})} \qquad (6.40)$$

Pour maximiser *ScoreBD*, Cooper et Herskovits proposent d'effectuer une recherche gloutonne en cherchant les parents pa_i du nœud X_i qui vont maximiser $g(i, pa_i)$, et ainsi de suite, sans remettre en cause les choix effectués précédemment. Ils proposent aussi de fixer une borne supérieure u au nombre de parents possibles pour un nœud.

L'algorithme *K3* présenté par Bouckaert [Bou93] reprend le principe de l'algorithme K2 en remplaçant le score *bayesian Dirichlet* par un score MDL. L'algorithme BENEDICT proposé par Acid et de Campos [AdC01] reprend à peu près le même principe en utilisant comme score l'information mutuelle conditionnelle.

L'inconvénient principal de ces méthodes réside dans la détermination de l'ordre des nœuds. Ceci est illustré dans l'exemple 6.11 ci-après : en utilisant l'ordre topologique du réseau recherché, l'algorithme parvient à retrouver la structure recherchée (a). Par contre, dans deux situations plus réalistes (b) et (c), l'algorithme donne des structures de qualité variable. Dans l'exemple (b), l'ordonnancement des nœuds empêche de retrouver la V-structure $T \rightarrow O \leftarrow L$ et génère à la place la meilleure structure entre les trois nœuds, compte tenu des contraintes fixées.

Pour tenter de résoudre ce problème d'initialisation, citons les travaux de [HGPS02] qui utilisent une approche de type algorithmes génétiques pour trouver l'ordonnancement optimal des nœuds et ainsi la meilleure structure grâce à l'algorithme K2.

- **Recherche gloutonne dans** $\mathbb{B}$
  Vue la taille superexponentielle de l'espace des réseaux bayésiens, une autre solution logique est d'utiliser des méthodes d'optimisation simples pour parcourir cet espace moins brutalement que les méthodes de type K2, sans toutefois parcourir tout l'espace.

  Les principales différences entre les méthodes proposées résident dans la façon de parcourir l'espace, c'est-à-dire dans le choix des opérateurs permettant de générer le voisinage d'un graphe, et l'utilisation d'heuristiques supplémentaires pour simplifier le voisinage obtenu.

  Chickering *et al.* [CGH95] utilisent l'algorithme classique de recherche gloutonne (*Greedy Search*) dans l'espace des réseaux bayésiens décrit dans la table 6.15 page 159. La notion de voisinage utilisée, définie à l'aide de trois opérateurs : ajout, suppression ou inversion d'arc, est illustrée dans l'exemple 6.12 page 156. L'utilisation d'un score décomposable localement nous permet de calculer rapidement la variation du score pour les structures obtenues avec ces trois opérateurs (voir table 6.14 page 158).

Reprenons les 1 000 exemples générés pour le problème ASIA, et utilisons l'algorithme K2 à partir de trois initialisations différentes.

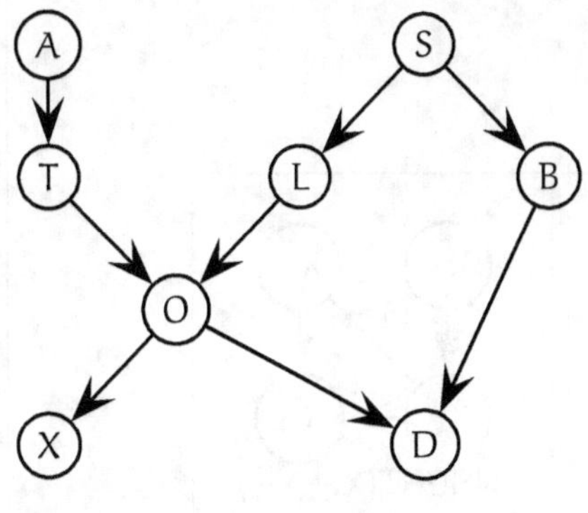

(a) Graphe obtenu avec un ordonnancement des nœuds *biaisé* (ASTLBOXD, ordre topologique du graphe ASIA)

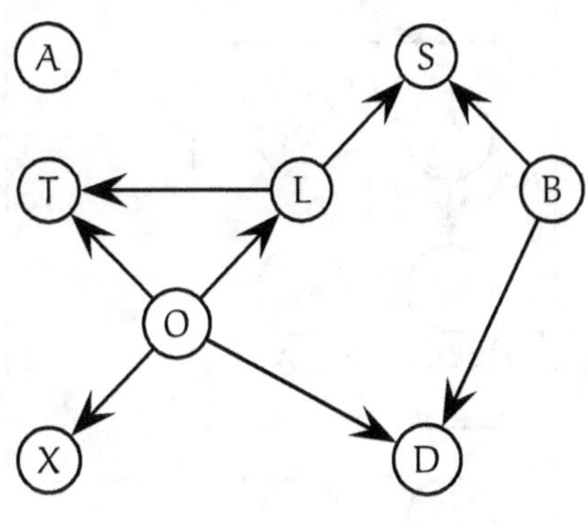

(b) Graphe obtenu avec un ordonnancement des nœuds aléatoire (OLBXASDT)

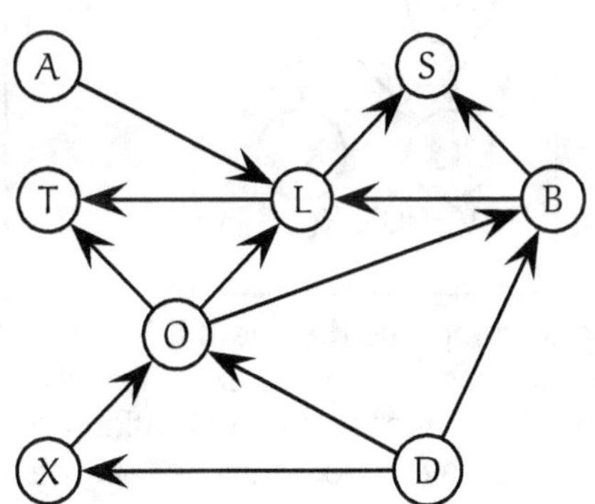

(c) Graphe obtenu avec un autre ordonnancement des nœuds aléatoire (TALDSXOB)

Commentaires : l'initialisation de l'algorithme K2 est problématique. Deux initialisations différentes (b) et (c) mènent à des résultats de qualité variable.

TAB. 6.11 Exécution de l'algorithme K2

Considérons le graphe $\mathcal{B}$ suivant ainsi qu'un voisinage défini par les trois opérateurs *ajout (INSERT)*, *suppression (DELETE)* et *retournement (REVERSE)* d'arc. Remarquons que les graphes résultants ne sont retenus que s'ils sont sans circuit.

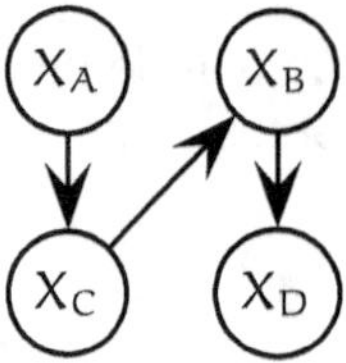

- Génération du voisinage de $\mathcal{B}$:

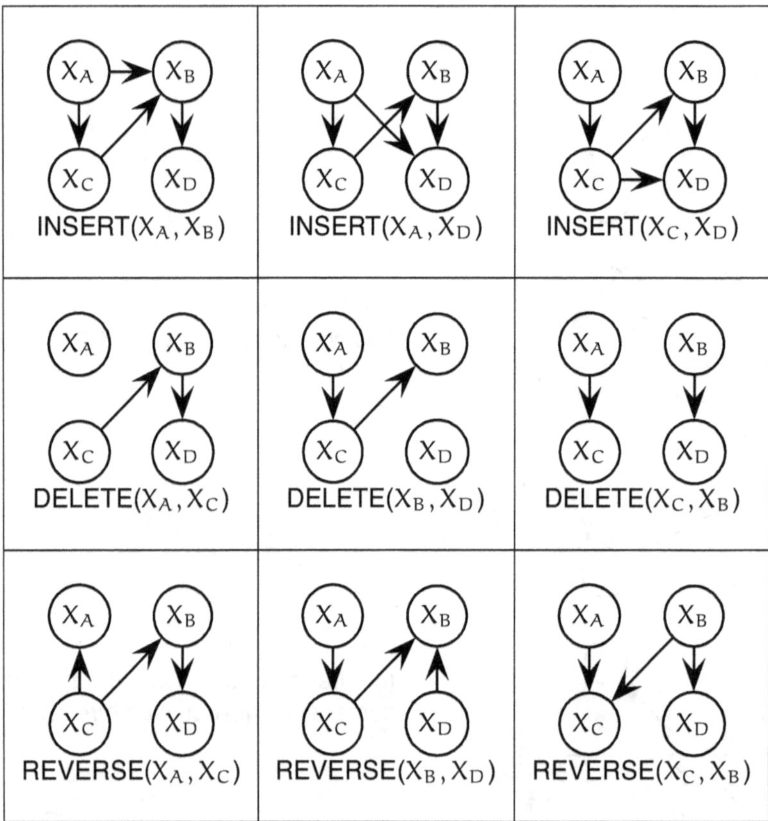

Notons que pour cet exemple de petite taille, le voisinage comprend déjà neuf DAG dont il va falloir maintenant évaluer la qualité. Pour des structures plus complexes, la taille du voisinage devient beaucoup plus importante, ce qui rend nécessaire l'utilisation de scores locaux pour limiter les calculs et l'implémentation d'un système de cache pour ne pas recalculer plusieurs fois chaque score local.

TAB. 6.12 Exemple de voisinage GS

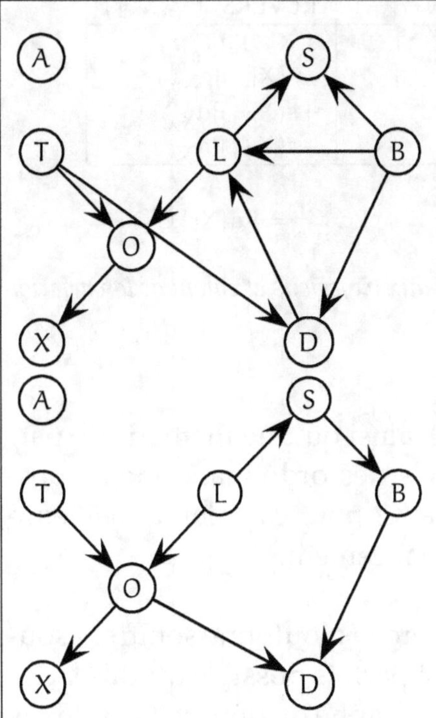

- Graphe obtenu avec les données ASIA et le score BIC en partant d'un graphe vide.

- Graphe obtenu sur les mêmes données en partant de l'arbre fourni par MWST.

Une initialisation quelconque peut faire converger l'algorithme vers un optimum local de mauvaise qualité (voir exemple 6.17 page 163). Une initialisation plus rusée permet d'arriver à une meilleure solution. Notons que l'arc $A \leftarrow T$ n'a pas été jugé intéressant car l'augmentation du terme de vraisemblance du score BIC (voir équation 6.29 page 146) est contrebalancée par l'augmentation du second terme qui pénalise les structures les plus complexes.

TAB. 6.13 Résultat de l'algorithme GS avec le score BIC

L'algorithme de recherche gloutonne est connu pour converger vers un optimum qui est souvent local et de mauvaise qualité (voir exemple 6.17 page 163). Une façon simple d'éviter de tomber dans cet optimum local est de répéter plusieurs fois la recherche gloutonne à partir d'initialisations tirées aléatoirement. Cette méthode connue sous le nom de *iterated hill climbing* ou *random restart* permet de découvrir plusieurs optima, et a donc plus de chances de converger vers la solution optimale si la fonction de score n'est pas trop bruitée.

Dans le même esprit, d'autres techniques d'optimisation peuvent être utilisées, comme par exemple le recuit simulé (*Simulated Annealing*) [KGV83]. Citons aussi les travaux de Larrañaga *et al.* [LKMY96] qui se servent d'algorithmes génétiques pour parcourir l'espace des DAG.

Jouffe et Munteanu ([JM00], [JM01]) proposent une autre série d'opérateurs pour éviter de tomber dans des minima locaux facilement re-

Opérateur	$\text{INSERT}(X_A, X_B)$	$\text{DELETE}(X_A, X_B)$	$\text{REVERSE}(X_A, X_B)$
Variation du score	$s(X_B, Pa_{X_B}^{+X_A})$ $-s(X_B, Pa_{X_B})$	$s(X_B, Pa_{X_B}^{-X_A})$ $-s(X_B, Pa_{X_B})$	$s(X_B, Pa_{X_B}^{-X_A})$ $-s(X_B, Pa_{X_B})$ $+s(X_A, Pa_{X_A}^{+X_B})$ $-s(X_A, Pa_{X_A})$

$$\text{Notations}: \quad Pa_{X_i}^{-X_j} = Pa(X_i) \setminus \{X_j\} \qquad Pa_{X_i}^{+X_j} = Pa(X_i) \cup \{X_j\}$$

TAB. 6.14 *Exemple d'opérateurs dans l'espace des réseaux bayésiens et calcul de la variation du score pour chacun des opérateurs*

connaissables (voir exemple page 163), ainsi qu'une méthode de parcours encore plus simple dans l'espace des ordonnancements possibles, en utilisant ensuite l'algorithme K2 pour calculer la meilleure structure possible pour chaque ordonnancement.

Les méthodes itératives comme la recherche gloutonne souffrent souvent de problèmes d'initialisation. Il est parfois possible d'utiliser des connaissances expertes pour définir un graphe de départ. Dans le cas contraire, sur une idée de [Hec98], nous avons utilisé dans [LF04] l'arbre obtenu par l'algorithme MWST décrit précédemment, ce qui permet souvent d'arriver à une meilleure solution qu'avec une initialisation aléatoire (ou vide), ou à la même solution mais en moins d'itérations.

L'exemple 6.13 page précédente nous montre l'intérêt d'une initialisation rusée : en partant d'un graphe vide, l'algorithme converge vers une solution moyenne alors qu'une initialisation à l'aide de l'arbre optimal nous permet d'obtenir une solution plus proche de la réalité.

Il faut noter ici un des inconvénients des méthodes à base de score : les dépendances faibles entre variables ($A \leftarrow T$ dans l'exemple) ne sont pas jugées intéressantes car l'augmentation du terme de vraisemblance du score est contrebalancée par l'augmentation du second terme qui pénalise les structures les plus complexes.

▶ **Algorithmes basés sur un score et données incomplètes**

Le premier problème à résoudre, lorsque les données sont incomplètes, concerne le calcul de la vraisemblance ou plus généralement du score pour une structure fixée, puis sa maximisation.

Concernant la maximisation de cette vraisemblance, nous avons déjà évoqué en section 6.1.2 page 121 comment le principe de l'algorithme EM

Algorithme Recherche Gloutonne
- Initialisation du graphe $\mathcal{B}$
(*Graphe vide, aléatoire, donné par un expert ou arbre obtenu par MWST*)
- $Continuer \leftarrow Vrai$
- $Score_{max} \leftarrow score(\mathcal{B})$
- Répéter
    - Génération de $V_{\mathcal{B}}$, voisinage de $\mathcal{B}$, à l'aide d'opérateurs :
        - Ajout d'arc, suppression d'arc, inversion d'arc
        (les graphes ainsi obtenus doivent être sans circuit)
    - Calcul du score pour chaque graphe de $V_{\mathcal{B}}$
    - $\mathcal{B}_{new} \leftarrow \text{argmax}_{\mathcal{B}' \in V_{\mathcal{B}}}(score(\mathcal{B}'))$
    - Si $score(\mathcal{B}_{new}) \geq Score_{max}$ alors
            $Score_{max} \leftarrow score(\mathcal{B}_{new})$
            $\mathcal{B} \leftarrow \mathcal{B}_{new}$
    sinon
            $Continuer \leftarrow Faux$
Tant Que $Continuer$

Notations :

$Score()$	fonction de score sur les structures possibles
$V_{\mathcal{B}}$	ensemble des DAG voisins du DAG $\mathcal{B}$ courant
$\mathcal{B}$	structure finale obtenue par l'algorithme

TAB. 6.15 *Algorithme Recherche Gloutonne (GS)*

pouvait être utilisé pour estimer les paramètres θ d'une structure $\mathcal{B}$ fixée.

Ce même principe s'applique aussi naturellement à la recherche conjointe de θ et $\mathcal{B}$ pour donner ce que Friedman a d'abord appelé *EM pour la sélection de modèle* [Fri97] puis *EM structurel* [Fri98]. L'algorithme 6.16 ci-après présente très sommairement l'application de l'algorithme EM à l'*apprentissage de structure*.

L'étape de maximisation dans l'espace des paramètres de l'algorithme EM paramétrique (voir page 121) est maintenant remplacée par une maximisation dans l'espace $\{\mathcal{B}, \Theta\}$. Cela revient, à chaque itération, à chercher la meilleure structure et les meilleurs paramètres associés à cette structure. En pratique, ces deux étapes sont clairement distinctes[1] :

$$\mathcal{B}^i = \underset{\mathcal{B}}{\text{argmax}} \ Q(\mathcal{B}, \bullet : \mathcal{B}^{i-1}, \Theta^{i-1}) \tag{6.41}$$

$$\Theta^i = \underset{\Theta}{\text{argmax}} \ Q(\mathcal{B}^i, \Theta : \mathcal{B}^{i-1}, \Theta^{i-1}) \tag{6.42}$$

où $Q(\mathcal{B}, \Theta : \mathcal{B}^*, \Theta^*)$ est l'espérance de la vraisemblance d'un réseau bayésien $< \mathcal{B}, \Theta >$ calculée à partir de la distribution de probabilité des données manquantes $P(\mathcal{D}_m \mid \mathcal{B}^*, \Theta^*)$.

____

[1]La notation $Q(\mathcal{B}, \bullet : \ldots)$ utilisée dans l'équation 6.41 correspond à $E_{\Theta}[Q(\mathcal{B}, \Theta : \ldots)]$ pour un score bayésien ou à $Q(\mathcal{B}, \Theta^{MV} : \ldots)$ où Θ^{MV} est obtenu par maximum de vraisemblance

---

Algorithme EM structurel générique
- Initialiser $i \leftarrow 0$
- Initialisation du graphe $\mathcal{G}^0$

(*Graphe vide, aléatoire, donné par un expert ou arbre obtenu par MWST-EM*)
- Initialisation des paramètres Θ^0)
- Répéter
  - $i \leftarrow i + 1$
  - $(\mathcal{B}^i, \Theta^i) = \underset{\mathcal{B},\Theta}{\arg\max}\ Q(\mathcal{B}, \Theta : \mathcal{B}^{i-1}, \Theta^{i-1})$

Tant Que $\mid Q(\mathcal{B}^i, \Theta^i : \mathcal{B}^{i-1}, \Theta^{i-1}) - Q(\mathcal{B}^{i-1}, \Theta^{i-1} : \mathcal{B}^{i-1}, \Theta^{i-1}) \mid > \epsilon$

Notations :

$Q(\mathcal{B}, \Theta : \mathcal{B}^*, \Theta^*)$	Espérance de la vraisemblance d'un réseau bayésien $< \mathcal{B}, \Theta >$ calculée à partir de la distribution de probabilité des données manquantes $P(\mathcal{D}_m \mid \mathcal{B}^*, \Theta^*)$

$\textsc{Tab.}$ 6.16 *Algorithme EM structurel générique*

Il faut noter que la recherche dans l'espace des graphes (équation 6.41 page précédente) nous ramène au problème initial, c'est-à-dire, trouver le maximum de la fonction de score dans tout l'espace des DAG. Heureusement, grâce aux travaux de Dempster (*Generalised EM*), il est possible de remplacer cette étape de recherche de l'optimum global de la fonction Q par la recherche d'une meilleure solution permettant d'augmenter le score, sans affecter les propriétés de convergence de l'algorithme. Cette recherche « d'une meilleure solution » (au lieu de « la meilleure ») peut alors s'effectuer dans un espace plus limité, comme par exemple $\mathcal{V}_\mathcal{B}$, l'ensemble des voisins du graphe $\mathcal{B}$ comme défini pour une recherche gloutonne classique.

Concernant la recherche dans l'espace des paramètres (équation 6.42 page précédente), [Fri97] suggère de répéter l'opération plusieurs fois, en utilisant une initialisation intelligente. Cela revient alors à exécuter l'algorithme EM paramétrique pour chaque structure $\mathcal{B}^i$ à partir de la structure $\mathcal{B}^0$.

La fonction Q à maximiser est très liée à la notion de score dans le cas des données complètes puisqu'il s'agit de l'espérance de cette fonction de score en utilisant une densité de probabilité sur les données manquantes fixée $P(\mathcal{D}_m \mid \mathcal{B}^*, \Theta^*)$. Dans ses deux articles concernant les algorithmes EM structurels Friedman adapte respectivement le score BIC et le score BDe pour les données manquantes. Décrivons ici le cas du score BIC :

$$Q^{\mathrm{BIC}}(\mathcal{B}, \Theta : \mathcal{B}^*, \Theta^*) = \tag{6.43}$$

$$E_{\mathcal{B}^*,\Theta^*}\left[\log P(\mathcal{D}_o, \mathcal{D}_m \mid \mathcal{B}, \Theta)\right] - \frac{1}{2}\mathrm{Dim}(\mathcal{B})\log N$$

Comme le score BIC, Q^{BIC} est lui aussi décomposable :

$$Q^{BIC}(\mathcal{B}, \Theta : \mathcal{B}^*, \Theta^*) = \tag{6.44}$$
$$\sum_i Q^{bic}(X_i, P_i, \Theta_{X_i|P_i} : \mathcal{B}^*, \Theta^*)$$

où

$$Q^{bic}(X_i, P_i, \Theta_{X_i|P_i} : \mathcal{B}^*, \Theta^*) = \tag{6.45}$$
$$\sum_{X_i = x_k} \sum_{P_i = pa_j} N^*_{ijk} \log \theta_{ijk} - \frac{\log N}{2} \mathrm{Dim}(X_i, \mathcal{B})$$

avec $N^*_{ijk} = E_{\mathcal{B}^*, \Theta^*}[N_{ijk}] = N * P(X_i = x_k, P_i = pa_j \mid \mathcal{B}^*, \Theta^*)$ obtenu par inférence dans le réseau $\{\mathcal{B}^*, \Theta^*\}$ si $\{X_i, P_i\}$ ne sont pas complétement mesurés, ou calculé classiquement sinon.

Les deux algorithmes EM structurels proposés par Friedman peuvent ainsi être considérés comme des algorithmes de recherche gloutonne (avec un score BIC ou BDe), avec un apprentissage EM paramétrique à chaque itération.

À partir de ces considérations, et de nos travaux concernant l'initialisation des algorithmes de recherche gloutonne par l'arbre optimal reliant toutes les variables (MWST), nous avons proposé dans [LF05] une adaptation de MWST aux bases de données incomplètes (MWST-EM) pouvant aussi être utilisée comme initialisation des algorithmes EM structurels classiques.

L'algorithme MWST-EM est ainsi une instanciation de l'algorithme EM structurel générique (voir l'algorithme 6.16 page précédente) où la maximisation sur $\mathcal{B}$ (équation 6.41 page 159) ne s'effectue plus dans tout l'espace des DAG mais seulement dans l'espace des arbres. Cette simplification permet d'éviter de simplifier la recherche dans le voisinage du graphe courant, comme doivent le faire les algorithmes EM structurels précédents, puisqu'il est possible de trouver directement le meilleur arbre maximisant une fonction Q fixée.

▶ **Recherche dans l'espace des classes d'équivalence de Markov**

Certaines méthodes décrites précédemment ne travaillent pas réellement dans l'espace $\mathbb{B}$ des réseaux bayésiens. Par exemple, des algorithmes tels que PC, IC ou BN-PC permettent d'obtenir le CPDAG représentant de la classe d'équivalence qu'il faut ensuite finir d'orienter. De même, l'algorithme MWST nous donne une structure non orientée qui est aussi le représentant de la classe d'équivalence de tous les arbres orientés possédant le même squelette. L'orientation finale de ces graphes peut mener à des DAG orientés différemment, mais impossibles à distinguer d'après les données.

Chickering [Chi95] a montré que des réseaux bayésiens équivalents obtiennent le même score, pour la plupart des scores (AIC, BIC, BDe, MDL). L'utilisation de ces scores dans l'espace $\mathbb{B}$ des réseaux bayésiens débouche alors sur des découvertes de structures non globalement optimales [MB02]. La table 6.17 ci-après nous montre l'exemple d'une recherche gloutonne (par ajout d'arcs) qui cherche à retrouver une V-structure initiale dans l'espace $\mathbb{B}$ des réseaux bayésiens à trois variables. Les scores classiques conservant les équivalences, l'algorithme peut se retrouver soit dans la situation n°1 (découverte d'une structure optimale, c'est-à-dire la structure initiale) soit dans la situation n°2 (découverte d'une structure optimale localement).

Pour éviter ce genre de situations sans utiliser de techniques d'optimisation complexes comme le recuit simulé ou les algorithmes génétiques, certaines méthodes proposent de travailler directement dans l'espace $\mathbb{E}$ des *classes d'équivalence*, ou de tenir compte des propriétés d'équivalence pour mieux parcourir l'espace $\mathbb{B}$.

L'espace $\mathbb{E}$ est quasiment de même taille que l'espace $\mathbb{B}$ des réseaux bayésiens. Gillispie et Perlman [GL01] ont montré que le nombre moyen de DAG par classe d'équivalence semblait converger vers une valeur asymptotique proche de 3.7 (en observant ce résultat jusqu'à $n = 10$ variables).

Deux situations s'offrent donc à nous : soit travailler directement dans l'espace $\mathbb{B}$, en tenant compte des propriétés de $\mathbb{E}$ en rajoutant des heuristiques pour éviter de tomber dans des minima locaux (Munteanu *et al.* [MB02]) ou en bridant les opérateurs de voisinage (Castelo *et al.* [CK02]), soit travailler directement dans l'espace $\mathbb{E}$.

Ainsi Chickering [Chi95, Chi96] propose une série d'opérateurs dans l'espace des PDAG (insérer une arête, supprimer une arête, insérer un arc, supprimer un arc, inverser un arc, créer une V-structure).

Malheureusement, ces opérateurs sont trop lourds et l'algorithme proposé nécessite de nombreuses opérations entre l'espace des CPDAG, des PDAG intermédiaires et l'espace des DAG. Bendou et Munteanu [BM04] utilisent le même ensemble d'opérateurs, mais en travaillant directement dans un espace intermédiaire, l'espace des graphes chaînés maximaux.

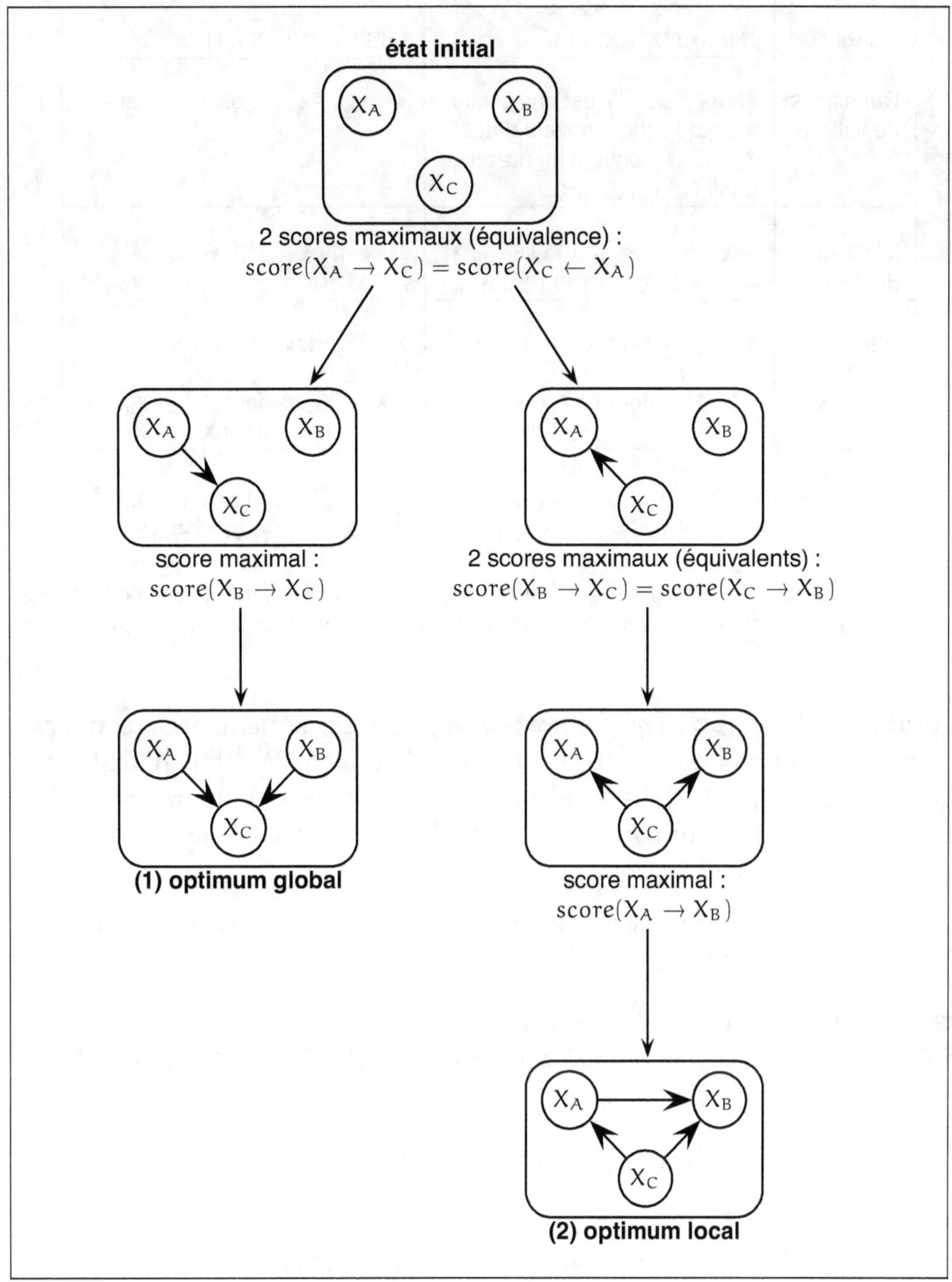

TAB. 6.17 Découverte d'une structure de réseau bayésien non globalement optimale par une méthode d'ajout d'arcs dans l'espace $\mathbb{B}$ des réseaux bayésiens [MB02] : au lieu de retrouver la V-structure initiale (1), l'algorithme pourra converger vers un optimum local (2)

Concernant la multitude d'opérateurs à utiliser lors de la recherche gloutonne, une avancée significative est apportée grâce à la conjecture de Meek [Mee97] démontrée dans [Chi02b]. Chickering montre qu'il suffit d'effectuer une recherche gloutonne en ajoutant des arcs puis une autre recherche gloutonne en en supprimant pour arriver à la structure optimale. Cet al-

Opérateur	$\mathrm{INSERT}(X_A, X_B, T)$	$\mathrm{DELETE}(X_A, X_B, H)$
Conditions de validité	$\bullet\, NA_{X_B, X_A} \cup T$ est une clique $\bullet$ chaque chemin semi-dirigé $X_B \ldots X_A$ contient un nœud dans $NA_{X_B, X_A} \cup T$	$\bullet\, NA_{X_B, X_A} \setminus H$ est une clique
Variation du score	$s(X_B, NA_{X_B, X_A} \cup T \cup Pa_{X_B}^{+X_A})$ $-s(X_B, NA_{X_B, X_A} \cup T \cup Pa_{X_B})$	$s(X_B, \{NA_{X_B, X_A} \setminus T\} \cup Pa_{X_B}^{-X_A})$ $-s(X_B, \{NA_{X_B, X_A} \setminus T\} \cup Pa_{X_B})$
Effet	$X_A\ X_B$ devient $X_A \to X_B$ $\forall X_t \in T,$ $\quad X_t\text{ - }X_B$ devient $X_t \to X_B$	$X_A\text{-}^*X_B$ devient $X_A\ X_B$ $\forall X_h \in H,$ $\quad X_B\text{ - }X_h$ devient $X_B \to X_h$ $\quad X_A\text{ - }X_h$ devient $X_A \to X_h$

$$\text{Notations :} \quad Pa_{X_i}^{-X_j} = Pa(X_i) \setminus \{X_j\} \qquad\qquad Pa_{X_i}^{+X_j} = Pa(X_i) \cup \{X_j\}$$

$$NA_{X_B, X_A} = \{X_t\ /\ (X_t \to X_A \text{ ou } X_t \leftarrow X_A)\text{ et } X_t\text{–}X_B\}$$

TAB. 6.18 *Exemple d'opérateurs dans l'espace des classes d'équivalence de Markov, condition de validité et calcul de la variation du score pour chacun des opérateurs*

gorithme, *GES (Greedy Equivalence Search)*, utilise uniquement deux opérateurs d'insertion et de suppression proposés dans [AW02], [Chi02b] ainsi que [Chi02a] et [CM02]. La table 6.18 nous décrit les opérateurs INSERT et DELETE ainsi que leur condition de validité et le calcul de la variation du score qu'ils entraînent.

Ces deux opérateurs servent à construire les *limites d'inclusion inférieure* $V^-(\mathcal{E})$ et *supérieure* $V^+(\mathcal{E})$ du CPDAG courant $\mathcal{E}$.

➡ **DÉFINITION 6.4**
Soit $\mathcal{E}$ un CPDAG, la limite d'inclusion supérieure $V^+(\mathcal{E})$ est alors l'ensemble des CPDAG voisins de $\mathcal{E}$ définis par :

$$\mathcal{E}^+ \in V^+(\mathcal{E}) \ \text{ssi } \exists \mathcal{G} \equiv \mathcal{E}\ /\ \{\mathcal{G}^+ = \{\mathcal{G} + 1\ arc\}\ et\ \mathcal{G}^+ \equiv \mathcal{E}^+\}$$

➡ **DÉFINITION 6.5**
Soit $\mathcal{E}$ un CPDAG, la limite d'inclusion inférieure $V^-(\mathcal{E})$ est alors l'ensemble des CPDAG voisins de $\mathcal{E}$ définis par :

$$\mathcal{E}^- \in V^-(\mathcal{E}) \ \text{ssi } \exists \mathcal{G} \equiv \mathcal{E}\ /\ \{\mathcal{G}^- = \{\mathcal{G} - 1\ arc\}\ et\ \mathcal{G}^- \equiv \mathcal{E}^-\}$$

La première étape de cet algorithme, détaillée dans la table 6.19 ci-après, est donc une recherche gloutonne dans la limite d'inclusion supérieure, afin de complexifier la structure tant que le score augmente. L'étape suivante (table 6.20 page 166) est une recherche gloutonne dans la limite d'inclusion inférieure, pour simplifier la structure maximale obtenue et converger vers

Algorithme Greedy Equivalence Search (insertion d'arcs)
- $\mathcal{G} \leftarrow \mathcal{G}_0$
- $Score \leftarrow -\infty$
- Répéter
    $Score_{max} \leftarrow -\infty$
    $\forall (X_A, X_B) \in \mathcal{X}^2 / X_A$ non adjacent àX_B
        $NNA_{X_B,X_A} = \{X_t \ / \ X_t$ non adjacent àX_A et $X_t{-}X_B\}$
        $NA_{X_B,X_A} = \{X_t \ / \ (X_t \rightarrow X_A$ ou $X_t \leftarrow X_A)$ et $X_t{-}X_B\}$

        $\forall T \in$ powerset(NNA_{X_B,X_A})
            $\mathcal{G}_{new} \leftarrow \mathcal{G}$
            $Test_1 \leftarrow NA_{X_B,X_A} \cup T$ est une clique
            $Test_2 \leftarrow \exists X_B \overset{part.}{\leadsto} X_A$ dans $\mathcal{G} \setminus (NA_{X_B,X_A} \cup T)$
            Si Test1 et $\neg$Test2 alors
                $\mathcal{G}_{new} \leftarrow \mathcal{G} + INSERT(X_A, X_B, T)$, c'est-à-dire :
                    $X_A \ X_B$ devient $X_A \rightarrow X_B$ dans $\mathcal{G}_{new}$
                    $\forall X_t \in T, X_t - X_B$ devient $X_t \rightarrow X_B$ dans $\mathcal{G}_{new}$
                $DAG_{new} \leftarrow CPDAGtoDAG(\mathcal{G}_{new})$
                $Score_{new} \leftarrow score(DAG_{new})$
                Si $Score_{new} > Score_{max}$ alors
                    $DAG_{max} = DAG_{new}$
                    $Score_{max} = Score_{new}$
        $Score_{old} \leftarrow Score$
        $Score \leftarrow Score_{max}$
        Si $Score \geq Score_{old}$ alors $G \leftarrow DAGtoCPAG(DAG_{max})$

    Tant Que $Score \geq Score_{old}$

TAB. 6.19 *Algorithme GES (insertion d'arcs)*

la structure optimale. L'exemple 6.22 page 170 illustre cette recherche pour quatre nœuds, en donnant les CPDAG générés à chaque étape.

L'algorithme *Greedy Equivalence Search* ne s'affranchit pas totalement de l'espace $\mathbb{B}$ des DAG. En effet, les fonctions de score existantes ne travaillent que dans cet espace. Il faut donc y revenir à chaque itération pour calculer le score d'un des DAG de la classe d'équivalence (voir la table 6.21 page 167).

```
Algorithme Greedy Equivalence Search (suppression d'arcs)
Score ← Score_old
Répéter
        Score_max ← −∞
        ∀(X_A, X_B) ∈ X²/X_A adjacent àX_B
            NA_{X_B,X_A} = {X_t / (X_t → X_A ou X_t ← X_A) et X_t−X_B}
            ∀H ∈ powerset(NA_{X_B,X_A})
                G_new ← G
                Si NA_{X_B,X_A} \ H est une clique alors
                    G_new ← G + DELETE(X_A, X_B, H), c'est-à-dire :
                        X_A−X_B (ou X_A → X_B) devient X_A  X_B dans G_new
                        ∀X_h ∈ H,
                            X_B − X_h devient X_B → X_h dans G_new
                            X_A − X_h (s'il existe) devient X_A → X_h dans G_new
                    DAG_new ← CPDAGtoDAG(G_new)
                    Score_new ← score(DAG_new)
                    Si Score_new > Score_max alors
                        DAG_max = DAG_new
                        Score_max = Score_new
        Score_old ← Score
        Score ← Score_max
        Si Score ≥ Score_old alors G ← DAGtoCPAG(DAG_max)
Tant Que Score ≥ Score_old
```

TAB. 6.20 *Algorithme GES (suppression d'arcs)*

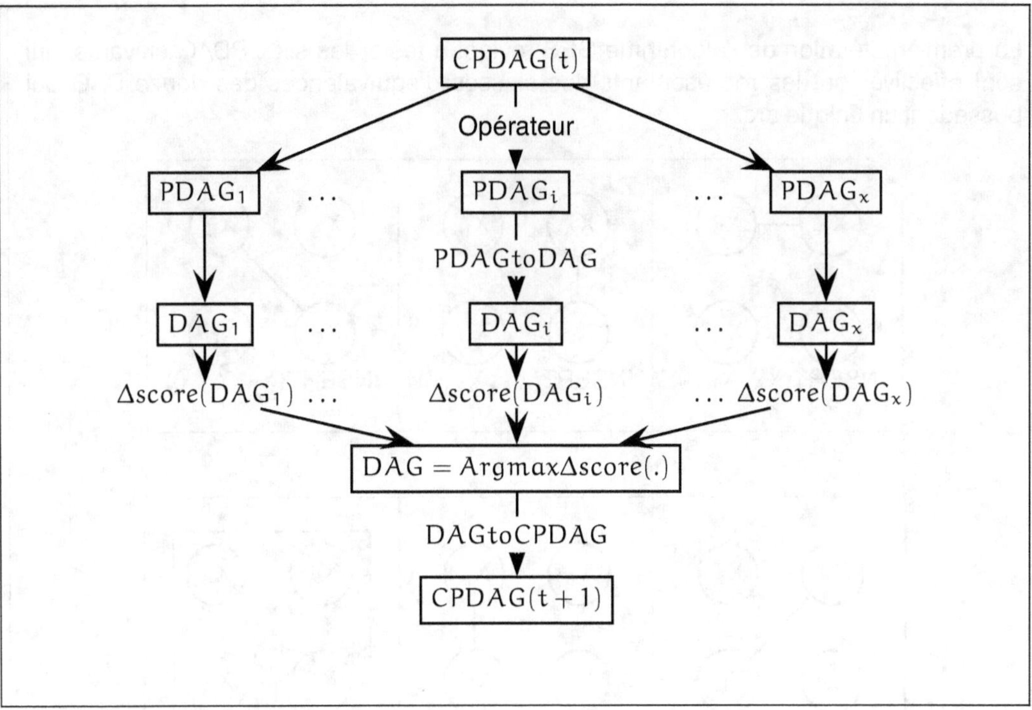

TAB. 6.21 Algorithme GES, exemple d'itération dans l'espace $\mathbb{E}$ des CP-DAG

Soit quatre nœuds X_A, X_B, X_C et X_D. L'opérateur INSERT de l'algorithme GES nous donne la limite d'inclusion supérieure du graphe courant. Cette série de PDAG est transformée en DAG grâce à l'algorithme de Dor et Tarsi (voir table 6.5 page 137) pour pouvoir appliquer la fonction de score, puis en CPDAG grâce à l'algorithme de Chickering (voir table 6.3 page 135).

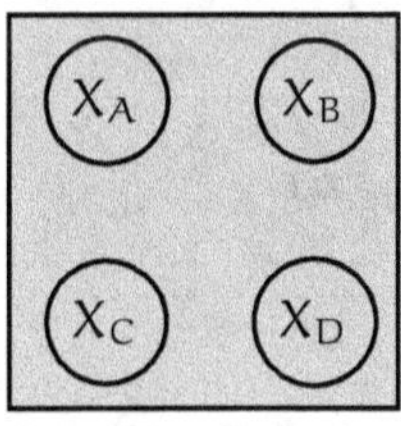

TAB. 6.22 Exécution de l'algorithme GES pour 4 nœuds (à suivre...)

La première itération de l'algorithme GES revient à tester les six CPDAG suivants, qui sont effectivement les représentants des classes d'équivalences des douze DAG qui possèdent un unique arc.

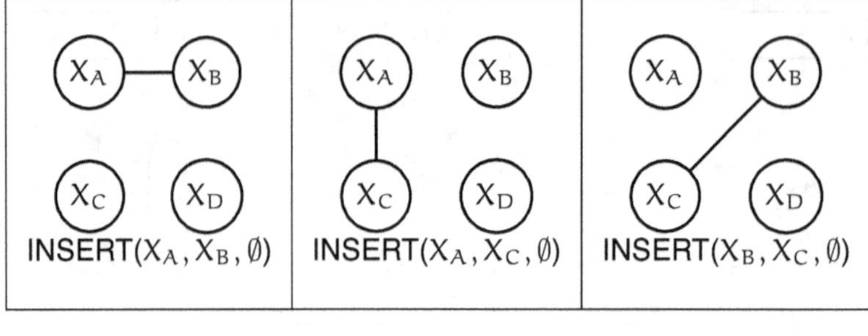

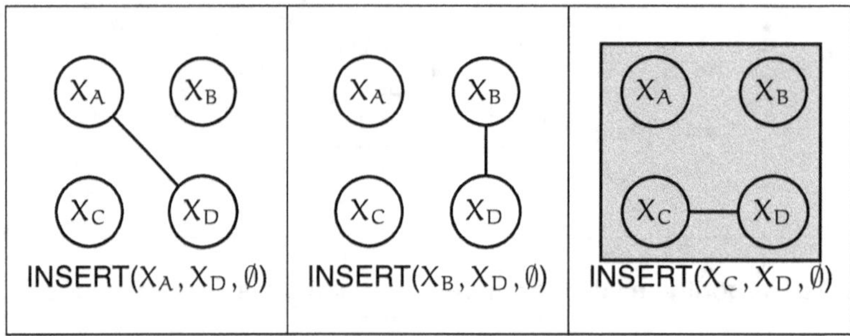

Supposons que le score obtenu par le CPDAG X_C–X_D soit le meilleur.

GES va appliquer une nouvelle fois l'opérateur d'insertion pour obtenir neuf autres CP-DAG. Ces graphes correspondent aux classes d'équivalence possibles pour les vingt DAGS à deux arcs que l'on peut obtenir après insertion d'un arc sur chacun des DAG équivalents au CPDAG précédent X_C–X_D :

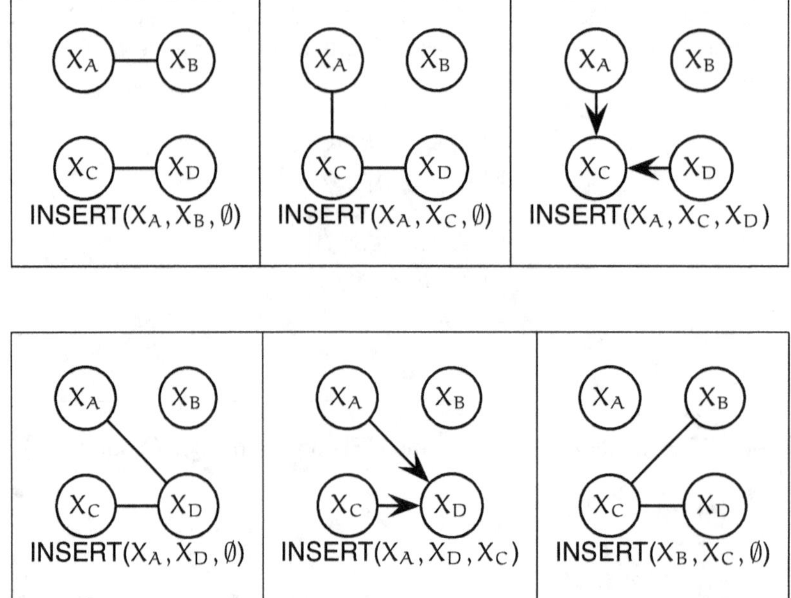

TAB. 6.22 Exécution de l'algorithme GES pour 4 nœuds (à suivre...)

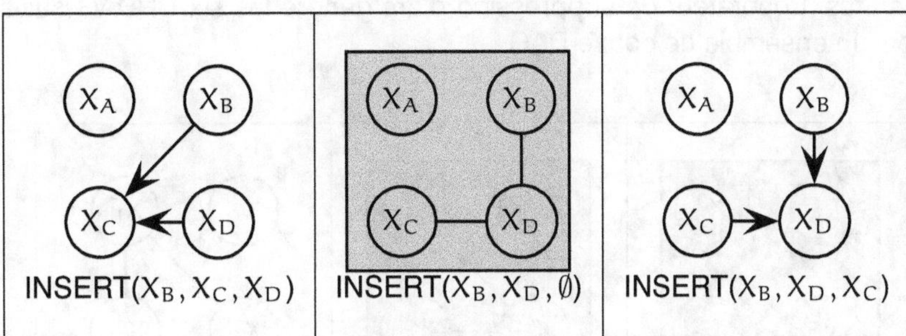

Pour l'itération suivante, supposons à présent que notre meilleure structure est la structure X_C–X_D–X_B. L'opérateur d'ajout d'arcs nous permet de parcourir les huit CPDAG suivants :

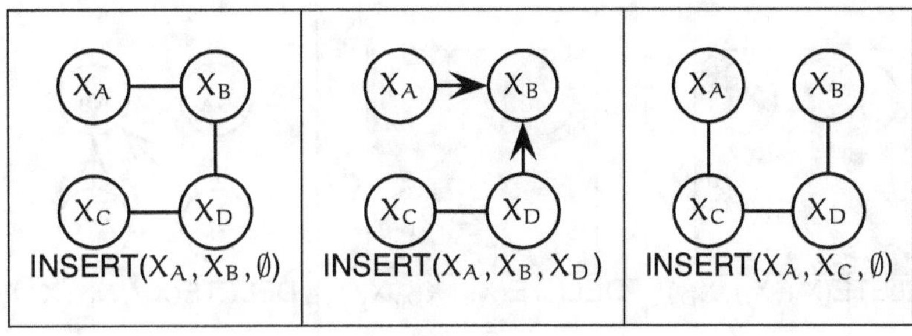

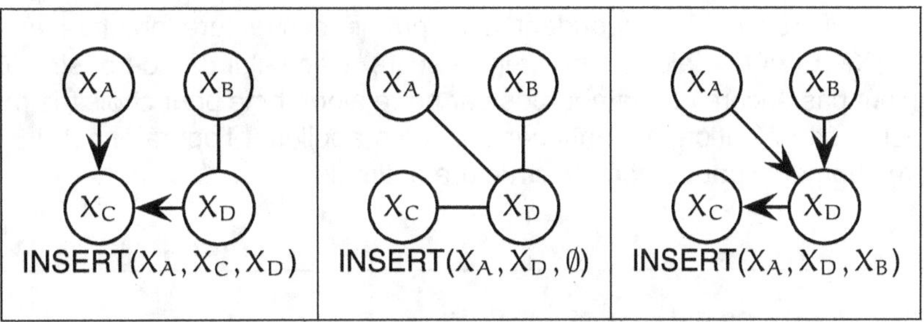

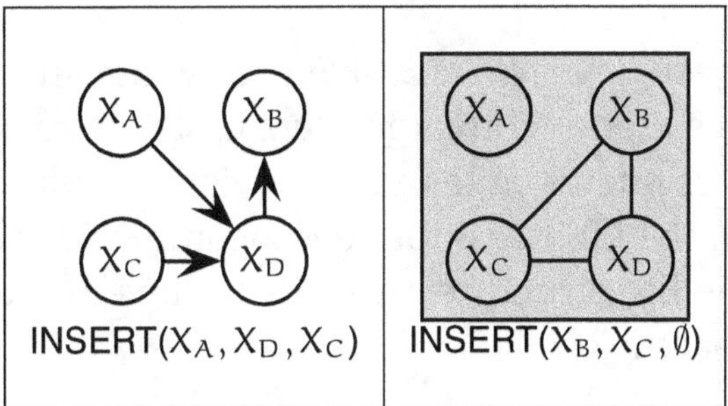

Considérons maintenant que le CPDAG issu de INSERT(X_B, X_C, $\emptyset$) obtient le meilleur score, supérieur à celui de l'itération précédente et que l'itération suivante d'ajout d'arcs (non détaillée ici) ne parvient pas à trouver de meilleure structure. La première phase de l'algorithme GES (ajout d'arcs) prend fin.

TAB. 6.22 Exécution de l'algorithme GES pour 4 nœuds (à suivre...)

Suit maintenant la seconde phase où nous allons chercher une meilleure structure en retirant des arcs. L'opérateur de suppression d'arc génère les six CPDAG suivants qui représentent un ensemble de douze DAG.

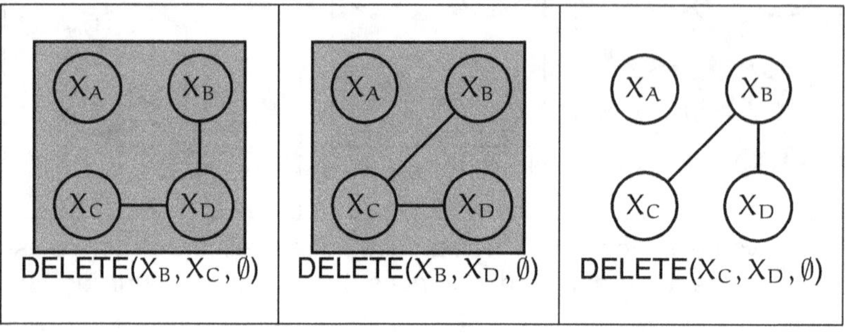

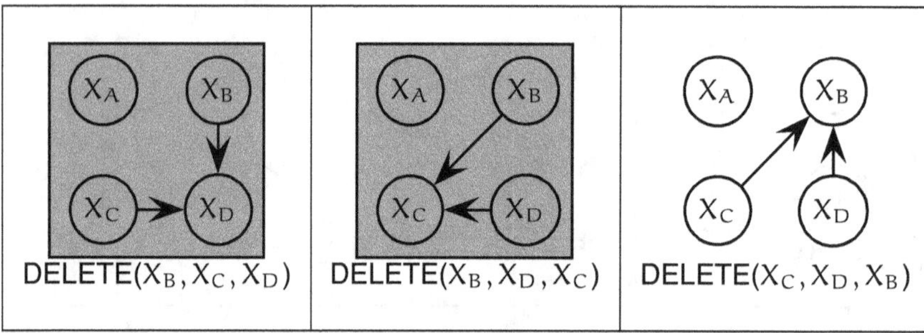

Les structures indiquées en gris foncé ont déjà été évaluées lors de l'étape d'ajout d'arcs, le meilleur score correspondant à la première structure obtenue en faisant DELETE(X_B, X_C, $\emptyset$). Il faut alors comparer ce score avec celui des deux structures de droite qui n'ont pas encore été parcourues par notre algorithme pour choisir la meilleure structure pour cette itération, et continuer ensuite à appliquer l'opérateur DELETE tant que le score augmente pour obtenir la structure optimale.

Tab. 6.22 Exécution de l'algorithme GES pour 4 nœuds

L'algorithme *Greedy Equivalence Search* tire avantageusement partie des propriétés de l'espace $\mathbb{E}$ pour converger vers la structure optimale. Il ouvre aussi des perspectives intéressantes qui devraient rapidement voir le jour : pourquoi ne pas adapter GES aux données incomplètes avec le même principe que l'algorithme EM structurel travaillant dans $\mathbb{B}$ pour obtenir un EM structurel dans l'espace $\mathbb{E}$?

6.2.6   Méthodes hybrides

Afin de tirer parti des avantages respectifs des algorithmes de recherche d'indépendances conditionnelles et de ceux basés sur l'utilisation d'un score, de nombreux travaux ont mené à des méthodes hybrides.

Ainsi, plusieurs approches vont utiliser les informations issues d'une première phase de recherche d'indépendances conditionnelles pour guider la phase suivante, une recherche dans l'espace des DAG. Singh et Valtorta [SV93] ou Lamma *et al.* [LRS04] génèrent, grâce à cette recherche d'indépendances conditionnelles, un ordonnancement des variables qui est utilisé par l'algorithme K2. Wong *et al.* [WLL04] utilisent le même genre d'information pour contraindre une heuristique de parcours de l'espace des DAG par algorithmes génétiques.

D'autres approches, symétriques aux précédentes, vont utiliser les avantages des méthodes à base de score pour aider les algorithmes d'apprentissage de structure par recherche d'indépendance conditionnelle. Dash et Druzdzel [DD99] partent du fait que l'algorithme PC est sensible aux heuristiques utilisées pour ne pas parcourir tous les ensembles de conditionnement ainsi qu'au seuil du test statistique utilisé. Ils proposent alors un parcours aléatoire de l'espace de ces deux paramètres (ordre permettant de limiter les ensembles de conditionnement ainsi que le niveau de signification du test) en utilisant un score bayésien pour comparer les réseaux obtenus. Sur le même principe général, Dash et Druzdzel [DD03] proposent un nouveau test d'indépendance conditionnelle *Hybrid Independence Test* se servant de certains avantages des approches à base de score comme l'ajout possible d'*a priori* et l'utilisation de l'algorithme EM pour prendre en compte des données incomplètes.

6.2.7   Incorporation de connaissances

Nous avons pour l'instant décrit les différentes familles de méthodes d'apprentissage de structure à partir de données. Ces méthodes n'utilisent aucune connaissance précise sur la tâche à résoudre ou de connaissances des experts sur la structure à trouver.

Si l'expert fournit directement la structure du réseau bayésien, le problème est résolu. Par contre, dans la plupart des cas, les connaissances de l'expert sur la structure ne sont que partielles. Cheng *et al.* [CGK+02] ont fait une liste de ces connaissances *a priori* :

① Déclaration d'un nœud racine, c'est-à-dire sans parent,

② Déclaration d'un nœud feuille, c'est-à-dire sans enfant,

③ Existence (ou absence) d'un arc entre deux nœuds précis,

④ Indépendance de deux nœuds conditionnellement à certains autres,

⑤ Déclaration d'un ordre (partiel ou complet) sur les variables.

À cette liste, nous rajouterons les points suivants :

⑥ Déclaration d'un nœud cible : essentiellement pour des tâches de classification,

⑦ Existence d'une variable latente entre deux nœuds.

Quel que soit le type de connaissance apportée par l'expert, il faut souvent utiliser des données pour trouver la structure du réseau bayésien. Les *a priori* de type 1. à 5. peuvent être facilement pris en compte par les algorithmes d'apprentissage de structure évoqués en sections 6.2.4 page 136 et 6.2.5 page 144. Nous allons donc approfondir les points 6 et 7 : l'apprentissage de structure dans le cadre de la classification, et l'apprentissage de structure lorsque des variables latentes sont définies explicitement.

▶ Structures de réseaux bayésiens pour la classification

Dans les tâches de classification, une variable précise correspond à *la classe* qu'il faut reconnaître à partir des autres variables (les *caractéristiques*). Plusieurs méthodes d'apprentissage vont donc proposer des structures où ce nœud classe aura un rôle central ([FGG97], [CG99], [CG01]).

- **Structure de Bayes naïve**
  Le *classifieur de Bayes naïf* correspond à la structure la plus simple qui soit, en posant l'hypothèse que les caractéristiques $X_1 \ldots X_{n-1}$ sont indépendantes conditionnellement à la classe X_c. Cela nous donne la structure type de la figure 6.2 .

  Cette structure, pourtant très simple, donne de très bons résultats dans de nombreuses applications [LIT92].

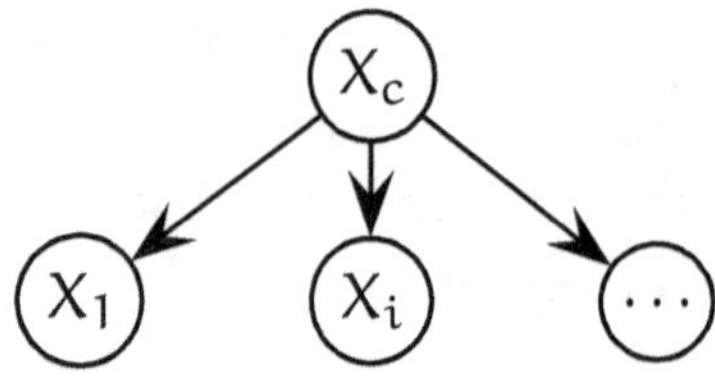

FIG. 6.2 *Réseau bayésien naïf*

- **Structure augmentée**
  Afin d'alléger l'hypothèse d'indépendance conditionnelle des caractéristiques, il a été proposé d'*augmenter* la structure naïve en rajoutant des liens entre certaines caractéristiques ([KP99], [FGG97], [SGC02]).

  Parmi les différentes méthodes proposées pour augmenter le réseau bayésien naïf, citons *TANB* (*Tree Augmented Naive Bayes*) qui utilise une structure naïve entre la classe et les caractéristiques et un arbre reliant toutes les caractéristiques. [Gei92] a montré que la structure augmentée – par un arbre – optimale s'obtenait facilement en utilisant *MWST* (*Maximum Weight Spanning Tree*) sur les caractéristiques et en reliant la classe aux caractéristiques comme pour une structure naïve. La seule différence réside dans le calcul de l'intérêt de connecter deux nœuds, où il faut remplacer l'information conditionnelle (équation 6.38 page 150) ou la différence de score (équation 6.39 page 150) utilisées par une information mutuelle ou une différence de score conditionnelle à la variable classe.

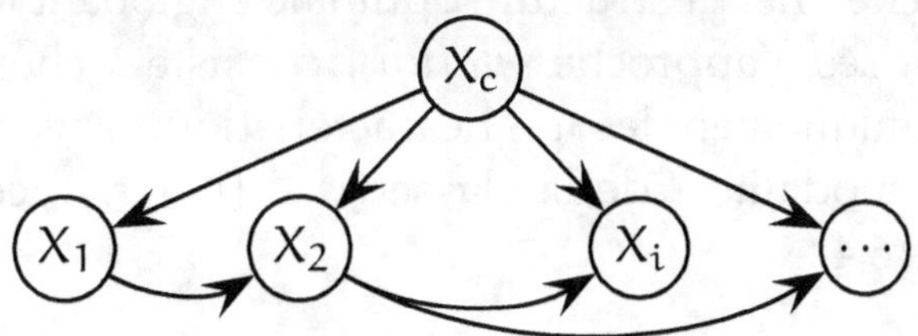

FIG. 6.3 *Réseau bayésien naïf augmenté (par un arbre)*

[FGG97] et [GGS97] ont montré que l'utilisation de telles structures donne de meilleurs résultats qu'une approche de recherche de structure brute à base de score (c'est-à-dire ne tenant pas compte de la spécifité du nœud classe).

Plusieurs extensions de TANB ont été étudiées récemment. L'arbre obtenu par TANB va obligatoirement relier chaque variable caractéristique avec une autre de ces variables. Pour assouplir cette hypothèse, [SGC02] propose avec l'algorithme FANB (*Forest Augmented Naive Bayes*) de ne pas rechercher le meilleur arbre, mais la meilleure forêt, c'est-à-dire l'ensemble optimal d'arbres disjoints sur l'ensemble des variables caractéristiques. Pour cela, il utilise les spécificités de l'algorithme de recherche de l'arbre de recouvrement maximal proposé par Kruskal (voir par exemple [Sak84, CLR94, AU98]) pour trouver ces ensembles d'arbres disjoints.

D'autres extensions adaptent les méthodes au cas des bases de données incomplètes. Citons par exemple [CC02] qui abordent l'apprentissage de ces structures augmentées lorsque la variable classe est partiellement observée. L'algorithme MWST-EM, proposé par [LF05] et évoqué page 158 peut aussi être appliqué pour trouver une structure de type TANB ou FANB, avec l'avantage supplémentaire de pouvoir traiter les situations où n'importe quelle variable peut être partiellement observée (et pas uniquement la variable classe).

- **Multi-net**

  Cette approche originale proposée par [GH96] et [FGG97] suppose que (1) les relations de causalité ou d'indépendance conditionnelles entre les variables ne sont pas forcément les mêmes selon les modalités de la classe et (2) la structure représentant les relations entre les caractéristiques pour une modalité de la classe fixée est souvent plus simple que la structure représentant les relations entre toutes les variables (caractéristiques et classe).

Au lieu de rechercher la structure optimale englobant les n variables, classes comprises, l'approche *multi-net* consiste à chercher r_c structures reliant uniquement les $n-1$ caractéristiques, avec une structure pour chaque modalité i de la classe ($i \in [1 \ldots r_c]$), comme illustré dans la figure 6.4 .

Selon l'hypothèse (2), la plupart des approches de ce type décident d'utiliser des méthodes simples comme MWST ou BN-PC pour trouver chacune des structures au lieu d'algorithmes plus lourds comme la recherche gloutonne.

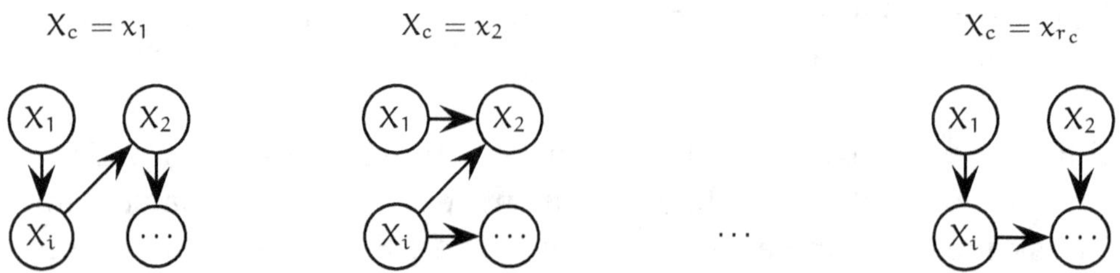

FIG. 6.4 *Approche multi-net*

- **Apprentissage des** *modèles discriminants*
  Toutes les méthodes d'apprentissage de paramètres ou de structure évoquées jusqu'ici maximisent la vraisemblance sur toutes les variables, la variable classe ne tenant pas une place particulière lors de l'apprentissage. En prenant l'exemple de la régression logistique, Ng et Jordan [NJ02] montrent que cet apprentissage *génératif* n'est pas le plus adapté dans le cas particulier de la classification, et qu'il est préférable d'utiliser un apprentissage de type *discriminant*. Pour cela, la fonction objectif n'est plus la vraisemblance de toutes les variables, mais la vraisemblance de la variable classe conditionnellement à toutes les autres, fonction permettant de mesurer directement le pouvoir discriminant du réseau bayésien.

Greiner *et al.* [GSSZ05] proposent ainsi un algorithme d'apprentissage des paramètres d'un réseau bayésien maximisant la *vraisemblance conditionnelle* (ELR). Il faut noter que cet apprentissage n'est plus aussi simple que dans le cas génératif. Dans la plupart des cas classiques, la maximisation de la vraisemblance revient à estimer les statistiques essentielles de l'échantillon (fréquence d'apparition d'un événement dans le cas discret, moyenne et variance empiriques dans le cas gaussien). La maximisation de la vraisemblance conditionnelle n'est pas si simple et passe par une étape d'optimisation itérative, comme la descente de gradient proposée dans l'algorithme ELR.

L'apprentissage de la structure d'un modèle discriminant est donc encore plus problématique. En effet, les méthodes d'apprentissage de structure évoquées précédemment sont des méthodes itératives conjuguant une étape de maximisation dans l'espace des graphes et une étape de maximisation dans l'espace des paramètres. Remplacer la vraisemblance par la vraisemblance conditionnelle amènerait donc à ajouter une étape d'optimisation itérative (celle concernant les paramètres) dans le parcours itératif de l'espace des graphes, ce qui rend la méthode particulièrement coûteuse en temps de calcul. Grossman et Domingos [GD04] proposent alors de garder l'étape classique d'estimation des paramètres par maximisation de la vraisemblance, mais d'utiliser un score prenant en compte le pouvoir discriminant du réseau bayésien pour le parcours dans l'espace des graphes. Le score proposé s'inspire du score BIC, en utilisant cette fois-ci la vraisemblance conditionnelle à la place de la vraisemblance classique.

▶ **Structures de réseaux bayésiens avec variables latentes**

La connaissance apportée par un expert peut aussi se traduire par la création de variables latentes entre deux ou plusieurs nœuds, remettant en cause l'hypothèse de suffisance causale.

C'est le cas par exemple pour des problèmes de classification non supervisée où la classe n'est jamais mesurée. Il est donc possible de proposer l'équivalent d'un réseau bayésien naïf, le modèle latent, mais où la classe (représentée en gris dans la figure 6.5) ne fait pas partie des variables mesurées.

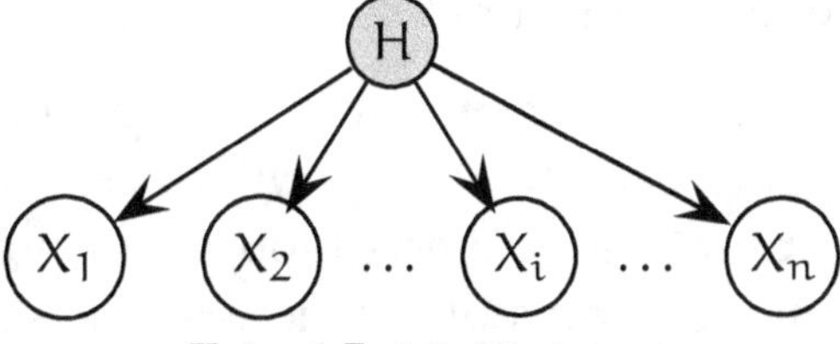

FIG. 6.5 *Modèle latent*

Les modèles hiérarchiques latents illustrés par la figure 6.6 ont été proposés par [BT98] pour la visualisation de données et [Zha02] pour la classification non supervisée. Ils généralisent la structure de modèle latent en faisant le parallèle avec les arbres phylogénétiques utilisés en bio-informatique ou les méthodes de classification hiérarchique.

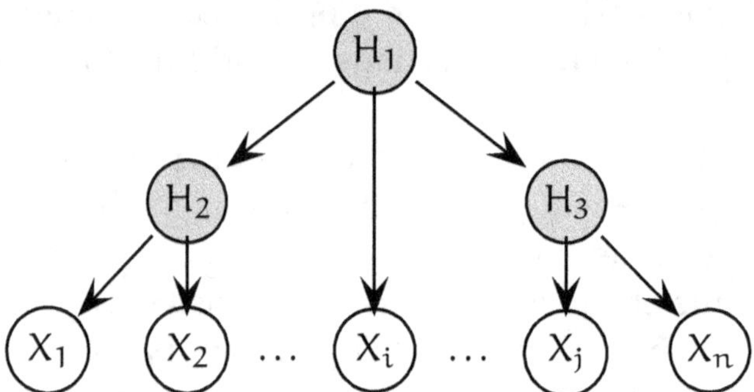

FIG. 6.6 *Modèle latent hiérarchique*

L'apprentissage des paramètres pour le modèle latent ou le modèle hiérarchique latent s'appuie fortement sur l'algorithme EM. Cheeseman *et al.* ont ainsi proposé AUTOCLASS [CS96], un algorithme bayésien de classification non supervisée utilisant l'algorithme EM. Attias *et al.* [Att99] ont utilisé les approches variationnelles popularisées par Jordan *et al.* [JGJS98] pour généraliser l'algorithme EM pour les modèles latents.

Peña *et al.* [PLL00] simplifient la procédure de recherche de l'algorithme EM structurel pour rechercher une structure latente augmentée, tout en proposant une variante plus rapide de l'algorithme EM.

Dans ce type de modèles, la détermination de la cardinalité des variables latentes est une tâche difficile, que nous décrirons plus en détail dans la section 6.2.8 ci-après.

▶ **Autres structures particulières**

La modélisation de systèmes complexes passe souvent par la détermination de régularités dans le modèle. La connaissance de ces régularités permet alors de restreindre l'identification du modèle à celle de ses composants qui peuvent se répéter plusieurs fois.

Ce type de modélisation se retrouve par exemple dans le formalisme des *réseaux bayésiens orientés objets* (OOBN [BW00]). Ces OOBN introduisent la notion d'objet dans un réseau bayésien, objet qui pourra se retrouver plusieurs fois dans le modèle, puis de relations entre les objets. La détermination de la structure d'un OOBN se traduit donc par la recherche de la structure interne de chaque objet et de la structure représentant les interactions entre les objets [BLN01].

Le formalisme des *réseaux bayésiens temporels* [Mur02], et plus particulièrement celui des 2TBN (*Two-slice Temporal Bayesian Network*) reprend le même raisonnement. Dans ces modèles, les relations entre les variables sont décomposées en deux catégories. La première concerne les relations *intra-slice* entre les variables à un instant donné t, supposant que ces relations sont constantes au cours du temps.[2] L'autre catégorie de relation *inter-slice* décrit les dépendances entre les variables à un instant t et celles à un instant t + 1. Comme pour le cas des modèles de Markov cachés, ce genre de décomposition suppose que la loi jointe sur toutes les variables dépend seulement des probabilités conditionnelles *intra-slices* et *inter-slices*. La détermination de la structure d'un 2TBN peut donc elle aussi se simplifier en la recherche de ces deux catégories de relations, comme proposé par [FMR98].

6.2.8 Découverte de variables latentes

Les algorithmes présentés dans les sections 6.2.4 page 136, 6.2.5 page 144 et 6.2.6 page 170 font l'hypothèse de suffisance causale. Or, cette hypothèse est souvent fausse pour des problèmes réels où toutes les variables ne sont pas forcément disponibles, et où par exemple, certaines variables peuvent être reliées par une cause commune non mesurée.

Conscients de cette situation, des travaux tentent d'étendre la plupart des méthodes existantes à la découverte de variables latentes.

▶ **Recherche d'indépendances conditionnelles**

Les auteurs respectifs de PC et IC (voir page 139) ont utilisé la notion de *causalité*, dont nous parlons plus en détail dans la prochaine section, pour découvrir la présence de variables latentes à partir de la recherche d'indépendances conditionnelles. Pour cela, ils ont déterminé plusieurs genres de causalité (notations issues de [SGS00]) :

- **Cause véritable** ($X_A \rightarrow X_B$).
- **Cause artificielle** ($X_A \leftrightarrow X_B$) : X_A est vu comme la cause de X_B et réciproquement. Ces deux variables sont en réalité les conséquences d'une cause commune H non mesurée ($X_A \leftarrow H \rightarrow X_B$).
- **Cause potentielle** ($X_A \multimap X_B$) : X_A peut être soit la cause de X_B ($X_A \rightarrow X_B$) soit la conséquence avec X_B d'une variable latente ($X_A \leftrightarrow X_B$).

---

[2]Pour cette raison, la terminologie réseaux bayésiens temporels est plus appropriée que celle de réseaux bayésiens dynamiques

Algorithme IC*
- Construction d'un graphe non orienté
    Soit $\mathcal{G}$ le graphe ne reliant aucun des nœuds $\mathcal{X}$
    $\forall \{X_A, X_B\} \in \mathcal{X}^2$
        Recherche de $Sepset(X_A, X_B)$ tel que $X_A \perp X_B \mid Sepset(X_A, X_B)$
        si $Sepset(X_A, X_B) = \emptyset$ alors ajout de l'arête X_A o–o X_B dans $\mathcal{G}$
- Recherche des V-structures
    $\forall \{X_A, X_B, X_C\} \in \mathcal{X}^3 \, / \, X_A$ et X_B non adjacents et $X_A *{-}* X_C *{-}* X_B$,
        si $X_C \notin SepSet(X_A, X_B)$ alors on crée une V-structure :
            $X_A * \to X_C \leftarrow * X_B$
- Ajout récursif de $\to$
    Répéter
    $\forall \{X_A, X_B\} \in \mathcal{X}^2$,
        si $X_A *{-}* X_B$ et $X_A \rightsquigarrow X_B$, alors ajout d'une flèche à X_B :
            $X_A * \to X_B$
        si X_A et X_B non adjacents, $\forall X_C$ tel que $X_A * \to X_C$ et $X_C *{-}* X_B$
            alors $X_C \to X_B$
    Tant qu'il est possible d'orienter des arêtes

Notations :	Cause véritable	$X_A \to X_B$	
	Cause potentielle	X_A –o X_B	: $X_A \to X_B$ ou $X_A \leftrightarrow X_B$
	Cause artificielle	$X_A \leftrightarrow X_B$	: $X_A \leftarrow H \to X_B$
	Cause indéterminée	X_A o–o X_B	: $X_A \to X_B$, $X_A \leftarrow X_B$ ou $X_A \leftrightarrow X_B$
	$\mathcal{X}$	ensemble de tous les nœuds	
	X_A–$*X_B$	$X_A - X_B$ ou $X_A \to X_B$ ou X_B –o X_A	
	$X_A \rightsquigarrow X_B$	il existe un chemin dirigé reliant X_A et X_B	

TAB. 6.23 *Algorithme IC**

- **Cause indéterminée** (X_A o–o X_B) : il est impossible de savoir si X_A cause X_B ou l'inverse, ou si elles sont les conséquences d'une variable latente ($X_A \leftrightarrow X_B$).

La prise en compte de ces types de causalité dans les algorithmes précédents a donné l'algorithme FCI (*Fast Causal Inference*) pour Spirtes *et al.* [SMR95, SGS00] et l'algorithme *IC** pour Pearl *et al.* [Pea00] (détaillé dans la table 6.23). Comme pour PC et IC, la différence principale entre ces deux méthodes réside dans la construction du graphe non orienté de départ : suppression d'arêtes à partir d'un graphe complètement connecté pour FCI et ajout d'arêtes à partir d'un graphe vide pour IC*. La détermination du type de causalité s'effectue d'abord lors de l'étape de détection de V-structures où certains arcs sont orientés, puis lors de l'étape suivante où des relations de causalité ambiguës sont levées.

Récemment, J. Zhang [Zha06] a montré que les règles d'orientations proposées dans l'algorithme FCI ne sont pas complètes, élaborant une version augmentée et complète de l'algorithme.

► **Algorithmes basés sur un score**

La découverte de variables latentes et le réglage de la cardinalité de ces variables sont souvent incorporés au processus d'apprentissage, et plus précisément aux méthodes de type recherche gloutonne.

Récemment, N. Zhang [Zha03] a adapté l'algorithme EM structurel pour les modèles hiérarchiques latents. Cette adaptation tente d'optimiser la taille des variables latentes pendant l'apprentissage simultané de la structure et des paramètres, en suggérant d'autres opérateurs tels que l'ajout ou la suppression d'une variable latente, ou l'augmentation de la cardinalité d'une variable latente.

Martin et Vanlehn [MV95] suggèrent une heuristique permettant de ne pas ajouter une variable latente à n'importe quel moment lors de la recherche gloutonne précédente, mais dans des situations bien précises. En effet, ils considèrent que l'apparition d'une clique, c'est-à-dire un groupe de variables complètement connectées, et donc mutuellement dépendantes, peut alors n'être qu'un optimum local dû au fait qu'elles possèdent en commun une unique cause cachée. Leur opérateur d'ajout d'une variable latente introduit donc un nouveau nœud H_i dans le graphe, en remplaçant tous les arcs de la clique par des arcs partants de H_i.

La détermination de la cardinalité des variables latentes peut aussi être séparée du processus d'apprentissage pour rentrer dans le cadre de la sélection de modèles. Ainsi, plusieurs modèles peuvent être appris, avec différentes configurations de ces cardinalités. Le meilleur modèle, au sens d'un critère de score comme le critère BIC [FR98, ZNJ04], permettra ensuite de sélectionner les meilleures cardinalités des variables latentes. Malheureusement, l'utilisation de ces critères n'est pas toujours appropriée pour des modèles latents. Comment calculer par exemple la dimension effective du réseau bayésien $Dim(\mathcal{B})$ lorsqu'il y a des variables latentes ? Des corrections aux critères classiques ont été proposées par [KZ02] pour les modèles hiérarchiques latents.

6.2.9 Cas particulier des réseaux bayésiens causaux

La notion de causalité est souvent associée au formalisme des réseaux bayésiens, parfois même à tort puisque le graphe complètement orienté obtenu à partir d'un algorithme d'apprentissage de structure n'est pas nécessairement causal.

La causalité est un champ d'étude très large, qui a motivé de nombreux travaux, de la biologie [Shi00] à l'informatique en passant par la philosophie [Wil05].

Après avoir défini ce qu'est un *réseau bayésien causal*, et la notion d'intervention, nous nous intéresserons à la détermination de la structure de ces réseaux lorsque toutes les variables sont connues, puis dans un cas plus général.

▶ Définition

Un *réseau bayésien causal* est un réseau bayésien pour lequel tous les arcs représentent des relations de causalité.

Leurs premiers avantages sont leur lisibilité et leur facilité d'interprétation pour les utilisateurs.

Un autre avantage des réseaux bayésiens causaux réside dans la possibilité de pouvoir estimer l'influence sur n'importe quelle variable du graphe d'une intervention externe sur une de ces variables. Cette notion importante d'*intervention* (ou *manipulation*) a amené Pearl [Pea00] à distinguer le concept de mesure d'une variable ($X_A = a$) à celle de manipulation de la variable X_A grâce à l'*opérateur do-calculus*. $do(X_A = a)$ signifie ainsi qu'une intervention externe a forcé la variable X_A à prendre la valeur a.

Le principe de probabilité conditionnelle $P(X_A \mid X_B)$, symétrique grâce au théorème de Bayes, ne permet pas de représenter les relations, assymétriques, de causalité. L'usage de cet opérateur répond à ce problème. Si X_A est la cause de X_B, nous obtenons :

$$P(X_B = b \mid do(X_A = a)) \quad = \quad P(X_B = b \mid X_A = a)$$
$$P(X_A = a \mid do(X_B = b)) \quad = \quad P(X_A = a)$$

Ces considérations ont débouché sur des travaux très intéressants sur l'idée d'identifiabilité, c'est-à-dire dans quelles conditions il est possible de calculer $P(X_i \mid do(X_j))$, X_i et X_j étant n'importe quel nœud du graphe, et sur l'inférence causale, c'est-à-dire fournir des algorithmes capables de réaliser efficacement ce calcul lorsqu'il est possible.

▶ Apprentissage sans variables latentes

Lorsqu'un expert détermine lui-même la structure d'un réseau bayésien, il utilise souvent implicitement la notion de causalité. À l'opposé, l'apprentissage du graphe à partir de données se fait dans un cadre plus général que celui des réseaux bayésiens causaux, cadre dans lequel plusieurs

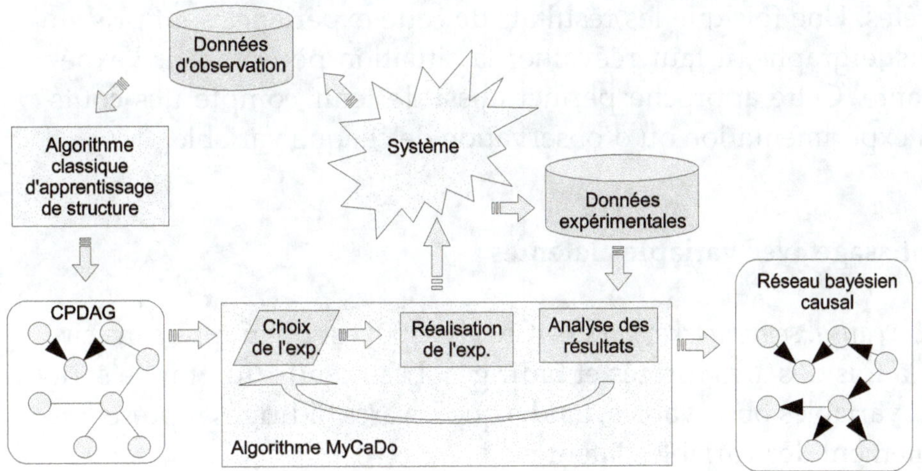

FIG. 6.7 *Apprentissage de la structure d'un réseau bayésien causal à partir de données d'observation et d'expérimentation : l'algorithme MyCaDo (MY CAusal DiscOvery) [MLM06].*

graphes seront équivalents, mais où un seul capturera éventuellement les relations de causalité du problème.

La *découverte de réseaux bayésiens complètement causaux* à partir de données est une question qui a été abordée plus récemment. Les avancées sur le sujet s'accordent sur le fait qu'il est impossible de travailler uniquement à partir de données d'observations. Les plans d'expériences, c'est-à-dire la façon dont les données ont été obtenues, sont des informations essentielles pour capturer la notion de causalité puisqu'ils définissent explicitement sur quelle(s) variable(s) a eu lieu l'intervention.

Les travaux théoriques de Eberhardt *et al.* [EGS05] montrent que le nombre maximal d'interventions à effectuer sur le système est de $N - 1$, où N est le nombre de variables.

Deux types d'approches ont été élaborés. Les travaux de Cooper et Yo [CY99], Tong et Koller [TK01] ou Murphy [MW01] se placent dans le cadre de l'apprentissage actif, où les seules données seront celles obtenues par expérimentation, et où le modèle va être construit au fur et à mesure de ces expériences.

Nos travaux [MLM06], avec l'algorithme *MyCaDo* ((MY CAusal DiscOvery)), partent d'une hypothèse différente. Nous supposons qu'un ensemble de données d'observation est déjà disponible, et a permis d'obtenir le représentant de la classe d'équivalence de Markov. Il reste donc à finir d'orienter cette structure à partir d'expérimentations sur le système. Cet algorithme, itératif, est résumé dans la figure 6.7 . Il propose à l'utilisateur l'expérience à réaliser qui pourrait lui permettre d'orienter potentiellement le plus d'arêtes. Une fois que les résultats de cette expérience sont pris en compte dans le graphe, il faut réévaluer la situation pour choisir l'expérience suivante. Cette approche permet aussi de tenir compte des coûts éventuels d'expérimentation ou d'observation de chaque variable.

▶ **Apprentissage avec variables latentes**

Un *modèle causal semi-markovien* (SMCM) [Pea00] est un graphe sans circuit avec à la fois des arcs dirigés et bidirigés. Les nœuds du graphe sont associés aux variables observables, tandis que les arcs bidirigés représenteront implicitement des variables latentes.

Un avantage de ces modèles est cette représentation implicite des variables latentes dans le graphe. Contrairement aux approches à base de score abordées dans la section précédente, il n'est plus nécessaire de déclarer explicitement les variables latentes, ni de trouver la cardinalité de ces variables.

Spirtes *et al.* [SMR95, SGS00] et Tian et Pearl [Pea00, TP02, TP03] ont conçu des algorithmes efficaces permettant de répondre aux questions d'identifiabilité et d'inférence dans ces modèles.

Concernant l'apprentissage de réseaux bayésiens causaux avec variables latentes, les chercheurs se sont tournés vers un autre formalisme, celui des *graphes ancestraux maximaux* (MAG), développés initialement par Richardson et Spirtes [RS02].

Ces travaux consistent à caractériser les classes d'équivalences des graphes ancestraux maximaux et à construire des opérateurs qui permettent de générer des graphes équivalents [AR02, ARSZ05, ZS05a, ZS05b]. La finalité de ces études est d'arriver à un algorithme s'inspirant de GES, décrit page 161, mais travaillant dans l'espace des représentants des classes d'équivalence des MAG au lieu des DAG.

Malheureusement, comme pour l'algorithme GES, ces travaux ne permettent toujours pas de déterminer une structure qui soit complètement causale. De plus, il n'existe pas à notre connaissance d'algorithme d'inférence probabiliste ou causal travaillant à partir des graphes ancestraux maximaux.

Ces observations sont à l'origine de travaux très récents [MMLM06, MLM07, MML07] qui suggèrent une approche mixte s'inspirant des principes décrits pour l'algorithme MyCaDo dans la section précédente.

La finalité de cette approche est d'utiliser des données d'observations et les algorithmes d'apprentissage de structure d'un MAG (ou du représentant de sa classe d'équivalence). Ensuite, l'idée est de mettre en œuvre une série d'expérimentations pour finir d'orienter « causalement » ce MAG, et surtout le transformer en un SMCM dans lequel il sera possible d'effectuer à la fois de l'inférence probabiliste et causale.

série d'expérimentations pour finir d'orienter « causalement » ce MAG, et surtout le transformer en un SMCM dans lequel il sera possible d'effectuer à la fois de l'inférence probabiliste et causale.

Troisième partie

Méthodologie de mise en œuvre et études de cas

Chapitre 7

Mise en œuvre des réseaux bayésiens

$\mathbf{N}$ous abordons maintenant la mise en œuvre des réseaux bayésiens dans des applications pratiques. Dans ce chapitre, nous présentons essentiellement des aspects méthodologiques, en essayant de répondre aux trois questions suivantes : pourquoi, où (dans quelles applications) et comment utiliser des réseaux bayésiens ?

Les chapitres suivants seront consacrés, d'une part à une revue générale d'applications dans le monde, et d'autre part à quatre études de cas détaillées.

7.1   Pourquoi utiliser des réseaux bayésiens ?

Selon le type d'application, l'utilisation pratique d'un réseau bayésien peut être envisagée au même titre que celle d'autres modèles : réseau de neurones, système expert, arbre de décision, modèle d'analyse de données (régression linéaire), arbre de défaillances, modèle logique. Naturellement, le choix de la méthode fait intervenir différents critères, comme la facilité, le coût et le délai de mise en œuvre d'une solution. En dehors de toute considération théorique, les aspects suivants des réseaux bayésiens les rendent, dans de nombreux cas, préférables à d'autres modèles :

① **Acquisition des connaissances.** La possibilité de rassembler et de fusionner des connaissances de diverses natures dans un même modèle : retour d'expérience (données historiques ou empiriques), expertise (exprimée sous forme de règles logiques, d'équations, de statistiques ou de probabilités subjectives), observations. Dans le monde industriel, par exemple, chacune de ces sources d'information, quoique présente, est souvent insuffisante individuellement pour fournir une représentation précise et réaliste du système analysé.

② **Représentation des connaissances.** La représentation graphique d'un réseau bayésien est explicite, intuitive et compréhensible par un non-spécialiste, ce qui facilite à la fois la validation du modèle, ses évolutions éventuelles et surtout son utilisation. Typiquement, un décideur est beaucoup plus enclin à s'appuyer sur un modèle dont il comprend le fonctionnement qu'à faire confiance à une boîte noire.

③ **Utilisation des connaissances.** Un réseau bayésien est polyvalent : on peut se servir du même modèle pour évaluer, prévoir, diagnostiquer, ou optimiser des décisions, ce qui contribue à rentabiliser l'effort de construction du réseau bayésien.

④ **Qualité de l'offre en matière de logiciels.** Il existe aujourd'hui de nombreux logiciels pour saisir et traiter des réseaux bayésiens. Ces outils présentent des fonctionnalités plus ou moins évoluées : apprentissage des probabilités, apprentissage de la structure du réseau bayésien, possibilité d'intégrer des variables continues, des variables d'utilité et de décision, etc.

Nous allons à présent étudier plus en détail ces différents aspects de l'utilisation de réseaux bayésiens.

7.1.1 Acquisition des connaissances

▶ **Un recueil d'expertise facilité**

Comme nous l'avons vu dans le chapitre 1 page 3, la représentation des connaissances utilisées dans les réseaux bayésiens est la plus intuitive possible : elle consiste simplement à relier des causes et des effets par des flèches. Pratiquement toute représentation graphique d'un domaine de connaissances peut être présentée sous cette forme.

De nombreuses expériences montrent qu'il est souvent plus facile pour un expert de formaliser ses connaissances sous forme de graphe causal que sous forme de système à base de règles, en particulier parce que la formulation de règles sous la forme SI... ALORS est très contraignante, et peut être facilement mise en défaut.

Certains auteurs considèrent qu'il existe une différence de nature entre les deux processus d'acquisition de connaissances. Lorsqu'on essaie de mettre au point un système expert, par exemple pour une application de diagnostic, l'expert doit décrire le processus de raisonnement qui le conduit de ses observations à une conclusion. En revanche, un modèle fondé sur un graphe causal décrit la perception de l'expert du fonctionnement du système. Effectuer un diagnostic n'est alors qu'une résultante de cette modélisation.

▶ **Un ensemble complet de méthodes d'apprentissage**

Comme nous l'avons abordé dans la première partie, et détaillé dans la partie théorique, les algorithmes actuels permettent d'envisager l'apprentissage de façon très complète :

- En l'absence totale de connaissances, on peut rechercher à la fois la structure du réseau la plus adaptée, c'est-à-dire les relations de dépendance et d'indépendance entre les différentes variables, et les paramètres, ou probabilités, c'est-à-dire la quantification de ces relations.
- Si l'on dispose de connaissances *a priori* sur la structure des causalités, et d'une base d'exemples représentative, la détermination des matrices de probabilités conditionnelles, qui sont les paramètres du réseau, peut être effectuée par simple calcul de fréquences, par détermination du *maximum de vraisemblance*, ou par des méthodes bayésiennes.

Ces méthodes peuvent être étendues dans le cadre de bases de données incomplètes. Dans l'optique de rechercher un compromis entre apprentissage et généralisation, il est également possible d'effectuer des apprentissages en contraignant la structure du réseau.

▶ **Un apprentissage incrémental**

Le principe général de l'apprentissage dans les réseaux bayésiens est décrit par la formule générale :

$$\text{APosteriori} \propto \text{Vraisemblance} \times \text{APriori}$$

Cette formule, que nous avons établie dans la partie théorique, conditionne la modification de la connaissance contenue dans le réseau par l'acquisition de nouveaux exemples. Elle s'interprète en disant que la connaissance contenue *a priori*, ou à un instant quelconque, dans le réseau, est transformée *a posteriori* en fonction de la vraisemblance de l'observation des exemples étudiés selon la connaissance initiale. Autrement dit, plus les exemples observés s'écartent de la connaissance contenue dans le réseau, plus il faut modifier celle-ci.

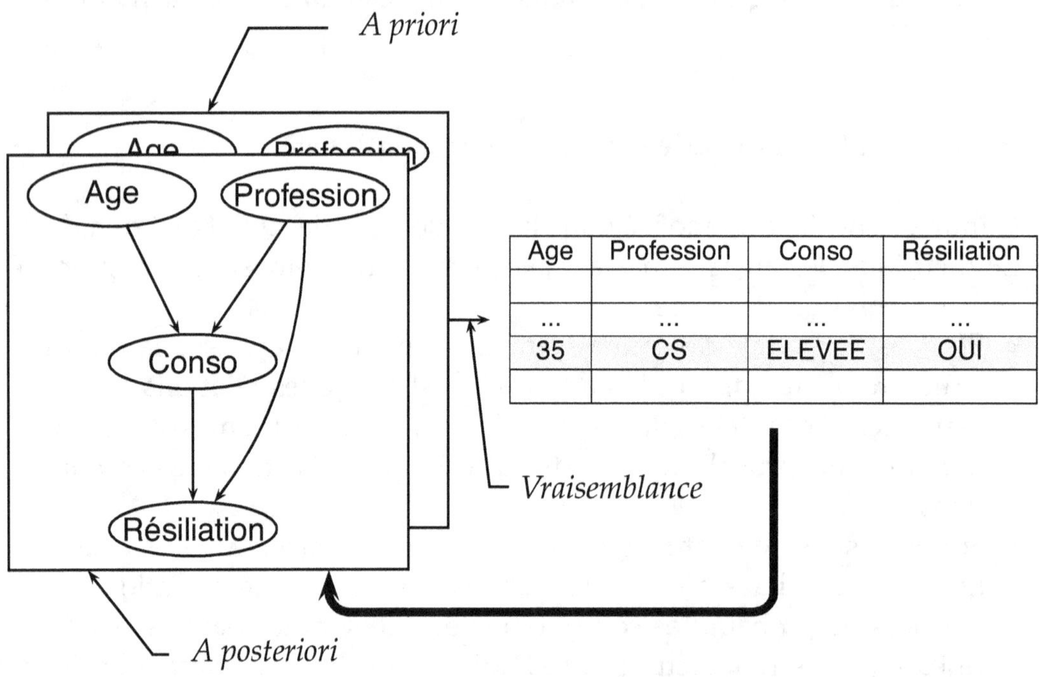

Age	Profession	Conso	Résiliation
...	...	...	...
35	CS	ELEVEE	OUI

FIG. 7.1 *Un exemple d'apprentissage incrémental (data mining)*

Théoriquement, cette formule, qui n'est autre que la formule de Bayes appliquée à la connaissance, est valable aussi bien pour l'apprentissage de paramètres que pour l'apprentissage de structure. Aucune des techniques concurrentes, ni les réseaux neuronaux, ni les arbres de décision, ne permet de prendre en compte ce problème de la mise à jour des modèles de connaissance de façon aussi naturelle, même si aujourd'hui sa mise en œuvre dans les réseaux bayésiens n'est possible techniquement que dans certains cas particuliers.

Nous pensons que la capacité d'apprentissage incrémental est essentielle, car elle autorise l'évolution des modèles. Toute démarche de modélisation qui ne concerne pas les sciences de la nature doit intégrer les évolutions de l'environnement modélisé, et donc faire dépendre le modèle du temps. L'apprentissage incrémental est une réponse possible à ce problème.

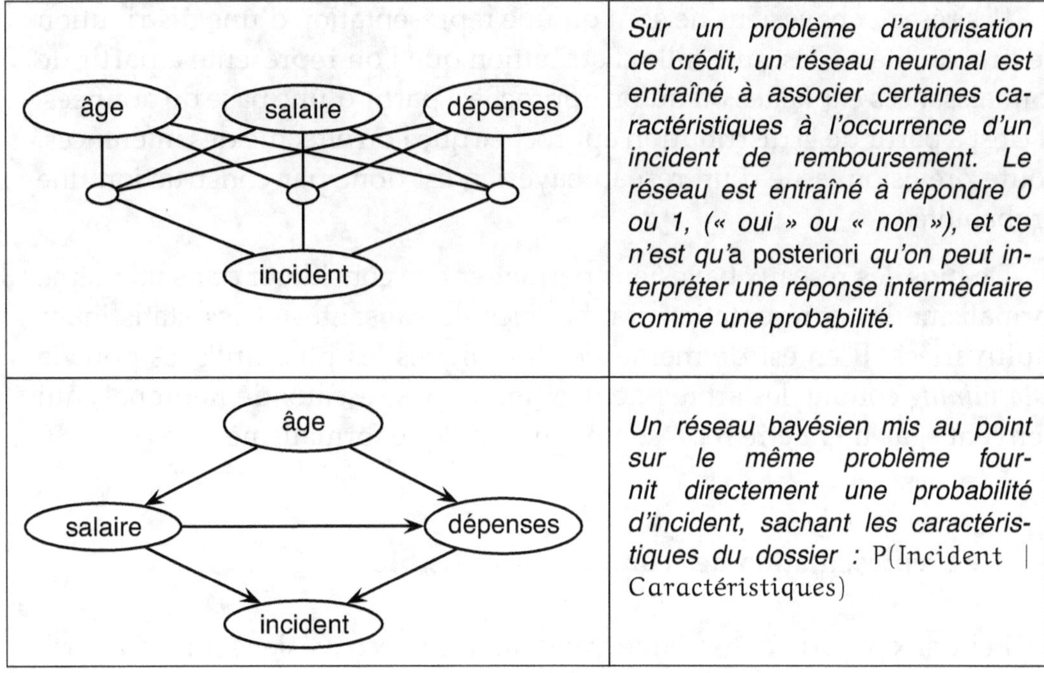

FIG. 7.2 *Scoring et probabilités*

7.1.2   Représentation des connaissances

▶   **Un formalisme unificateur**

La plupart des applications qui relèvent des réseaux bayésiens sont des applications d'aide à la décision. Par nature, ces applications intègrent un certain degré d'incertitude, qui est très bien pris en compte par le formalisme probabiliste des réseaux bayésiens.

Par exemple, les applications de data mining sont en général construites sur le schéma suivant. On utilise une base de données pour mettre au point un modèle prédictif. Par définition, une prévision comporte une part d'incertitude. Or la décision, elle, doit souvent être binaire : dans une application de scoring, on doit par exemple accorder ou refuser le crédit. La façon la plus naturelle d'interpréter un score est donc une probabilité (dans l'exemple du scoring, une probabilité de défaillance).

Les techniques disponibles pour traiter ce genre de problème (modèles de régression, réseaux de neurones, arbres de décision) ne sont pas construites sur un formalisme de probabilités. C'est *a posteriori* qu'on attribue en général une interprétation en termes de probabilités de la prévision d'un réseau neuronal ou d'un arbre de décision.

Les réseaux bayésiens ne sont qu'une représentation d'une distribution de probabilités. C'est une telle distribution que l'on représente à partir de connaissances explicites ou qu'on approche à partir d'une base de données, et c'est à partir de la distribution approchée que l'on effectue des inférences. Toute prévision issue d'un réseau bayésien est donc par construction une probabilité.

De plus, les réseaux bayésiens permettent de considérer dans un même formalisme la représentation de modèles de causalités et les statistiques multivariées. Il en est de même des techniques les plus utilisées pour le *data mining* comme les arbres de décision ou les réseaux de neurones, qui peuvent également être représentés au sein de ce formalisme.

▶ **Une représentation des connaissances lisible**

Les deux propriétés fondamentales des réseaux bayésiens sont, d'abord, d'être des graphes orientés, c'est-à-dire de représenter des causalités et non des simples corrélations, et, ensuite, de garantir une correspondance entre la distribution de probabilité sous-jacente et le graphe associé.

D'après le théorème d'indépendance graphique, que nous avons démontré dans la partie précédente, les relations de causalité et d'indépendance qui peuvent être lues sur le graphe sont également vraies dans la distribution sous-jacente.

Considérons le cas d'une application de *data mining*, où l'on cherche à comprendre les interrelations entre des variables contenues dans une base de données de clients, par exemple. Si l'on se trouve dans le cas où le réseau est entièrement mis au point à partir des données (cas de l'apprentissage de la structure et des paramètres), cela signifie que l'on va disposer d'une visualisation graphique de ces interrelations. Avant même d'utiliser ce réseau pour effectuer des inférences, on va disposer d'une visualisation de la connaissance, directement lisible et interprétable par des experts du domaine.

7.1.3 Utilisation de connaissances

▶ **Une gamme de requêtes très complète**

L'utilisation première d'un réseau bayésien est le calcul de la probabilité d'une hypothèse connaissant certaines observations. C'est sur cette requête élémentaire que nous avons abordé les calculs dans le chapitre 1. Cependant, les possibilités offertes par les algorithmes d'inférence permettent d'envisager une gamme de requêtes très complète, qui peut être extrêmement intéressante dans certains types d'applications.

Tout d'abord, il n'y a aucune réelle contrainte sur les informations nécessaires pour être en mesure de calculer la probabilité d'un fait : on peut connaître exactement la valeur d'une variable, savoir qu'elle est égale à l'une ou l'autre de deux valeurs, ou encore savoir avec certitude qu'une de ses valeurs possibles est exclue. Dans tous les cas, l'inférence est possible, et la nouvelle information permet de raffiner les conclusions.

Il n'y a pas d'entrées ni de sorties dans un réseau bayésien (ou de variables indépendantes et dépendantes). Le réseau peut donc être utilisé pour déterminer la valeur la plus probable d'un nœud en fonction d'informations données (prévoir, ou sens entrées vers sorties), mais également pour connaître la cause la plus probable d'une information donnée (expliquer, ou sens sorties vers entrées). En termes d'inférences, cette dernière requête s'appelle explication la plus probable et revient, l'état de certaines variables étant observé, à rechercher l'état des autres variables pour lequel ce qui a été observé était le plus probable. Parmi les autres requêtes importantes, l'analyse de sensibilité à une information mesure comment la probabilité d'une hypothèse s'accroît quand on a fait une observation. Certaines observations peuvent ainsi être considérées comme inutiles, suffisantes, ou cruciales, par rapport à une hypothèse donnée.

Le mécanisme de propagation peut être également utilisé pour déterminer l'action la plus appropriée à effectuer, ou l'information la plus pertinente à rechercher. Considérons par exemple un problème de diagnostic, dans lequel manquent plusieurs des données qui permettraient de conclure. Le mécanisme de propagation dans un réseau bayésien permet de connaître la donnée dont la connaissance apporterait le maximum d'informations. Dans le cas où la recherche de chaque donnée a un coût, il est possible de rechercher la solution optimale en tenant compte de ce coût. De plus, il est possible de chercher également une séquence optimale d'actions ou de requêtes.

► Optimisation d'une fonction d'utilité

Imaginons un problème de classification, par exemple un problème de détection de fraudes sur des cartes bancaires, ou dans l'utilisation de services de télécommunications. Rechercher le système qui donne, avec la meilleure fiabilité possible, la probabilité de fraude n'est peut-être pas l'objectif réel de ce type d'application. En effet, ce qu'on cherche ici à optimiser est une utilité économique. Sachant que les fausses alarmes aussi bien que les fraudes manquées ont un coût, l'objectif est bien de minimiser le coût global. Une version spécifique des réseaux bayésiens, appelée diagramme

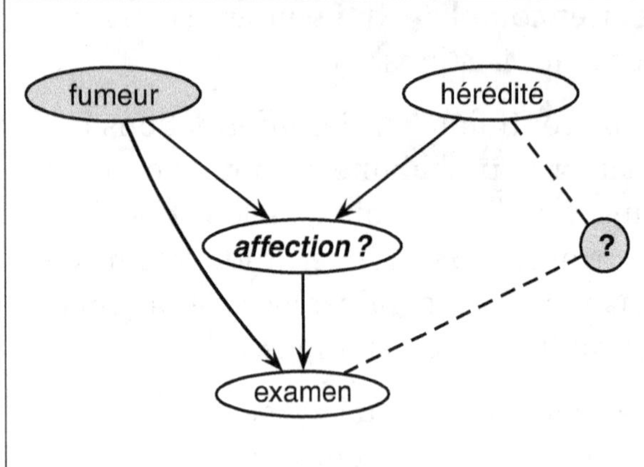

FIG. 7.3 *Requête élaborée dans un réseau bayésien*

d'influences, permet de les adapter à ce type de problème. Dans les diagrammes d'influence, on ajoute aux nœuds qui représentent des variables, deux autres types de nœuds :

- les nœuds de décision, figurés par des carrés ;
- un nœud d'utilité, figuré par un losange.

Le graphe ci-dessus représente un diagramme d'influence pour un problème de détection de fraude sur une carte bancaire. Les variables représentées sont les suivantes :

- La variable F est binaire et représente le fait qu'il y a ou non fraude.
- La variable B représente le résultat d'une vérification effectuée sur une base de données. Cette variable a trois modalités : le contrôle est négatif, positif, ou non effectué.
- La variable P a également trois modalités, et représente le résultat d'un contrôle d'identité du porteur.
- Le nœud de décision D représente la décision d'effectuer les contrôles complémentaires B et P. Ce nœud a donc également trois modalités : n'effectuer aucun test, effectuer le test B, ou effectuer les deux tests B et P.
- Le nœud de décision A représente la décision d'autoriser la transaction, et est donc binaire.
- Le nœud d'utilité V est une fonction de l'ensemble des variables précédentes, représentant le coût de la situation.

En outre, on suppose connus le montant de la transaction et le coût de chaque contrôle, et les tables de probabilités conditionnelles reliant les variables entre elles. L'objectif est de prendre les bonnes décisions D et A ; autrement dit, de prendre les décisions qui minimisent l'espérance mathématique de V.

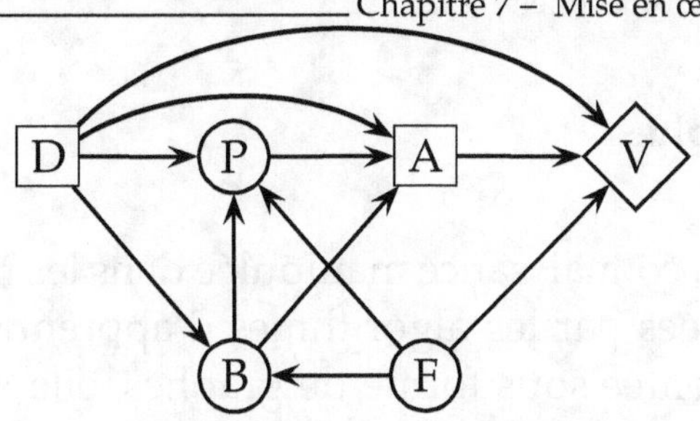

FIG. 7.4 *Un diagramme d'influence pour la fraude sur carte bancaire*

7.1.4   Limites des réseaux bayésiens

▶ Un recul encore insuffisant pour l'apprentissage

Dans la mesure où elle s'est surtout développée dans le cadre des systèmes experts, la technique des réseaux bayésiens n'a pas immédiatement intégré l'ensemble de la problématique de l'apprentissage, comme cela avait été le cas des réseaux neuronaux. Aujourd'hui, l'essentiel de la littérature sur l'apprentissage avec des réseaux bayésiens ignore le problème de la capacité de généralisation d'un modèle, et des précautions que cela implique au moment de la construction du modèle. La prise en compte de ce problème peut s'effectuer par le choix du critère de recherche ou de distance des distributions de probabilité. En effet, comme on l'a vu dans la partie précédente, l'apprentissage de réseaux bayésiens revient à rechercher parmi un ensemble de distributions, celle la plus proche possible, en un certain sens, de la distribution représentée par les données. En limitant l'ensemble de recherche, on peut éviter le problème de surapprentissage, qui revient dans ce cas à calquer exactement la distribution représentée par les exemples.

▶ Utilisation des probabilités

L'utilisation des graphes de causalités est, on l'a dit, une approche très intuitive. Nous avons montré que l'utilisation des probabilités pour rendre ces modèles quantitatifs était justifiée. Il reste cependant que la notion de probabilité, est, au contraire, assez peu intuitive. Il est en effet assez facile de construire des paradoxes fondés sur des raisonnements probabilistes. Les modèles déterministes, formulés en termes d'entrées et de sorties, comme les modèles de régression, les réseaux de neurones, ou les arbres de décision, même s'ils peuvent être réinterprétés dans le cadre d'un formalisme probabiliste, restent d'un abord plus facile.

▶ Lisibilité des graphes

En effet, même si la connaissance manipulée dans les réseaux bayésiens, ou extraites des données par les algorithmes d'apprentissage associés est lisible puisque représentée sous forme de graphes, elle reste moins lisible que celle representée par un arbre de décision, par exemple, surtout si ce graphe présente un grand nombre de nœuds. Notons aussi que l'information représentée par le graphe est la structure des causalités. Les probabilités ne sont pas représentables, et on n'a donc pas idée, à la simple lecture du graphe, de l'importance d'un arc donné. La figure 9.4 page 239 dans l'étude de cas sur le risque global d'une entreprise (GLORIA) donne un aperçu d'un graphe complexe.

▶ Les variables continues

L'essentiel des algorithmes développés pour l'inférence et l'apprentissage dans les réseaux bayésiens, aussi bien que les outils disponibles sur le marché pour mettre en œuvre ces algorithmes utilisent des variables discrètes. En effet, comme nous l'avons vu dans la partie technique, la machinerie des algorithmes d'inférence est essentiellement fondée sur une algèbre de tables de probabilités. De même, les algorithmes d'apprentissage modélisent en général les distributions de probabilité des paramètres contenus dans les tables du réseau, c'est-à-dire de probabilités discrètes. Même s'il est théoriquement possible de généraliser les techniques développées aux variables continues, il semble que la communauté de recherche travaillant sur les réseaux bayésiens n'a pas encore vraiment intégré ces problèmes. Cela pénalise cette technologie, en particulier pour des applications de data mining où variables continues et discrètes cohabitent.

▶ La complexité des algorithmes

La généralité du formalisme des réseaux bayésiens aussi bien en termes de représentation que d'utilisation les rend difficiles à manipuler à partir d'une certaine taille. La complexité des réseaux bayésiens ne se traduit pas seulement en termes de compréhension par les utilisateurs. Les problèmes sous-jacents sont pratiquement tous de complexité non polynomiale, et conduisent à développer des algorithmes approchés, dont le comportement n'est pas garanti pour des problèmes de grande taille.

Connaissances	Analyse de données	Réseaux neuronaux	Arbres de décision	Systèmes experts	Réseaux bayésiens
ACQUISITION					
Expertise seulement				★	
Données seulement	+	★	+		+
Mixte	+	+	+		★
Incrémental		+			★
Généralisation	+	★	+		+
Données incomplètes		+			★
REPRÉSENTATION					
Incertitude				+	★
Lisibilité	+		+	+	★
Facilité		+	★		
Homogénéité					★
UTILISATION					
Requêtes élaborées	+			+	★
Utilité économique	+	+			★
Performances	+	★			

TAB. 7.1 Avantages comparatifs des réseaux bayésiens

7.1.5 Comparaison avec d'autres techniques

Du point de vue des applications, les avantages et inconvénients des réseaux bayésiens par rapport à quelques-unes des techniques concurrentes peuvent se résumer sur le tableau ci-dessus. Nous avons regroupé avantages et inconvénients selon les trois rubriques utilisées précédemment, l'acquisition, la représentation et l'utilisation des connaissances. La représentation adoptée est la suivante :

- À chaque ligne correspond une caractéristique, qui peut être un avantage, ou la prise en compte d'un problème spécifique.
- Si la technique considérée permet de prendre en compte ce problème, ou présente cet avantage, un signe + est placé dans la case correspondante.
- Un signe ★ est placé dans la case de la meilleure technique du point de vue de la caractéristique considérée.

7.2 Où utiliser des réseaux bayésiens ?

Les propriétés étudiées ci-dessus nous permettent de définir les caractéristiques générales d'une application où il est intéressant d'utiliser des réseaux bayésiens en les préférant à une autre technique. Les types d'applications relevant de cette approche sont listés plus loin.

7.2.1 Caractéristiques générales

▶ Une connaissance explicite ou implicite du domaine

Dans la mesure où un réseau bayésien peut être construit soit à partir de données, par apprentissage, soit à partir d'une modélisation explicite du domaine, il suffit que l'une ou l'autre des formes de connaissances ou une combinaison des deux soit disponible pour pouvoir envisager d'utiliser cette technique dans une application.

En partant d'une connaissance explicite même incomplète, et en utilisant la capacité d'apprentissage incrémental des réseaux bayésiens, on peut développer une approche de modélisation en ligne, c'est-à-dire sans archiver les exemples mêmes. En effet, un réseau bayésien n'est rien d'autre que la représentation d'une distribution de probabilité. Si la structure de cette distribution est imposée, on peut directement calculer l'impact de chaque nouvel exemple sur les paramètres de cette distribution.

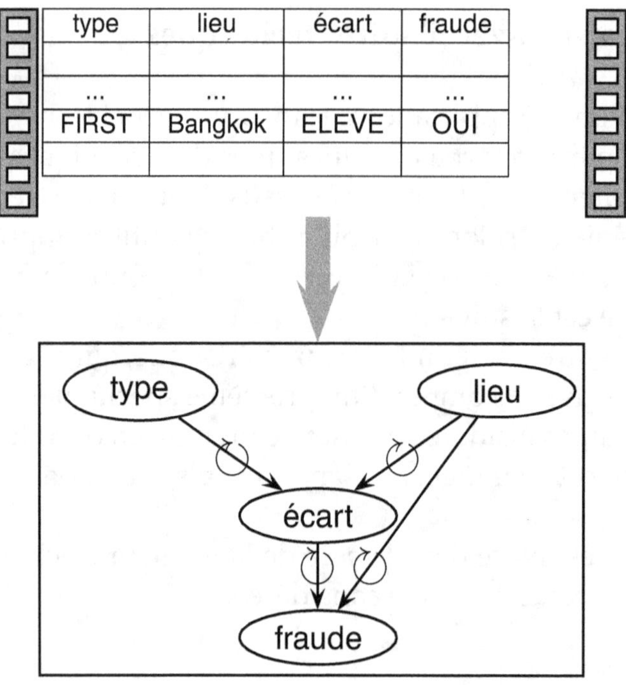

FIG. 7.5 *Modélisation en ligne pour la détection de fraudes*

Ce type d'approche peut être envisagé dans des applications de prévision de comportements d'achat ou de détection de fraudes, par exemple dans le cas du commerce électronique. Le schéma de la figure 7.5 page précédente montre un exemple très simple d'une telle application :

- On cherche à modéliser la distribution de probabilité liant le type d'une carte de crédit, le lieu de la transaction, l'écart du montant de la transaction par rapport à la moyenne et l'existence d'une fraude.
- La structure de cette distribution est supposée fixée.
- Le flux des transactions enregistrées modifie les tables de probabilités conditionnelles.

Cet exemple suppose cependant une historisation partielle des informations, puisque le retour sur la fraude effective ne peut intervenir immédiatement.

▶ Une utilisation complexe ou évolutive

En termes d'utilisation du modèle, l'avantage essentiel des réseaux bayésiens par rapport aux autres techniques est de permettre une formalisation complète d'un domaine de connaissances sous forme de graphe causal. Ce graphe peut être utilisé ensuite pour effectuer des raisonnements, en formulant des requêtes relativement complexes.

Cependant, cette technologie reste aujourd'hui relativement difficile à maîtriser pour des problèmes de grande taille. Il nous semble donc qu'elle ne doit être considérée que là où les techniques plus simples ne peuvent pas donner satisfaction.

Par exemple, dans un problème de prévision ou de classification spécifié de façon claire, et pour lequel la connaissance des règles sous-jacentes n'est pas essentielle, il nous semble préférable d'utiliser un modèle de régression ou un réseau de neurones.

En revanche, pour une application de data mining, au sens premier du terme, c'est-à-dire au sens où l'on recherche des relations *a priori* non connues entre des données, les méthodes d'apprentissage dans les réseaux bayésiens constituent selon nous une approche très prometteuse.

Enfin, dans certaines applications, la formulation initiale du besoin peut masquer des évolutions pour lesquelles des requêtes complexes sur le modèle peuvent s'avérer nécessaires. Considérons par exemple une application de *credit scoring*. Initialement formulée comme une application simple de classification, elle est mise en œuvre sous forme de réseau de neurones. Après quelques mois d'utilisation, on s'aperçoit d'une augmentation significative du taux de refus d'autorisation. L'interprétation de ce problème peut se révéler difficile sans un modèle capable d'explications.

7.2.2 Classification des applications par types

Un réseau bayésien est un moyen de représenter la connaissance d'un système. Une telle représentation n'est bien entendu pas une fin en soi ; elle s'effectue, selon les contextes, dans le but de :

- **prévoir** le comportement du système ;
- **diagnostiquer** les causes d'un phénomène observé dans le système ;
- **contrôler** le comportement du système ;
- **simuler** le comportement du système ;
- **analyser des données** relatives au système ;
- prendre des **décisions** concernant le système.

Ces différents types d'applications reposent en général sur deux types de modèles : les modèles symboliques pour le diagnostic, la planification, et les modèles numériques pour la classification, la prévision, le contrôle.

Comme nous l'avons vu ci-dessus, les réseaux bayésiens autorisent les deux types de représentation et d'utilisation des connaissances. Leur champ d'application est donc vaste, d'autant que le terme système s'entend ici dans son sens le plus large. Il peut s'agir, pour donner quelques exemples, du contenu du chariot d'un client de supermarché, d'un navire de la Marine, du patient d'une consultation médicale, du moteur d'une automobile, d'un réseau électrique ou de l'utilisateur d'un logiciel. Ajoutons que la communauté de chercheurs qui développent la théorie et les applications des réseaux bayésiens rassemble plusieurs disciplines scientifiques : l'intelligence artificielle, les probabilités et statistiques, la théorie de la décision, l'informatique et aussi les sciences cognitives. Ce facteur contribue à la diffusion et donc à la multiplicité des applications des réseaux bayésiens.

▶ **Modèles symboliques**

Par rapport aux systèmes à base de règles déterministes, le plus souvent utilisés dans les systèmes experts, les réseaux bayésiens permettent d'intégrer l'incertitude dans le raisonnement.

Ils sont donc adaptés aux problèmes où l'incertitude est présente, que ce soit dans les observations, ou dans les règles de décision.

Les systèmes de diagnostic sont ceux qui utilisent le plus complètement les possibilités des réseaux bayésiens, en particulier en ce qui concerne les capacités d'explication, de simulation, etc. Un avantage spécifique des réseaux bayésiens dans les problèmes de diagnostic est de pouvoir détecter plusieurs pannes simultanées. Les techniques déterministes comme les arbres de décision conduisent le plus souvent à un seul diagnostic à la fois.

Certaines applications de planification peuvent également utiliser des réseaux bayésiens, mais utilisés en quelque sorte comme sous-systèmes, permettant de déterminer les actions dont la faisabilité ou le succès ont une bonne probabilité.

Les réseaux bayésiens sont en revanche moins adaptés aux applications apparentées à la résolution de problèmes ou à la démonstration de théorèmes.

▶ Modèles numériques

Les systèmes de classification mettent en général en œuvre des architectures simplifiées de réseaux (arbres ou polyarbres). Des études et des applications récentes montrent que les systèmes de classification basés sur des arbres bayésiens donnent des résultats en général significativement meilleurs que les algorithmes de classification de type arbre de décision (C4.5, C5).

Les méthodes d'apprentissage de structure dans les réseaux bayésiens permettront de donner tout son sens au terme de data mining. S'il s'agit en effet de rechercher des relations entre des variables sans *a priori*, ni les réseaux de neurones, ni les arbres de décision ne sont adaptés à ce type de problème. Dans les applications de modélisation numérique, comme la prévision, le contrôle ou l'estimation, il nous semble en revanche que le formalisme global des réseaux bayésiens est trop lourd pour être utilisé tel quel, du moins dans un premier temps. Cela ne signifie pas pour autant qu'il ne puisse pas contribuer à de telles applications. Ainsi, une étude récente a permis d'améliorer significativement la performance de réseaux neuronaux en prévision, en optimisant le choix des paramètres d'apprentissage grâce à un réseau bayésien simple. À terme, l'unification des algorithmes d'apprentissage permettra sans doute d'intégrer un modèle neuronal de prévision à l'intérieur d'un système plus global, où pourront être optimisés simultanément, soit des paramètres d'apprentissage, soit des paramètres de la décision basée sur la prévision.

7.2.3 Classification des applications par domaines

▶ Santé

Les premières applications des réseaux bayésiens ont été développées dans le domaine du diagnostic médical.

Les réseaux bayésiens sont particulièrement adaptés à ce domaine parce qu'ils offrent la possibilité d'intégrer des sources de connaissances hétérogènes (expertise humaine et données statistiques), et surtout parce que leur capacité à traiter des requêtes complexes (explication la plus probable, action la plus appropriée) peuvent constituer une aide véritable et interactive pour le praticien.

Le système Pathfinder, développé au début des années 1990 a été conçu pour fournir une assistance au diagnostic histopathologique, c'est-à-dire basé sur l'analyse des biopsies. Il est aujourd'hui intégré au produit Intellipath, qui couvre un domaine d'une trentaine de types de pathologies. Ce produit est commercialisé par l'éditeur américain Chapman et Hall, et a été approuvé par l'*American Medical Association*.

Dans le domaine de la santé, une application intéressante des algorithmes issus des réseaux bayésiens a permis d'améliorer considérablement la recherche de la localisation de certains gènes, dans le cadre du projet Human Genome. Nous reviendrons sur cette application dans la section suivante.

▶ Industrie

Dans le domaine industriel, les réseaux bayésiens présentent également certains avantages par rapport aux autres techniques d'intelligence artificielle. Leur capacité réelle d'apprentissage incrémental, c'est-à-dire d'adaptation de la connaissance en fonction des situations rencontrées, en fait les contrôleurs idéaux de systèmes autonomes ou de robots adaptatifs.

En effet, la propriété essentielle d'un système autonome, pour pouvoir « survivre », est de s'adapter aux modifications structurelles de son environnement. La capacité du système à gérer ses propres altérations, en particulier la perte de certaines fonctions, est également importante. Ainsi, dans la situation où certains de ses capteurs ou effecteurs sont endommagés, le système doit être capable de mettre à jour son domaine de viabilité, c'est-à-dire de réévaluer les capacités d'action qu'il lui reste, malgré le dommage qu'il a subi.

C'est cette idée qui a été mise en œuvre par la société danoise Hugin, considérée comme l'un des pionniers dans le développement des réseaux bayésiens. Hugin a développé pour le compte de Lockheed Martin le système de contrôle d'un véhicule sous-marin autonome. Ce système évalue en permanence les capacités du véhicule à réagir à certains types d'événements. De cette façon, en fonction des capacités qui sont cruciales pour le reste de la mission, le système peut prendre des décisions qui vont de la simple collecte d'informations complémentaires, à la modification de la mission, ou jusqu'à l'abandon de celle-ci.

Transposant cette idée de contrôle de systèmes autonomes du monde réel à l'univers virtuel des systèmes et réseaux informatiques, les réseaux bayésiens devraient également équiper les agents intelligents. Comme nous l'avons déjà mentionné, le diagnostic est un des autres domaines de prédilection des réseaux bayésiens dans l'industrie, en particulier grâce à l'utilisation des requêtes avancées sur les réseaux. Ce domaine est aujourd'hui l'un des plus développés en termes d'applications opérationnelles des réseaux bayésiens (Hewlett-Packard, General Electric, Ricoh, etc.)

▶ Défense

Comme pour beaucoup de techniques issues de l'intelligence artificielle, c'est grâce à la défense américaine que les réseaux bayésiens ont pu connaître leurs premiers développements.

La fusion de données est en particulier un domaine d'application privilégié des réseaux bayésiens, grâce à leur capacité à prendre en compte des données incomplètes ou incertaines, et à guider la recherche ou la vérification de ces informations.

La fusion de données peut se définir comme le processus qui consiste à inférer une information à laquelle on n'a pas directement accès, mais qui est relayée par une ou plusieurs sources imparfaites. Finalement, un détective privé qui affine ses conclusions à mesure que les indices se complètent est un spécialiste de la fusion de données.

Il est clair que cette approche est essentielle dans le domaine du renseignement, tactique ou stratégique. Par exemple, l'identification d'un navire ennemi est impossible directement. On va combiner des informations issues de systèmes de mesure, éventuellement brouillées, avec d'autres types de renseignements, également incertains. Les informations disponibles se complètent au fur et à mesure des efforts accomplis pour identifier ce navire, permettant de renforcer ou, au contraire, de réviser les conclusions effectuées.

Un exemple d'application dans la défense tactique est donné dans la section suivante.

▶ Banque/finance

Les applications dans le domaine de la banque et de la finance sont encore rares, ou du moins ne sont pas publiées. Mais cette technologie présente un potentiel très important pour un certain nombre d'applications relevant de ce domaine, comme l'analyse financière, le scoring, l'évaluation du risque ou la détection de fraudes.

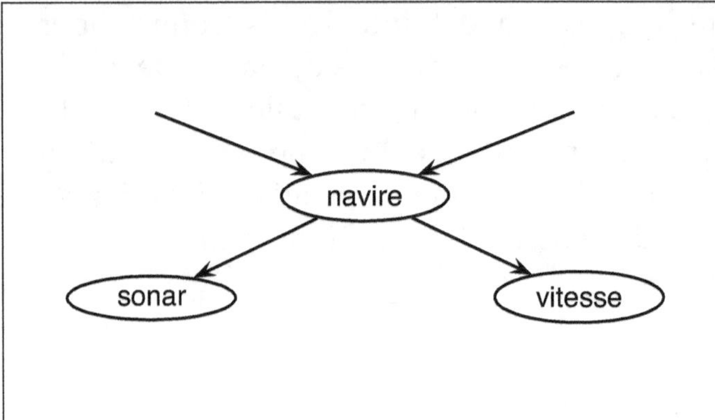

FIG. 7.6 *Principe de la fusion de données par réseau bayésien*

En premier lieu, les réseaux bayésiens offrent un formalisme unifié pour la manipulation de l'incertitude, autrement dit du risque, dont la prise en compte est essentielle dès qu'il s'agit de décision financière.

Ensuite, la possibilité de coupler expertise et apprentissage est ici très importante, non seulement parce que les deux sources de connaissances sont en général disponibles dans ce domaine, mais aussi et surtout parce que cette capacité peut aider à répondre au problème des changements structurels d'environnement.

Traitées dans les années 1980 avec des systèmes experts, des applications comme l'analyse financière, le *scoring* ou la détection de fraudes ont été progressivement considérées comme relevant du domaine de la modélisation quantitative, et donc abordées par des techniques comme les réseaux neuronaux ou les arbres de décision, techniques quantitatives qui se révèlent incapables de prendre en compte par elles-mêmes la révision des modèles.

L'exemple de l'autorisation des transactions sur cartes bancaires est assez significatif. L'un des premiers systèmes experts développés dans ce domaine fut l'*Authorizer Assistant* d'*American Express*, au début des années 80. Dès la fin de la décennie, la société californienne HNC (*Hecht-Nielsen Neurocomputing*) devient le leader des systèmes de détection de fraudes sur cartes bancaires. Son système *Falcon* équipe la plupart des émetteurs de cartes aux États-Unis. Fondé initialement sur une technologie de réseaux neuronaux, le système Falcon a récemment évolué pour y intégrer... un système expert ! Pourquoi ? La fraude est, presque par définition, un phénomène évolutif, qui s'adapte aux parades qui y sont opposées. Un modèle construit à partir de données historiques a donc nécessairement une durée de vie limitée dans un tel environnement. Donc, même si les réseaux de neurones étaient la technique la plus fiable pour identifier les comportements frauduleux, comme ils reposent sur le traitement de données historiques, ils ne peuvent s'adapter assez vite aux changements de ces comportements.

On retrouve la même problématique dans la finance de marchés, où les modèles de prévision ou de gestion mis au point sur des données historiques ne peuvent s'adapter aux changement structurels brusques des marchés.

Récemment, les nouveaux accords de Bâle II ont ouvert un nouveau champ d'application très significatif pour les réseaux bayésiens dans le domaine bancaire. Ces accords fixent les nouvelles règles que doivent appliquer les banques pour la détermination de leurs exigences en fonds propres. Ces fonds propres doivent être dimensionnés de façon à couvrir à un niveau de probabilité élevé les différents types de risques encourus par la banque : risques de crédit, risques de marché et risques opérationnels.

Le risque opérationnel a été défini par l'accord de Bâle II de façon générale comme « le risque de pertes provenant de processus internes inadéquats ou défaillants, de personnes et systèmes ou d'événements externes », et de façon spécifique en identifiant sept thèmes principaux de risque, comme la fraude, la relation avec les clients ou le personnel, les systèmes d'information, etc. La prise en compte de ces risques est en général très difficile, car les plus significatifs concernent des événements rares mais de fort impact. Comme de nombreux spécialistes de la gestion du risque l'ont mis en avant, en particulier [Ale02], l'utilisation de modèles bayésiens est particulièrement adaptée pour plusieurs raisons :

- Les réseaux bayésiens permettent de coupler les connaissances des experts et les données disponibles.
- Ils permettent de conditionner les risques et donc de mieux évaluer les pertes encourues.
- Ils permettent d'identifier des leviers de réduction de risque.
- Les modèles établis sont transparents et facilement auditables par les organismes de contrôle.

Gageons que l'utilisation des réseaux bayésiens deviendra probablement l'une des méthodes de référence pour la modélisation du risque opérationnel.

L'étude de cas sur la modélisation du risque global d'une entreprise (méthode GLORIA) que nous présentons dans le chapitre 9 permet d'avoir un aperçu de la démarche qui peut être adoptée pour une telle application, même si les objectifs visés sont plus qualitatifs.

▶ Marketing

Ce que l'on appelle aujourd'hui le data mining, est probablement le domaine où le potentiel des réseaux bayésiens est le plus élévé. Le data mining est défini par certains comme l'extraction automatique à partir de bases de données d'informations *a priori* inconnues et à valeur prédictive. Nous préférons le définir comme l'utilisation rationnelle de l'information contenue dans les données pour la prise de décision.

Quelle que soit la définition retenue, il reste que le développement actuel du data mining s'explique essentiellement par les applications dans le domaine du marketing, et que les réseaux bayésiens sont parfaitement adaptés à ces applications.

Le marketing est en train d'évoluer vers une gestion de plus en plus fine et individualisée du capital client, considéré comme un nouvel actif de l'entreprise. Les applications de prévision, de fidélisation, d'analyse du risque, d'anticipation des besoins, de ciblage d'actions s'inscrivent toutes dans cette démarche.

Toutes les caractéristiques des réseaux bayésiens sont autant d'atouts pour ces types d'applications :
- La gestion de l'incertitude, car évidemment toutes les actions marketing sont prises dans un contexte d'incertitude, où l'on recherche avant tout à augmenter la probabilité de succès.
- La capacité à intégrer des données incomplètes au cours de l'apprentissage, car les données utilisées dans le data mining appliqué au marketing proviennent souvent de sources déclaratives, de qualité approximative.
- L'apprentissage incrémental, car les relations évoluent avec le temps.
- La gestion de requêtes complexes, comme l'analyse de sensibilités, la recherche de l'action la plus appropriée.

Notons de plus que l'utilisation des réseaux bayésiens permet également d'envisager des applications de data mining pour de petites bases de données. Ce problème, qui reste rarement considéré aujourd'hui, peut cependant être très réel dans certaines applications. Comment faire pour tirer parti le plus rapidement possible de la connaissance à partir des premiers cas disponibles ? L'intégration avec de la connaissance *a priori* peut être une réponse à ce problème.

Nous pensons que le data mining, et en particulier ses applications dans le domaine du marketing seront l'un des moteurs principaux du développement des réseaux bayésiens dans un futur proche. Certains indicateurs, que nous analysons dans la section suivante sur l'offre commerciale et la recherche, semblent confirmer cette prévision.

▶ **Informatique**

Nous avons vu ci-dessus que certaines des caractéristiques des réseaux bayésiens en faisaient des systèmes de contrôle idéaux pour des systèmes autonomes dans des environnements changeants. Ces propriétés sont également valables pour équiper les agents logiciels, locaux à une machine, ou autonomes sur des réseaux ou sur Internet. Un agent logiciel est une application qui réalise de façon autonome une mission qui lui a été assignée par un utilisateur, ou par un autre agent. Les caractéristiques principales des agents intelligents sont donc :

- **L'autonomie**. Cela implique en particulier que l'agent doit pouvoir accomplir sa tâche sans se reporter systématiquement à son donneur d'ordre, et ce, même si des événements imprévus surviennent.
- **La motivation**. Un agent est dirigé par un but et doit éventuellement définir son propre plan d'action pour atteindre son but.
- **La réactivité**. Un agent doit pouvoir modifier son comportement lorsqu'une nouvelle information devient disponible.
- **L'adaptativité**. Un agent doit être capable d'intégrer les modifications de son environnement. Ceci est particulièrement vrai pour les agents opérant sur Internet ou d'autres réseaux, dont l'environnement est par nature instable.

Les réseaux bayésiens sont probablement l'une des technologies les plus adaptées pour construire l'intelligence des agents. Ils assurent en effet les différentes propriétés présentées précédemment :

- L'autonomie est représentée par la capacité des réseaux bayésiens de fournir des décisions en présence d'incertitude, ou en l'absence de certaines informations.
- La motivation peut être représentée par certains types d'inférences, ou par un système de planification.
- La réactivité est le principe même de l'inférence dans les réseaux bayésiens (révision de la conclusion).
- L'adaptation à l'environnement est rendue possible par les capacités d'apprentissage incrémental des réseaux bayésiens.

La compacité de la représentation de la connaissance autorisée par les réseaux bayésiens est aussi un avantage pour en faire une intelligence embarquée.

L'utilisation de réseaux bayésiens dans les agents bureautiques a été largement développée par Microsoft dans les outils d'aide et de diagnostic pour son système d'exploitation Windows, à partir de Windows 98. De même, l'agent Office Assistant est un système d'aide proactif intégré dans Office, à partir de la version 97. Plusieurs agents de support technique de Microsoft ont également été développés dans le cadre du projet LUMIERE du groupe DTAS (*Decision Theory and Adaptive Systems*).

L'application Vista, détaillée dans le chapitre suivant, peut également être considérée comme un agent intelligent, dont le rôle est de sélectionner les données présentées à un utilisateur en fonction de l'état du système physique qu'il doit superviser.

Les réseaux bayésiens constituent selon nous le modèle idéal pour embarquer de l'intelligence ou de la connaissance.

Embarquer de l'intelligence revient à doter un agent d'un équipement lui permettant de décider dans des environnements incertains, et de s'adapter lorsque ces environnements changent. Un module bayésien de prise de décision, éventuellement capable d'adaptation, est l'un des meilleurs équipements que l'on puisse fournir à un agent envoyé en mission sur Internet, ou sur d'autres types de réseau, où l'information est par nature incertaine et évolutive, voire manipulée.

▶ **Gestion des connaissances**

Dans la première partie de ce livre, nous avons montré comment les réseaux bayésiens pouvaient être construits simplement en cherchant à quantifier la représentation de graphes de causalités. Cette représentation graphique des domaines de connaissance reste la base des réseaux bayésiens.

Si les réseaux sont de taille raisonnable, cette représentation de la connaissance est très simple et intuitive, et permet d'envisager des échanges de modèles de connaissances sous forme de réseaux. Certaines expériences ont montré que l'utilisation de réseaux bayésiens permet de faciliter l'échange entre experts d'un domaine.

Le domaine de la gestion des connaissances, qui connaît un intérêt croissant, est donc également un champ d'application potentiel pour les réseaux bayésiens, dans la mesure où ceux-ci offrent un formalisme riche et intuitif de représentation de la connaissance.

7.3 Comment utiliser des réseaux bayésiens ?

La construction d'un réseau bayésien s'effectue en trois étapes essentielles, qui sont présentées sur la figure 7.7 ci-après.

Chacune des trois étapes peut impliquer un recueil d'expertise, au moyen de questionnaires écrits, d'entretiens individuels ou encore de séances de *brainstorming*. Préconiser, dans un cadre général, l'une ou l'autre de ces approches serait pour le moins hasardeux ; les chapitres suivants montreront quels choix ont été retenus dans plusieurs utilisations réelles des réseaux bayésiens.

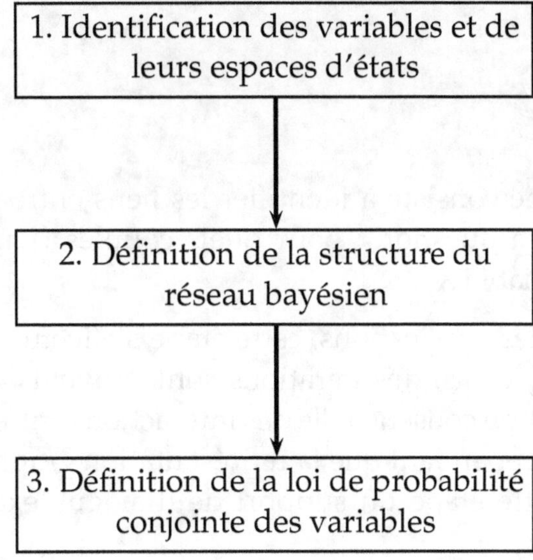

FIG. 7.7 *Étapes de construction d'un réseau bayésien*

7.3.1 Identification des variables et de leurs espaces d'états

La première étape de construction du réseau bayésien est la seule pour laquelle l'intervention humaine est absolument indispensable. Il s'agit de déterminer l'ensemble des variables X_i, catégorielles ou numériques, qui caractérisent le système. Comme dans tout travail de modélisation, un compromis entre la précision de la représentation et la maniabilité du modèle doit être trouvé, au moyen d'une discussion entre les experts et le modélisateur.

Lorsque les variables sont identifiées, il est ensuite nécessaire de préciser l'*espace d'états* de chaque variable X_i, c'est-à-dire l'ensemble de ses valeurs possibles.

La majorité des logiciels de réseaux bayésiens ne traite que des modèles à variables discrètes, ayant un nombre fini de valeurs possibles. Si tel est le cas, il est impératif de discrétiser les plages de variation des variables continues. Cette limitation est parfois gênante en pratique, car des discrétisations trop fines peuvent conduire à des tables de probabilités de grande taille, de nature à saturer la mémoire de l'ordinateur.

7.3.2 Définition de la structure du réseau bayésien

La deuxième étape consiste à identifier les liens entre variables, c'est-à-dire à répondre à la question : pour quels couples (i,j) la variable X_i influence-t-elle la variable X_j ?

Dans la plupart des applications, cette étape s'effectue par l'interrogation d'experts. Dans ce cas, des itérations sont souvent nécessaires pour aboutir à une description consensuelle des interactions entre les variables X_i. L'expérience montre cependant que la représentation graphique du réseau bayésien est dans cette étape un support de dialogue extrêmement précieux.

Un réseau bayésien ne doit pas comporter de circuit orienté ou boucle (figure 7.8). Cependant, le nombre et la complexité des dépendances identifiées par les experts laissent parfois supposer que la modélisation par un graphe sans circuit est impossible. Il est alors important de garder à l'esprit que, quelles que soient les dépendances stochastiques entre des variables aléatoires discrètes, il existe toujours une représentation par réseau bayésien de leur loi conjointe. Ce résultat théorique est fondamental et montre bien la puissance de modélisation des réseaux bayésiens.

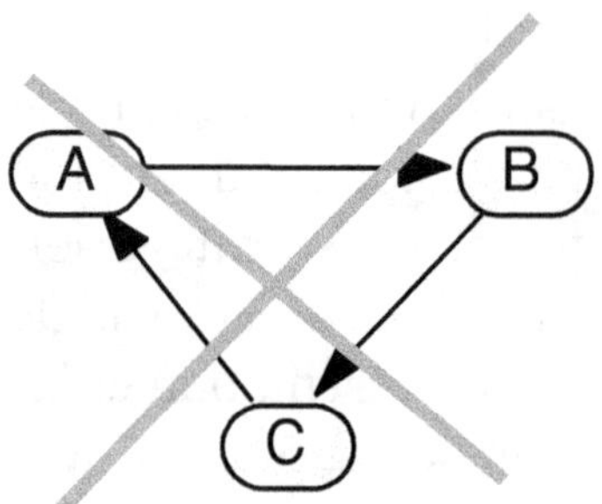

FIG. 7.8 *Boucle dans un réseau bayésien*

Lorsque l'on dispose d'une quantité suffisante de données de retour d'expérience concernant les variables X_i, la structure du réseau bayésien peut également être apprise automatiquement par le réseau bayésien, à condition bien sûr que le logiciel utilisé soit doté de la fonctionnalité adéquate.

7.3.3   Loi de probabilité conjointe des variables

La dernière étape de construction du réseau bayésien consiste à renseigner les tables de probabilités associées aux différentes variables.

Dans un premier temps, la connaissance des experts concernant les lois de probabilité des variables est intégrée au modèle.

Concrètement, deux cas se présentent selon la position d'une variable X_i dans le réseau bayésien :

- La variable X_i n'a pas de variable parente : les experts doivent préciser la loi de probabilité marginale de X_i.
- La variable X_i possède des variables parentes : les experts doivent exprimer la dépendance de X_i en fonction des variables parentes, soit au moyen de probabilités conditionnelles, soit par une équation déterministe (que le logiciel convertira ensuite en probabilités).

Le recueil de lois de probabilités auprès d'experts est une étape délicate du processus de construction du réseau bayésien. Typiquement, les experts se montrent réticents à chiffrer la plausibilité d'un événement qu'ils n'ont jamais observé.

Cependant, une discussion approfondie avec les experts, aboutissant parfois à une reformulation plus précise des variables, permet dans de nombreux cas l'obtention d'appréciations qualitatives. Ainsi, lorsqu'un événement est clairement défini, les experts sont généralement mieux à même d'exprimer si celui-ci est probable, peu probable, hautement improbable, etc. Il est alors possible d'utiliser une table de conversion d'appréciations qualitatives en probabilités, comme l'échelle de Lichtenstein et Newman proposé par [Ayy01, LP01]. La figure 7.9 ci-après représente graphiquement un extrait de cette table (les marges d'erreur associées à chaque probabilité sont figurées en gris foncé). Le développement des réseaux bayésiens a donné lieu à de nombreux travaux sur le thème de la correspondance entre les termes linguistiques et les probabilités quantitatives [RW99].

Le cas d'absence totale d'information concernant la loi de probabilité d'une variable X_i peut être rencontré. La solution pragmatique consiste alors à affecter à X_i une loi de probabilité arbitraire, par exemple une loi uniforme. Lorsque la construction du réseau bayésien est achevée, l'étude de la sensibilité du modèle à cette loi permet de décider ou non de consacrer davantage de moyens à l'étude de la variable X_i.

La quasi-totalité des logiciels commerciaux de réseaux bayésiens permet l'apprentissage automatique des tables de probabilités à partir de données. Par conséquent, dans un second temps, les éventuelles observations des X_i peuvent être incorporées au modèle, afin d'affiner les probabilités introduites par les experts.

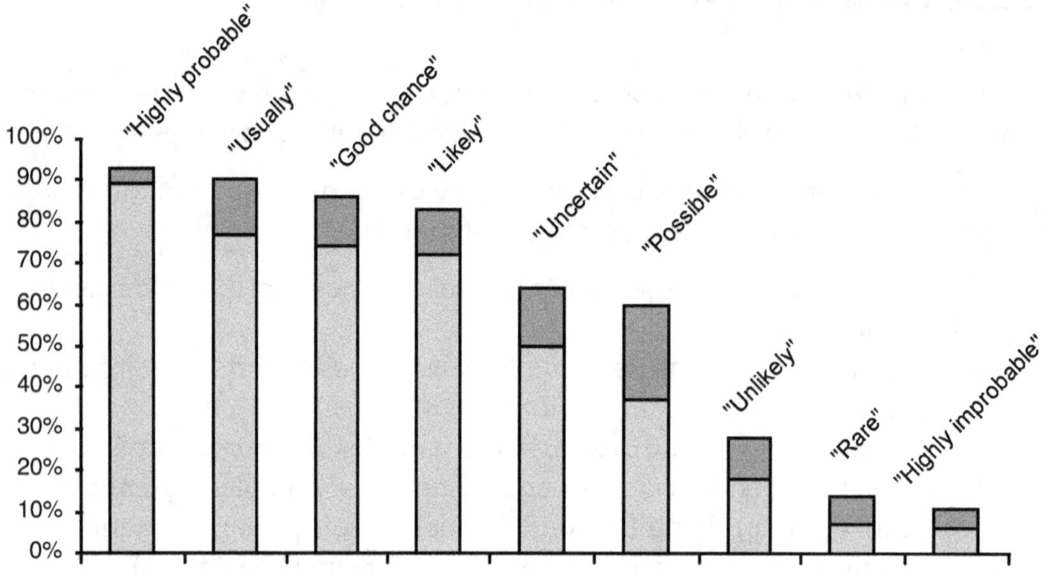

FIG. 7.9 *Correspondance entre appréciations qualitatives et probabilités (échelle de Lichtenstein et Newman)*

Il est rare en pratique que les données soient suffisamment nombreuses et fiables pour caractériser de manière satisfaisante la loi de probabilité conjointe des variables X_i. Cependant, si tel est le cas, l'apprentissage automatique des probabilités rend inutile la phase de renseignement du modèle par des probabilités expertes ; on peut alors se contenter, dans la phase initiale, d'attribuer à chaque variable une loi de probabilité uniforme.

Chapitre 8

Exemples d'applications

Nous présentons dans ce chapitre des applications auxquelles nous n'avons pas participé directement, mais pour lesquelles nous avons pu obtenir des informations, soit à partir de publications scientifiques ou commerciales, soit directement auprès des sociétés citées. Nous décrivons tout d'abord en détail deux applications particulièrement ambitieuses sur l'un des aspects de l'utilisation des réseaux bayésiens : la détection de fraude (ATT), pour ce qui est de l'apprentissage, et l'aide à la décision en situation critique (NASA) pour l'inférence. Nous présentons ensuite une revue d'applications existantes, classées par domaine.

8.1 Détection de fraude (ATT)

L'une des applications qui fait référence pour l'utilisation des réseaux bayésiens pour le data mining est le système de détection de fraude mis en production à la fin des années 1990 par la société américaine de télécommunications ATT [ES95]. L'application développée vise deux objectifs : premièrement, détecter, soit au niveau des clients, soit au niveau des appels, un risque élevé de non-recouvrement et, deuxièmement, décider les actions à effectuer en fonction de ce niveau de risque. Les coûts mis en jeu s'évaluent en centaines de millions de dollars.
Deux systèmes fondés sur les réseaux bayésiens ont été développés pour

chacun de ces deux aspects du problème. Le système APRI (*Advanced Pattern Recognition and Identification*) utilise un algorithme spécialisé d'apprentissage dans un réseau bayésien pour répondre au problème de l'évaluation du risque lié à un client ou à un appel. Le système NESDT (*Normative Expert System Development Tool*) utilise le formalisme des diagrammes d'influence pour produire les recommandations d'action suivant le niveau de risque, et les autres caractéristiques du client.

La détection de fraudes dans le domaine des télécommunications possède certaines caractéristiques qui rendent cette application particulièrement difficile :

- Le nombre des fraudeurs ou des mauvais payeurs est en général très faible par rapport à celui des bons clients (1 ou 2 %).
- Les données disponibles pour chaque client, ou pour chaque appel, sont continues pour certaines (comme le montant de l'appel, ou le montant de la facture totale du client), et discrètes pour d'autres, avec un nombre parfois très élevé de modalités (par exemple, pour la ville d'émission ou de destination de l'appel).
- La taille des bases de données traitées est impressionnante : quelques millions d'appels sont émis chaque jour sur le réseau d'ATT. Cela correspond à quelque 50 giga-octets de données collectées par jour.
- Le problème est dynamique par nature, d'une part parce que la fraude évolue dans le temps, mais surtout parce que le système même a un impact sur la structure de la fraude, dans la mesure où il contraint les fraudeurs à s'écarter des formes qu'il a détectées.
- Enfin, l'évaluation du coût d'une fausse alarme, c'est-à-dire du fait de décider à tort qu'un appel ou un client est mauvais du point de vue du recouvrement, est difficile. En effet, suivant l'action entreprise sur une telle fausse alarme, le client peut aller jusqu'à résilier son abonnement, ce qui représente un manque à gagner différent suivant le type de client. C'est la raison pour laquelle les deux applications ont été séparées.

Pour rendre possible l'apprentissage du système APRI, une méthode spécialisée d'apprentissage dans les réseaux bayésiens a été développée, décomposée en deux étapes principales.

La première étape est une recherche heuristique de la structure du réseau qui constitue la spécificité de la méthode. En effet, l'heuristique proposée par Cooper et développée dans la partie théorique ne s'applique pas ici, car les variables ne sont pas toutes discrètes.

En outre l'hypothèse d'indépendance des exemples n'est pas vérifiée dans le cas où l'on traite une base de données d'appels, qui contient donc des séquences de plusieurs appels pour un même client.

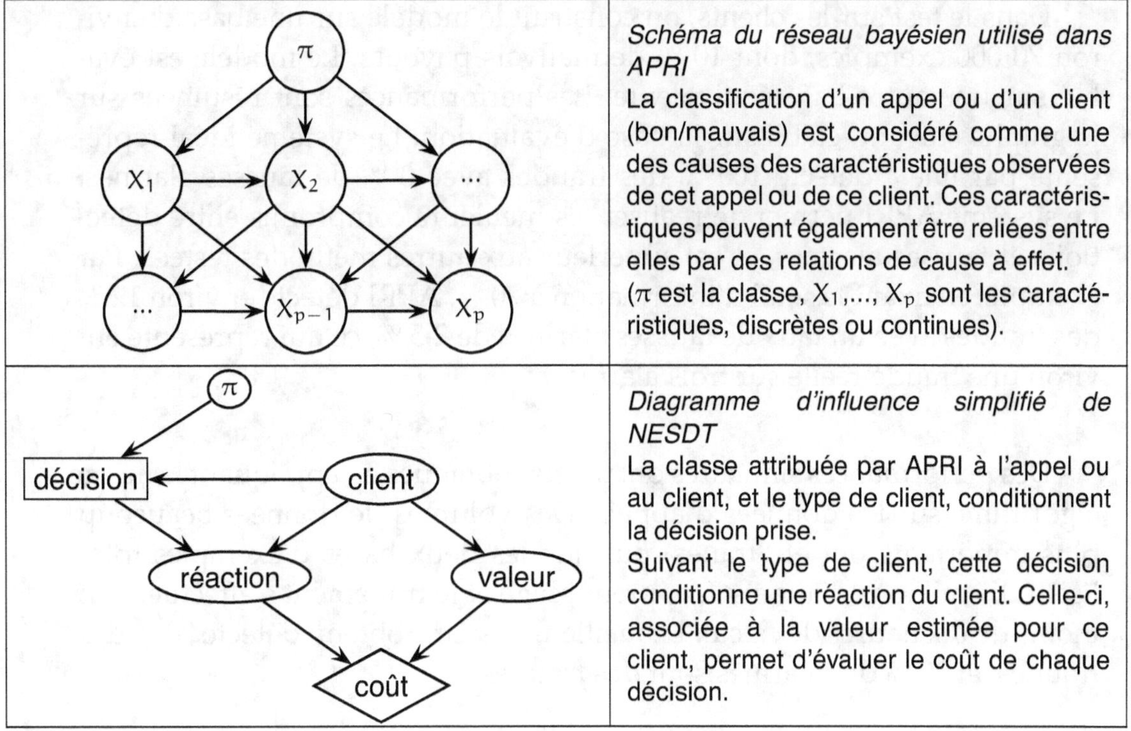

	Schéma du réseau bayésien utilisé dans APRI
	La classification d'un appel ou d'un client (bon/mauvais) est considéré comme une des causes des caractéristiques observées de cet appel ou de ce client. Ces caractéristiques peuvent également être reliées entre elles par des relations de cause à effet. (π est la classe, X_1,..., X_p sont les caractéristiques, discrètes ou continues).
	Diagramme d'influence simplifié de NESDT
	La classe attribuée par APRI à l'appel ou au client, et le type de client, conditionnent la décision prise. Suivant le type de client, cette décision conditionne une réaction du client. Celle-ci, associée à la valeur estimée pour ce client, permet d'évaluer le coût de chaque décision.

FIG. 8.1 *Les systèmes APRI et NESDT d'ATT*

L'algorithme qui a été développé utilise une évaluation de l'information mutuelle entre la classe et chacune des variables, et une évaluation de l'information mutuelle entre les variables prises deux à deux. Une fois ces calculs faits, les liens les plus significatifs sont retenus dans le réseau, jusqu'à un certain seuil du cumul des informations mutuelles, qui est un paramètre du système. Connaissant cette structure, on calcule dans une deuxième étape les probabilités conditionnelles et la probabilité, à partir de la base d'exemples.

Compte tenu de l'algorithme utilisé pour la recherche de structure, le calcul est relativement rapide et autorise une révision régulière du modèle. Les performances du système sont particulièrement intéressantes, et ont été comparées à une méthode d'analyse discriminante linéaire et quadratique, et à l'algorithme CART qui est une méthode de classification spécialement conçue pour les problèmes mixtes (données continues et discrètes).

Deux tests ont été menés : l'un porte sur les clients, et l'autre sur les appels.

Dans le test sur les clients, on construit le modèle sur une base d'environ 70 000 exemples, dont 10 % de mauvais payeurs. Le modèle est évalué sur une autre base équivalente. Les performances sont résumées sur le graphe suivant, établi sur la base d'évaluation. Le système idéal représenté par une * détecte 100 % des fraudes avec 0 % de fausses alarmes. Le système APRI permet de réaliser les meilleurs compromis entre détections et fausses alarmes, et est supérieur aux autres méthodes testées. Par exemple, en fixant le seuil d'information à 70 %, APRI détecte environ 12 % des fraudes avec un taux de fausses alarmes de 2,5 %, ce qui représente environ une fraude réelle sur trois alarmes.

Des performances similaires ont pu être obtenues en appliquant le même algorithme sur les données d'appels. Des volumes de données beaucoup plus importants ont été traités, puisque les deux bases d'exemples totalisent dix millions d'appels. L'apprentissage et le traitement s'effectuent en moins de dix heures de calcul. Le meilleur système obtenu détecte 20 % des fraudes, et 50 % des alarmes sont des fraudes.

Ce système a été développé par les équipes de recherche internes de l'opérateur américain. Selon ATT, les modèles APRI ont été utilisés de façon opérationnelle pendant plusieurs années, et leur pouvoir prédictif a pu être démontré de façon stable. Les variables utilisées par ATT ne sont, bien sûr, pas publiques. Comme nous l'avons mentionné ci-dessus, les modèles utilisent à la fois des variables mesurant directement des caractéristiques des clients et des appels, ainsi que des variables synthétiques. ATT a cependant accepté de nous communiquer le graphe d'un des modèles utilisés, qui montre qu'assez peu de liens de causalité existent entre les caractéristiques.

8.2 Aide à la décision en temps réel (NASA)

L'application Vista a été développée par la NASA en collaboration avec la société californienne Knowledge Industries [HB95].

Cette application est fondée sur la recherche d'un compromis entre le temps nécessaire pour prendre une décision, qui augmente avec le nombre d'informations à analyser, et le temps disponible pour prendre cette décision, qui peut être court si le système concerné évolue rapidement.

Cet arbitrage est particulièrement sensible dans le domaine de Vista, qui est le suivi des moteurs de positionnement orbital de la navette spatiale

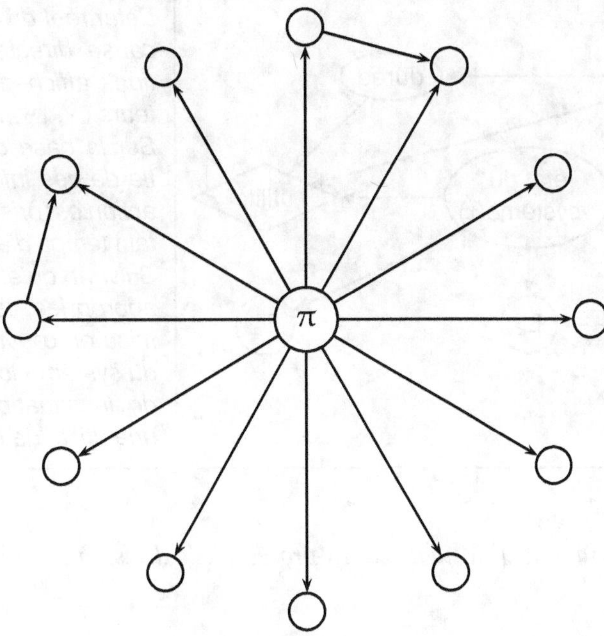

FIG. 8.2 *Graphe d'un des modèles utilisés dans APRI (source ATT)*

américaine. Il s'agit de suivre en temps réel les paramètres décrivant l'état des systèmes de propulsion pendant certaines phases critiques comme l'insertion et la stabilisation de la navette sur son orbite.

Les ingénieurs de vol ont accès à un grand nombre de paramètres de contrôle des moteurs, qui sont relayés par des capteurs. Jusqu'à 25 000 données sont potentiellement disponibles en temps réel. Si un problème survient sur un moteur pendant une phase critique, l'ingénieur de vol doit décider le plus rapidement possible si ce moteur doit être arrêté ou non et, si oui, comment répartir le carburant entre les autres moteurs pour continuer la mission. Chaque seconde passée à analyser la situation peut être une seconde pendant laquelle du carburant continue à être injecté dans un moteur défectueux.

Réciproquement, couper un moteur avant qu'une vitesse critique soit atteinte peut conduire à interrompre la mission.

Cette dépendance critique du processus de décision par rapport au temps est représentée par le diagramme d'influence de la figure 8.3 ci-après.

L'objectif étant de réduire le temps nécessaire à l'analyse de la situation, et toutes choses étant égales par ailleurs, le seul paramètre sur lequel on peut jouer est le nombre et la nature des informations affichées sur l'écran

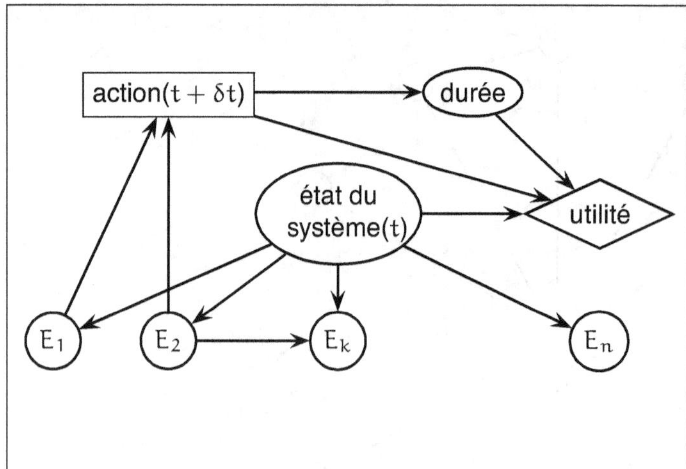

FIG. 8.3 *Diagramme d'influence d'un processus de décision en temps réel*

de contrôle de l'opérateur. Moins il y aura d'informations affichées, plus rapide sera l'analyse de la situation, et plus elles seront pertinentes par rapport à l'état réel du système, plus efficace sera l'action entreprise.

Un gestionnaire d'affichage est donc introduit dans le système. Son rôle est de sélectionner les informations à afficher. À cette fin, on attribue un score à chaque information, qui est appelé « utilité moyenne de l'information affichée », ou EVDI (*Expected Value of Displayed Information*). Cet indicateur mesure le gain d'utilité qui sera obtenu en moyenne en affichant une information complémentaire. Cet indicateur ne peut être calculé que si l'on dispose de trois modèles probabilistes :

- Le modèle du système physique lui-même, incluant les capteurs. Ce modèle permet en particulier de calculer la probabilité que le système soit dans un certain état, étant données les valeurs affichées par les capteurs.
- Le modèle de l'impact d'une action sur le système physique.
- Le modèle de l'opérateur, ou comment les informations qu'il peut observer au niveau des capteurs déterminent son interprétation de la situation et l'action qu'il va décider de mettre en œuvre.

Les ingénieurs de la NASA, aidés de ceux de la société californienne Knowledge Industries, ont développé ces trois modèles sous forme de réseaux bayésiens.

L'ensemble du modèle représenté par la figure 8.4 ci-après est donc aussi un réseau bayésien, et le calcul du score EVDI est possible pour chaque information.

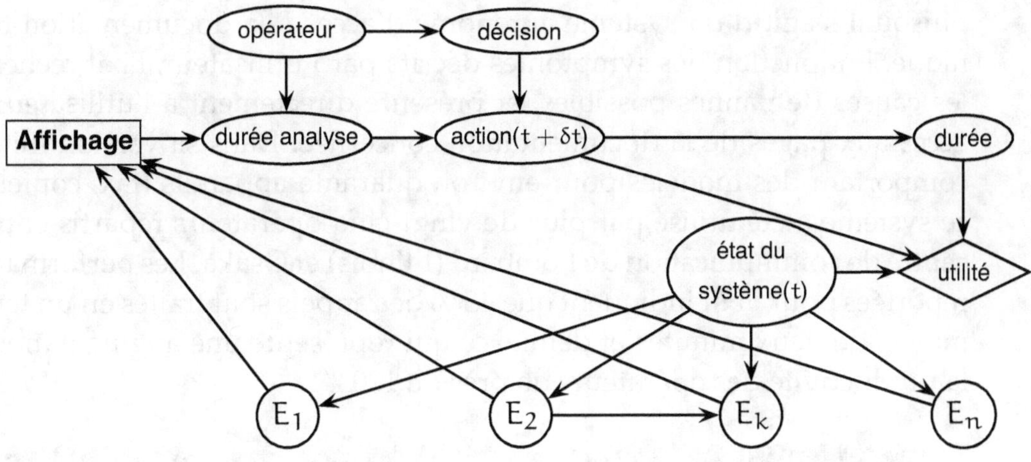

FIG. 8.4 *Rôle du gestionnaire d'affichage dans la décision en temps réel*

Dans la situation où l'ensemble des observations disponibles au gestionnaire d'affichage est noté $\mathcal{E}$, l'utilité associée à un sous-ensemble d'informations affichées E est mesurée comme la somme des utilités de chaque action qui serait prise par l'opérateur, pondérées par la probabilité que l'opérateur prenne effectivement cette action, connaissant E. La formule associée est la suivante : (on a introduit ici une variable intermédiaire qui est l'hypothèse que l'opérateur formule sur l'état du système, connaissant E).

$$U(E, \mathcal{E}) = \sum_i p(A_i \mid E) . \sum_j u[A_i, H_j, \delta_t(E)].p(H_j \mid E)$$

L'utilité apportée par l'affichage de l'information e est donc simplement calculée par la différence des utilités $U(E \cup \{e\}, \mathcal{E})$ et $U(E, \mathcal{E})$. Le compromis entre durée d'analyse et pertinence de l'action mise en œuvre est pris en compte dans le terme $\delta_t(E)$.

8.3 Autres applications (par domaines)

8.3.1 Industrie

La société Ricoh a été l'une des pionnières de l'utilisation des réseaux bayésiens pour le dépannage. En 1997, le centre de recherche californien de la société Ricoh a développé un système d'assistance aux opérateurs chargés d'intervenir sur des copieurs en panne [HGJ97]. L'approche utilisée pour construire ce système appelé Fixit est relativement originale, puisqu'il s'agit d'un système autonome d'accès à la documentation technique. En fonction des symptômes décrits par l'utilisateur, Fixit recherche les causes de pannes possibles, et présente directement à l'utilisateur un accès aux pages de la documentation concernée. Dans sa version initiale, comportant des modèles pour environ quarante appareils (fax, copieurs), ce système a été utilisé par plus de vingt-cinq opérateurs répartis entre le centre de communication de Lombard (Illinois) et Osaka. Les performances reportées pour Fixit indiquent que 45 % des appels sont traités en un temps moyen de deux minutes et demie, ce qui représente une augmentation de la productivité des opérateurs de près de 100 %.

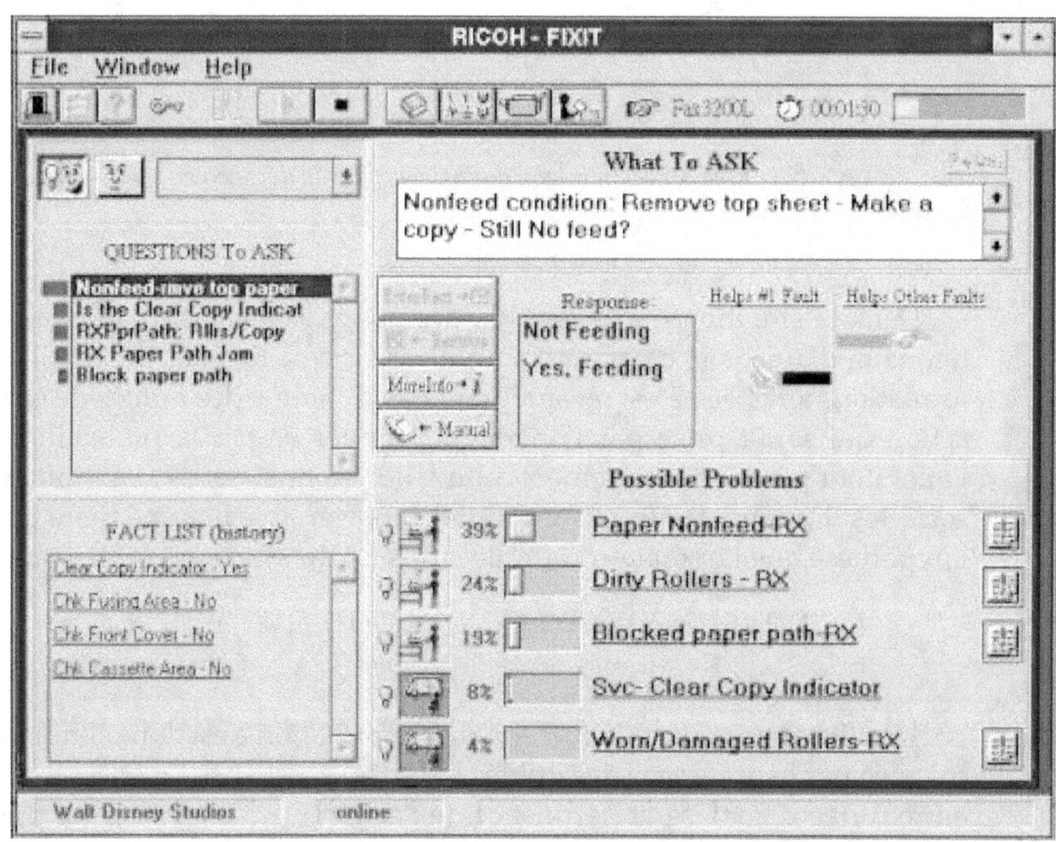

FIG. 8.5 *Écran Fixit en cours de session (source Ricoh)*

La figure 8.5 montre une session de diagnostic en cours. Dans ce cas, le client au téléphone est supposé avoir déjà fourni des observations (FACT LIST en bas à gauche de l'écran). Le réseau bayésien de la figure 8.6 ci-après est un extrait de la base de connaissances utilisée pour le fax modèle 3200L. Les nœuds en gris clair représentent des symptômes, ceux qui apparaissent en gris foncé représentent des types de pannes.

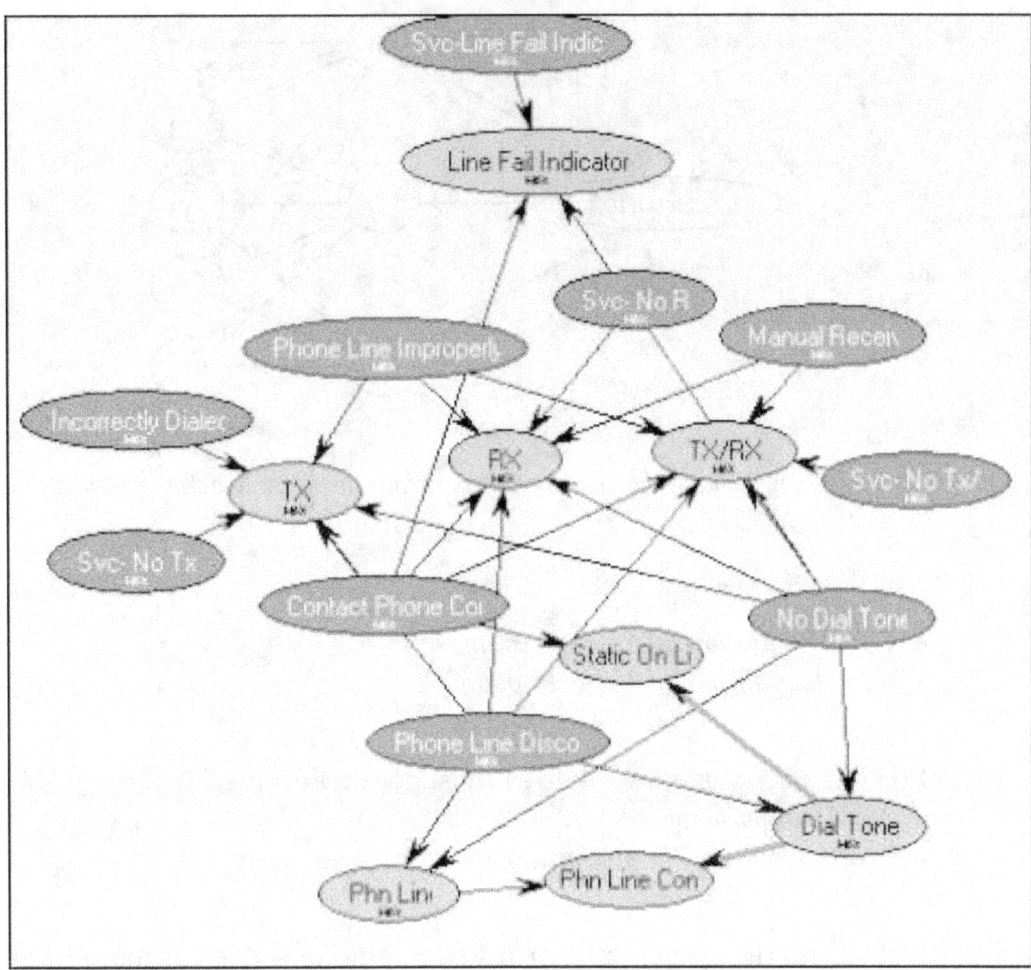

FIG. 8.6 *Extrait d'une base de connaissances Fixit (source Ricoh)*

Plus récemment, en 2001, la société Hugin a généralisé cette approche en développant une méthode de dépannage de systèmes complexes, basée sur l'utilisation des réseaux bayésiens. Cette démarche, baptisée SACSO (*Systems for Automated Customer Support Operations*) a été appliquée dans un premier temps au diagnostic de pannes des imprimantes en réseau [JKK+]. Le principe de la méthode est relativement classique dans le diagnostic assisté par ordinateur. On utilise l'information disponible pour identifier un ensemble de causes possibles, et les classer par vraisemblance. SACSO introduit trois types de nœuds dans le réseau bayésien : les nœuds de *panne*, les nœuds d'*action*, et les nœuds de *question*.

Le comportement observé (par exemple, « impression trop pâle ») peut avoir plusieurs causes possibles, comme :
- C_1=*Manque de toner*

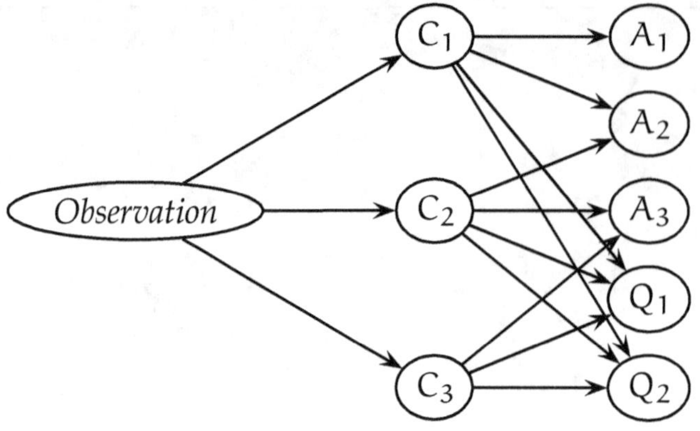

FIG. 8.7 *Principe de la méthode SACSO : nœuds de panne, d'action et de question*

- C_2=*Distribution du toner défectueuse*
- C_3=*Mauvais paramétrage du pilote*
- etc.

Plusieurs actions peuvent être envisagées telles que :
- A_1=*Changer le toner*
- A_2=*Redémarrer l'imprimante*
- etc.

L'efficacité de ces actions sur un problème possible est modélisée par la probabilité conditionnelle que l'action envisagée soit efficace, la panne étant donnée. Ainsi $P(A_1 \mid C_3) = 0$ indique que changer le toner a probablement peu d'effet sur le paramétrage du pilote. Les nœuds de question fonctionnent de façon similaire, c'est-à-dire que la réponse attendue à la question est modélisée par la probabilité conditionnelle que la réponse à la question soit positive, la panne étant donnée. Par exemple, pour la question Q_1=«La page de test s'imprime-t-elle correctement ?», on aura $P(Q_1 \mid C_1) = 0$, $P(Q_1 \mid C_2) = 0$. Une réponse positive à cette question permet donc d'éliminer les causes C_1 et C_2.

Avec cette modélisation, on va à présent chercher à représenter la notion de stratégie de dépannage. Une stratégie peut se représenter par un arbre dont les nœuds sont de deux sortes : les nœuds de question/action, et les nœuds de résultats. La figure 8.8 ci-après montre un exemple d'une telle stratégie.

On commence par poser la question Q_1. Si la réponse est non, on effectue l'action A_1. Si celle-ci ne résoud pas le problème, on effectue l'action A_2. Si elle ne résoud pas non plus le problème, on est dans une situation d'échec (notée «!! »). Les autres branches de la stratégie se lisent de la même façon. En affectant un coût à chaque question et action, et une pénalisation à chaque situation d'échec, on peut estimer le coût moyen de réparation associé à une stratégie donnée. La résolution d'un problème de dépannage consiste donc à rechercher la stratégie optimale, c'est-à-dire celle qui minimise le coût moyen de réparation.

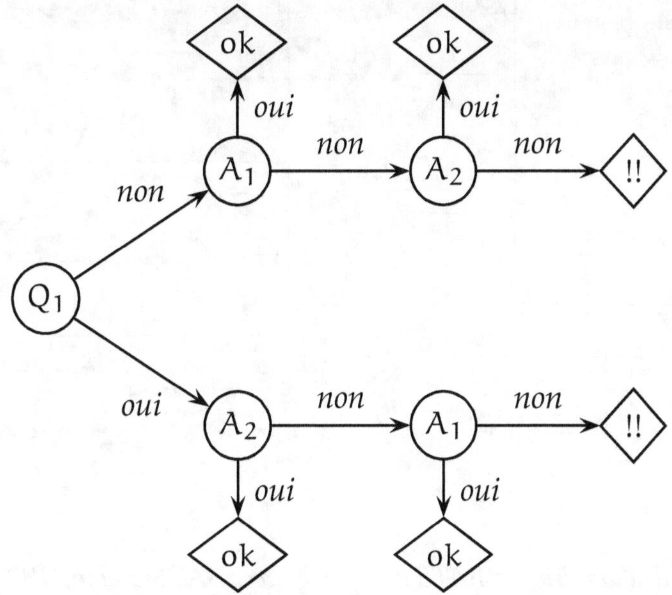

FIG. 8.8 *Un exemple de stratégie de dépannage*

Il a été démontré que cette recherche est un problème NP-complet. Le projet SACSO a permis de développer des heuristiques très performantes en utilisant une formalisation par réseau bayésien, tel que celui présenté à la figure 8.7 page précédente. Cette méthodologie a fait l'objet d'un développement spécifique, commercialisé aujourd'hui par Hugin (Hugin Advisor) et par la société danoise *Dezide*.

Toujours dans le domaine de la maintenance, General Electric a utilisé des réseaux bayésiens pour l'analyse de performances de moteurs d'avion (gamme CF6) pendant leur révision générale. Le problème clé de la révision des moteurs d'avion est de déterminer l'action de maintenance la plus appropriée pour ramener si nécessaire les performances du moteur dans le domaine défini par le constructeur. La difficulté est de relier les différentes mesures effectuées pour en déduire un problème potentiel, et donc l'action à effectuer. Ce système est aujourd'hui en service dans plusieurs ateliers de révision de GE. Le réseau utilisé compte 350 nœuds, dont 47 représentent des types de pannes, et 144 des observations.

Rappelons également le développement, par la société danoise Hugin, du système de contrôle du véhicule sous-marin UUM pour la société Lock-

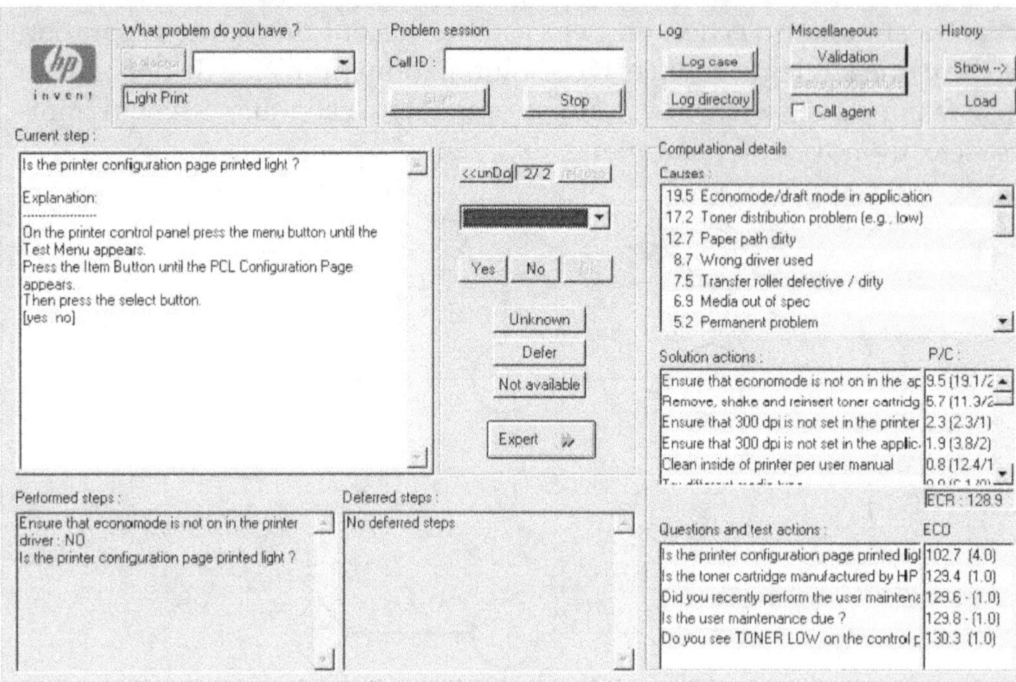

FIG. 8.9 *Écran de l'application BATS développée avec SACSO pour HP.*

heed, que nous avons évoqué dans la section précédente. Ce travail a ensuite fait l'objet de nouveaux développements dans le cadre des programmes de recherche de la Commission européenne avec le projet Advocate qui a permis de développer une architecture logicielle réutilisable pour le contrôle de véhicules sous-marins (en partenariat avec STN-Atlas et Ifremer). Une nouvelle génération de ce projet (Advocate-2) a été lancée en 2001, généralisant la démarche des véhicules terrestres, avec des applications dans le domaine spatial et pour le déplacement dans des environnements dangereux.

8.3.2 Santé

Dans le cadre du projet *Human Genome* du gouvernement américain, le *National Health Institute* et l'institut de technologie israélien Technion ont mis au point une méthode fondée sur l'utilisation des techniques d'inférences bayésiennes à la localisation des gènes, à partir de la localisation de gènes connus, et de l'analyse d'arbres généalogiques [BGS97].

La localisation d'un gène peut être abordée en mesurant la distance entre ce gène et d'autres gènes dont l'emplacement est connu. L'idée générale à la base de ce projet est que si deux gènes sont proches, la probabi-

FIG. 8.10 *Un véhicule autonome terrestre utilisé dans Advocate II*

lité qu'ils soient séparés durant le *crossing-over* est faible. La probabilité de séparation est donc une mesure de la distance entre deux gènes, qui peut être estimée en analysant l'arbre généalogique de familles où la maladie est présente.

L'apport de ce projet a été d'intégrer les techniques d'inférences développées pour les réseaux bayésiens dans un contexte où le raisonnement probabiliste était déjà largement présent. Le résultat a été des gains de performances considérables (des vitesses d'analyse jusqu'à quarante fois supérieures).

De nombreuses applications ponctuelles des réseaux bayésiens dans le domaine de la médecine se développent, avec les précautions qui s'imposent dans ce type d'application. Nous pouvons citer en particulier une application utilisant la technologie Hugin pour l'évaluation des patients en salle d'urgence (Dynasty).

8.3.3   Informatique et télécommunications

Dans le domaine du diagnostic de programmes informatiques, l'une des premières applications utilisant des réseaux bayésiens a été développée par l'université du Texas à Arlington, en collaboration avec le groupe DTAS de Microsoft, pour le diagnostic des erreurs d'exécution du système SABRE (l'un des systèmes de réservation aérienne les plus utilisés au monde).

Toujours dans ce domaine, le projet SERENE (*Safety and Risk Evaluation*) regroupe, dans le cadre du programme de recherche européen Esprit, plusieurs partenaires cherchant à développer une méthodologie d'utilisation des réseaux bayésiens dans le cadre du contrôle qualité du logiciel, pour des systèmes critiques. Ce système met en œuvre à la fois des modèles d'expertise pour le raisonnement qualitatif et un lien à des bases d'exemples. Le partenaire français du projet est EDF.

Citons également la société canadienne Nortel, qui a développé un système d'analyse de la fiabilité du nouveau système ADS (*ATM Distributed Switching*). L'idée générale est de modéliser les dépendances entre les différents aspects du logiciel (architecture, environnement de développement et environnement d'exécution) avant même sa réalisation, pour simuler la fiabilité du système d'ensemble.

Dans le même domaine, Nokia a récemment mis au point un logiciel de diagnostic et de dépannage de réseaux de téléphone mobile, basé sur Hugin Explorer [BGH+02].

Dans le domaine des agents informatiques, le groupe Microsoft/DTAS a travaillé depuis 1995 au développement d'interfaces adaptables aux utilisateurs pour les produits Microsoft.

Le projet Lumière [HBH+98], centré sur la construction et l'intégration de modèles bayésiens pour l'aide à l'utilisateur, a conduit à définir le produit Office Assistant (le « trombone » d'Office), un système d'aide fondé sur les réseaux bayésiens et intégré à Office à partir de la version 97. Ce projet prend en compte un certain nombre d'aspects de la modélisation des utilisateurs, à partir d'informations recueillies pendant l'interaction de l'utilisateur avec le système, par exemple :

- La recherche en vue d'accéder à une fonctionnalité précise, qui se matérialise par l'exploration des menus, le défilement de texte, et le déplacement de la souris sur des régions non actives.
- La réflexion, qui peut se manifester par une pause, ou une diminution des échanges avec le système.
- Les effets indésirables, qui se manifestent par exemple par un accès à la touche *Undo*, l'ouverture et la fermeture rapide de certaines boîtes de dialogue.
- L'inefficacité des actions, lorsque l'utilisateur n'utilise pas la séquence de touches la plus appropriée, ou les raccourcis disponibles.

Le système Office Assistant comprend trois modules principaux. Un module de synthèse est chargé de transformer les actions de l'utilisateur en des observations pour le réseau bayésien, dont l'inférence produit des décisions, qui sont exécutées par le module de contrôle. L'une des originalités d'Office Assistant est le raisonnement temporel, qui nécessite d'utiliser

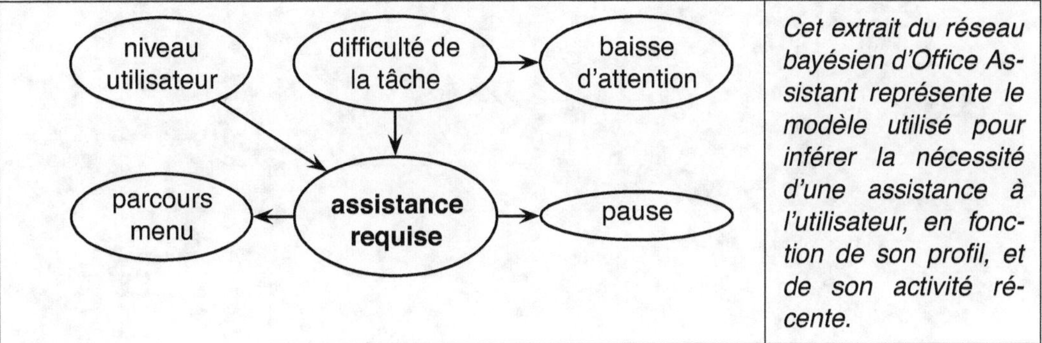

FIG. 8.11 *Un extrait d'Office Assistant de Microsoft (projet Lumière)*

un formalisme spécifique de réseaux bayésiens (réseaux bayésiens dynamiques). Le principe des assistants bayésiens a été également utilisé par Microsoft pour les systèmes de dépannage (*troubleshooters*) pour Windows 2000, qui intègre plus de vingt systèmes de dépannage bayésiens.

Plus récemment encore, les réseaux bayésiens ont trouvé une nouvelle application dans le domaine informatique : l'*antispam*, c'est-à-dire le filtrage des e-mails non sollicités. Le groupe DTAS de Microsoft a le premier étudié ce sujet, en allant plus loin que le simple filtrage, puisque les e-mails les plus pertinents étaient identifiés. Une solution appelée Mobile Manager a même été lancée en 2001. Cet outil a pour but d'identifier les messages les plus importants, et d'en informer le destinataire par une notification sur son téléphone mobile. De nombreux *antispam* utilisent aujourd'hui la technologie des réseaux bayésiens.

8.3.4   Défense

La société Mitre a développé un système de défense tactique embarqué pour les navires de guerre de la marine américaine.

Ce système analyse les informations sur les missiles qui menacent le navire et décide des ripostes à adopter. Il permet en particulier de gérer les menaces multiples, qui peuvent générer des conflits sur l'affectation des armes. Il fonctionne en temps réel, et il a été montré que ses temps de réaction étaient très inférieurs aux systèmes classiques, par exemple des méthodes de propagation par contrainte, ou de programmation dynamique. La décision du système est optimale dans 95 % des cas (résultat obtenu à partir de simulations).

Une application des réseaux bayésiens à l'évaluation des menaces ter-

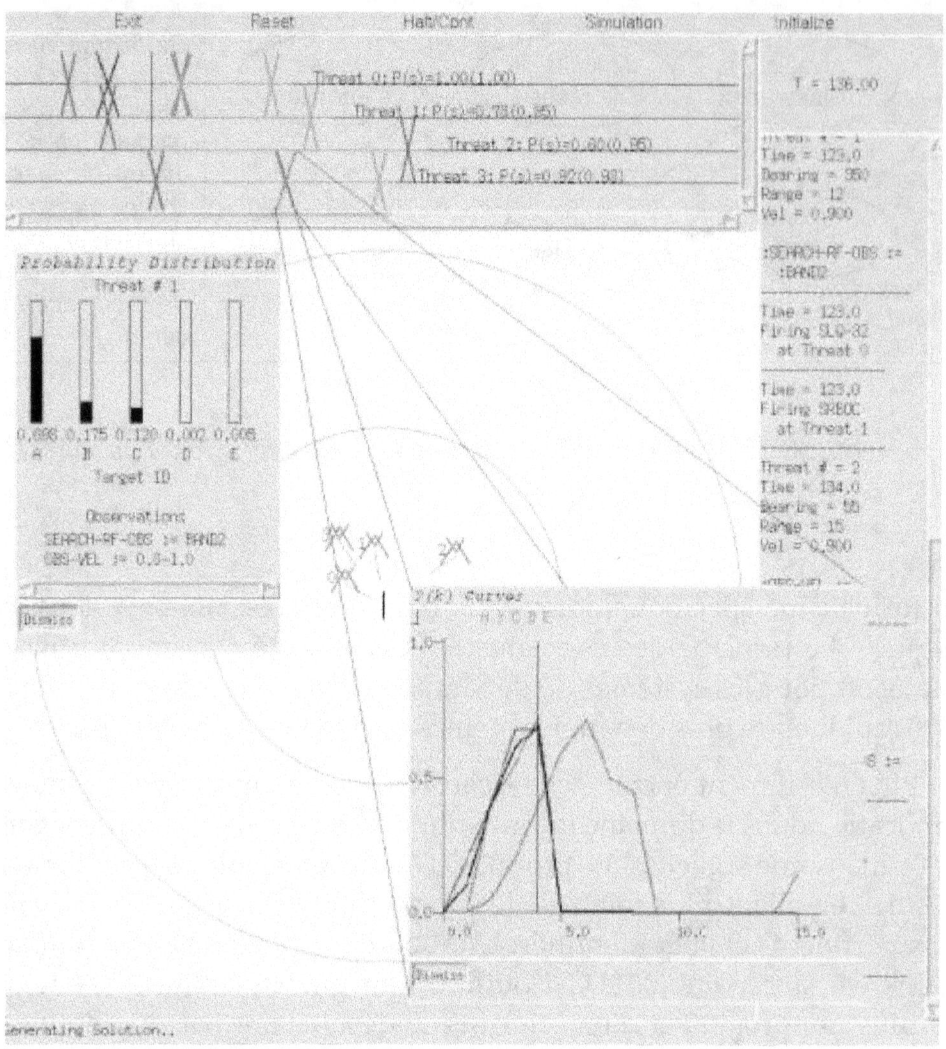

FIG. 8.12 *Une session d'exécution de SSDS (source Mitre)*

roristes et à l'analyse des réponses envisagées a été développée en 2001 par la société américaine Digital Sandbox. Cette application a été mise en œuvre dans un outil appelé Site Profiler. Même si nous ne disposons pas d'éléments précis pour évaluer la pertinence de cette application, il nous a semblé intéressant de la mentionner. Les réseaux bayésiens sont en effet particulièrement adaptés à l'évaluation de risque dans un environnement hétérogène. Aucune autre technique de modélisation n'est aussi adaptée à la prise en compte des sources de données et de connaissances aussi diverses.

L'évaluation de la menace terroriste est une application particulièrement complexe de fusion d'informations :

- Le volume des données collectées par les services de renseignement

FIG. 8.13 *Copie d'écran de Site Profiler (extrait du site dsandbox.com)*

est énorme.

- Les sources de connaissances sont multiples : les informations sur les menaces proviennent des services de renseignement, la connaissance sur la vulnérabilité des installations ou des dégâts envisageables sont détenues par des experts du domaine.
- La forme des informations est, là encore, multiple : jugements d'experts, données historiques, résultats de modèles ou de simulations.
- Enfin, la communication entre les différentes institutions n'est pas parfaite, et le récent rapport mettant en évidence les dysfonctionnements des échanges entre les diverses agences comme la CIA, la NSA, et le FBI, n'en est qu'un exemple.

L'outil SiteProfiler est conçu sur la mise en relation de la cible et de la menace, au sein d'un outil appelé *Risk Influence Network* (RIN). Un RIN est un réseau bayésien qui regroupe les éléments pouvant influer sur la perception d'un risque (intérêt ou accessibilité de la cible pour les terroristes, dommages estimés, adéquation de la menace à la cible, etc.).

Chapitre 9

Étude de cas n°1 : gestion globale des risques d'une entreprise

Depuis quelques années, on assiste à l'émergence et à l'institutionnalisation d'un nouveau métier au sein des grandes entreprises. Cette fonction, qui revêt différentes appellations (*risk manager*, contrôleur des risques, *chief risk officer*, directeur des risques), est directement rattachée à la tête de l'entreprise et consiste principalement à apporter aux différentes parties prenantes de l'organisation (comité exécutif, actionnaires, clients, opinion publique, personnels, autorités de contrôle) une vision globale des risques auxquels celle-ci est confrontée.

Le terme *risque* s'entend ici dans un sens très général et désigne tout événement potentiel susceptible de perturber la réalisation des objectifs de l'entreprise. Cette définition est aujourd'hui largement partagée et se trouve dans plusieurs normes [AS/99, CSA97, ISO00] et ouvrages de référence [Bar98].

9.1 La méthode GLORIA

La mise en perspective de risques de natures différentes est un problème délicat. Classiquement, un risque se caractérise par deux grandeurs : sa probabilité d'occurrence dans l'horizon de temps considéré et sa gravité.

La notion de *probabilité* d'un événement est facile à appréhender intuitivement et se formalise rigoureusement du point de vue mathématique. En revanche, le concept de *gravité* d'un risque pesant sur une entreprise s'avère difficile à définir, pour trois raisons essentielles :

- **Caractère multicritère du risque**
  La réalisation d'un risque a diverses incidences : coûts directs et indirects, chute du cours de l'action en Bourse, dégradation de l'image de l'entreprise, conséquences juridiques et réglementaires, stress ou démotivation du personnel. Il est parfois très délicat de quantifier ces incidences et a fortiori de les rapporter à une même échelle.

- **Incertitudes**
  Certains effets du risque sont extrêmement difficiles à prévoir.
  Prenons l'exemple d'une usine chimique : la gravité du risque de pollution par nuage toxique peut être très différente selon l'intensité et l'orientation du vent au moment où se produit l'accident. Certaines des facettes du risque doivent donc nécessairement être modélisées à l'aide de variables aléatoires.

- **Interactions entre risques (effet domino)**
  Il est fréquent qu'un risque provoque ou facilite l'occurrence d'autres risques. Reprenons l'exemple de l'usine chimique : la survenue d'un accident peut amener le gouvernement à imposer la fermeture d'autres installations appartenant à l'entreprise, décision qui peut à son tour entraîner d'autres conséquences défavorables. Mesurer rigoureusement la gravité d'un risque impose donc d'intégrer à la gravité d'un risque R_1 celles de tous les risques dont R_1 favorise l'occurrence.

EDF R&D, l'organisme de recherche et développement d'EDF, a récemment élaboré une méthode nommée GLORIA (*GLObal RIsk Assessment*), qui répond à cette problématique d'évaluation et de hiérarchisation des risques.

La méthode s'appuie sur une modélisation des risques par réseau bayésien, ainsi que sur une définition innovante de la gravité d'un risque.

L'objet de ce chapitre est de présenter la méthode GLORIA, qui est applicable à toute entreprise ou organisation.

9.2   Horizon de temps et objectifs de l'entreprise

L'horizon de temps de l'analyse de risques d'une entreprise peut être de six mois à cinq ans. Il correspond à la période de temps que l'entreprise se donne pour atteindre les objectifs qui lui sont assignés. Au-delà de cinq ans, l'analyse serait du ressort de la prospective stratégique.

Dans la démarche GLORIA, on considère comme *risque* tout événement susceptible de se produire dans l'horizon de temps défini et pouvant influencer de manière significative la réalisation des objectifs de l'entreprise.

A contrario, un événement ne remplissant pas ces deux conditions n'est pas, au sens de la démarche GLORIA, un risque. La détermination des objectifs est donc une étape cruciale, qui constitue le socle de l'analyse de risques ; elle doit résulter d'une discussion approfondie avec les responsables de l'entreprise.

Tous types d'objectifs, quantitatifs ou qualitatifs, peuvent être considérés. Nous donnons ci-après quelques exemples :

- **Objectifs financiers** : chiffre d'affaires (CA), excédent brut d'exploitation (EBE), rentabilité des capitaux propres, ratio EBE/CA, ratio EBE/charges financières, ratio endettement/capitaux propres.
- **Objectifs techniques** : satisfaction des clients, réussite d'un projet, obtention d'un label ou d'une certification, indicateurs qualité, objectifs de production, indicateurs environnementaux.
- **Objectifs d'image** : notoriété, réputation de l'entreprise auprès de certaines parties prenantes.
- **Objectifs stratégiques** : réalisation de plus de x % du chiffre d'affaires dans un secteur donné, externalisation ou internalisation d'un processus, acquisition d'une participation dans une société.

Dans la méthode GLORIA, on associe à chaque objectif une variable booléenne, égale à vrai si l'entreprise n'a pas réalisé l'objectif lorsque l'horizon de temps est atteint. Si l'objectif est quantitatif (exemple : chiffre d'affaires), cela nécessite l'introduction d'un seuil numérique au-delà ou en deçà duquel on considère que l'objectif n'est pas réalisé.

On introduit de même une variable aléatoire booléenne C_0, dite « variable-cible », égale à vrai si et seulement si l'entreprise n'a pas réalisé ses objectifs lorsque l'horizon de temps est atteint. La variable C_0 s'exprime généralement comme une combinaison logique des variables représentant les objectifs. Il est toutefois possible d'attribuer à chaque objectif une pondération différente.

Les variables aléatoires correspondant aux objectifs et à la variable cible

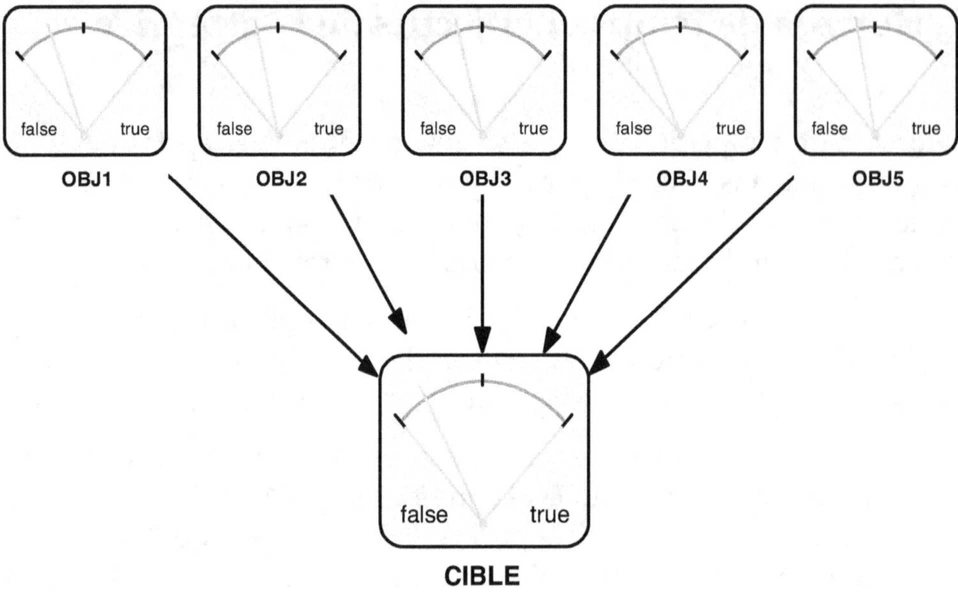

FIG. 9.1 *Objectifs et variable cible*

constituent la partie inférieure du réseau bayésien. La représentation des nœuds sous forme de cadrans, possible avec le logiciel Netica, est particulièrement expressive et adaptée à ces variables (figure 9.1).

9.3 Construction du réseau bayésien

9.3.1 Identification des variables

Lorsque l'horizon de temps, les objectifs et la variable-cible sont déterminés, la méthode consiste à compléter le réseau bayésien par l'ensemble des variables susceptibles d'influencer, directement ou indirectement, la réalisation des objectifs de l'entreprise.

L'étape d'identification des variables s'effectue par brainstormings d'experts possédant une expérience ou une connaissance du fonctionnement de l'entreprise. Les experts sont soit des acteurs de l'entreprise, soit des spécialistes des risques, tous tenus à la confidentialité. On pourra se référer utilement à [Ayy01] pour conduire les réunions de brainstorming et, dans certains cas, préférer les entretiens individuels avec les experts.

Afin de tendre vers une certaine exhaustivité, il est utile de recenser l'ensemble des éléments avec lesquels l'entreprise est en interaction. Ces éléments, appelés *milieux extérieurs* dans la terminologie de l'analyse fonctionnelle, se répartissent en cinq catégories ou *sphères* (figure 9.2) :

- sphère **environnementale** : hydrosphère, géosphère, biosphère, atmosphère, climat, paysage, activités humaines ;
- sphère **ressources** : ressources physiques, humaines et informationnelles ;
- sphère **clientèle** : clients de l'entreprise ;
- sphère **financière** : actionnaires, créanciers, assureurs, investisseurs, filiales ;
- sphère **sociétale** : lois, opinion publique, médias, organisations non gouvernementales (associations, syndicats, etc.), phénomènes de malveillance.

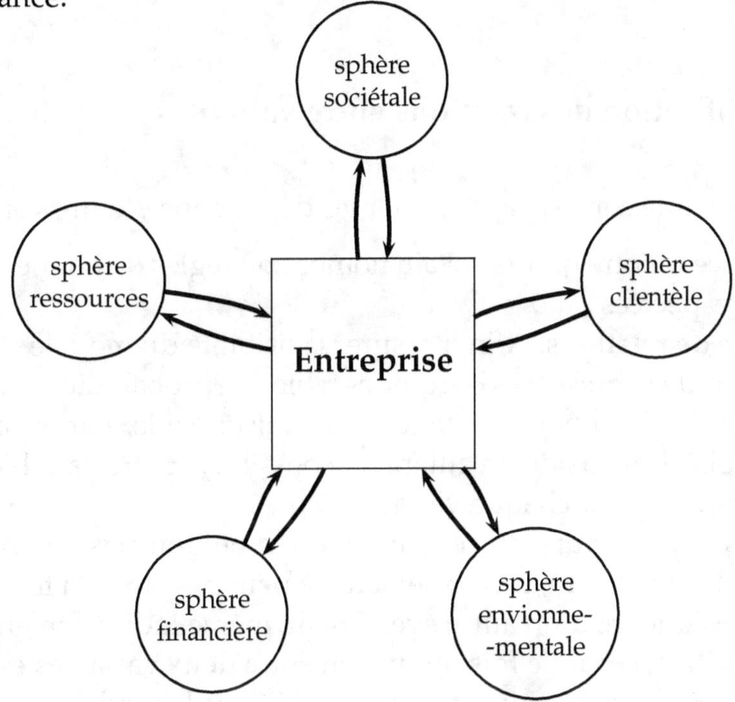

FIG. 9.2 *Les cinq sphères d'éléments interagissant avec l'entreprise*

Envisager systématiquement, pour chaque milieu extérieur, les agressions possibles à l'encontre de l'entreprise ou la dégradation de sa relation normale avec celle-ci permet d'identifier un grand nombre de risques. Bien qu'elle ne garantisse pas l'exhaustivité, cette méthode est un complément utile aux interrogations d'experts.

Différents écueils peuvent se présenter lors de cette phase de production d'informations : foisonnement, experts exagérant l'importance de la catégorie de risques dont ils sont spécialistes, opinions divergentes, autocensure. Si l'entreprise est de grande taille, la principale difficulté à éviter est le foisonnement, c'est-à-dire la production d'une quantité trop importante d'informations. Il est primordial de garder à l'esprit que la finalité n'est en aucun cas de recenser l'ensemble des facteurs ou événements pouvant affecter négativement l'entreprise, mais seulement ceux qui auraient une incidence significative sur l'atteinte des objectifs explicitement identifiés lors de la première étape.

Précisons également qu'il convient de décrire chaque variable X de manière suffisamment précise pour que l'on puisse *a posteriori* (c'est-à-dire au terme de l'horizon de temps) dire sans ambiguïté laquelle des modalités x_i de X s'est réalisée.

9.3.2 Identification des relations entre variables

L'étape suivante consiste à identifier les dépendances entre variables.

L'expérience montre qu'un certain nombre de règles de bonne conduite doivent être respectées :

- **Nombre de relations**. Afin d'assurer la lisibilité du modèle et pour se prémunir de la présence de grandes tables de probabilités, il convient de se limiter à un nombre de relations raisonnable. Par exemple, on peut choisir de considérer, autant que possible, quatre variables amont au maximum pour chaque variable.
- **Boucles**. La structure du réseau bayésien ne doit pas comporter de boucle. Typiquement, un événement ne peut pas être à la fois la cause et la conséquence d'un autre événement, même indirectement. Il faut donc vérifier, à chaque fois qu'un lien entre deux variables est identifié, que celui-ci n'introduit pas de boucle dans le modèle.
- **Nombre de niveaux successifs**. Lorsqu'une variable influence les objectifs de l'entreprise à travers plus de quatre variables intermédiaires, cette influence indirecte est quantitativement négligeable par rapport à des liens plus directs (ce phénomène peut être qualifié d'effet de couche). Pour la simplicité du modèle, il est donc recommandé de ne pas introduire de chemins comportant un trop grand nombre de nœuds intermédiaires.
- **Bypass**. Supposons qu'une variable A influence une variable B à la fois directement et par l'intermédiaire d'une variable C. Ce type de configuration (dérivation ou *bypass*) peut être remis en question : y a-t-il réellement une influence *directe* de A sur B ? Si c'est le cas, ne peut-on pas supprimer la variable C ? Poser ces questions aux experts permet, dans de nombreux cas, de limiter le nombre de relations et de simplifier la structure du réseau bayésien.

9.4 Lois de probabilité des variables

Outre les variables et relations entre variables, le réseau bayésien doit contenir une description quantitative du comportement des variables, qui s'exprime à l'aide de probabilités.

9.4.1 Variables sommets

En raison de l'acyclicité du réseau bayésien, certaines variables n'ont pas de variables amont. Ces variables-sommets correspondent typiquement à des facteurs non maîtrisables par l'entreprise : phénomènes climatiques, macroéconomiques ou politiques, initiatives des concurrents ou des autorités. On introduit les probabilités de chaque modalité des variables sommets en interrogeant les experts.

9.4.2 Variables intermédiaires

On appelle variables intermédiaires les variables possédant une ou plusieurs variables amont.

La dépendance d'une variable intermédiaire en fonction de ses variables amont peut s'exprimer soit par une équation numérique ou logique, qui est ensuite traduite en probabilités conditionnelles, soit, directement, par des probabilités conditionnelles.

Dans ce dernier cas, il faut envisager toutes les combinaisons de valeurs prises par les variables amont, ce qui peut se révéler fastidieux. Ainsi, dans l'exemple de la figure 9.3 ci-après, cela conduit les experts à exprimer au minimum, si toutes les variables sont binaires, seize probabilités conditionnelles pour la variable aval R_5. C'est pourquoi, s'il existe plus de quatre variables amont, il peut être préférable d'interroger les experts sur les intensités relatives des influences et de supprimer les liens éventuels correspondant à une influence du second ordre sur la variable aval.

Toutefois, dans le cas où il est impossible de se limiter à quatre variables amont, une solution simple est celle du vote. Supposons par exemple qu'une variable R_i ait huit variables amont, toutes de même importance (de sorte qu'il est impossible de négliger l'influence de certaines d'entre elles) et que toutes les variables amont aient une influence favorable sur R_i. Il est alors naturel de considérer que R_i sera réalisé si au moins k des huit variables amont sont réalisées ; le choix de k étant à déterminer avec les experts.

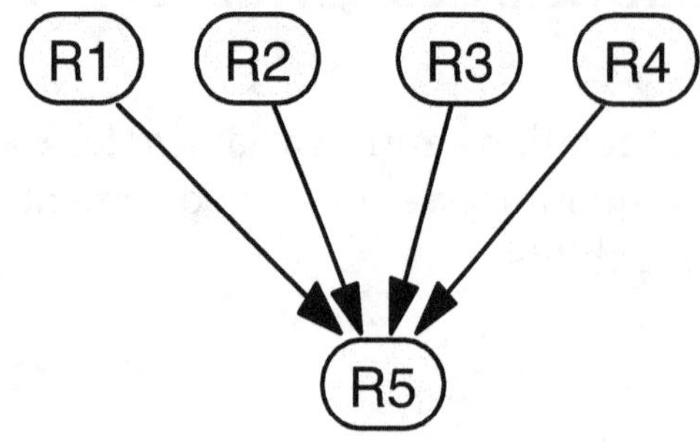

FIG. 9.3 *Variable à quatre variables amont*

9.4.3 Exemple

La figure 9.4 ci-après représente un réseau bayésien correspondant à l'une des applications de la méthode GLORIA réalisées par EDF R&D. Ce modèle comprend 39 variables et 57 liens. Pour des raisons de confidentialité, les noms des variables ont été remplacés par des libellés muets.

9.5 Résultats de la méthode GLORIA

9.5.1 Probabilité de non-atteinte des objectifs

La probabilité π de l'événement « non-réalisation des objectifs » (représenté par la variable cible) apparaît sur le réseau bayésien. Il est entendu que la valeur de π n'est pas, dans l'absolu, très significative. En revanche, elle sera utilisée comme référence pour évaluer la gravité des risques. Dans l'exemple de la figure 9.4 ci-après, la probabilité π est égale à 17 %.

9.5.2 Simulation

Le réseau bayésien est une représentation interactive, qui permet de répondre aisément à des questions du type : quelles seraient les conséquences vraisemblables de la réalisation d'un événement X ? Dans quel sens et avec quelle ampleur la probabilité d'atteindre les objectifs serait-elle modifiée ?

L'utilisation interactive du modèle permet, en quelques clics, de répondre à ce type de question. L'analyse peut être prévisionnelle (on examine l'impact d'un ou plusieurs événements) ou de type diagnostic (on

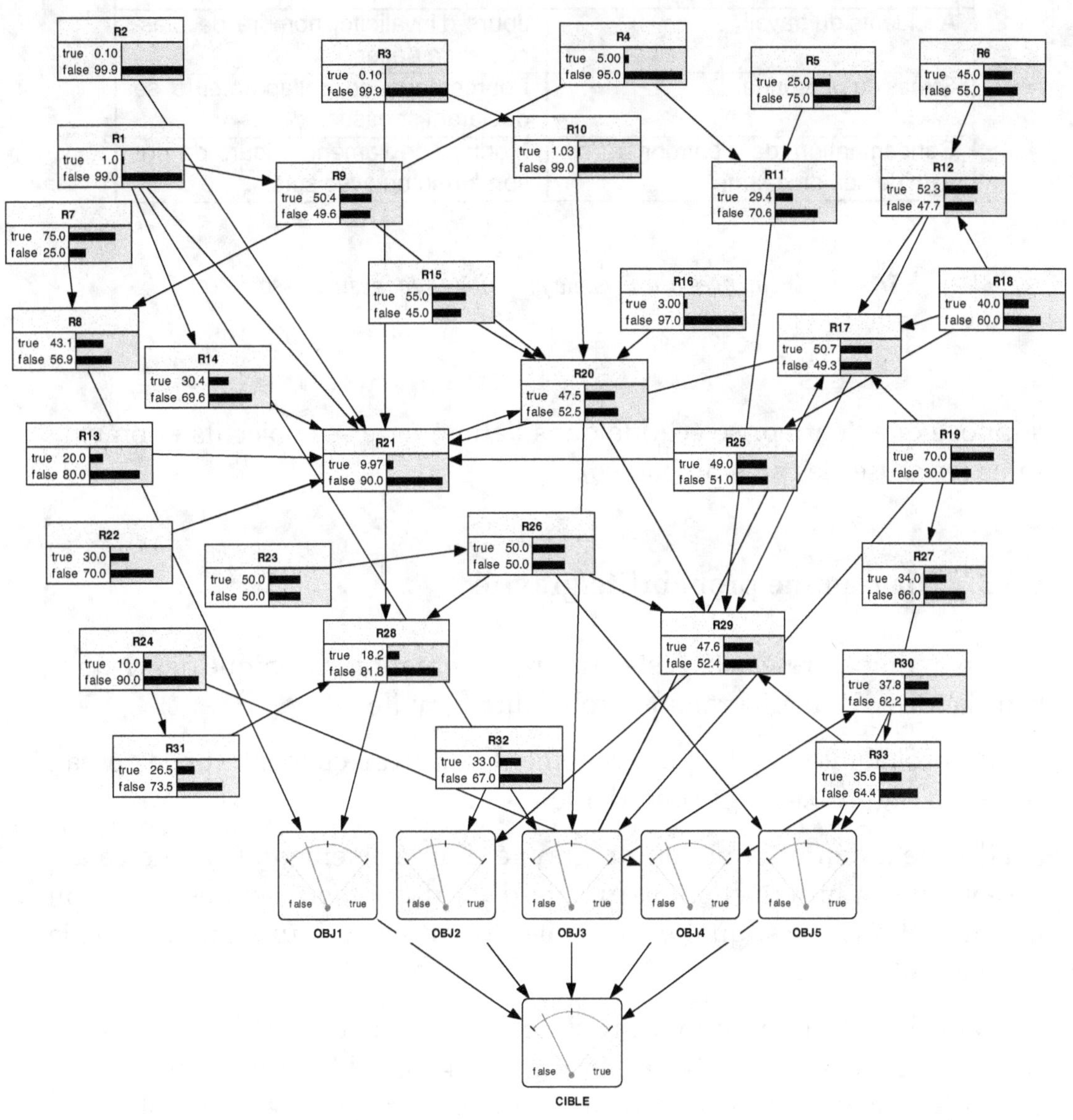

FIG. 9.4 *Méthode GLORIA : exemple de réseau bayésien modélisant les risques d'une entreprise*

Incidence du risque	Unité(s) de mesure
Dégradation de l'image de l'entreprise dans l'opinion publique	Pourcentage d'individus déclarant avoir une image négative de l'entreprise.
Chute du cours de l'action	Baisse de la valeur de l'action consécutive à la réalisation du risque.
Accidents du travail	Jours d'invalidité, nombre de blessés et de décès.
Stress du personnel	Pourcentage de collaborateurs se déclarant stressés.
Condamnation de l'entreprise ou d'un de ses dirigeants	Montant de l'amende, jours de prison ferme ou avec sursis.

TAB. 9.1 *Incidences d'un risque et unité(s) de mesure associée(s)*

suppose que l'entreprise échoue dans l'atteinte de ses objectifs et on examine les causes les plus probables).

9.5.3 Diagramme probabilité/gravité

On déduit du réseau bayésien une représentation graphique des risques, sous la forme d'un diagramme probabilité/gravité.

La probabilité de chaque événement se lit directement sur le réseau bayésien (figure 9.4 page précédente).

Il reste à définir la notion de gravité d'un événement. Comme cela a été évoqué en introduction, la gravité d'un risque peut se mesurer selon de multiples critères, qu'il est difficile de rapporter à une même échelle (tableau 9.1).

Dans le but de résoudre ce problème d'évaluation multicritère, la démarche GLORIA introduit une définition originale de la gravité qui intègre toutes les conséquences d'un risque : directes et indirectes, favorables ou défavorables, chiffrables en termes financiers ou non. Cette définition, probabiliste, est inspirée du concept de facteur d'importance utilisé en sûreté de fonctionnement.

Un facteur d'importance est un indicateur qui mesure la contribution d'un composant au risque de panne d'un système. L'analogie avec la modélisation proposée ici est naturelle : les pannes des composants correspondent à certaines modalités des variables représentées dans le réseau bayésien ; la panne du système à la non-atteinte des objectifs de l'entreprise. En utilisant la théorie des facteurs d'importance, on peut associer à chaque modalité x_i d'une variable X du réseau bayésien un indicateur noté $g(X = x_i)$, qui caractérise la gravité de l'événement $X = x_i$.

Ainsi, dans la méthode GLORIA, la gravité d'un événement est définie comme la probabilité conditionnelle d'échec dans l'atteinte des objectifs, en cas de réalisation de l'événement :

$$g(X = x_i) = P(C_0/X = x_i) \tag{9.1}$$

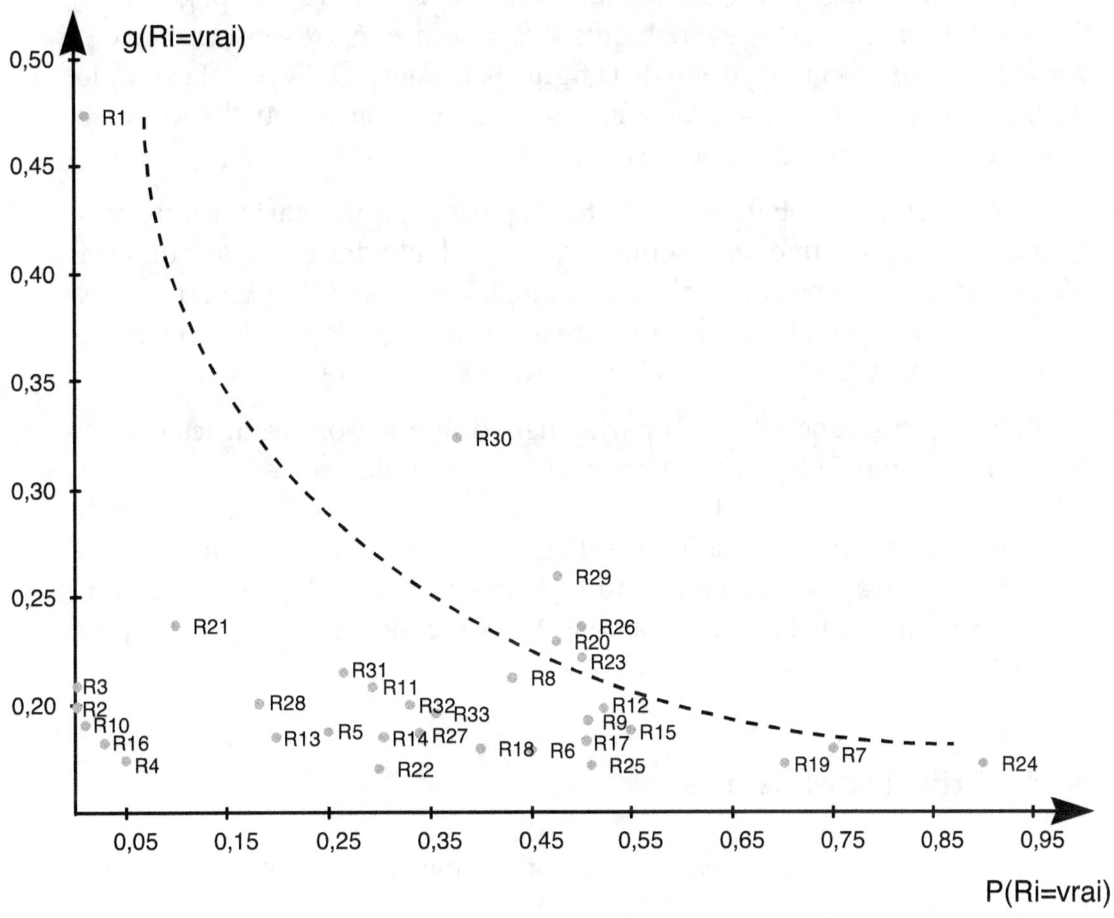

FIG. 9.5 *Diagramme probabilité/gravité*

Prenons l'exemple de l'événement R_1. Dans le réseau bayésien de la figure 9.4 page 239, la gravité de R_1, c'est-à-dire la probabilité de non-réalisation des objectifs en cas de réalisation de R_1, est égale à 47,3 %.

On peut observer que la définition (9.1) de la gravité d'un risque résulte directement de la définition d'un risque : un risque est un événement qui perturbe l'atteinte des objectifs ; par conséquent, un risque est d'autant plus grave qu'il perturbe fortement l'atteinte des objectifs.

On note que si $g(X = x_i)$ est inférieur à la probabilité π de non-réalisation des objectifs, l'événement $X = x_i$ est une *opportunité* pour l'entreprise, puisque son occurrence favorise l'atteinte des objectifs. Dans la démarche GLORIA, la notion de risque englobe ainsi les événements favorables à l'entreprise. Le terme de *menace* peut être réservé pour désigner les événements défavorables, c'est-à-dire de gravité supérieure à π.

Lorsque les gravités sont calculées, on est en mesure de positionner les risques sur un diagramme probabilité/gravité. La figure 9.5 page précédente représente ainsi les événements « R_i = vrai », correspondant aux 33 variables R_i du réseau bayésien de la figure 9.4 page 239. Dans cet exemple, chaque événement « R_i = vrai » constitue une menace pour l'entreprise, puisque sa gravité est supérieure à π (17 %).

Le diagramme probabilité/gravité est parfois appelé carte des risques. Il constitue à la fois une représentation très parlante des risques et un outil d'aide à la décision pour définir une stratégie de réduction des risques. Les deux approches possibles pour réduire un risque sont la *prévention* (réduction de la probabilité) et la *protection* (réduction de la gravité).

Bien entendu, une attention particulière doit être portée sur les risques situés dans la partie supérieure droite du diagramme, car ceux-ci sont à la fois probables et pénalisants pour l'entreprise. *A contrario*, la présence de risques à proximité de l'origine du diagramme peut signifier que l'entreprise consacre trop de moyens à leur traitement. Il peut alors être judicieux de réallouer une partie de ces moyens à la réduction des risques les plus importants.

9.5.4 Criticité des risques

La criticité de l'événement $X = x_i$ est définie classiquement comme le produit de sa probabilité et de sa gravité.

D'après la définition 9.1 page précédente de la gravité, la criticité s'interprète comme la probabilité que l'événement $X = x_i$ se réalise et que l'entreprise échoue dans l'atteinte de ses objectifs :

$$
\begin{aligned}
c(X = x_i) \quad &= P(X = x_i) \times g(X = x_i) \\
&= P(X = x_i) \times P(C_0/X = x_i) \\
&= P(X = x_i \text{ et } C_0).
\end{aligned}
\tag{9.2}
$$

La définition de la gravité d'un événement au sens de la démarche GLORIA aboutit ainsi à une évaluation très intuitive de la criticité d'un risque. Un risque est d'autant plus critique que la probabilité qu'il se réalise et qu'il compromette l'atteinte des objectifs de l'entreprise est élevée.

La criticité permet de mesurer chaque risque par un seul indicateur numérique et par suite, de hiérarchiser les risques. Ainsi, la figure 9.6 représente la criticité des quinze risques majeurs de notre exemple.

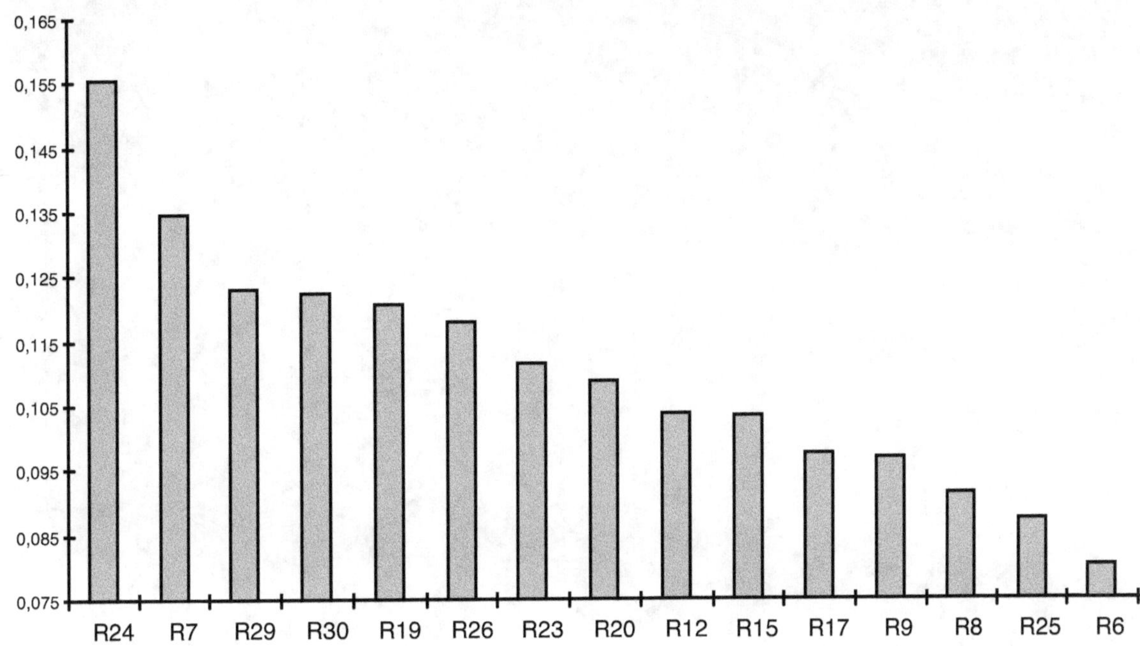

FIG. 9.6 *Exemple d'utilisation de la méthode GLORIA : criticité des quinze risques majeurs*

Chapitre 10

Étude de cas n°2 : modélisation et quantification des risques opérationnels

La gestion globale des risques, telle qu'elle a été présentée au chapitre précédent, répond à une préoccupation croissante des entreprises d'augmenter leurs chances de survie dans toutes les circonstances défavorables qui pourraient se présenter.

Cette démarche a surtout pour but d'identifier les risques, et, comme on l'a vu plus haut, de les prioriser, en fonction de leur impact estimé sur les objectifs de l'entreprise.

Dans certains secteurs de l'activité économique, cette préoccupation a déjà dépassé le stade de la bonne gestion, pour devenir une contrainte réglementaire. Dans le même temps, l'exigence s'est renforcée, passant de la nécessité de cartographier et d'organiser les risques, à une exigence quantitative.

Le nouvel accord de Bâle (Bâle II), préparé à partir de 1998 par le Comité de Bâle, définit un dispositif prudentiel destiné à mieux appréhender les risques bancaires et principalement le risque de crédit ou de contrepartie et les exigences en fonds propres. Cet accord cherche en particulier à augmenter la cohérence entre les fonds propres et les risques réellement encourus par les établissements financiers. C'est aux termes de cet accord que les établissements concernés sont désormais tenus d'évaluer quantitativement leurs risques opérationnels. Les risques couverts par la dénomination *risque opérationnel*, au sens de Bâle II, sont très divers, puisqu'ils vont de la fraude interne à la possibilité d'une pandémie, en passant par la défaillance des systèmes d'information.

Sans entrer dans les détails de cette réglementation, nous pouvons en résumer l'exigence quantitative.

Bâle II exige que tout événement ou combinaison d'événements qui a plus d'une chance sur mille de frapper un établissement bancaire dans l'année soit couvert par des réserves de fonds propres adéquates. Concrètement, cela signifie qu'une banque ne doit pas avoir plus d'une « chance » sur mille d'être dépassée, financièrement, par des événements de risque. La première réponse adaptée à cette exigence est la mise en place d'un processus de gestion des connaissances pour identifier les risques.

Mais l'identification et la qualification des risques n'est pas suffisante, puisqu'une quantification précise ou du moins honnête de leur probabilité et de leur gravité est indispensable pour permettre la détermination des fonds propres permettant d'y répondre, dans 99,9 % des futurs possibles à un an, selon l'exigence de Bâle II.

Dans ce qui suit et qui est extrait et adapté d'un article paru dans le numéro spécial consacré aux risques opérationnels de la *Revue d'économie financière*, nous montrons comment l'utilisation des réseaux bayésiens peut contribuer à satisfaire cette exigence quantitative de Bâle II, et, au-delà, à la modélisation et à la quantification des risques en général.

10.1   Gestion des risques, incertitude et connaissance

L'analyse des catastrophes récentes met en évidence trois points-clés de la gestion des risques.

Premièrement, les catastrophes frappent là où on ne les attend pas.

Deuxièmement, il est souvent inexact de dire que l'on ne s'y attendait pas, mais plus juste de dire qu'on refusait de s'y attendre.

Troisièmement, la tendance naturelle à ne se préparer qu'à ce qui est déjà arrivé nous laisse impréparés à ce qui va arriver, ou qui arrive.

Les rapports de la CIA sur la préparation du 11 septembre, les rapports américains sur les risques environnementaux majeurs mettant au premier plan la vulnérabilité de la Floride aux cyclones, et dont le public a découvert l'existence après Katrina, confirment cette impression.

Une politique de gestion des risques ne doit négliger aucun des aspects du problème.

Ce qui est arrivé peut survenir de nouveau. Il est juste de maintenir sa vigilance.

Ce qui n'est jamais arrivé peut arriver ou arrivera. Il est nécessaire de l'analyser en fonction des connaissances dont on dispose.

L'approche bayésienne des probabilités peut apporter un éclairage intéressant à ce problème. La contribution essentielle de Thomas Bayes à la pensée scientifique a été de formuler clairement le principe de conditionnement de l'incertitude à l'information. L'incertitude est conditionnelle à l'information, ou, autrement dit, la perception des risques est conditionnelle à la connaissance.

Selon cette approche, la notion de probabilité pure n'a pas de sens ; une probabilité n'est définie que compte tenu d'un contexte d'information. Dit simplement, « ce qui peut arriver » ne veut rien dire. On ne peut évaluer que « ce que je crois possible » . Et ce que je sais conditionne ce que je crois.

Cette position est, nous semble-t-il, parfaitement adaptée à une approche ouverte de la gestion des risques. L'avenir est « ce que je crois possible » . Et « ce que je sais » n'est pas seulement ce qui est déjà arrivé, mais également toutes les connaissances disponibles sur les organisations et leurs vulnérabilités. La gestion des risques commence par la gestion des connaissances.

La volonté du régulateur d'améliorer la stabilité du système bancaire, en prenant en compte les risques opérationnels s'inscrit bien selon nous dans cette démarche de connaissance. Les exigences liées à la fonction de gestion des risques opérationnels, notamment la mise en place d'un dispositif de suivi détaillé des sinistres, la prise en compte des données externes (ce qui est arrivé à l'extérieur), et l'analyse de scénarios, permettent en principe à un établissement bancaire de ne pas baser son analyse des risques uniquement sur son historique propre des sinistres.

10.2   Présentation de la démarche

Pour les établissements bancaires français ayant choisi de répondre à l'exigence de Bâle II en utilisant des modèles internes, deux modes d'évaluation des fonds propres sont proposés aux établissements. L'approche standard est basée sur l'application d'un ratio (entre 12 et 18 %) au produit net bancaire, c'est-à-dire à l'équivalent de la valeur ajoutée de l'établissement. L'approche avancée permet à l'établissement de calculer lui-même son allocation de fonds propres, sous réserve de produire des modèles quantitatifs. En général, l'approche avancée est avantageuse à moyen terme pour les grands établissements, car elle permet une analyse précise des risques, et donc l'identification de leviers de réduction.

Plusieurs d'entre eux ont choisi de modéliser les risques les plus significatifs en utilisant des réseaux bayésiens.

Le modèle que nous présentons ci-après, dit modèle « eXposition, Survenance, Gravité » , ou modèle XSG, a été mis en œuvre par ces différents établissements.

Cette méthode a été initialement conçue pour un établissement qui avait déjà mis en place une démarche de connaissance d'ensemble, et en particulier, qui, au-delà de l'inventaire et de la qualification des sinistres, avait étudié l'ensemble des vulnérabilités de l'établissement et identifié des scénarios de sinistres, survenus, ou non survenus.

La doctrine de cette démarche de modélisation des risques opérationnels peut se résumer en deux phrases.

> *Ce qui est déjà arrivé assez souvent se reproduira dans des conditions équivalentes, en l'absence de mesures spécifiques de prévention. Pour ce qui n'est jamais arrivé, ou très rarement, nous devons comprendre comment cela peut arriver, et si cela peut avoir des conséquences graves, en l'absence de mesures spécifiques de protection.*

Si on l'interprète dans l'espace du risque représenté de façon classique sur un plan Gravité/Fréquence, cette doctrine peut s'exprimer comme suit.

Les pertes potentielles dues à des risques de gravité importante et de fréquence faible ou nulle sont abordées par l'élaboration de scénarios probabilisés à partir de modèles de causalités.

Cette approche est étendue aux risques de fréquence dont l'impact est élevé, et pour lesquels une étude approfondie des évolutions possibles du risque est nécessaire (prévention et protection).

Les pertes potentielles dues à des risques de gravité faible et de fréquence élevée ou moyenne sont abordées par des modèles basés sur les données. Il s'agit de la démarche de LDA, ou *Loss Distribution Approach*, dont le principe est de modéliser les pertes constatées par une loi statistique, et d'en déduire des pertes possibles par extrapolation.

Nous présentons maintenant dans le détail cette démarche de modélisation, sans insister sur la modélisation des risques de fréquences stables par la LDA car cette technique est aujourd'hui courante et n'est donc pas spécifique de notre approche. Nous présentons tout d'abord la méthodologie de qualification, de sélection, et de quantification des scénarios de risque. Puis

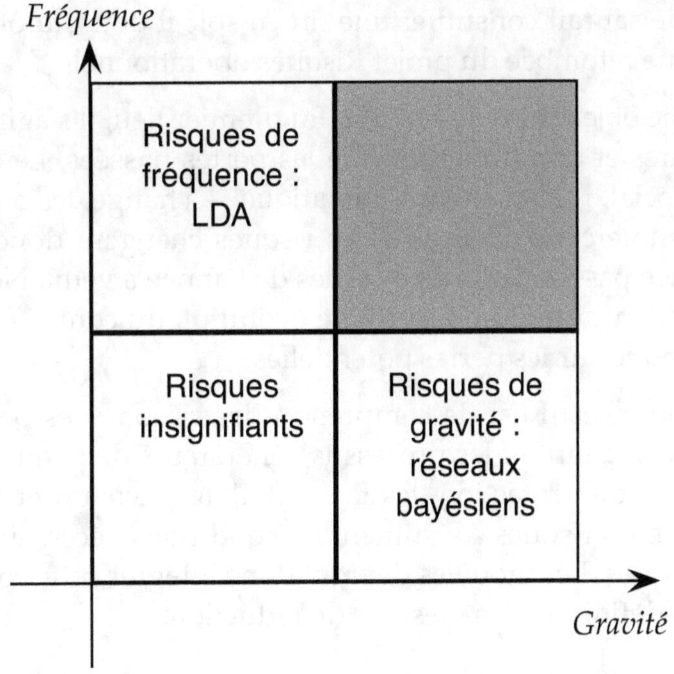

FIG. 10.1 *Approches de modélisation pour les différents quadrants du plan fréquence-gravité*

nous expliquons le principe d'intégration, permettant de produire une valorisation des fonds propres au titre des risques opérationnels dans chaque case de la matrice de Bâle, à partir des modèles de scénario et des données de pertes historiques.

10.3 Modélisation des scénarios de risque

10.3.1 Présentation de la méthode

▶ **Objectifs**

La modélisation des risques opérationnels doit satisfaire trois objectifs d'exigence croissante.

Le premier objectif est de calculer les fonds propres au titre des risques opérationnels pour l'année à venir avec une probabilité inférieure à 99,9 %. La banque doit fournir un chiffre global et un chiffre par ligne de métier et type d'événement. Chacun de ces chiffres doit pouvoir être justifié par rapport aux hypothèses sous-jacentes et au principe retenu pour passer des hypothèses aux fonds propres. Ce chiffre, qui détermine les fonds propres à mettre en place, présente évidemment une grande importance pour la banque mais ne saurait constituer une fin en soi ; il doit plutôt être considéré comme une retombée du projet Risques opérationnels.

Le deuxième objectif est de prévoir. En premier lieu, il s'agit de prévoir les pertes futures et non de reproduire les pertes passées. Le contexte — économique, social, réglementaire, climatique — change, les objectifs stratégiques et commerciaux changent, les risques changent donc aussi. Les pertes de l'année passée ne sont pas celles de l'année à venir. Nous devons être capables de mesurer l'impact d'une évolution du contexte ou des objectifs de la banque sur les pertes potentielles.

Le troisième objectif est de comprendre les raisons des pertes potentielles et avérées. Identifier les processus générateurs de risque, les leviers de prévention et de protection, les facteurs d'aggravation et les interdépendances entre les risques constituent les conditions nécessaires de la réduction des risques. Les modèles devront donc intégrer cette connaissance pour aider à la définition des mesures de réduction.

▶ **Difficultés**

Ne le cachons pas, modéliser les risques opérationnels est une tâche ardue. Les risques opérationnels couvrent des domaines très variés et présentent des profils de réalisation très différents.

Les risques étudiés vont de la fraude aux risques informatiques en passant par les catastrophes naturelles, les risques juridiques, les erreurs de saisie, etc. De par leur nature hétérogène, ces risques interdisent d'envisager un modèle global et unique. Chacun doit être appréhendé par des modèles spécifiques.

De plus, pour une même classe de risque, la gravité des sinistres peut présenter de grandes différences. Ainsi, si on s'intéresse à la fraude externe sur les cartes bancaires, ni les modes opératoires, ni les enjeux ne sont comparables selon qu'on considère un vol isolé ou un trafic organisé. Dès lors, fusionner de tels risques au sein d'un même modèle revient bien souvent à ignorer, volontairement ou involontairement, les processus qui engendrent ces risques et conduit inévitablement à opérer un grand écart pour réconcilier artificiellement des phénomènes sans rapport. Une telle approche, même si elle conduisait au mieux à des modèles mathématiques satisfaisants par leur calcul des fonds propres, reste à nos yeux totalement incompatible avec une compréhension des risques de l'établissement.

Comme nous l'avons présenté ci-dessus, il est d'usage de représenter les risques sur un plan à deux dimensions, la fréquence et la gravité. Cette représentation fait apparaître quatre familles de risque. Les risques dits de fréquence sont les risques survenant souvent mais dont la gravité est faible.

Les risques dits de gravité sont les risques survenant rarement mais dont la gravité est élevée. Les risques critiques dont la fréquence et la gravité sont élevées, ne doivent pas être considérés car les établissements qui les supporteraient n'existent déjà plus... Les risques de fréquence faible et de gravité faible ne nous intéressent pas non plus car ils engendrent des pertes négligeables.

Seuls les risques de fréquence et les risques de gravité feront donc l'objet d'une modélisation. Là encore, même s'ils appartiennent à la même classe de risque (par exemple la fraude externe), un risque de fréquence et un risque de gravité ne doivent pas faire l'objet d'un même modèle. Seul un artifice mathématique pourrait réconcilier la distribution d'un risque grave et celle d'un risque fréquent.

▶ **Connaissance ou données**

L'une des approches classiques de la quantification des risques opérationnels est l'utilisation d'un modèle statistique des pertes. Il s'agit d'ajuster des lois statistiques sur des données de pertes. Cette approche est appelée LDA, pour *Loss Distribution Approach*.

Le principe de la LDA est (1) de supposer que le nombre moyen de sinistres observés en une année sera reconduit les années suivantes avec un certain aléa (représenté en général par une distribution de Poisson), et (2) d'ajuster une distribution théorique sur les montants des sinistres observés.

Prise à la lettre, cette démarche signifie que le seul aléa frappant les pertes réside dans le nombre de sinistres et dans leur arrangement (une année défavorable peut subir plusieurs sinistres importants). Autrement dit, il n'y aurait d'aléa que dans les réalisations, et non dans la nature des scénarios de risque. Selon ce principe, et pour fixer les idées, un tsunami ne serait alors qu'une « improbable grosse vague ». Même si l'ajustement d'une distribution théorique sur la hauteur des vagues permet mathématiquement de calculer la probabilité d'une vague de 20 ou 30 mètres de haut, cela ne rend pas compte du changement de nature du phénomène : les tsunamis ne sont pas causés par le même processus que les vagues.

Dans le domaine des risques opérationnels, les données de pertes sont inexistantes ou quasi inexistantes pour les risques de gravité par définition même de ces derniers. Pour les risques de fréquence, même si des données de perte sont disponibles, elles ne concernent que le passé et n'intègrent pas les éventuels changements de contexte ou d'objectifs de la banque. Un modèle fondé sur les données de perte n'est pas un modèle de risque mais un modèle des sinistres.

La connaissance des experts sur les processus générateurs de risque, qui est indispensable pour modéliser les risques de gravité, du fait du manque de données historiques, le demeure pour les risques de fréquence dès lors que le contexte est instable car il est alors indispensable de prévoir l'impact des facteurs contextuels sur la perte opérationnelle.

Toute approche qui n'est pas fondée sur la connaissance est donc incapable d'appréhender les pertes extrêmes et les évolutions contextuelles et conduit nécessairement à user d'artifices mathématiques pour réconcilier des données qui ont été fusionnées par manque de compréhension des processus générateurs de risque.

> *La modélisation des risques opérationnels est un problème de modélisation des connaissances et non un problème de modélisation des données.*

Les données ne constituent qu'un élément alimentant la connaissance, l'élément fondamental en étant l'expertise humaine. La connaissance permet à la fois de réduire notre incertitude et nos risques. Les comprenant mieux, nous les voyons mieux et les contrôlons mieux.

▶ Un processus de gestion des connaissances

La modélisation des risques opérationnels doit être envisagée comme un processus de gestion des connaissances assurant la transformation continue de l'expertise humaine en un modèle probabiliste. Le modèle nous permet de calculer la distribution des pertes potentielles et les fonds propres couvrant les pertes à 99,9 %, d'identifier les leviers de réduction et d'effectuer des analyses d'impact des évolutions contextuelles et des objectifs stratégiques et commerciaux.

Le processus est continu afin d'éviter tout décrochage entre l'expertise et le modèle. Le modèle doit rester contrôlable et critiquable par les experts, aussi bien qu'auditable par les autorités de régulation. Dans un souci de transparence, chacune des étapes du processus doit être documentée.

Ce processus est constitué de deux grandes étapes : la *définition* et la *quantification* des scénarios. Nous détaillerons le contenu de ces étapes ultérieurement, mais il est essentiel de retenir que la modélisation probabiliste qui relève de la deuxième étape n'a de sens que si elle repose sur le socle solide des scénarios définis en première étape.

Les trois acteurs du processus sont l'expert, le risk manager et le modélisateur.

L'expert est celui qui détient la connaissance technique sur un domaine spécifique ou un métier. Seront par exemple consultés les experts de la

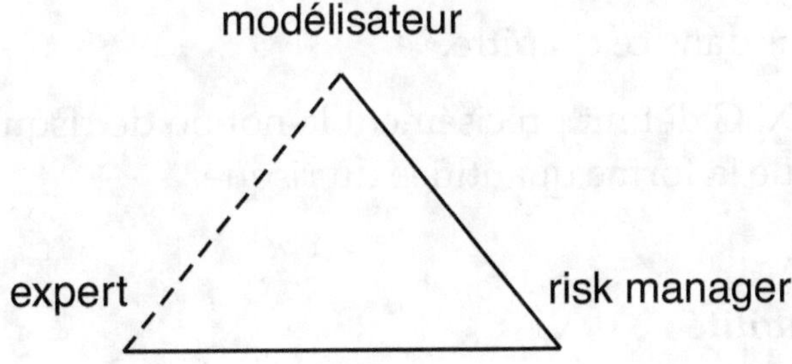

FIG. 10.2 *Les trois acteurs du processus de modélisation des risques opérationnels*

fraude monétique, les spécialistes des réseaux informatiques, les juristes etc. L'expert n'est pas *a priori* nécessairement sensible à la problématique de gestion des risques.

Le risk manager possède une double compétence ; il connaît les métiers de la banque, au moins ceux qui relèvent de son périmètre, et maîtrise évidemment les enjeux de la gestion des risques. Il est responsable de la phase de définition des scénarios durant laquelle il consulte les experts afin d'identifier et de sélectionner les risques pertinents. Il est le pivot du processus de modélisation des risques.

Le modélisateur, quant à lui, est responsable de la phase de quantification des risques. Même si sa compétence principale est la modélisation de la connaissance, il est illusoire de confier la quantification à des modélisateurs qui n'ont pas à la fois une connaissance, fût-elle générale, des métiers de la banque et de la finance et une connaissance approfondie de la gestion des risques.

La première phase du processus ne fait intervenir que le risk manager et l'expert alors que la deuxième fait intervenir principalement le risk manager et le modélisateur, même si l'expert peut être questionné par le modélisateur pour des questions délicates. Le recouvrement des compétences des trois acteurs assure la continuité du processus.

10.3.2   Le modèle Exposition - Survenance - Gravité (XSG)

Comme nous l'avons indiqué, les risques à envisager sont nombreux, hétérogènes, et ont des profils de réalisation très différents. Il est donc important de définir un formalisme unifié qui permettra de définir les risques durant la phase de définition des scénarios et de les quantifier durant la phase de quantification des scénarios.

Tel est l'objet du modèle Exposition - Survenance - Gravité (XSG) que nous présentons dans ce chapitre.

Le modèle XSG définit précisément la notion de risque supporté par la banque ainsi que la forme quantifiée du risque.

► La vulnérabilité

Une banque est exposée à des risques si elle présente des vulnérabilités. La vulnérabilité est le concept central de la démarche ici présentée. Cette notion est discutée en détail dans [GGL04], nous en donnons ici la définition et l'illustrons par des exemples.

Une vulnérabilité est définie par trois éléments :
- Le péril, ou cause, est la menace qui pèse sur la banque. Exemples : la fraude, les erreurs de saisie, les catastrophes naturelles, l'épidémie, etc.
- L'objet, ou ressource, est l'entité de la banque qui peut être frappée par un péril. Les objets peuvent être matériels, immatériels, des ressources humaines, un chiffre d'exploitation etc.
- La conséquence est l'impact de la survenance d'un péril sur un objet. Nous nous limitons ici à la prise en compte de l'impact financier.

Il n'y a pas de vulnérabilité lorsqu'un péril peut frapper un objet sans conséquences financières. Par exemple, si un bâtiment conçu pour résister à des séismes de niveau 5 sur l'échelle de Richter est construit dans une ville où le séisme maximal envisageable est de niveau 3 sur cette même échelle, aucune vulnérabilité n'est à considérer même si le péril « séisme » existe sur l'objet « bâtiment » car aucune conséquence n'est à craindre.

Cette définition étant donnée, nous pouvons préciser le sens des notions de risque, de sinistre et de scénario telles que nous les envisageons :
- Le risque est la possibilité qu'un péril frappe un objet.
- Le sinistre désigne la survenance avérée d'un péril sur un objet.
- Le scénario décrit comment se matérialise une vulnérabilité. Chaque scénario définit une vulnérabilité unique. Inversement chaque vulnérabilité est associée à un unique scénario. Modéliser les scénarios est donc strictement équivalent à modéliser les vulnérabilités.

► Exposition - Survenance - Gravité

La vulnérabilité est le pilier de la phase de définition des scénarios, le triplet XSG est le pilier de la phase de quantification des scénarios et constitue la transposition quantifiée de la vulnérabilité.

Les trois composantes du modèle XSG sont :

- **Exposition (X)**
  C'est le nombre d'objets indépendants exposés à un péril donné durant l'année. L'indépendance des objets est définie par rapport au péril. Deux vulnérabilités proches peuvent avoir des mesures d'exposition différentes. Ainsi, la modélisation du risque de fraude sur carte bancaire est différente suivant qu'il s'agit de fraude externe ou interne. Pour la fraude externe, la ressource en risque est une carte puisque chacune peut être falsifiée de façon indépendante. Le nombre de cartes est donc la bonne mesure de l'exposition. Pour la fraude interne en revanche, un seul employé peut dupliquer des milliers de cartes : la ressource exposée est l'employé, et non la carte.
- **Survenance (S)**
  C'est la survenance d'un péril sur un objet exposé donné dans l'année quantifiée par sa probabilité.
- **Gravité (G)**
  C'est le coût consécutif à la survenance du péril sur l'objet exposé.

Le triplet {Exposition, Survenance, Gravité} est l'exacte transposition du triplet {Objet, Péril, Conséquence}. La continuité du processus de modélisation des connaissances est ainsi assurée. Le modèle XSG désigne à la fois la vulnérabilité et sa forme quantifiée.

Dès lors, les deux étapes du processus de modélisation peuvent être reformulées :
- définir les scénarios = Identifier les vulnérabilités ;
- quantifier les scénarios = Quantifier l'exposition, la survenance et la gravité.

▶ **Utilisation des réseaux bayésiens**

L'exposition, la survenance et la gravité sont les variables aléatoires qui définissent une vulnérabilité. Établir leur distribution conditionnelle est la première étape en vue de la quantification des risques. Dans la pratique, l'utilisation des réseaux bayésiens est bien adaptée à cette tâche.

Les trois variables aléatoires d'exposition, de survenance, et de gravité peuvent être considérées de façon inconditionnelle : il s'agit de la version minimale d'un modèle XSG. Cependant, dans la pratique, la distribution de chacune des ces trois variables peut être modifiée par certains facteurs, appelés déterminants. Il suffit d'interviewer des experts au sujet d'une vulnérabilité donnée pour le comprendre.

La première réponse à « Comment mesurer l'exposition ? », « Quelle est la probabilité d'un sinistre de tel type ? », ou « Combien coûtera un sinistre s'il survient » sera en général « Cela dépend ! ».

Tout l'art du modélisateur consiste alors à retourner la question à l'expert, pour identifier de quoi dépendent ces trois variables aléatoires.

Par exemple, l'exposition peut dépendre des prévisions d'évolution d'activité. Cet indicateur peut être particulièrement significatif pour des activités en forte croissance comme la banque à distance.

La survenance, par exemple dans le domaine de la fraude, peut dépendre du niveau hiérarchique ou de l'âge du salarié, comme le montrent certaines études.

Enfin, la gravité dépendra des circonstances favorables ou défavorables, et notamment du moment où survient le sinistre. Une panne informatique aura des conséquences bien plus lourdes pour un établissement si elle se produit lors des dates mensuelles de paiement de la TVA ou des URSSAF, que si elle se produit un dimanche ou un jour férié, encore que certains jours fériés, correspondant à une très forte activité monétique, pourraient aussi entraîner des conséquences graves.

L'utilisation d'un réseau bayésien permet donc de représenter sur le même graphe les facteurs influençant exposition, survenance ou gravité.

▶ **Avantages de l'utilisation des réseaux bayésiens**

À la fois outil de représentation intuitive des connaissances, et machine à calculer des probabilités conditionnelles, les réseaux bayésiens présentent les avantages suivants pour la modélisation des risques opérationnels :

- La connaissance des experts n'est pas absorbée dans une boîte noire, elle est retranscrite directement.
- Les modèles sont donc contrôlables par les experts et auditables par les autorités de régulation.
- Les probabilités sont toujours le résultat de calculs simples (comptages) ou de l'expertise, renforçant ainsi la transparence des calculs effectués.
- Les réseaux bayésiens peuvent représenter l'ensemble des facteurs qui conditionnent les différentes composantes d'une vulnérabilité et permettront ainsi d'identifier les leviers de réduction et de quantifier leur importance.
- Les réseaux relatifs à plusieurs vulnérabilités peuvent être interconnectés afin de mesurer les corrélations qui existent entre elles.
- Ils proposent, pour la représentation des connaissances, un formalisme commun qui sera appliqué à tous les types de risque.
- Les trois objectifs que nous avons formulés pour la modélisation des risques - calculer, prévoir, comprendre - sont accessibles.

Évidemment, leur mise en œuvre implique la disponibilité des experts mais cette disponibilité qui pourrait être un obstacle pratique dans certains cas est pour nous une condition essentielle du succès de la modélisation des risques opérationnels.

10.3.3 Définition des scénarios

Nous présentons dans ce chapitre la première phase de la modélisation des risques opérationnels qu'est la définition des scénarios. Cette phase ne relevant pas de la quantification, nous nous contentons d'en survoler les étapes.

La phase de définition des scénarios comprend trois étapes :

① identification des vulnérabilités ;

② sélection des vulnérabilités ;

③ étude détaillée des vulnérabilités.

Les acteurs concernés durant cette phase sont le risk manager et l'expert qui vont recueillir toute la connaissance nécessaire pour la phase de quantification.

▶ **Identification des vulnérabilités**

L'objectif de cette étape est de lister tous les risques, c'est-à-dire tous les couples {Péril, Objet}, qui peuvent affecter la banque. L'exhaustivité du recensement est l'idéal visé par cette étape. Quelques règles doivent être respectées pour établir une liste aussi complète que possible.

Le risk manager et l'expert doivent examiner sans *a priori* tout ce qui peut affecter la banque. Aucun risque ne doit être écarté à ce stade sans justification sérieuse. Il ne s'agit pas de se poser des questions sur la fréquence ou la gravité des risques mais d'envisager les situations possibles.

Les deux principes suivants sont de bons guides pour conduire l'identification :
- Tout ce qui est déjà arrivé à la banque ou à une autre banque peut survenir de nouveau.
- Ce qui se conçoit par l'imagination peut arriver.

Cette étape implique donc de l'imagination et de la créativité, mais aussi du bon sens qui servira à canaliser une imagination débordante inventant des scénarios invraisemblables.

L'identification des vulnérabilités repose en général sur un référentiel établi par la banque qui liste les périls possibles et les objets de la banque.

L'identification consiste à retenir un sous-ensemble des risques définis par ces référentiels. L'identification peut se faire en étudiant des scénarios, en partant des objets et en envisageant les périls qui peuvent frapper dessus, en analysant les processus sensibles de la banque etc. Il s'agit d'une étape de *brainstorming*, qui ne doit pas être abordée de façon dogmatique.

▶ Sélection des vulnérabilités

La sélection des vulnérabilités se fait en (1) positionnant chacune dans le plan Gravité x Fréquence (2) et en ne conservant que celles qui vérifient une règle d'éligibilité définie *a priori*.

Il faut donc dans un premier temps définir une échelle de fréquence et une échelle de gravité. Ces deux échelles doivent permettre aux risk managers et aux experts de qualifier leurs vulnérabilités. Elles doivent donc être simples à utiliser. Une échelle de fréquence classique est : « plusieurs fois par an » , « 1 fois par an» , « 1 fois tous les 5 ans » , etc. Pour la gravité, on pourra considérer par exemple des ordres de grandeur de montant.

Une fois l'échelle définie, une règle d'éligibilité doit être établie pour ne retenir que les vulnérabilités significatives, c'est-à-dire les vulnérabilités dont la fréquence ou la gravité sont suffisamment élevées.

▶ Étude détaillée des vulnérabilités

Chaque vulnérabilité sélectionnée doit faire l'objet d'une étude détaillée qui mettra en évidence les mesures de prévention et de protection déjà en place ou envisagées pour l'année à venir, qui identifiera les facteurs influençant la survenance ou aggravant les conséquences, et enfin qui produira une première évaluation des pertes associées pour l'année à venir.

10.3.4 Quantification des scénarios

La deuxième phase de la modélisation des risques opérationnels consiste à quantifier chaque vulnérabilité. Elle est réalisée principalement par le modélisateur et repose sur l'analyse détaillée de chaque scénario. L'interlocuteur principal du modélisateur est le risk manager mais le recours à l'expert peut être nécessaire pour éclairer ou enrichir éventuellement l'analyse.

Le processus de quantification d'une vulnérabilité (ou d'un scénario) se décompose en 6 étapes :

① Définir exposition, survenance et gravité.

② Modéliser l'exposition à l'aide d'un réseau bayésien.

③ Modéliser la survenance à l'aide d'un réseau bayésien.

④ Modéliser la gravité à l'aide d'un réseau bayésien.

⑤ Générer les pertes potentielles basées sur ce scénario.

⑥ Calculer la distribution et les fonds propres.

Nous décrivons maintenant chacune de ces étapes.

▶ Définir l'exposition, la survenance, et la gravité

Cette étape a pour objectif principal d'identifier clairement l'objet exposé, d'évaluer le nombre d'objets exposés, et de définir la survenance et la gravité d'une vulnérabilité définies par un triplet {Péril, Objet, Conséquence}.

Rappelons que les objets exposés doivent être indépendants du point de vue du péril considéré pour que le modèle XSG puisse s'appliquer et qu'un péril ne doit pouvoir frapper un objet qu'une seule fois dans l'année.

Ces deux contraintes qui caractérisent un objet exposé ne peuvent en général pas être prises en compte lors de la phase de définition des scénarios ; il revient au modélisateur d'adapter la notion d'objet à ses besoins.

Par exemple, si la première phase a mis en évidence le péril « panne informatique » sur l'objet « service de traitement des ordres boursiers » , cet objet pouvant subir plusieurs pannes dans l'année, il ne peut être considéré comme un objet pour la modélisation. L'objet qui devra être considéré dans ce cas est une tranche de temps de fonctionnement du service de traitement des ordres boursiers. Mais attention, les tranches de temps doivent être indépendantes par rapport au péril « panne informatique » ; il est donc nécessaire d'ajuster la durée de la tranche afin d'assurer cette indépendance. Ainsi on pourra considérer, si une panne dure au maximum une journée, que l'objet exposé est « une journée d'activité du service de traitement des ordres boursiers » .

La définition du bon objet exposé est comparable à celle du bon système en thermodynamique : elle conditionne la qualité du modèle.

▶ Modéliser l'exposition

Une fois l'objet défini, l'exposition est en général la grandeur la plus facile à modéliser. Elle représente le nombre d'objets exposés au péril prévu pour l'année à venir.

L'exposition traduit en général l'activité prévue pour la banque dans un domaine donné. Par exemple, le nombre de cartes bancaires en circulation, le nombre d'opérations de marketing direct, le nombre de clients ayant souscrit un crédit à la consommation sont des mesures de l'exposition.

L'exposition pour l'année à venir est donc le produit de deux grandeurs : l'exposition pour l'année écoulée et la prévision d'évolution de l'activité dans le domaine concerné. L'exposition de l'année écoulée est observée directement. La prévision d'évolution pourra être définie en fonction des objectifs commerciaux ou stratégiques de la banque, et sera par exemple fournie sous forme d'une distribution de probabilité traduisant trois hypothèses : basse, moyenne, haute.

Le réseau bayésien d'exposition contient donc au minimum trois nœuds :
- L'exposition de l'année qui vient de s'écouler, qui prend une valeur unique.
- La prévision d'évolution de l'exposition pour l'année à venir qui prend trois modalités.
- L'exposition de l'année à venir qui est le produit des deux grandeurs précédentes.

Il peut être complété d'autres nœuds, qui seraient les déterminants de la prévision d'évolution. Ces déterminants sont en général de deux natures : des décisions stratégiques, susceptibles de modifier de façon volontaire l'exposition, et des facteurs externes, qui représentent les incertitudes racines de cette prévision.

▶ **Modéliser la survenance**

La question qui se pose à ce stade est celle de la survenance d'un péril et de ses conditions. Le modélisateur portera son attention sur les mesures de prévention décrites dans l'analyse détaillée et tentera d'exhiber les enchaînements qui aboutissent au sinistre. Le péril survient ou ne survient pas durant l'année. Quantifier la survenance c'est définir la probabilité qu'un péril survienne.

Trois types d'approche sont envisageables selon la nature du problème et la disponibilité de l'expertise et des données :

- **Échelle de fréquence**
  Si la survenance est très rare et non modélisable, le recours à une échelle de fréquence peut s'avérer utile. Cette échelle exprime combien de fois le péril est susceptible de frapper chaque année. La probabilité de survenance se déduit en divisant par l'exposition.
  Ce mode d'évaluation de la fréquence convient par exemple aux catastrophes naturelles.

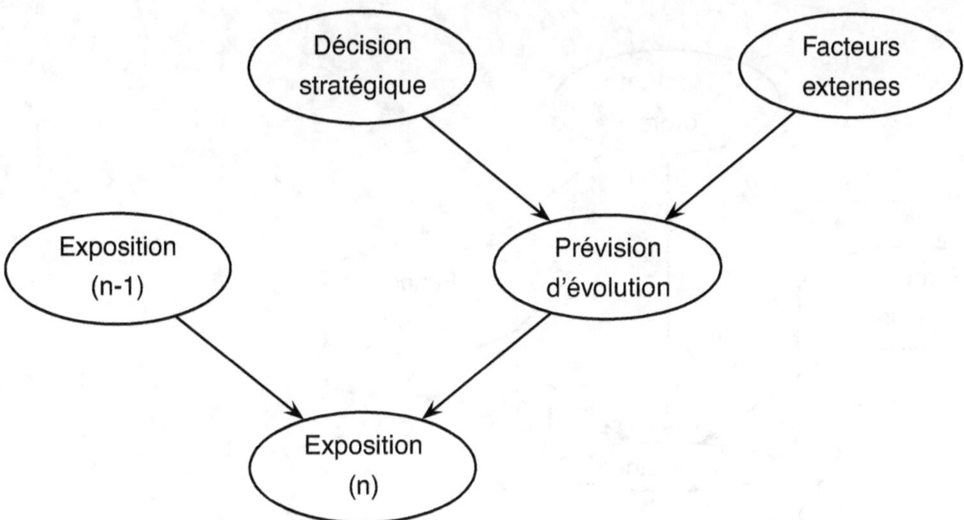

FIG. 10.3 *Modéliser l'exposition par un réseau bayésien*

- **Estimation empirique**
  Si la survenance est très fréquente et stable dans le temps, une estimation empirique de la probabilité est suffisante. Elle consiste à diviser le nombre de sinistres constatés l'année précédente par l'exposition de l'année précédente.
  Ce mode d'évaluation convient par exemple aux erreurs humaines (erreurs de saisie).
  Attention, lorsque l'on comptabilise les sinistres de l'année précédente, il est préférable de comptabiliser aussi, lorsque cela est possible, les *near misses*, c'est-à-dire les incidents sans gravité car cette gravité nulle peut être le fait du hasard.
- **Modèle théorique**
  Si le phénomène est bien appréhendé dans l'analyse de la vulnérabilité, le recours à un modèle théorique décrivant le processus qui aboutit à la survenance d'un sinistre est conseillé.
  La survenance sera donc conditionnée à la survenance de plusieurs problèmes, chacun de ces problèmes pouvant lui-même être conditionné à plusieurs déterminants.
  Par exemple, supposons qu'un ordre de bourse puisse être frappé par une erreur de saisie. Si de plus une mesure de double contrôle a été mise en place pour les ordres de gros montants, la survenance

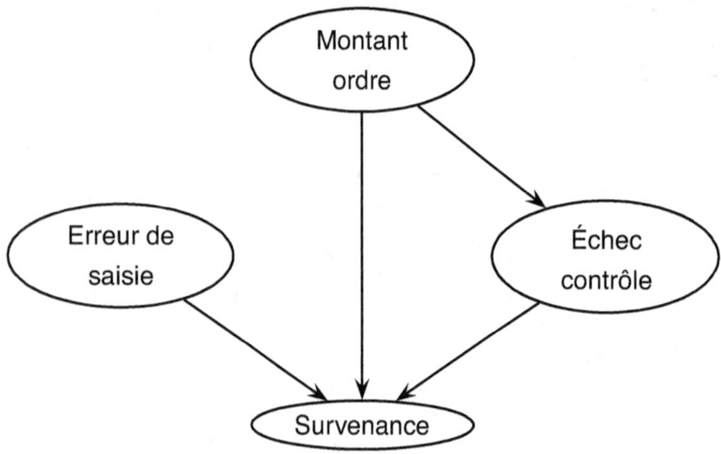

FIG. 10.4 *Modéliser la survenance par un réseau bayésien*

dépendra donc du montant de l'ordre et du fait que le double contrôle a échoué ou non. Un incident survient soit si « le montant de l'ordre est faible ET une erreur de saisie a lieu », soit si « le montant de l'ordre est élevé ET qu'une erreur de saisie a lieu ET que le double contrôle a échoué ».

On peut encore considérer que l'absence de contrôle équivaut à un échec de celui-ci. Le réseau bayésien représentant la survenance est alors un arbre logique probabiliste de type arbre des causes.

► **Modéliser la gravité**

La question qui se pose lors de la modélisation de la gravité est celle de la perte consécutive à la survenance d'un péril sur l'objet exposé. Nous devons donc considérer que le sinistre est survenu et essayer de quantifier le coût des pertes.

La modélisation de la gravité suit cinq étapes :

① Équation de la gravité.

② Probabilisation.

③ Conditionnement.

④ Construction du réseau bayésien et Distribution.

⑤ Validation.

La première question qui se pose concerne le coût et les composantes du coût d'un sinistre potentiel.

L'équation de la gravité est une relation mathématique déterministe exprimant la gravité comme une fonction d'un ensemble de facteurs. Ces facteurs sont donc les déterminants, ou causes de la gravité.

Considérons un incendie frappant une agence bancaire. La perte consécutive à un incendie est le coût de reconstruction des bâtiments endommagés et le coût de remplacement des aménagements ; à titre prudentiel nous supposerons que tout le mobilier sera remplacé. Le coût du sinistre est alors égal au montant de la reconstruction et de l'aménagement, supposés dépendre linéairement de la surface de l'agence et éventuellement d'un taux de destruction par l'incendie.

La gravité s'exprime alors en fonction des facteurs suivants :
- surface de l'agence ;
- pourcentage détruit par l'incendie ;
- prix des aménagements au m^2 ;
- coût de reconstruction au m^2.

L'équation est une relation formelle ; elle doit être établie en faisant abstraction des difficultés de quantification précise de ses facteurs.

L'intérêt de cette équation est que l'on peut calculer une perte potentielle en faisant des hypothèses sur chaque facteur. Il n'est pas nécessaire d'avoir des sinistres pour obtenir des données de pertes, il suffit d'en simuler à partir des facteurs. Lorsque l'équation est difficile à établir, on pourra toujours adopter une position prudentielle et exprimer une équation qui majore la gravité. Cette prudence, si elle ne coûte pas trop cher à l'arrivée en fonds propres, permet bien souvent de simplifier les problèmes.

Si l'équation établit une relation exacte entre la gravité et ses facteurs, il faut garder à l'esprit que les facteurs dépendent en général au minimum de l'objet frappé et doivent donc être représentés par des variables aléatoires.

L'étape de probabilisation de l'équation consiste à caractériser la distribution de chaque facteur. Si des données sont disponibles sur le facteur, une distribution empirique calculée sur les données sera appliquée. Si une loi théorique est connue sur le facteur (par exemple : le rendement d'un marché suit une loi log-normale), ses paramètres doivent être estimés ou fournis par les experts. Si aucune donnée historique n'est disponible ni aucune loi théorique connue, la distribution sera établie à partir de probabilités subjectives données par des experts.

Revenons à l'exemple de l'incendie sur une agence bancaire et probabilisons son équation. Le facteur « coût de l'aménagement au m^2 » suit une distribution empirique calculée sur l'ensemble des agences. Le facteur « pourcentage détruit » suit une distribution théorique dont les paramètres pourront être fournis par l'ingénieur sécurité. Le facteur « coût du bâtiment au m^2 » suit une distribution empirique obtenue à partir de données de marché externes. Le facteur « surface » suit une distribution empirique obtenue du service gérant le parc immobilier de la banque.

L'étape de conditionnement intervient une fois les facteurs de la gravité définis à travers l'équation. La question se pose alors de savoir si ces facteurs dépendent eux-mêmes d'autres déterminants. De quoi dépend, par exemple, le coût immobilier au m^2 d'une agence bancaire ?

Le conditionnement d'un facteur consiste à :
- rechercher ses déterminants ;
- définir la distribution de chaque déterminant ;
- établir la relation entre la distribution du facteur et la distribution de chaque déterminant.

Attention, il ne s'agit pas de conditionner un facteur par des déterminants inutilisables dans la pratique.

Un déterminant doit être au minimum quantifiable c'est-à-dire que sa distribution doit être calculable. Un déterminant qui n'est pas quantifiable, même s'il a manifestement une influence sur la gravité, ne nous est d'aucun secours lors de la modélisation quantitative. Il est par exemple clair que la pugnacité des services juridiques sera un déterminant du montant des indemnités dues au titre d'un défaut de conseil. Malheureusement, cette pugnacité est difficilement quantifiable et ne sera donc pas retenue dans le modèle.

Deux qualités sont à rechercher pour un déterminant : son caractère prévisible et contrôlable.

Un déterminant est prévisible s'il peut être prévu ou faire l'objet d'hypothèses raisonnables. Par exemple, le rendement du marché action français est un déterminant prévisible car on peut faire des hypothèses raisonnables sur son comportement dans l'année à venir : sans prétendre prévoir sa tendance à un an, on peut considérer que sa distribution sera comparable à la distribution empirique constatée dans le passé.

Un déterminant est contrôlable si la banque peut modifier sa distribution. Le rendement du marché action n'est pas contrôlable par la banque alors que le niveau de formation des salariés peut être contrôlé en engageant des plans de formation. L'intérêt d'un déterminant contrôlable est qu'il constitue un levier de réduction des risques.

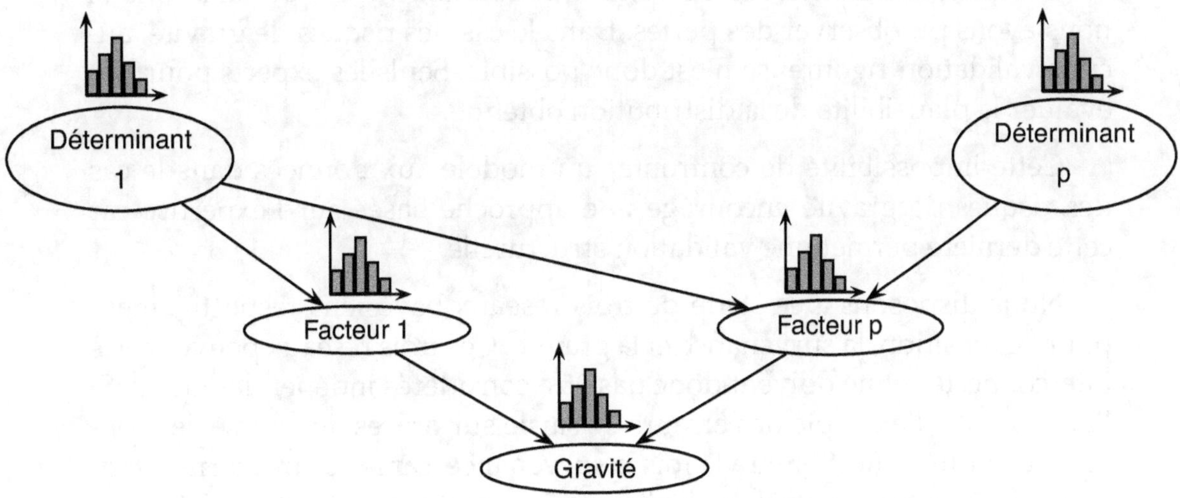

FIG. 10.5 *Modéliser la gravité par un réseau bayésien*

À ce stade, le modèle est parfaitement décrit. Pour calculer la distribution de la gravité, nous devons construire notre machine à calculer des distributions conditionnelles : le réseau bayésien.

Les nœuds du réseau sont la gravité, les facteurs et les déterminants :
- La distribution conditionnelle de la gravité à ses facteurs se déduit directement de l'équation.
- La distribution des facteurs a été définie lors de l'étape de probabilisation.
- La distribution conditionnelle d'un facteur à ses déterminants et la distribution des déterminants ont été définies lors du conditionnement.

Une fois construit, le réseau calcule naturellement la distribution de la gravité par inférence.

L'étape de validation comporte plusieurs niveaux.

Le premier niveau de validation est structurel. Il concerne le graphe de connaissance et les distributions conditionnelles. Par construction même, le réseau bayésien n'est qu'une traduction directe de la connaissance des experts. Toutefois, des hypothèses sont parfois posées quant aux distributions (probabilités subjectives, etc.) qu'il convient de valider.

Le deuxième niveau de validation est numérique. Le modèle doit être confronté aux pertes observées, si elles existent. Mathématiquement, il s'agit de vérifier que les pertes constatées sont vraisemblables dans le cadre du modèle posé.

Évidemment, la mesure de cette vraisemblance n'est possible que si nous avons pu observer des pertes. Dans le cas des risques de gravité, aucune validation rigoureuse n'est donc possible. Seuls les experts pourront évaluer la plausibilité de la distribution obtenue.

Cette impossibilité de confronter un modèle aux données dans le cas des risques de gravité encourage une approche basée sur l'expertise car cette dernière permet une validation structurelle.

Nous disposons à ce stade de trois réseaux bayésiens respectivement pour l'exposition, la survenance et la gravité. Ces trois réseaux peuvent être interconnectés et ne doivent donc pas être considérés indépendamment. Si l'on revient à l'exemple des erreurs de saisie sur ordres de bourse, le montant de l'ordre conditionne à la fois la survenance, car les ordres de montant élevé subissent un contrôle supérieur, et la gravité car la perte est d'autant plus élevée que le montant de l'ordre est important. Nous regroupons donc ces trois réseaux en un seul réseau que nous appelons réseau XSG.

L'étape d'échantillonnage d'une vulnérabilité consiste à effectuer une simulation de Monte Carlo d'un grand nombre d'années d'exervice, en utilisant le réseau XSG.

Pour chaque année simulée :
- Échantillonner l'exposition suivant le modèle disponible.
- Pour chaque objet exposé, calculer sa probabilité d'être touché par un sinistre, et tirer aléatoirement la survenance d'un sinistre.
- Pour chaque sinistre, échantillonner sa gravité.
- Cumuler les pertes de tous les sinistres échantillonnés.

Cet échantillonnage se fait bien sûr en tenant compte des interdépendances entre les déterminants.

Nous disposons à ce niveau de N années de pertes simulées. Nous sommes donc en mesure de calculer la distribution des pertes annuelles soit en considérant un histogramme soit en ajustant une distribution théorique sur les pertes échantillonnées. Les fonds propres peuvent alors être calculés en considérant le centile à 99,9 % de la distribution.

10.3.5 Résumé

La démarche de modélisation des vulnérabilités retenue pour les risques de gravité et pour les risques de fréquence instables ou à impact cumulé élevé est une démarche résolument basée sur la connaissance. Tout le processus de modélisation conduit à produire des données de pertes simulées fondées sur une connaissance du scénario générateur de risques. À ce titre, notre démarche pourra être rapprochée d'une LDA classique : on peut la qualifier de LDA conditionnelle basée sur des scénarios. Pour la LDA classique les données passées sont supposées représenter les risques futurs, alors que dans la LDA conditionnelle, les données passées s'effacent devant les pertes potentielles produites à partir de modèles de connaissance.

10.4 Conclusion

La démarche proposée ici a permis de répondre aux trois objectifs fixés initialement pour la modélisation des risques opérationnels. Nous avons développé un modèle qui permet de calculer les fonds propres au titre des risques opérationnels. Le modèle permet de prévoir l'influence d'un indicateur en modifiant sa distribution et en mesurant l'impact sur la distribution des risques opérationnels. On pourra par exemple analyser l'impact d'un krach boursier, l'impact d'un changement de réglementation, ou encore l'impact de la dégradation de la fiabilité des partenaires commerciaux.

Le modèle permet enfin de comprendre les processus générateurs de risques, d'identifier les leviers de réduction des risques et d'évaluer l'intérêt d'une mesure de réduction des risques en prenant en compte son coût. Les leviers de réduction doivent être choisis parmi les indicateurs contrôlables par la banque. Un mesure de réduction, qui consiste à agir sur un levier de réduction, a un coût. La comparaison entre le coût de la mesure de réduction et son impact sur la distribution des risques opérationnels fait partie de l'étude qui justifie la mise en place de la mesure. De telles études pourront par exemple être menées pour évaluer l'opportunité d'un plan de continuité d'activité ou bien justifier la mise en place d'un programme de formation pour améliorer la qualification des agents.

Chapitre 11

Étude de cas n°3 : étude d'un système électrique

L'ensemble des installations de production et de transport d'énergie électrique, dans une région donnée, constitue un système industriel complexe. Les centrales de production, thermiques ou hydrauliques, le réseau électrique (lignes, postes de transformation) et les centres de conduite sont en interaction permanente et doivent assurer, à tout instant, l'équilibre entre la demande et la production d'électricité.

Même si l'on adopte un point de vue très macroscopique, un grand nombre de variables est nécessaire pour caractériser à un instant donné, l'état du système électrique d'une région. Nous pouvons citer *a minima* :

- les puissances débitées sur le réseau par les installations de production situées dans la région ;
- les puissances transitant sur les éventuelles lignes d'interconnexion avec d'autres systèmes électriques ;
- la consommation en chaque site industriel directement raccordé au réseau de transport et en chaque point de livraison vers les réseaux de distribution ;
- la description de la topologie du réseau : ouvrages exploités, en maintenance programmée, ou en indisponibilité fortuite (suite à un incident).

Les méthodes de la sûreté de fonctionnement ont été développées dans les années 1960 et 1970 et ont été originellement appliquées dans les secteurs aéronautique, spatial, militaire, chimique, pétrolier, nucléaire et ferroviaire. La modélisation d'un système électrique présente cependant une difficulté particulière par rapport à celle, par exemple, d'un avion ou d'une automobile : la configuration du système, ainsi que les contraintes auxquelles il est soumis sont en perpétuelle évolution. Il y a deux raisons à cela : d'une part, les indisponibilités, programmées ou fortuites, des ouvrages de production et de transport ; d'autre part, la forte variabilité dans le temps et dans l'espace de la demande en électricité. Ces deux facteurs font qu'il n'est pas possible de définir de mode de fonctionnement nominal d'un système électrique.

Les études de sécurité du système électrique nécessitent donc au préalable la génération d'un échantillon d'états du système, ou situations de réseau qui sont ensuite analysés individuellement au moyen d'outils spécifiques. L'analyse d'une situation de réseau est elle-même complexe et nécessite plusieurs minutes, voire plusieurs heures de temps de calcul, car elle implique la résolution d'un grand nombre d'équations différentielles. La phase de génération des situations de réseau est donc critique, car il est primordial de ne pas gaspiller de temps de calcul par l'analyse détaillée d'états extrêmement peu probables. En d'autres termes, l'enjeu est de pouvoir générer un échantillon d'états du système électrique en s'assurant de sa plausibilité, de manière à recouvrir au mieux l'espace des possibles.

11.1 Modélisation d'un réseau électrique

11.1.1 Variables aléatoires

Le réseau très haute tension français est composé d'environ 100 000 kilomètres de lignes à haute tension, de plusieurs centaines de groupes de production (thermiques ou hydrauliques) connectés au réseau, et d'environ deux cents nœuds de consommation (clients industriels et points de livraison vers les réseaux de distribution).

À l'échelle nationale, une situation de réseau est donc décrite par un ensemble de plusieurs centaines de variables symboliques (états d'une ligne, d'un groupe de production) ou numériques (consommations en différents points, puissances débitées par les groupes de production). À l'échelle régionale, le nombre de variables est de l'ordre de quelques dizaines.

Afin de manipuler des variables prenant un nombre fini de valeurs et de définir en toute rigueur la probabilité d'une situation de réseau, on peut choisir de discrétiser les variables continues comme par exemple la consommation d'électricité en un nœud du réseau.

La situation du réseau, à chaque instant, peut ainsi être assimilée à un vecteur comprenant plusieurs dizaines à plusieurs centaines de variables. Ces variables sont, du point de vue de l'exploitant de réseau, entachées de nombreuses incertitudes :

- **Variabilité de la consommation**. Il est difficile de prévoir avec précision le niveau et la répartition de la consommation, même à court terme. Un exemple souvent cité à ce sujet est le suivant : en hiver, une baisse d'un degré Celsius de la température en France augmente la consommation nationale d'environ 1000 MW, soit l'ordre de grandeur de la production d'un réacteur nucléaire. Bien évidemment, à plus long terme, la consommation d'électricité dépend de multiples facteurs économiques, sociaux ou démographiques qui la rendent encore plus difficile à prévoir.
- **Indisponibilité fortuites**. Le système est affecté par des événements imprévisibles, comme les défaillances de lignes, de postes de transformation ou de groupes de production, qui entraînent des indisponibilités fortuites.
- **Incertitudes sur la production**. Dans le contexte actuel de libéralisation des systèmes électriques, l'activité de gestion de réseau se dissocie du domaine de la production d'énergie électrique, qui est soumis à la concurrence. Les informations dont disposent les différents acteurs sont incomplètes. En particulier, les exploitants de réseau ont une connaissance partielle du programme de production des centrales installées dans la région, et à plus long terme des projets de mise en service de nouvelles installations de production.

Il apparaît donc raisonnable de modéliser par des variables aléatoires les différents paramètres qui caractérisent la situation de réseau. D'une manière générale, l'existence de ces incertitudes renforce la pertinence des méthodes probabilistes pour les études de conception ou de fonctionnement des systèmes électriques. Ce constat s'applique à d'autres industries de réseau, dans les domaines des transports ou des télécommunications par exemple.

11.1.2   Dépendances entre variables

Les phénomènes de dépendances entre les variables d'une situation de réseau sont abondamment décrits dans la littérature du domaine des études de sécurité et d'adéquation des systèmes électriques. Nous pouvons

Types de dépendances entre défaillances	Exemples
Défaillance de cause commune ou de mode commun	Chute d'un arbre sur les deux ternes d'une ligne ; défaut de conception d'une protection
Dépendances dues à des composants communs	Défaillance d'un poste induisant la perte de plusieurs groupes et lignes
Dépendances dues à un environnement commun tel que le climat	Taux de défaillance des lignes plus élevés en cas de tempête ou d'orage
Cascades de pannes	Défaillance d'une protection induisant une sollicitation plus contraignante d'autres ouvrages (stress)
Dépendances dues à un nombre limité de réparateurs	Phénomène de file d'attente dû à un nombre limité de réparateurs (exemple : deux composants en panne, un réparateur)

TAB. 11.1 *Types de dépendances entre défaillances, [BA88]*

citer les exemples suivants :

- Dans [BL94], l'accent est mis sur les dépendances entre les consommations en différents nœuds, et entre les indisponibilités de lignes dues à des conditions climatiques défavorables.
- Dans [BL92] et [YNH99], une attention particulière est portée sur les dépendances entre les consommations en différents nœuds.
- Les articles [ADS94], [BS95], [ESH96], [MS97] et [UPK$^+$97] mentionnent l'importance des conditions climatiques dans les évaluations de fiabilité d'un réseau. Les conditions climatiques influent sur les paramètres de production (état des réserves d'eau, etc.), de transport (orages affectant les lignes, etc.), de consommation (température) et sont ainsi responsables de phénomènes de dépendances.
- L'importance des dépendances dans les évaluations de fiabilité des systèmes électriques est particulièrement reconnue pour les phénomènes de défaillances (tableau 11.1).

Prendre en compte les dépendances se révèle indispensable pour évaluer la probabilité d'une situation de réseau. Par exemple, la probabilité de défaillance simultanée de plusieurs lignes voisines apparaît comme très faible si l'on considère l'état de chaque ligne comme des variables aléatoires indépendantes. En revanche, la probabilité se trouve augmentée de plusieurs ordres de grandeur si l'on modélise le risque d'orage dans la région où sont situées les lignes. Donnons un exemple numérique, en considérant deux lignes du réseau. Le retour d'expérience peut conduire à estimer la probabilité marginale de défaut sur chaque ligne à 10^{-3}. La probabilité de défauts simultanés sur les deux lignes serait donc, si les lignes se comportaient de manière indépendante, de 10^{-6}, soit une valeur extrêmement faible. Or, supposons que les deux lignes soient proches géographiquement, voire montées sur les mêmes pylônes. Alors si l'une des lignes est affectée par un incident, il existe une forte probabilité pour que la seconde soit affectée par ce même incident, qu'il s'agisse d'intempéries, de foudre, de givre, de la chute d'un arbre, etc. La probabilité de défauts simultanés sur les deux lignes est donc en réalité très largement supérieure à 10^{-6}. Cet exemple met clairement en évidence que le seul historique des défaillances d'un composant peut être inexploitable pour construire un modèle probabiliste s'il ne s'accompagne pas d'un relevé précis du contexte dans lequel la défaillance s'est produite.

11.1.3   Choix d'un modèle mathématique

La plupart des études de fiabilité s'effectuent au moyen de modèles logiques, comme les arbres de défaillances, les diagrammes de fiabilité, les fonctions de structure ou encore les diagrammes de décision binaire. Ces modèles représentent l'état de chaque composant et l'état du système par des variables booléennes.

Les modèles les plus couramment utilisés sont les arbres de défaillances [KH96]. Dans un arbre de défaillances, l'état de chaque composant i est représenté par une variable booléenne X_i, et l'état du système par une fonction booléenne et déterministe des X_i, classiquement notée

$$\Phi(X_1, \ldots, X_n). \tag{11.1}$$

Afin de déterminer la loi de probabilité de Φ, il est souvent nécessaire de postuler l'indépendance stochastique des X_i. La prise en compte de dépendances n'est possible qu'au moyen d'approximations ou d'artifices de modélisation.

On peut également remarquer qu'un arbre de défaillances est un cas particulier de réseau bayésien, dans lequel :
- toutes les variables sont booléennes ;
- les variables intermédiaires dépendent de manière déterministe de leurs variables parentes.

En présence de variables à plus de deux modalités (multi-états) et de dépendances stochastiques entre variables, le choix d'une modélisation par réseau bayésien s'impose naturellement.

11.2 Étude du réseau électrique en région PACA

11.2.1 Contexte

La modélisation d'un système électrique par un réseau bayésien a été utilisée dans le cadre d'une étude de mise à jour des règles d'exploitation du réseau en région PACA (Provence-Alpes-Côte d'Azur).

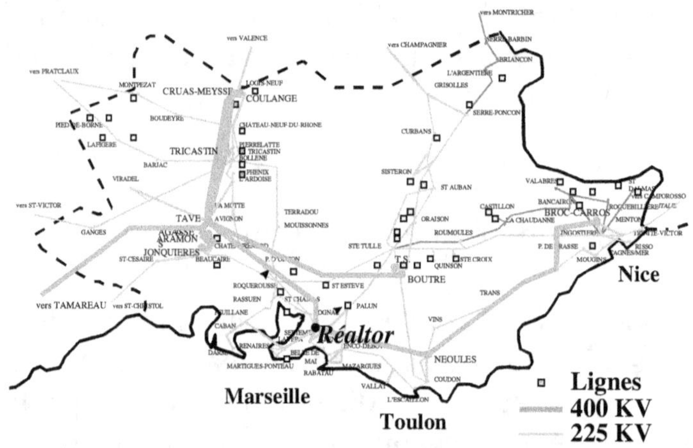

FIG. 11.1 *Le réseau électrique en région PACA*

L'étude, réalisée par EDF R&D pour le gestionnaire du réseau de transport français (RTE : réseau de transport d'électricité), s'appuyait sur l'analyse d'un échantillon de 10 000 situations du réseau en région PACA[1]. Cet échantillon avait été généré plusieurs années auparavant sans prendre en compte les dépendances conditionnelles : la valeur de chaque paramètre avait été tirée aléatoirement, indépendamment de celles des autres paramètres. Il était capital de vérifier la plausibilité des situations et d'éliminer, le cas échéant, des situations très improbables qui d'une part, auraient entraîné des calculs superflus et d'autre part, risquaient d'introduire des biais dans la définition des règles d'exploitation.

---

[1] L'étude présentée dans ce chapitre a fait l'objet de publications. Pour plus de détails, le lecteur pourra donc se référer à [PPSP01] et [PPSP02] sur la modélisation par réseau bayésien et à [SPP02] sur l'utilisation de l'étude.

11.2.2   Construction du modèle

L'équipe d'EDF R&D, avec la contribution d'exploitants du centre de conduite de Marseille, a identifié les principales dépendances entre variables et recueilli les informations nécessaires concernant la consommation, la gestion de la production et la politique de maintenance des lignes électriques.

Énumérer l'ensemble des dépendances prises en compte dans l'étude dépasserait le cadre de notre propos : nous citons ici les principales relations entre variables.

Différentes dépendances liées aux phénomènes climatiques ont été mises en évidence. En raison de l'utilisation de l'électricité pour le chauffage et l'éclairage, la température et la nébulosité influencent la consommation. Par ailleurs, le climat influence les probabilités d'incident sur les lignes de transport : une température chaude favorise l'activité kéraunique et donc le risque de foudre, une température négative entraîne un risque de gel, etc. Enfin, la température influence les transits maximaux de puissance sur les lignes de transport. On peut observer que l'existence d'une dépendance stochastique entre les variables caractérisant la consommation et l'état des lignes du réseau de transport n'était pas évidente en première analyse !

Les paramètres chronologiques (jour de l'année, jour de la semaine, heure de la journée) ont également des influences multiples. L'heure influence la consommation (creux dans la nuit, pic du soir en hiver). La date influence la consommation (week-ends, jours fériés, jours dit d'effacement jour de pointe où certains clients sont soumis à un tarif plus élevé de manière à réduire la consommation nationale les jours de grand froid). Enfin, il est clair que la date et le climat sont liés, de même que l'heure de la journée et la température. On retrouve ainsi les dépendances climatiques citées plus haut.

Les dépendances dues à la politique de maintenance des lignes du réseau ont une importance considérable. Les lignes sont de préférence maintenues au printemps et en été, périodes où le réseau est moins contraint (et où il est moins pénible pour les opérateurs de travailler sur les lignes). Par ailleurs, le choix des ouvrages maintenus s'effectue de manière à ce que la topologie du réseau permette à celui-ci d'alimenter en énergie électrique chaque client industriel et chaque connexion avec les réseaux de distribution. Typiquement, certaines paires de lignes du réseau ne se trouvent jamais simultanément en maintenance programmée.

Au total, le réseau bayésien (construit avec le logiciel Netica) se composait de 110 variables représentant les ouvrages de production, la consommation régionale, les paramètres climatiques et chronologiques, ainsi que

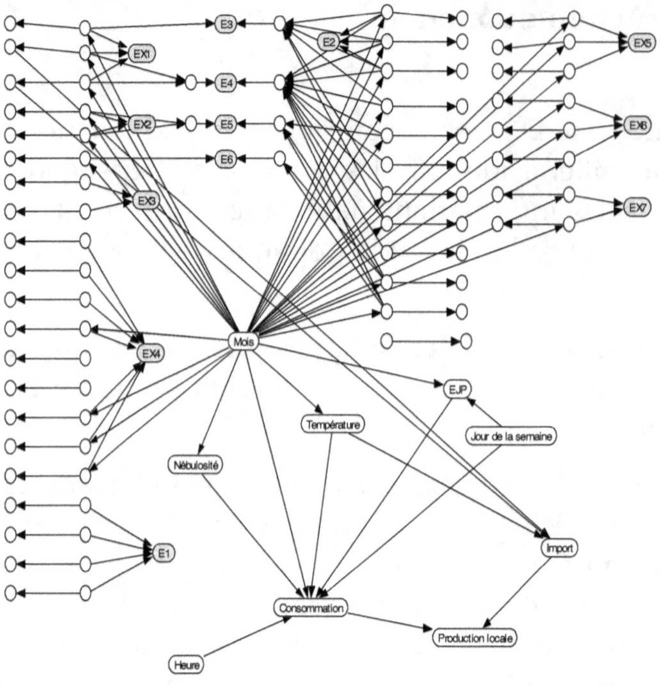

FIG. 11.2 *Réseau bayésien modélisant le système électrique*

la production et l'importation de puissance électrique. Les dépendances entre variables sont représentées par 146 liens (figure 11.2).

La phase de construction du modèle a mis en évidence deux avantages majeurs de la modélisation par réseau bayésien :

- le caractère intuitif du modèle, qui le rend compréhensible et utilisable par un non-spécialiste des méthodes probabilistes ;
- l'interactivité : le fait d'évaluer l'influence d'une variable sur les autres variables du modèle en un clic de souris facilite grandement la validation du modèle.

11.2.3 Résultats de l'étude

Le temps de calcul de la probabilité d'une situation du réseau par le réseau bayésien était de l'ordre d'une seconde. Ainsi, l'ensemble des 10 000 situations a pu être traité en moins de trois heures.

Le calcul des probabilités a mis en évidence que 15% environ des situations étaient très peu probables (probabilités comprises entre 10^{-10} et 10^{-5}) et pouvaient être supprimées de l'échantillon. Quelques situations extrêmement peu probables ont fait l'objet d'une analyse minutieuse. La plupart d'entre elles étaient des situations où le réseau était fortement contraint et présentait un risque d'écroulement. Prendre en compte ces situations aurait pu amener à définir des règles d'exploitation trop conservatives et donc trop coûteuses.

La plupart des logiciels de traitement de réseau bayésien (tels que Netica) sont dotés d'une fonctionnalité de génération aléatoire de situations. Dans le cadre d'une nouvelle étude de mise au point de règles d'exploitation, il sera donc possible de générer les situations de réseau en prenant en compte les phénomènes de dépendances entre variables, de manière à :

- se prémunir de la présence de situations extrêmement invraisemblables dans l'échantillon ;
- obtenir une représentation réaliste des situations effectivement rencontrées en exploitation ;
- s'affranchir de l'étape de calcul *a posteriori* des probabilités de situations de réseau.

Chapitre 12

Étude de cas n°4 : questionnaire adaptatif pour la vente de crédit en ligne

Le développement du commerce sur Internet a conduit tout naturellement les sociétés de crédit à la consommation à chercher des débouchés à travers ce canal de vente. En effet, les cartes de crédit de type *revolving*, utilisées en général dans les grands magasins, peuvent être transposées à l'environnement Internet. La possibilité d'offrir un service d'octroi de crédit en ligne est donc un plus pour les sites de commerce électronique, qu'ils vendent des voyages, des biens culturels, ou des vêtements, pour ne citer que quelques exemples. Comme pour les grands magasins ou la VPC classique, l'accès sur le même site aux biens de consommation et au service de crédit, est un accélérateur de la consommation.

La vente sur Internet présente cependant une difficulté particulière qui est la fragilité du processus de vente. Dans le monde réel, lorsqu'un client se présente à un vendeur — ou dans le cas qui nous intéresse, demande l'ouverture d'un dossier pour obtenir une carte de crédit *revolving* — il est somme toute assez rare qu'il revienne sur sa décision au cours de l'entretien. La relation qui s'établit avec le vendeur, indépendamment de sa force de persuasion, rend pratiquement certain l'aboutissement du processus.

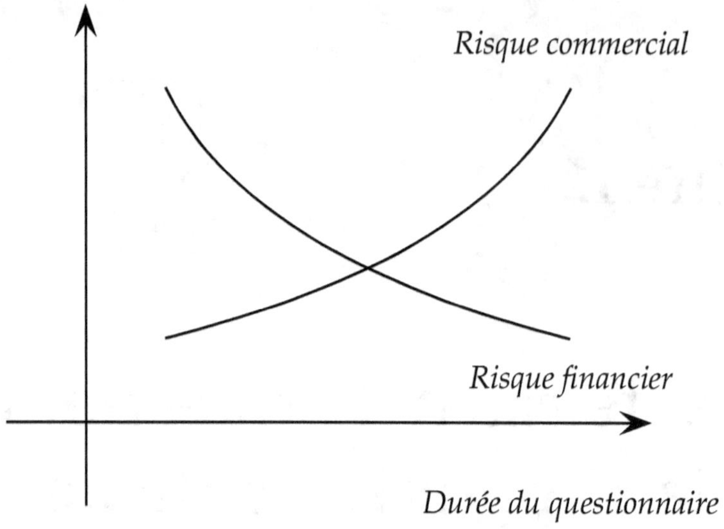

FIG. 12.1 *Gestion du risque pour la vente de crédit en ligne*

Sur Internet, en revanche, cliquer sur le bouton *Acheter* n'engage à rien : l'échange qui s'établit — avec un serveur — peut toujours être interrompu à tout moment, par un clic : il suffit de fermer son navigateur. Les sites de vente en ligne les plus aboutis ont pris en compte cette difficulté, et ont tenté de raccourcir le plus possible la longueur du processus de vente, pour la réduire, dans certains cas, à un seul clic (si le client est déjà connu). Cette technique favorise l'achat d'impulsion.

La vente de crédit présente néanmoins une difficulté particulière, puisqu'il faut évaluer la situation financière du client, pour minimiser les risques d'impayés ou de surendettement. Cette évaluation rend évidemment nécessaire de poser un certain nombre de questions au client sur sa situation, dont les réponses vont permettre d'établir un *score* de risque, mesurant sa probabilité de défaillance.

12.1 Un réseau bayésien comme modèle de score

On se trouve donc dans la situation de gérer deux objectifs contradictoires : d'un côté, le *risque commercial* est d'autant plus faible que le processus de vente est rapide, et de l'autre, le *risque financier* est d'autant plus faible que l'on dispose de renseignements précis et complets sur le client. Ce compromis est représenté sur la figure 12.1 . Plus le questionnaire d'octroi du crédit est long, plus le risque commercial est élevé (risque d'abandon de la transaction), et inversement, moindre est le risque financier (risque d'impayés).

L'utilisation des réseaux bayésiens permet d'aborder ce problème d'une façon élégante. En effet, un score de risque financier n'est en somme qu'un modèle de probabilité conditionnelle, qui permet d'évaluer P(Incident | Caracteristiques).

Supposons que les caractéristiques considérées comme pertinentes pour évaluer le risque financier d'un client soient au nombre de vingt (typiquement, l'âge du client, son salaire, sa situation familiale et professionnelle, etc.). Si on choisit de mettre en œuvre ce score avec un réseau bayésien, on peut évaluer la probabilité d'un incident même avec des informations partielles. Par exemple, on peut calculer P(Incident | Âge).

D'un autre côté, on peut également utiliser le même modèle pour déterminer la question la plus pertinente à poser en fonction des réponses déjà obtenues. Par exemple, pour un client âgé de 25 ans, connaître son salaire apporte certainement plus d'informations pour connaître son risque financier, que de connaître, par exemple, sa situation familiale. Pour un client plus âgé, ce peut être l'inverse. C'est le principe du questionnaire adaptatif :

> *Poser les questions les plus pertinentes par rapport au but à atteindre (ici évaluer le risque financier), en fonction des réponses déjà obtenues.*

12.1.1   Données et prétraitement

L'étude présentée ici a été réalisée indépendamment pour deux établissements de crédit, avec des résultats similaires. Nous présentons l'étude réalisée pour l'un des deux établissements. Pour préserver la confidentialité des données, nous ne révélons pas les variables utilisées. De même, les chiffres présentés (probabilités, etc.) ont été modifiés et ne sont pas nécessairement représentatifs du contexte réel.

Nous avons travaillé sur un ensemble de dossiers fournis par la société de crédit au début de l'étude. Il s'agit de dossiers anciens pour lesquels un recul suffisant est disponible. En fonction des incidents de paiement éventuellement survenus sur ces dossiers, on peut donc qualifier chacun des clients concernés de « bon » ou « mauvais » payeur. Le fichier analysé comporte environ 15 000 dossiers de bons payeurs (que nous pourrons par la suite noter BP) et environ 1 500 de mauvais payeurs (notés MP).

Chacun des dossiers comporte quatorze variables :
* l'âge du demandeur (âge) ;

- sa situation familiale (famille) ;
- son nombre d'enfants (enfants) ;
- sa situation d'habitation (habitat) ;
- ses revenus (revenus) ;
- neuf autres variables que nous laisserons muettes (Q01 à Q09).

12.1.2 Modélisation

La modélisation s'effectue en cinq étapes :
- discrétisation des données quantitatives ;
- échantillonnage en une base d'apprentissage et une base de test ;
- apprentissage d'un réseau bayésien et analyse des performances en apprentissage ;
- application du modèle à la base de test et analyse des performances en test ;
- étude de la robustesse du modèle.

Pour chacune des variables quantitatives (comme l'âge), une discrétisation en cinq classes a été effectuée. Le découpage choisi est celui des quantiles à 20 %, 40 %, 60 % et 80 %. L'échantillonnage s'effectue séparément sur les bons payeurs et sur les mauvais payeurs : on extrait un certain pourcentage de chaque classe.

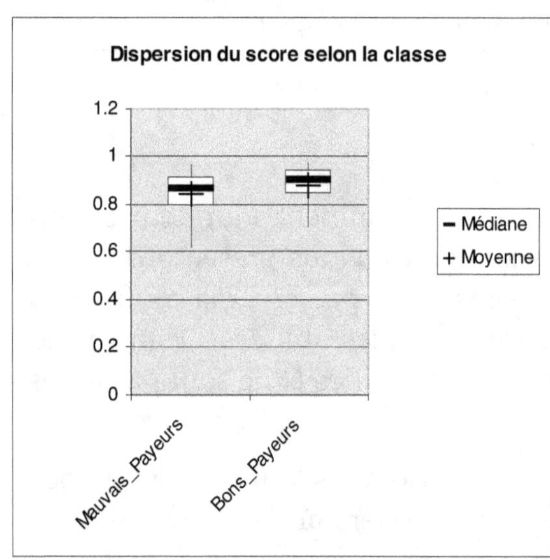

L'utilisation du modèle de score pour prendre une décision d'accorder ou de refuser le crédit suppose de fixer un seuil à ce score. Pour choisir ce seuil, on peut se baser sur la répartition du score sur les deux populations analysées.

FIG. 12.2 *Seuil de décision*

L'apprentissage s'effectue par l'algorithme TAN (*Tree Augmented Naïve Bayes*, ou *Tree Augmented Network*, voir page 172). Le modèle cherche à prévoir le statut bon payeur ou mauvais payeur, et produit donc une probabilité d'être un bon payeur. C'est cette probabilité qui est utilisée comme score.

L'analyse des résultats s'effectue en utilisant des mesures classiques de qualité de score, comme la matrice de confusion des deux classes. L'établissement d'une matrice de confusion suppose de passer du *score*, ou de la probabilité à la *décision*. C'est-à-dire qu'à partir d'une certaine probabilité d'être un mauvais payeur, on doit décider de refuser le crédit. Une façon d'établir ce seuil est d'observer la répartition des scores pour les deux classes observées *a posteriori*. Sur le graphique de la figure 12.2 page précédente, on observe que les deux répartitions sont assez proches. Même si la probabilité *a priori* d'être un bon payeur est légèrement plus élevée en moyenne pour les dossiers qui se sont effectivement révélés bons payeurs que pour ceux qui ont été des mauvais payeurs *a posteriori*, on voit que la répartition des scores ne permet pas de distinguer les deux classes de façon absolue. Pour séparer les deux classes, on peut choisir comme seuil la moyenne des médianes des scores observés sur les deux groupes : on obtient la matrice de confusion présentée dans la figure 12.3 .

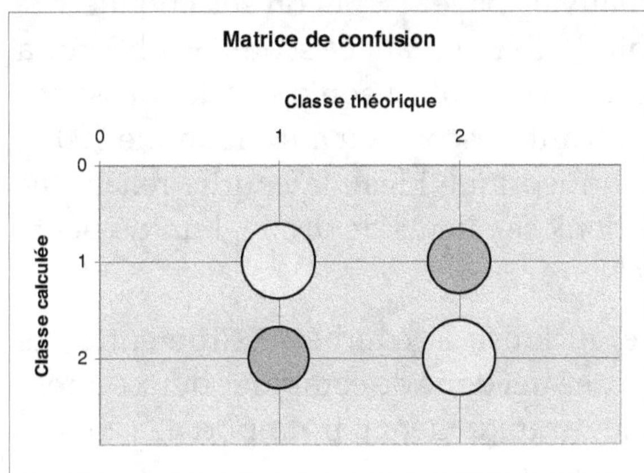

Une fois le seuil de décision sélectionné, on peut établir une matrice de confusion. Cette matrice présente la proportion de dossiers d'une classe donnée (bons ou mauvais payeurs) effectivement reconnus comme tels.

FIG. 12.3 *Matrice de confusion*

On peut utiliser également une représentation sous forme de courbe de lift (figure 12.4 ci-après). Cette courbe permet de représenter de façon assez visuelle le pouvoir séparateur d'un score. Si l'on considère une population à identifier, cette courbe représente la proportion reconnue de cette population en fonction de la proportion de la population totale sélectionnée suivant le score.

Dans notre exemple, il y a 16 500 dossiers, dont 1 500 dossiers de mauvais payeurs, soit environ 9 %. En sélectionnant 1 000 dossiers au hasard,

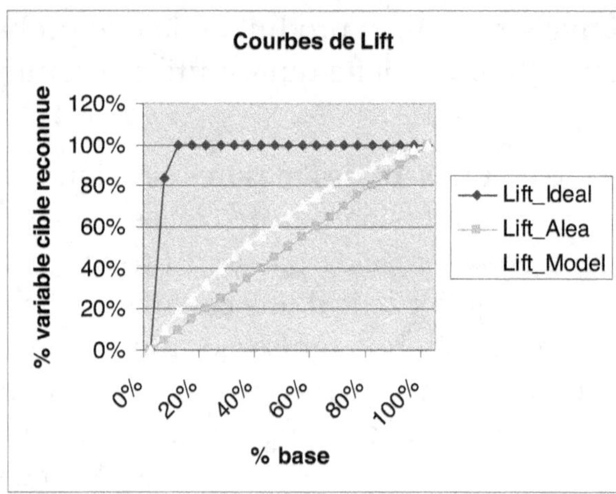

La courbe de lift permet de positionner le modèle de décision basé sur le score par rapport au modèle aléatoire, ou au modèle théorique parfait.

FIG. 12.4 *Courbe de lift*

on aura donc en moyenne 90 mauvais payeurs. En en sélectionnant 10 000, on en obtiendra 900, et ainsi de suite. Ainsi la courbe reliant les deux proportions est une droite. Supposons alors qu'on utilise un score parfait, c'est-à-dire qui identifie à coup sûr les mauvais payeurs. Si l'on sélectionne 1 % des dossiers obtenant la valeur la plus faible suivant ce score, on obtiendra 165 dossiers de mauvais payeurs, et ainsi de suite jusqu'à 9 % des dossiers : en sélectionnant 9 % des dossiers suivant ce score, on aura identifié 100 % des mauvais payeurs. Pour ce score théorique idéal, la courbe reliant les deux proportions est composée de deux segments de droite, l'un de pente 11 (100 %/9 %), et l'autre horizontal.

Pour un score réel, ni aléatoire, ni idéal, la courbe se situe entre ces deux extrêmes. Cette représentation permet donc de comparer deux scores : plus la courbe d'un score donné s'élève rapidement par rapport à la courbe plancher du modèle aléatoire, meilleur est ce score.

Dans cette application, le score obtenu grâce au réseau bayésien était de qualité égale à celui obtenu par des techniques statistiques traditionnelles. Mais l'intérêt de ce type de modèle est ici surtout son utilisation pour guider le questionnaire adaptatif, comme nous allons le voir maintenant.

12.1.3   Le modèle obtenu

Le modèle obtenu est représenté dans la figure 12.5 ci-après (copie d'écran du logiciel *Hugin*). Le modèle peut être utilisé comme un modèle de score classique : connaissant l'ensemble des informations sur le client (c'est-à-dire *conditionnellement à ses caractéristiques*), on calcule la probabilité qu'il soit un mauvais payeur.

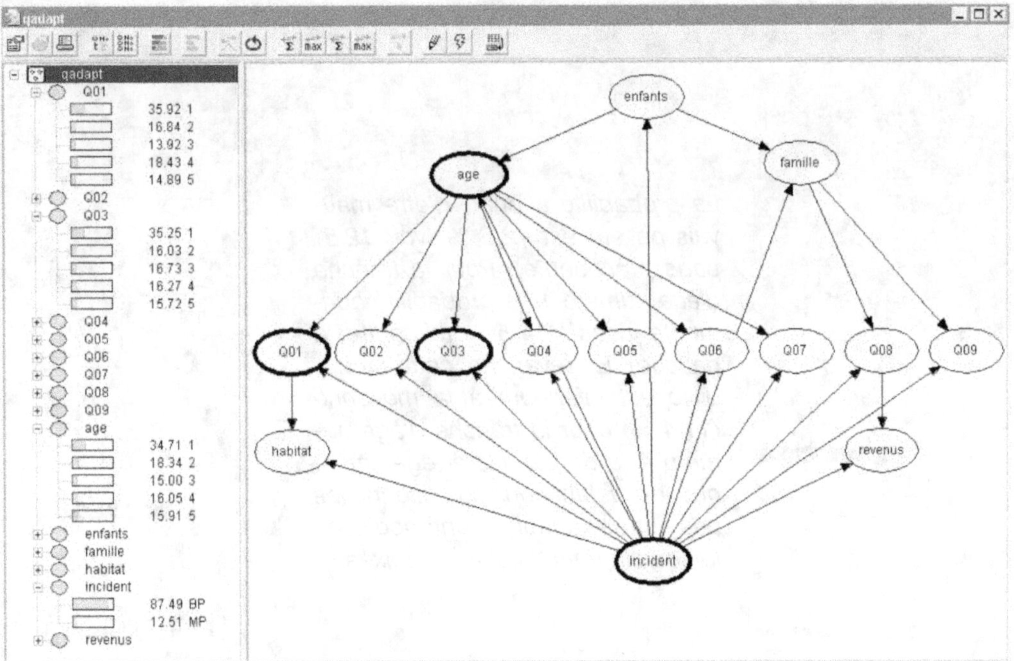

FIG. 12.5 *Le modèle de score obtenu*

L'utilisation du modèle en mode interactif se fait en fixant une variable, et en notant l'impact de cette information sur la distribution de probabilité des autres, comme dans l'exemple ci-après.

Cette utilisation permet d'introduire la notion d'un questionnaire adaptatif : à chaque étape, c'est la question qui minimise l'incertitude sur la décision d'attribution qui est posée.

12.2 Utilisation du réseau bayésien

Les réseaux bayésiens sont par nature des modèles permettant de traiter l'information incomplète. Un réseau bayésien peut calculer la probabilité de n'importe laquelle de ses variables, conditionnellement à la connaissance d'un sous-ensemble quelconque de variables observées. Par exemple, le réseau peut donner la probabilité d'être en face d'un mauvais payeur, connaissant seulement l'âge du demandeur.

L'idée utilisée ici est de construire un questionnaire adaptatif, c'est-à-dire qui pose à chaque fois la question *la plus pertinente*, par rapport à l'objectif fixé (accord ou refus de la demande de crédit), et en tenant compte des réponses déjà obtenues.

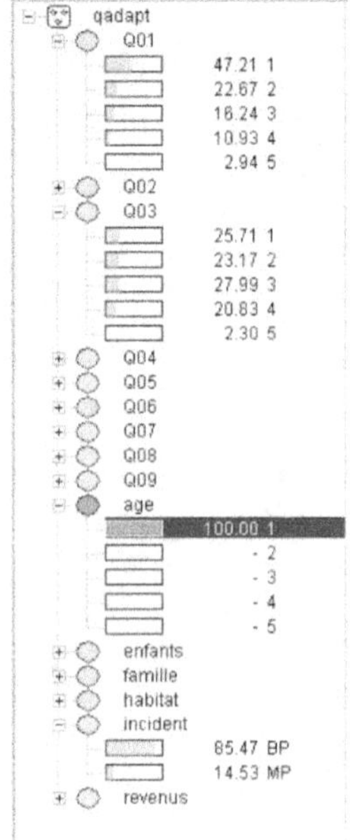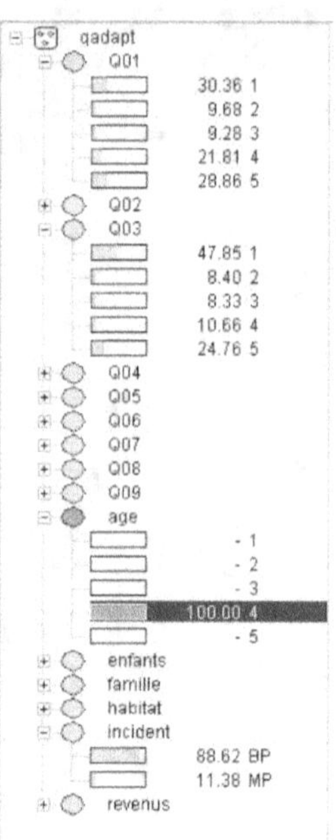

La probabilité a priori *d'être mauvais payeur* est 12,5 % (voir 12.5 page précédente). Pour la tranche d'âge numéro 1, la probabilité augmente jusqu'à 14,5 % (ci-contre, à gauche). En revanche, cette probabilité est inférieure à la moyenne (11,4 %) pour la tranche d'âge numéro 4 (à droite). Noter également que les distributions conditionnelles des autres variables sont modifiées lorsque la tranche d'âge est fixée.

TAB. 12.1 *Fonctionnement interactif du modèle*

Âge	Q01	$P(Q01 \mid \hat{A}ge)$	$P(MP \mid \hat{A}ge, Q01)$	Résultat(Q01)
1	1	47,2 %	15,75 %	*Refuser*
	2	22,7 %	14,41 %	*Continuer*
	3	16,2 %	12,34 %	*Continuer*
	4	10,9 %	12,69 %	*Continuer*
	5	3,0 %	14,87 %	*Continuer*
2	1	32,7 %	12,49 %	*Continuer*
	2	19,1 %	10,03 %	*Continuer*
	3	17,2 %	14,93 %	*Continuer*
	4	22,3 %	13,47 %	*Continuer*
	5	8,6 %	11,38 %	*Continuer*
3	1	26,5 %	10,64 %	*Continuer*
	2	13,5 %	11,91 %	*Continuer*
	3	12,5 %	11,10 %	*Continuer*
	4	29,3 %	10,38 %	*Continuer*
	5	18,1 %	9,95 %	*Accorder*
4	1	30,4 %	9,70 %	*Accorder*
	2	9,7 %	17,62 %	*Refuser*
	3	9,3 %	11,02 %	*Continuer*
	4	21,8 %	11,36 %	*Continuer*
	5	28,9 %	11,18 %	*Continuer*
5	1	29,4 %	11,40 %	*Continuer*
	2	11,9 %	14,50 %	*Continuer*
	3	11,1 %	11,08 %	*Continuer*
	4	16,7 %	9,79 %	*Accorder*
	5	31,0 %	9,56 %	*Accorder*

TAB. 12.2 *Évolutions probables du questionnaire en posant Q01*

Âge	Q03	$P(Q03 \mid \hat{A}ge)$	$P(MP \mid \hat{A}ge, Q03)$	Résultat(Q03)
1	1	25,7 %	17,23 %	Refuser
	2	23,2 %	14,67 %	Continuer
	3	28,0 %	16,47 %	Refuser
	4	20,8 %	9,83 %	Accorder
	5	2,3 %	19,06 %	Refuser
2	1	21,8 %	11,82 %	Continuer
	2	12,8 %	12,33 %	Continuer
	3	13,9 %	14,98 %	Continuer
	4	25,4 %	11,80 %	Continuer
	5	26,1 %	12,77 %	Continuer
3	1	21,8 %	11,54 %	Continuer
	2	11,2 %	15,27 %	Refuser
	3	13,2 %	9,10 %	Accorder
	4	16,7 %	10,25 %	Continuer
	5	37,1 %	9,50 %	Accorder
4	1	47,8 %	10,54 %	Continuer
	2	8,4 %	17,99 %	Refuser
	3	8,3 %	10,14 %	Continuer
	4	10,7 %	16,87 %	Continuer
	5	24,8 %	8,80 %	Accorder
5	1	71,6 %	11,69 %	Continuer
	2	16,4 %	8,09 %	Accorder
	3	7,2 %	5,12 %	Accorder
	4	1,1 %	16,61 %	Refuser
	5	3,7 %	17,59 %	Refuser

TAB. 12.3 *Évolutions probables du questionnaire en posant Q03*

Ce questionnaire fonctionne comme suit :
- Un score (probabilité d'être mauvais payeur) d'acceptation anticipée est fixé (S1).
- Un score de rejet anticipé est fixé (S2).

Par exemple, si la probabilité *a priori* d'être mauvais payeur est égale à 12,5 %, on peut choisir 15 % comme seuil de rejet anticipé, et 10 % comme seuil d'acceptation anticipée. Cela signifie que l'on ne continue à poser des questions que tant que $P(MP \mid ReponsesDejaObtenues)$ se situe entre ces deux limites. Dès que l'une des deux limites est franchie, on prend la décision correspondante, et on termine le questionnaire.

Pour comprendre le principe de cette méthode, étudions le cas suivant. Supposons que la réponse à la question « Âge » soit déjà connue. Essayons de comparer la question Q01 et la question Q02.

Le tableau 12.2 page précédente (établi pour Q01) montre les évolutions possibles du questionnaire si l'on pose Q01. Ces évolutions dépendent de la réponse déjà obtenue à la question « Âge ». Supposons que la réponse obtenue à cette question était « $\hat{A}ge = 1$ ». Dans ce cas, si on choisit de poser Q01, le questionnaire sera arrêté avec un refus si l'on obtient la réponse « $Q01 = 1$ », soit dans 47,2 % des cas.

Le tableau 12.3 (établi pour Q03) permet de comparer l'intérêt respectif des deux questions. De même, toujours dans le cas où la réponse obtenue à la question « Âge » était « Âge = 1 », le questionnaire sera arrêté par un refus dans 56 % des cas, et par un accord dans 20,8 % des cas. Finalement, si « Âge = 1 », poser Q01 conduit à continuer le questionnaire dans 52,8 % des cas, alors que si l'on pose plutôt la question Q03, on aura à continuer le questionnaire dans seulement 23,2 % des cas. Poser la question Q03 est donc préférable dans ce cas.

Le choix de la question la plus intéressante dépend bien sûr des réponses précédemment obtenues, comme le montre le tableau 12.4. Ainsi, dans le cas où la réponse à la question « Âge » était 1, 3 ou 4, poser la question Q03 est plus avantageux que de poser la question Q01. C'est le contraire dans le cas où la réponse était 5, et les deux questions sont indifférentes si la réponse à la question « Âge » était 2.

Âge	Probabilité de terminer le questionnaire en posant Q01	Probabilité de terminer le questionnaire en posant Q03	Question choisie
1	47,2 %	76,8 %	Q03
2	0 %	0 %	??
3	18,1 %	61,5 %	Q03
4	40,1 %	43,9 %	Q03
5	47,7 %	28,4 %	Q01

TAB. 12.4 *Choix entre Q01 et Q03*

L'algorithme permettant de dérouler le questionnaire adaptatif est alors présenté dans la figure 12.6 .

```
TantQue Proba(MP) est comprise entre S1 et S2, Faire
     Parmi les questions non encore posées, Trouver celle qui apporte le
     plus d'information

     Poser la question
     Calculer la nouvelle probabilité MP
Fin TantQue
```

FIG. 12.6 *Algorithme du questionnaire adaptatif*

Précisons la notion de question la plus informative utilisée dans cet algorithme. Pour chacune des questions restant à poser, on évalue la probabilité que cette question permette de trancher. L'algorithme de la figure 12.7 ci-après montre le principe de cette évaluation.

Comme nous l'avons déjà vu plus haut, il est important de noter que cette évaluation se fait dynamiquement dans un contexte donné, c'est-à-dire lorsque certaines questions sont déjà renseignées. En effet, dans ce cas, non seulement la distribution de probabilité BP/MP est modifiée, mais également la distribution de probabilité des réponses aux questions restantes.

```
Info(Q)=0
Pour R décrivant les réponses possibles à Q :
    Calculer la probabilité d'obtenir la réponse R (P(R))
    Faire l'hypothèse de la réponse R
    Si cette hypothèse permet de décider
    (accord ou refus anticipé)
        Incrémenter Info(Q) : Info(Q) = Info(Q)+ P(R)
    FinSi
FinPour
```

FIG. 12.7 *Calcul de l'apport d'information d'une question Q*

Comme dans toute méthode de recherche de séquence optimale, l'optimisation du premier terme seul est sous-optimale (même si Q1 est la meilleure prochaine question à poser, la séquence Q2-Q4 peut être meilleure que la séquence composée de Q1 et de la meilleure question à poser après Q1). Cependant, la recherche de la séquence optimale de questions est un problème NP-complet (car elle implique une séquence d'inférences, chacune étant un problème NP-complet), et on est donc contraint d'utiliser des méthodes heuristiques.

On pourrait envisager d'améliorer le critère heuristique utilisé. En effet, en début de questionnaire, dans les situations où aucune question ne permet de trancher, la question posée est choisie au hasard, ou simplement celle qui apparaît en dernier dans l'ordre d'examen des questions. La mesure de la qualité des questions pourrait donc plutôt intégrer un *écart* par rapport à la situation de décision. On pourrait par exemple adopter la règle suivante :

- Si une ou plusieurs questions permettent de trancher dans certains cas, choisir celle qui maximise la probabilité de telles situations.
- Si aucune question ne permet de trancher, choisir celle qui minimise l'écart des réponses à la zone de décision.

12.3   Résultats et conclusion

L'utilisation du questionnaire adaptatif a permis de répondre à l'objectif fixé. En moyenne, seulement 8,5 questions sont posées, contre 14 au total sans l'utilisation de questionnaire adaptatif. Le taux d'erreurs observé par rapport à l'utilisation d'un questionnaire complet était d'environ 5 %. Les taux d'erreurs s'interprètent comme suit :

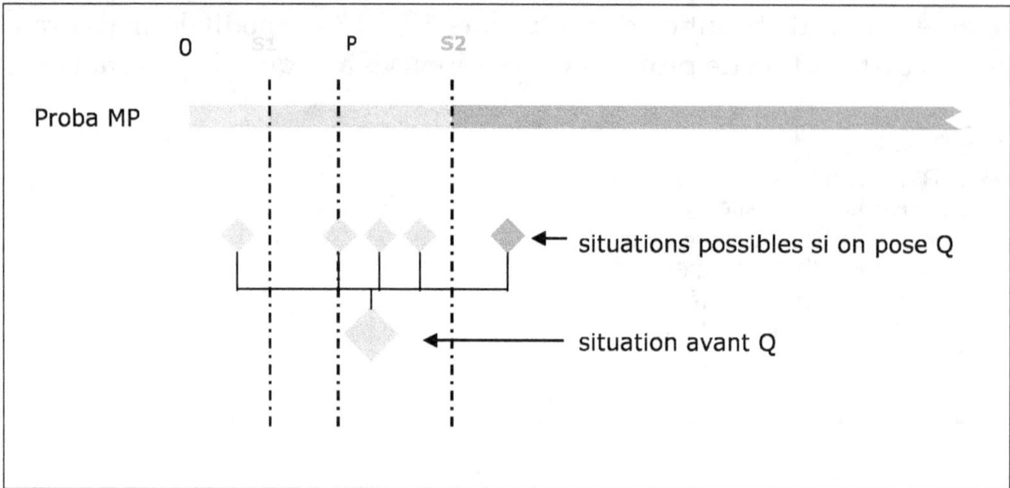

Principe de l'évaluation de l'apport d'une question Q. Avant de poser Q, la probabilité MP est dans la zone d'incertitude. Si l'on pose Q, l'inférence dans le réseau bayésien indique que deux réponses permettraient de trancher. Or la probabilité d'obtenir ces réponses peut être évaluée : l'apport en information de Q sera donc la probabilité de pouvoir trancher si l'on pose Q. Cette probabilité dépend bien sûr des réponses obtenues avant Q.

FIG. 12.8 *Représentation graphique de l'algorithme*

- Le taux d'erreurs global est la proportion de cas où la décision du score partiel diffère de la décision du score total.
- Le taux d'erreurs BP (respectivement MP) est la proportion de cas d'individus identifiés comme BP (respectivement MP) où la décision du score partiel diffère de la décision du score total.

Cette étude a permis de valider l'utilisation des réseaux bayésiens comme modèle de score. Elle a également permis de valider le principe du questionnaire adaptatif qui autorise un gain de près de 40 % en temps, sans perte significative de performances. De plus, les algorithmes utilisés (apprentissage et inférence dans un réseau en forme d'arbre) fonctionnent en temps polynomial, ce qui garantit des temps de réponse compatibles avec une exploitation en temps réel.

Nombre moyen de questions	8,5
Taux de questionnaires complets	35 %
Nombre moyen de questions pour les questionnaires partiels	6,5
Erreurs par rapport au score complet	5,1 %
Erreurs par rapport au score complet (BP)	5,1 %
Erreurs par rapport au score complet (MP)	4,6 %

Une propriété intéressante et imprévue de cette méthode est sa moindre transparence vis-à-vis de la concurrence. En effet, mettre en ligne un score

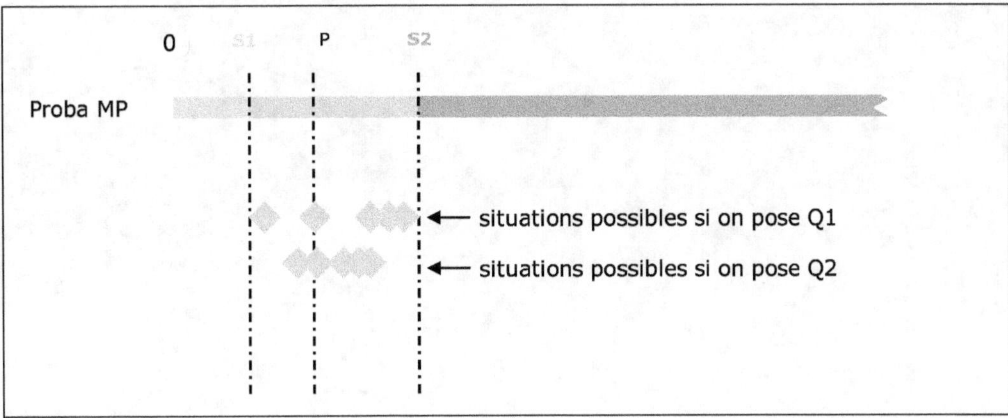

> *Dans le cas où aucune question ne permet de trancher, dans aucun cas, un autre critère peut permettre de les différencier, par exemple la distance à des situations de décisions : ici on préfèrerait poser Q1 que Q2.*

FIG. 12.9 *Amélioration possible de l'algorithme de recherche*

permet en principe à un concurrent indélicat et patient de retrouver par tâtonnements la formule de score utilisée. L'utilisation d'un questionnaire adaptatif rend cet exercice beaucoup plus difficile.

Il reste néanmoins un certain nombre de points à améliorer ou à étudier. En ce qui concerne l'algorithme du questionnaire adaptatif proprement dit, on détermine aujourd'hui la question à poser en calculant la proportion de situations où une décision sera possible. Ce critère est discontinu, et pourrait être amélioré, comme on l'a vu ci-dessus.

Un problème un peu plus délicat est la qualité des dossiers recueillis en utilisant ce modèle. En effet, en utilisant un tel modèle, on va par construction recueillir des dossiers partiels, puisque la décision d'acceptation ou de rejet va être prise en général avant d'obtenir toutes les informations sur le demandeur. Même si les réseaux bayésiens permettent de gérer l'apprentissage à partir de bases de données incomplètes (voir section 6.1.2 page 121), nous n'avons pas un recul suffisant sur l'effet de ce recueil partiel sur la construction des scores.

Cette utilisation des réseaux bayésiens comme support d'un questionnaire adaptatif peut se généraliser facilement à d'autres applications. Dans les centres d'appels, pour l'information ou le dépannage d'un client, l'utilisation d'un mode de dialogue adaptatif peut aider à optimiser le compromis entre la satisfaction du client et la durée de l'appel. Cette démarche a été industrialisée par la société Hugin, qui propose aujourd'hui un outil appelé Hugin Advisor. Il permet de mettre facilement en œuvre un système de dialogue adaptatif basé sur des réseaux bayésiens, dans des applications de centres d'appels, de diagnostic, ou de dépannage. Nous avons déjà évoqué ce logiciel dans le chapitre 8 page 213.

Chapitre 13

Étude de cas n°5 : gestion de ressources naturelles et analyses de risques

Ce chapitre a été rédigé par Bruce G. Marcot (`bmarcot@fs.fed.us`) USDA Forest Service, Pacific Northwest Research Station, 620 SW Main St., Suite 400, Portland OR 97205, États-Unis.

Les réseaux bayésiens ont été utilisés depuis quelques années comme modèles prévisionnels ou explicatifs dans les domaines de la gestion de ressources naturelles, des études de la faune et de la flore, et de l'aménagement du territoire. Ces domaines sont caractérisés par des problèmes complexes de détermination de stratégies ou d'activités visant à satisfaire au mieux des objectifs (environnementaux et sociaux) multiples et parfois contradictoires. Il peut s'agir, par exemple, de conserver ou de rétablir la diversité biologique d'écosystèmes forestiers natifs tout en fournissant, à partir de ces mêmes forêts, une large variété de biens et de services comme la production de bois, les loisirs, l'eau potable et le fourrage pour le bétail. De tels problèmes sont mal conditionnés, c'est-à-dire qu'il n'existe pas une unique solution optimale.

Les réseaux bayésiens sont utilisés par certains écologistes pour représenter la réaction d'espèces animales ou végétales à des conditions changeantes et également comme outils d'aide à la décision pour aider les responsables à évaluer les implications (notamment les coûts et les bénéfices) d'actions de gestion de ressources naturelles ainsi que pour suggérer les meilleures séquences de décisions [Var97]. Certains auteurs ont développé des systèmes consultatifs, sous forme de réseaux bayésiens comprenant des nœuds d'utilité et de décision. Ces systèmes consultatifs sont utilisés pour étudier les conséquences de décisions de gestion et pour déterminer le meilleur ensemble de décisions pour obtenir certains résultats.

Comme exemples de réseaux bayésiens utilisés comme outils d'aide à la décision, nous pouvons citer l'utilisation de systèmes consultatifs :
- pour aider la gestion de la régénération d'une forêt [Haa91] ;
- pour aider la prise de décision de gardes forestiers [Haa92] ;
- pour prévoir la qualité de systèmes aquatiques pour la gestion d'une exploitation piscicole [Rec99, KHG$^+$99, SCR00] ;
- pour aider à évaluer la restauration de l'habitat pour des espèces rares [WRW$^+$02] ;
- pour une gestion de l'eau intégrée [BJC$^+$05].

Dans ces exemples, c'est le spécialiste de la ressource, c'est-à-dire l'hydrologiste ou l'écologiste, qui développe et exploite le réseau bayésien pour évaluer les effets d'actions (dans une démarche d'analyse de risques), et qui ensuite informe les décideurs, tels que les responsables d'agences gouvernementales, dont le rôle est de choisir un plan d'action (dans une démarche de gestion de risques).

Ce chapitre passe en revue des utilisations de réseaux bayésiens pour la gestion de ressources naturelles, de la faune et de la flore. Il présente des exemples de réseaux bayésiens développés pour étudier et gérer des espèces rares, leur habitat et les ressources forestières, principalement dans l'ouest du continent nord-américain.

13.1 Revue des méthodes

Ce paragraphe explique l'intérêt des réseaux bayésiens pour la gestion de ressources naturelles et examine différentes méthodes et approches de modélisation utilisées dans ce domaine.

13.1.1 Pourquoi les réseaux bayésiens ?

Les réseaux bayésiens présentent pour certaines utilisations des avantages notables sur d'autres modèles [MHR+01]. Ils constituent un support de communication qui montre clairement comment, par exemple, les conditions d'habitat influencent les populations d'animaux ou de végétaux. Ils sont également un moyen de combiner :

- une connaissance préalable avec une information nouvelle ;
- des variables catégorielles, ordinales ou continues ;
- des données empiriques et des jugements d'experts.

Les responsables et les décideurs apprécient souvent, dans une approche par réseau bayésien, le fait que les résultats apparaissent sous forme de lois de probabilité qui mettent en évidence les incertitudes. Ces représentations sont adaptées aux contextes d'analyse de risques et de gestion de risques. La combinaison de ces caractéristiques – dont certaines peuvent être assurées par d'autres techniques – rend les réseaux bayésiens particulièrement intéressants aussi bien pour les spécialistes que pour les responsables de la gestion de ressources naturelles. D'autres approches de modélisation peuvent compléter l'utilisation de réseaux bayésiens : les techniques statistiques traditionnelles, les méthodes d'ordination et de corrélation, et aussi les autres modes de représentation d'avis d'experts tels que les modèles de logique floue, les réseaux neuronaux ou les systèmes experts.

13.1.2 Méthodes de création de réseaux bayésiens

La construction de réseaux bayésiens s'effectue, comme dans d'autres domaines, en plusieurs étapes :

- énumération des variables qui influencent le plus certaines variables dites variables de résultat ;
- identification des états ou les valeurs que chaque variable peut prendre ;
- structuration du modèle (on relie les variables) ;
- évaluation des probabilités associées aux liens.

▶ **Utilisation de diagrammes d'influence**

Les trois premières étapes reviennent à construire un diagramme de bulles et de flèches montrant les relations et les causalités entre variables, que nous appellerons dans ce chapitre *diagramme d'influence*. Il est judicieux d'utiliser différentes formes de bulles et de flèches pour différencier les variables directement mesurées, les variables latentes, les variables calculées, les corrélations, les relations causales directes et les influences inexpliquées [Mar06b].

Typiquement, un tel diagramme d'influence est utilisé pour montrer comment les conditions d'habitat et l'environnement influencent les espèces et les ressources.

▶ Probabilités associées aux variables

Lorsque les principales variables et relations sont identifiées, des probabilités peuvent être attribuées à chaque variable. Les variables qui ne sont influencées par aucune autre variable sont appelées variables sans parent (ou variables d'entrée) ; leurs états ou valeurs sont décrits selon une loi de probabilité *a priori* (ou inconditionnelle). Les variables qui sont influencées par d'autres variables sont appelées variables enfants (et les variables qui les influencent variables parentes) ; leurs états ou valeurs sont décrits par des lois de probabilité conditionnelles. Le réseau bayésien dans son ensemble est résolu par un processus de mise à jour bayésienne, ce qui revient à calculer la loi de probabilité *a posteriori* des variables de sortie.

▶ Construction de réseau bayésien à partir d'expertise ou de données

Un réseau bayésien peut être construit soit à partir d'un ensemble de données, soit à partir de jugements d'experts, soit à partir d'une combinaison des deux. Cela s'applique aussi bien à la définition de la structure du réseau bayésien qu'à la définition des lois de probabilité *a priori* et conditionnelles des nœuds d'entrée et des nœuds enfants du modèle.

N'utiliser que des ensembles de données empiriques pour construire et paramétrer un réseau bayésien est un cas d'induction de règles, c'est-à-dire qu'on utilise les données pour identifier des liens entre variables et leurs lois de probabilité. L'expérience montre que dans la gestion de ressources naturelles, n'utiliser que l'induction de règles amène à s'ajuster avec les données de manière excessive : on tend à créer un modèle qui n'est pertinent que pour traduire les données historiques et qui ne peut pas être utilisé pour prévoir d'autres circonstances [Cla03]. De plus, l'induction de règles fait abstraction de la richesse de la connaissance des experts, qui peut être très utile pour construire des modèles prévisionnels robustes.

Cela dit, si le modèle est construit uniquement à partir de jugements d'experts, le modèle n'est autre qu'un système de croyances [New94], à moins qu'il ne soit revu par des pairs ou, si possible, calibré et validé par des données externes. Les défis à relever dans la modélisation de la faune, de la flore et des ressources naturelles sont justement que :

- on dispose rarement d'ensembles de données empiriques robustes et de grande taille ;

- les experts sont souvent en désaccord concernant le réseau causal d'influences de l'habitat et de l'environnement sur les espèces animales et végétales ;
- les écosystèmes sont généralement des systèmes ouverts dans lesquels le contexte et les facteurs d'influence tendent à évoluer au cours du temps.

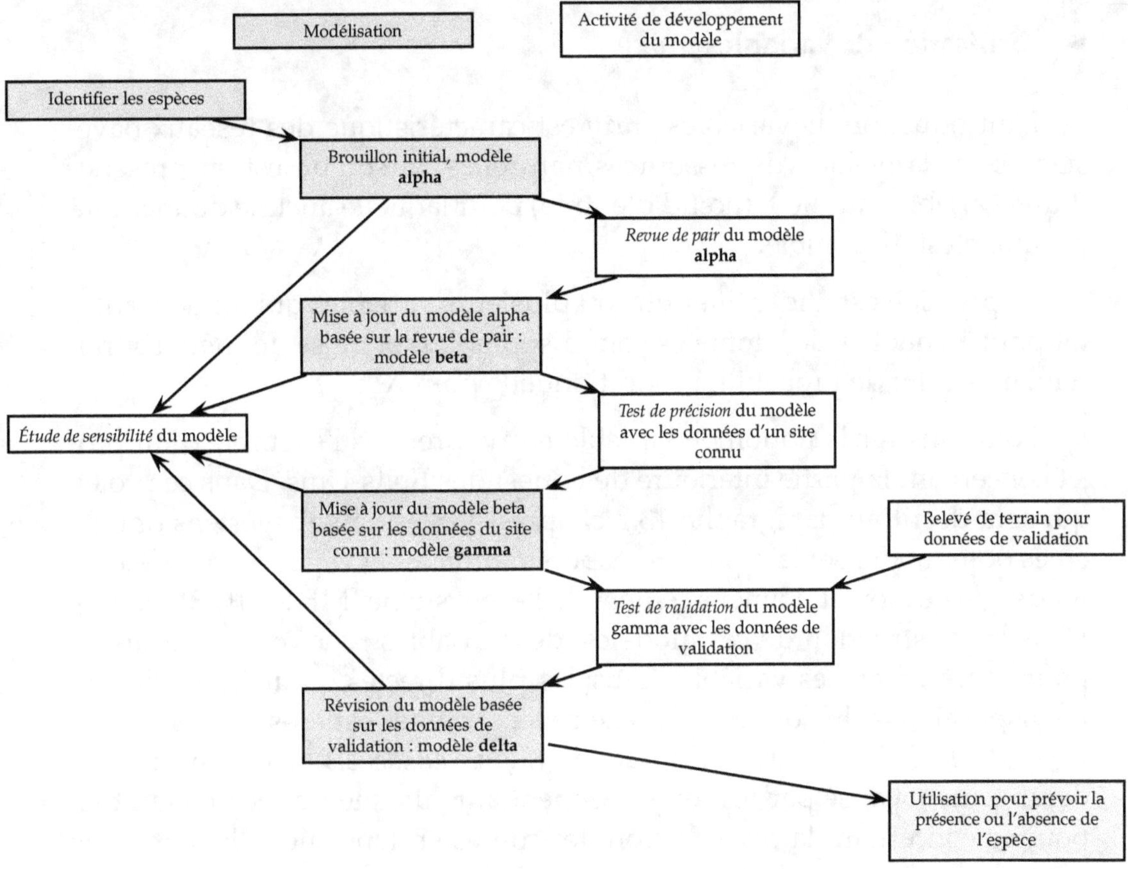

FIG. 13.1 *Processus général de modélisation d'espèce rares à l'aide de réseaux bayésiens [Mar06a]*

L'expérience montre que la meilleure approche pour construire des réseaux bayésiens est d'utiliser des jugements d'experts avec des revues de pairs pour structurer le modèle ; puis d'utiliser une combinaison de jugements d'experts et de données empiriques pour préciser les distributions de probabilité de chaque nœud, et ensuite d'utiliser un ensemble de données empiriques indépendantes pour tester, calibrer, valider et affiner le modèle. Cette démarche est représentée par le schéma de la figure 13.1 .

De cette façon, le modèle atteint un équilibre acceptable entre robustesse et précision. Bien sûr, chaque modèle et chaque circonstance peuvent nécessiter un équilibre différent selon le but, l'audience et la disponibilité des experts et des ensembles de données. Cette procédure a été utilisée avec succès pour créer et appliquer des réseaux bayésiens pour prévoir la présence d'espèces animales et végétales rares, selon l'environnement local et les conditions d'habitat [Mar06a].

▶ **Utilisation de variables** *proxy*

L'introduction de variables *proxy* est caractéristique des réseaux bayésiens pour la gestion de ressources naturelles, lorsqu'on est en présence d'une variable causale X (nœud d'entrée) pour laquelle aucune donnée empirique n'est disponible.

Le principe est d'identifier une ou plusieurs variables qui influencent X (et pour lesquelles des données sont disponibles) et de se donner arbitrairement une loi de probabilité conditionnelle pour X.

Pour illustrer la notion de variable *proxy*, prenons l'exemple d'un projet concernant la partie intérieure de l'ouest des États-Unis. Dans ce projet, qui sera décrit au paragraphe 13.2 ci-après, 118 réseaux bayésiens ont été créés pour modéliser la réponse d'espèces animales et végétales à différents modes de gestion et d'aménagement de l'écosystème [MHR+01, RWR+01]. Dans la construction de ces modèles, des variables *proxy* ont été utilisées pour représenter des variables causales plus directes, pour lesquelles on ne disposait pas de données. Par exemple, certaines espèces comme le carcajou (*Gulo Gulo*) et le lynx du Canada (*Lynx canadensis*) sont sensibles au dérangement causé par les routes. Cependant, aucune donnée n'était disponible concernant la perturbation des routes en tant que telle, personne n'ayant jamais recueilli de données empiriques concernant cette variable pour ces espèces. C'est pourquoi la perturbation des routes a été modélisée comme une combinaison de densité de routes et de densité de population humaine, paramètres pour lesquelles nous avions des données dans notre système d'information géographique.

Dans le modèle de la figure 13.2 ci-après, les états des variables sont définis quantitativement, par exemple la valeur « *Moderate* » de la densité routière correspond à 0,4 à 1,1 km/km^2. Dans ce sous-modèle, puisque ce sont les humains (et non nécessairement les routes en tant que telles) qui engendrent le stress sur ces espèces, la variable de densité humaine pesait plus fortement que la densité routière dans la table de probabilités des effets de la route. Les probabilités de la densité de route et de population présentées dans la figure 13.2 ci-après sont uniformes, décrivant l'incertitude complète, mais elles ont été précisées pour chaque sous-bassin étudié ; elles peuvent aussi être paramétrées avec des distributions de fréquence de

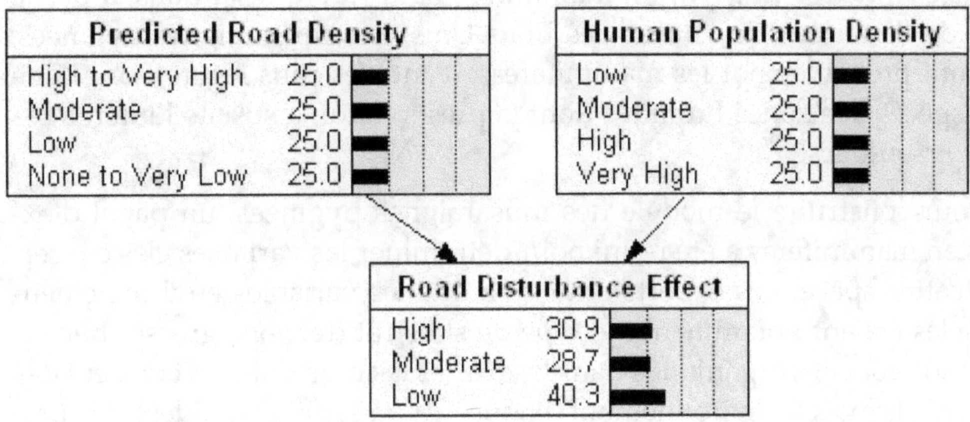

FIG. 13.2 *Exemple de sous-modèle des effets d'une route avec des variables décrivant la densité du réseau routier et de la population, utilisé pour les modèles de prévision de faune et de flore dans l'intérieur de l'ouest des États-Unis.*

route et de population observées dans l'ensemble des sous-bassins pour prévoir l'effet global de la perturbation des routes dans la région. Ensuite, quand le modèle d'une espèce quelconque nécessitait ce type de variable de perturbation humaine, il suffisait d'introduire le sous-modèle à partir de la librairie `proxy`. Dans le projet, une bibliothèque de variables *proxy* a été créée, constituant des sous-modèles qui ont été utilisés pour les attributs spécifiques d'habitat de chaque espèce.

13.2 Exemples de réseaux bayésiens

13.2.1 Modèles de prévision pour la faune et la flore

▶ **Modélisation des musaraignes pygmées dans le bassin intérieur de la Colombie Britannique (États-Unis)**

Le premier exemple de modèle pour la faune et la flore que nous présentons dans ce chapitre a été développé dans le cadre d'un projet concernant la gestion de l'écosystème du bassin intérieur de la Columbia[1] (le projet mentionné ci-dessus). Ce projet baptisé ICBEMP concernait la partie intérieure (orientale) de la chaîne des Cascades[2]. Le but du modèle était de prévoir la qualité d'habitat et la taille de la population des musaraignes

---

[1]Fleuve de 1857 km qui traverse l'ouest du continent Nord-Américain.

[2]Montagnes de l'ouest des États-Unis et du Canada, dont le point culminant a une altitude de 4 391 mètres.

pygmées (*Microsorex hoyi*), un mammifère natif rare qui vit dans la partie nord de l'intérieur de l'ouest des États-Unis. Les musaraignes pygmées, qui sont probablement les mammifères vivants les plus légers, sont l'une des espèces des zones humides dont la préservation a suscité l'intérêt des pouvoirs publics.

Pour construire le modèle des musaraignes pygmées, un panel d'experts en mammifères a été réuni pour déterminer les variables clés concernant cette espèce. Les experts ont établi que les variables environnementales clés étaient notamment : le type de substrat (terriers, grosses bûches sur le sol, couches organiques dans lesquelles les musaraignes creusent des tunnels) ; le macro-environnement (flaques, marais, prés humides) et la présence de nourriture (insectes et autres petits animaux). Ensuite ces variables ont été reliées sous forme d'un diagramme d'influence représentant un réseau causal (figure 13.3).

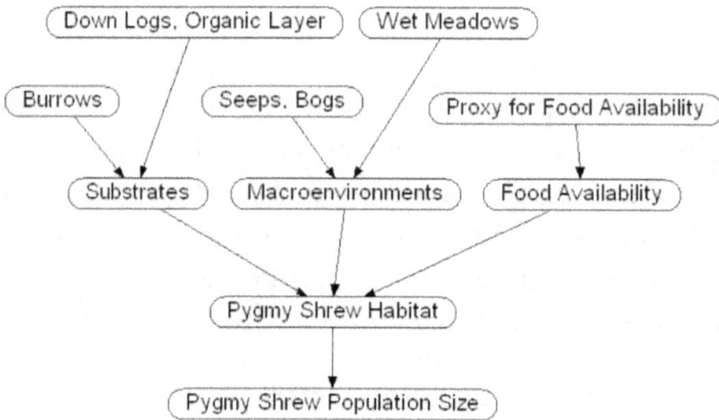

FIG. 13.3 *Modèle de prévision de la qualité d'habitat et de la taille de population des musaraignes pygmées* (Microsorex hoyi) *dans l'intérieur de l'ouest des États-Unis.*

Ce diagramme d'influence montre les principales variables d'environnement et d'habitat qui influencent la qualité d'habitat et la taille de la population.. Pour chaque variable, les ensembles d'états les plus simples possibles ont été retenus, par exemple, la présence ou l'absence d'éléments d'habitat. Des avis d'experts ont été utilisés pour déterminer les distributions de probabilité des variables, créant ainsi un réseau bayésien fonctionnel (figure 13.4 ci-après). Le réseau bayésien a ensuite été utilisé pour prévoir la qualité d'habitat et la taille de la population des espèces dans chaque sous-bassin de la région.

Pour simplifier la détermination des tables de probabilité, les variables continues ont été transformées en variables discrètes à deux ou trois états. Par exemple, la variable « taille de la population des musaraignes pygmées » (variable A dans la figure 13.4 ci-après) n'avait que deux états « Small » et « Large ». Cette discrétisation s'est révélée satisfaisante dans ce projet d'aide à l'aménagement du territoire – de toutes façons les données n'étaient pas suffisantes pour prédire des états plus détaillés. Dans ce modèle, une grande population de musaraignes pygmées signifie qu'on trouve un habitat pleinement adéquat. De cette façon, le modèle était simple, compréhensible, et ne nécessitait pas de données quantitatives sur la population.

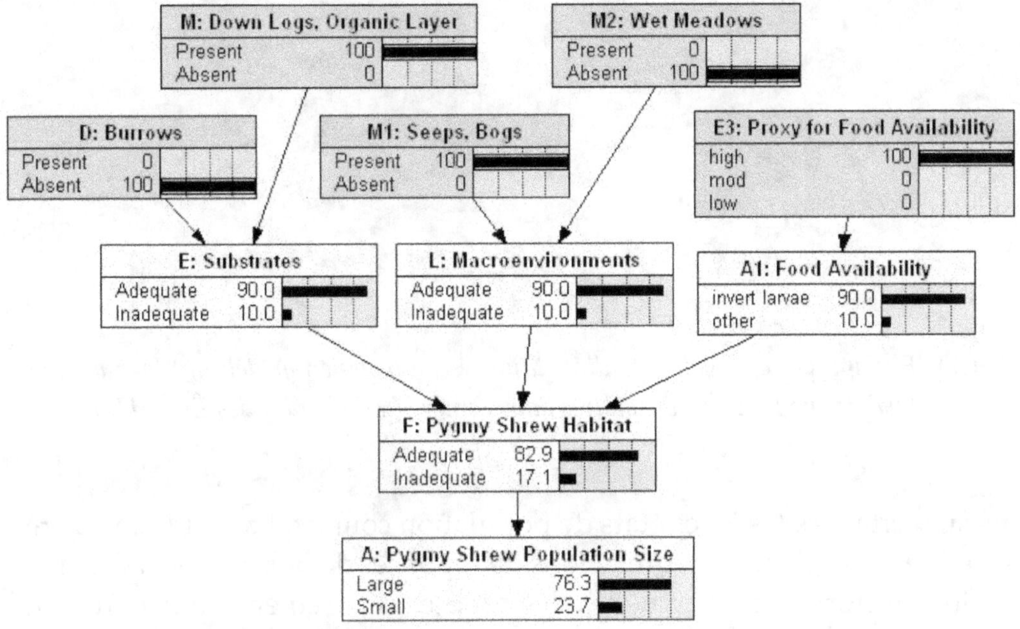

FIG. 13.4 *Utilisation du modèle de prévision de la qualité d'habitat et de la taille de population des musaraignes pygmées* (Microsorex hoyi) *dans l'intérieur de l'ouest des États-Unis.*

▶ Modélisation de la grouse cendrée dans le bassin intérieur de la Columbia (États-Unis)

Les résultats des modèles ont été cartographiés dans le système d'information géographique (figure 13.5 ci-après) et interprétés en termes d'espérance de population de grouse cendrée, sous des conditions historiques, actuelles et potentielles (gestion alternative) dans le projet ICBEMP (*Interior Columbia Basin Ecosystem Management Project.*). Trois catégories de qualité d'habitat (zéro, basse, haute) sont calculées avec le modèle qui combine les influences des habitats (herbages et steppe arbustive) avec les perturbations humaines [RWR+01]. Le résultat de population était discrétisé en cinq classes : continue, bien distribuée, ayant une haute probabilité de persistance, parsemée, fortement isolée, ayant une forte probabilité d'extinction locale.

Le modèle a été validé dans [WWR+02], où sont comparées des prévi-

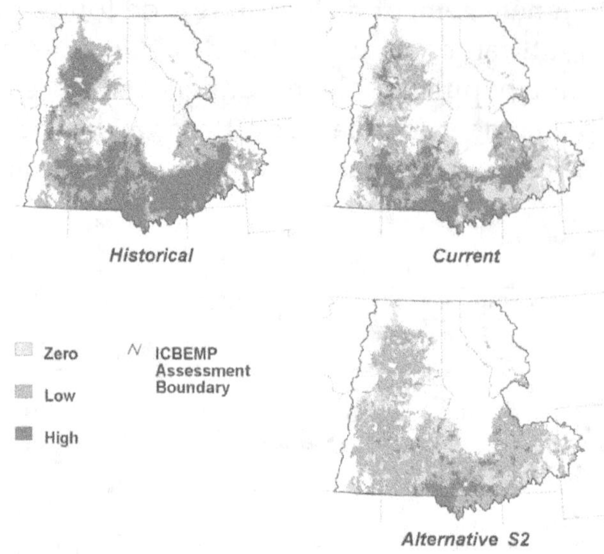

FIG. 13.5 *Exemples de cartes des résultats d'un réseau bayésien modélisant la qualité de l'habitat pour la grouse cendrée dans l'intérieur de l'ouest des États-Unis.*

sions sur certains sites à des états de population connus. La validation a été effectuée en comparant des prévisions de réponses de population à des distributions historiques ou actuelles des espèces séparément pour la région actuellement occupée et inoccupée par l'espèce. Les résultats de la validation ont montré que les réseaux bayésiens pour la grouse cendrée produisaient des prévisions cohérentes pour la distribution actuelle (la fiabilité pour les distributions futures ne pouvant bien sûr pas être testée). Les résultats globaux ont montré que le modèle pouvait être utilisé de façon fiable pour évaluer la gestion de territoires publics selon l'impact sur l'habitat de cette espèce. Il en a été conclu que les résultats des réseaux bayésiens pour les autres espèces évaluées dans le projet, qui avaient été construits selon les mêmes méthodes, étaient également dignes de confiance.

▶ Faune et flore du Nord-Ouest Pacifique des États-Unis

En 1994, un projet important d'aménagement du territoire, le Plan des Territoires Publics de la forêt du Nord-Ouest (ouest des états de Washington et de l'Oregon, et nord-ouest de l'état de Californie), a établi de nombreuses réserves dans les forêts de fin de succession et anciennes[3], pour la

---

[3] Les forêts de fin de succession et les forêts anciennes sont caractérisées par des arbres matures de grand âge et de grande taille. Dans cette région, les forêts de fin de succession ont des conifères de 80 à 180 ans et de 50 à 75 centimètres de diamètre et avec une structure de canopée simple ; les forêts anciennes ont des arbres plus vieux, plus grands et avec une

conservation de centaines de végétaux, d'espèces animales et de communautés écologiques [4]. Une partie du projet consistait à faire un relevé de la présence de ces espèces rares et peu connues dans les endroits situés en dehors des réserves et où l'exploitation forestière et les autres activités de gestion de la forêt étaient susceptibles de laisser la place à d'autres activités (par exemple, la sylviculture commerciale). Le but du relevé était de déterminer si les espèces étaient présentes et, le cas échéant, de modifier les activités de gestion de manière à assurer leur persistance.

Pour établir une liste de priorités des sites pour les relevés, une série de réseaux bayésiens a été créée pour prévoir la probabilité d'occurrence d'espèces sélectionnées – étant données les conditions d'habitat – sur les sites qui pouvaient être affectés par les activités de gestion proposées. Parmi les espèces rares modélisées, il y avait deux champignons, trois lichens, une mousse, deux plantes vasculaires, deux mollusques (limaces), un amphibien (salamandre) et un mammifère (campagnole).

Le modèle correspondant à une espèce de champignon appelée sandozi duveteux (*Bridgeoporus nobilissimus*) présente la particularité d'avoir été testé et validé rigoureusement à partir de données de relevés de terrain [Mar06a]. Comme pour les autres modèles évoqués ci-dessus, le modèle des champignons a été développé en consultation avec un spécialiste de l'espèce et réexaminé par un autre spécialiste. Puis, des données de terrain ont été utilisées pour évaluer la précision des prévisions du modèle. La précision a été évaluée en comparant les résultats les plus probables (absence ou présence de l'espèce) calculés par le modèle avec les données réelles du terrain, sous certaines conditions connues. La précision a été représentée dans une matrice de confusion qui recense le nombre de cas de prévision correcte et incorrecte de présence ou d'absence. Dans ce cas, il s'est avéré que le modèle a prévu correctement la totalité des 31 cas de présence de l'espèce, mais seulement 3 des 14 cas d'absence de l'espèce. Cette surestimation de la présence, cependant, n'a pas été considérée comme posant problème. Le modèle était conçu pour établir une liste de priorités de sites pour des relevés de l'espèce, donc ces faux positifs ont parfois entraîné des relevés là où l'espèce est absente. En revanche, manquer des relevés là où l'espèce est présente aurait pu avoir pour conséquence l'extinction locale de cette dernière.

À travers le Nord-Ouest Pacifique et l'intérieur de l'ouest des États-Unis, d'autres réseaux bayésiens ont été développés et utilisés pour étudier le carcajou [RJJ$^+$03], la chauve-souris à grandes oreilles (*Corynorhinus townsendii* ; [MHR$^+$01]), des salmonidés [LR97] dont l'omble à tête plate (*Sal-*

---

structure de canopée plus complexe.

[4] Ce terme désigne un ensemble d'espèces présentes dans un endroit donné, considéré du point de vue des interactions entre espèces et des rôles écologiques de chaque espèce.

velinus confluentus ; [Lee00]) et le saumon rouge du Fraser[5] (*Oncorhynchus nerka* ; [SCR00]). D'autres réseaux bayésiens pour l'habitat des espèces ont été développés pour identifier les sites prioritaires pour une espèce de papillon rare, le skipper de Mardon (*Polites mardon*), dans des régions disjointes de l'état de Washington et du sud de l'Oregon [Mar05].

▶ **Faune et Flore de l'Ouest du Canada**

Des réseaux bayésiens ont été développés et utilisés pour plusieurs autres espèces animales terrestres de l'Ouest du Canada. On peut citer, en particulier, des modèles de prévision de la probabilité de capture d'écureuils volants du Nord (grand polatouche, *Glaucomys sabrinus* ; [Mar06a]), la qualité d'habitat de caribous des forêts (*Rangifer tarandus* caribou ; [MMBE06]) et les évolutions des populations de guillemots marbrés (*Brachyramphus marmoratus* ; [SSA06]). D'autres réseaux bayésiens ont été créés pour dresser la carte des frontières d'écosystème [Wal04, WM06].

Tous ces réseaux bayésiens ont été structurés et paramétrés à partir d'une combinaison de jugements d'experts et de données de terrain, mais ils présentaient des différences notables. Par exemple, les modèles de population du guillemot marbré, un petit oiseau de mer qui niche dans la canopée de forêts anciennes intérieures, étaient développés pour prévoir la persistance et la résilience[6] de la population en modélisant la démographie et les statistiques vitales de la population par classe d'âge. Les modèles du caribou ont été créés pour déterminer si les quatre régions saisonnières de l'espèce (région hivernale où ils trouvent du lichen de pin après la période de rut, région d'hiver de haute altitude, région d'été où les femelles mettent bas en été, et région de migration intersaisonnière) étaient adaptées, ainsi que pour étudier la réponse de l'espèce au risque de prédation des loups (*Canis lupus*) dans divers scénarios de gestion de la forêt.

13.2.2 Utilisation de réseaux bayésiens pour la rétrovision

Dans le contexte de ce chapitre, la *rétrovision* désigne l'identification des circonstances probables (comme l'environnement ou les conditions d'habitat) qui ont produit un résultat donné, comme par exemple la présence ou l'abondance d'une espèce animale ou végétale. Un réseau bayésien modélisant les relations entre la faune et l'habitat peut être utilisé pour préciser des conditions d'habitat et prévoir la réponse de la faune et de la flore ; cependant si la réponse est connue ou si l'on fait une hypothèse sur cette

---

[5]Fleuve prenant sa source dans les Rocheuses et traversant la Colombie-Britannique.
[6]Aptitude à rebondir si la taille de la population régresse.

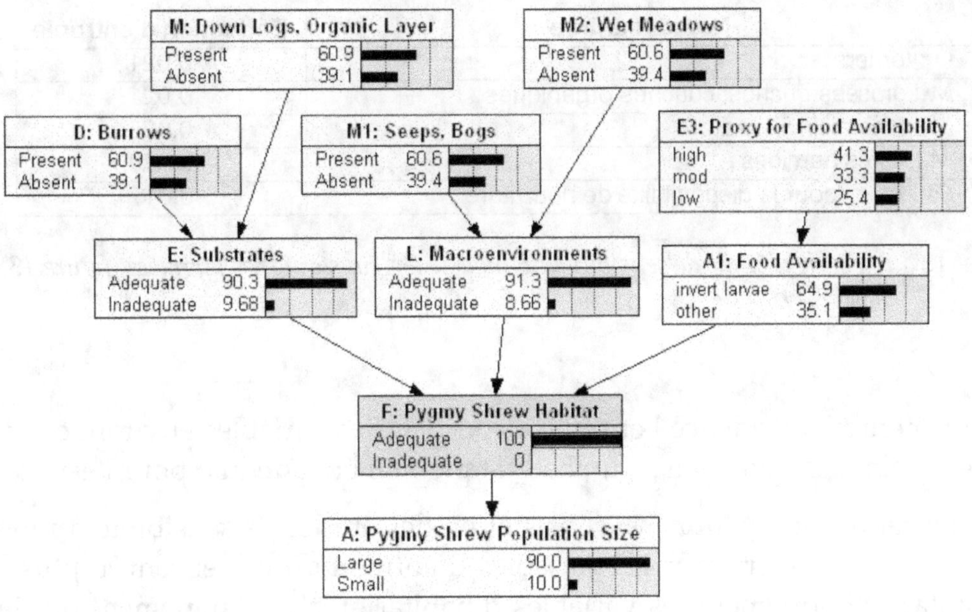

FIG. 13.6 *Prévision de la qualité d'habitat et de la taille de population des musaraignes pygmées* (Microsorex hoyi*).*

réponse, alors le modèle peut être utilisé à l'envers pour déterminer les conditions *a priori* les plus probables qui ont pu conduire à cette réponse. En cela, les réseaux bayésiens apportent une fonction unique par rapport à d'autres modèles plus traditionnels utilisant strictement les statistiques multivariées, des équations mathématiques, ou la simulation temporelle.

Résoudre un réseau bayésien à l'envers consiste essentiellement à fixer la valeur d'un résultat et à examiner les valeurs les plus probables de tous les nœuds d'entrée. Prenons l'exemple du modèle des musaraignes pygmées : on peut fixer le nœud d'habitat à sa valeur adéquate et déterminer les valeurs les plus probables des conditions environnementales et d'habitat qui ont permis un habitat adéquat. La figure 13.6 montre un tel réseau utilisant la rétrovision : l'état adéquat du nœud condition d'habitat des musaraignes (case F) est forcé.

En procédant ainsi, on est amené à penser que l'habitat est pleinement adéquat quand des terriers, de grosses bûches et des couches organiques dans le sol sont présents ; quand des ruisseaux, marais et des prés humides sont présents ; quand la nourriture, en particulier des larves invertébrées, est importante. Dans un modèle plus quantitatif, cette résolution à l'envers permettrait d'identifier des valeurs numériques, des niveaux ou des densités pour chaque variable environnementale. Cependant, même dans un modèle qualitatif comme celui-ci, la résolution à l'envers peut être utile

Nœud d'entrée	Réduction d'entropie
D : terriers	0,021
M : grosses bûches, couches organiques	0,021
M1 : marais, ruisseaux	0,020
M2 : prés humides	0,020
E3 : *proxy* pour la disponibilité de nourriture	0,017

TAB. **13.**1 *Exemple d'étude de sensibilité du modèle des musaraignes pygmées (figure 13.4 page 301).*

pour mettre en évidence l'ensemble complet des variables environnementales optimales qui amène à un habitat pleinement adéquat pour l'espèce.

La rétrovision peut aussi consister en des études de sensibilité du modèle visant à déterminer les variables d'entrée qui influencent le plus le résultat : typiquement les variables d'habitat et d'environnement qui influencent le plus la qualité de l'habitat et la taille de la population des musaraignes pygmées. Les aspects mathématiques et les procédures d'études de sensibilité des réseaux bayésiens ont été passées en revue dans [MHR$^+$01] et [Mar06a]. Les études de sensibilité reviennent à étudier comment de petites variations incrémentales affectent la valeur de certaines variables de réponse. Dans un outil de réseau bayésien, comme Netica, l'utilisateur choisit un nœud puis lance une fonction de sensibilité. Le modèle effectue alors de petites variations incrémentales. La sensibilité est alors présenté dans un tableau où les nœuds d'entrée sont triés par ordre décroissant d'impact sur le nœud de sortie sélectionné.

L'étude de sensibilité du modèle des musaraignes pygmées montre que la plupart des variables ont une influence à peu près équivalente (voir le tableau 13.1). qui présente la réduction d'entropie pour chaque nœud. La réduction d'entropie reflète l'influence de chaque nœud d'entrée sur la taille de la population (nœud A dans la figure 13.4 page 301). Les valeurs élevées correspondent à une influence forte

Cependant, pour d'autres modèles de faune et de flore, les influences des variables d'entrée varient sensiblement. Dans le modèle de la chauve-souris, parmi les six variables environnementales clés, la présence de cavernes ou de mines avec des régimes de température adaptés avait de loin la plus grande influence sur les populations de chauve-souris (réduction d'entropie = 0,029), tandis que la présence de chicots ou de souches (0,01), de bordures de forêts (0,006), de falaises (0,006), de ponts ou d'immeubles (0,001) et de piles de pierres (<0,001) avaient une influence moindre. Le responsable pouvait interpréter ces résultats pour choisir comment conserver ou restaurer les sites pour l'espèce, c'est-à-dire se concentrer en premier lieu sur la protection des cavernes ou de mines adaptées, ou alors pour fournir des chicots ou des souches d'arbres.

Dans cet exemple, le modèle a été calibré et validé à partir de données empiriques. Si tel n'avait pas été le cas, ces résultats auraient constitué des hypothèses de travail devant être testées sur le terrain.

13.2.3   Les réseaux bayésiens comme modèles de décision

Les réseaux bayésiens peuvent également être construits avec :
- des nœuds de décision qui représentent les choix d'actions de gestion ;
- des nœuds d'utilité qui expriment les valeurs (coûts et bénéfices) de ces actions et les résultats du modèle.

Dans certains logiciels de réseaux bayésiens, lorsqu'un modèle comportant des nœuds de décision et d'utilité est compilé, les espérances d'utilité de chaque décision sont calculées et représentées dans chaque mode de gestion.

Les réseaux bayésiens peuvent contenir de multiples noeuds de décision et d'utilité. Si le modèle inclut une séquence de décision, telle que des activités de conservation d'espèces au cours du temps, la résolution du modèle de décision peut révéler les suites de décisions optimales qui minimisent les coûts, maximisent les bénéfices, ou optimisent les utilités. Les réseaux bayésiens pour la faune et la flore et la gestion de ressources naturelles peuvent être particulièrement bénéfiques pour les décideurs lorsqu'ils contiennent des nœuds de décision et d'utilité.

Dans l'exemple du plan pour la Forêt du Nord-Ouest dans le Nord-Ouest Pacifique des États-Unis, une série de réseaux bayésiens a été développée pour codifier et représenter un ensemble de directives de gestion visant à déterminer les catégories de conservation de douzaines d'espèces animales et végétales peu connues [Mar06a].

Les modèles pour les décisions de conservation d'espèces et les directives qu'ils représentent participent d'une revue annuelle et formelle des espèces dans laquelle de nouvelles informations scientifiques étaient évaluées sur des espèces sélectionnées, étroitement associées aux forêts de fin de succession et anciennes. Les résultats de cette revue annuelle étaient résumés sous forme de suggestions, faites par les panels de revue aux décideurs des agences régionales, pour maintenir ou changer les catégories de conservation ou même retirer certaines espèces de la liste de conservation telle que spécifiée selon un certain critère d'évaluation des directives.

Les réseaux bayésiens pour la décision étaient constitués d'un modèle résumé global qui décrivait les catégories de conservation appropriées et ses implications et coûts pour des relevés plus approfondis et la gestion du site (figure 13.7 ci-après). Dans ce modèle conçu afin de déterminer les catégories de conservations appropriées (A-F ou exclus) d'espèces rares ou peu connues des forêts de fin de succession ou anciennes (voir page 302) dans la région Nord-Ouest Pacifique des États-Unis, chacune des six catégories principales qui déterminent le résultat de conservation consistent en des modèles de décisions d'évaluation (non montrés). La partie inférieure de cette figure montre comment chaque catégorie de conservation est caractérisée par des implications et des coûts (pour mener les relevés d'espèces et gérer les sites). Les nombres dans le nœud de gestion (en bas à gauche) montrent les espérances de coût calculées à partir du nœud de coût d'utilité (en bas à droite).

En lançant le modèle, les états de chacun des six nœuds d'entrée et le nœud final de catégorie de conservation sont spécifiés. *Geographic range* désigne le Nord-Ouest Pacifique des États-Unis, *Plan provides for persistence* exprime si les directives dans le plan actuel pour la forêt du Nord-Ouest assurent ou non la persistance de l'espèce ; *strategic surveys* désignent des recensements statistiques des espèces ; *Predisturbance surveys* désignent des recensements d'espèces dans les endroits destinés à des activités où le sol est perturbé (comme l'exploitation forestière).

Une série de sous-modèles détaillent chaque entrée du modèle résumé global, comme le nœud *Geographic Range* de la figure 13.7 ci-après. Ce sous-modèle conteint des critères explicites pour déterminer à quel point une espèce peut être considérée ou non comme faisant partie de la zone géographique du plan de la forêt du Nord-Ouest (le nord-ouest de la zone Pacifique des États-Unis). Le critère pour ce sous-modèle est basé strictement sur les directives d'évaluation publiées dans le plan de la forêt du Nord-Ouest et permet d'inclure une espèce si la région de l'espèce est connue comme se produisant à l'intérieur du plan ; et dans le cas contraire, si la zone est proche des frontières de la région du plan ou s'il existe au moins un habitat approprié pour l'espèce à l'intérieur de la région du plan.

Chaque sous-modèle était résolu pour chaque espèce afin de déterminer les probabilités spécifiées dans chaque nœud d'entrée (haut de la figure 13.7 ci-après). La combinaison de ces probabilités d'entrée a dicté les probabilités de chaque catégorie de conservation pour les espèces. La catégorie de conservation, à son tour, a dicté le type et le coût des relevés et la gestion nécessaire pour l'espèce (bas de la figure 13.7 ci-après).

Ces modèles de décision ont été utilisés avec succès pour évaluer les catégories de conservation de 119 espèces animales et végétales durant les revues annuelles d'espèces conduites en 2002 et 2003. Un des avantages de l'utilisation de ces modèles de décision est qu'ils identifiaient les catégories de conservation possibles même lorsque certaines informations d'en-

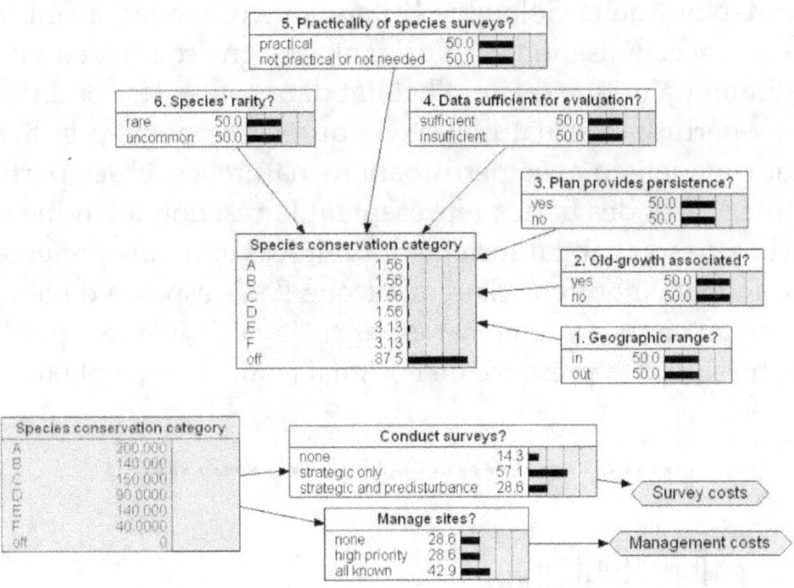

FIG. 13.7 *Principal modèle de décision de conservations d'espèces rares*

trée étaient absentes ou équivoques. Le modèle a aidé à représenter la disponibilité et l'incertitude des données scientifiques pour chaque variable d'entrée, et l'influence sur les catégories de conservation. Les membres du panel ont dû prendre les décisions finales sur les catégories de conservation de chaque espèce et ont abordé les incertitudes dans un processus de discussion structuré. Les modèles de décision (ou plutôt d'aide à la décision) n'ont pas pris les décisions finales à la place des membres du panel ni des décideurs, mais ils ont contribué à guider et à instruire les délibérations.

La plupart des modèles pour la faune et la flore présentés dans le paragraphe 13.2.1 page 299 ont été construits comme outils d'aide à la gestion. En revanche, les modèles du caribou des forêts étaient destinés expressément aux décideurs en charge de la gestion de la forêt de la région centre-nord de la Colombie-Britannique. Comme dans les modèles pour la faune et la flore de l'intérieur de la Colombie Britannique, les résultats du modèle du caribou ont été incorporés à des cartes représentant, avec un code de couleurs, le niveau d'adaptation de régions saisonnières du caribou, telle que la région hivernale (où les caribous vont durant l'hiver). Les résultats du modèle et de la cartographie ont été résumés par les spécialistes du caribou et transmis aux décideurs.

Plus précisément, les résultats montraient la superficie des régions saisonnières adaptées, au cours du temps, en fonction des activités de gestion de la forêt qui affectaient diversement la présence de fourrage de lichen et de loups prédateurs dans la région (figure 13.8 ci-après). Sur cette figure, les courbes représentent l'aire totale d'habitat dans la zone de haute altitude du Centre-Nord de la Colombie Britannique (Canada), avant (en haut) et après (en bas) colonisation par l'orignal. La ligne sombre en pointillés est le maximum théorique d'aire d'habitat dans toutes les conditions optimales et sans perturbation naturelle telle que les incendies ; la ligne grise est la valeur modélisée avec perturbations naturelles, et les parties supérieures et inférieures des barres représentent la réaction attendue du caribou aux parties de son habitat fortement préférées et moins préférées. Les résultats du modèle montrent clairement que l'aire espérée d'habitat du caribou change au cours du temps et est affectée négativement par les perturbations naturelles et la présence de l'orignal (source : [MMBE06]).

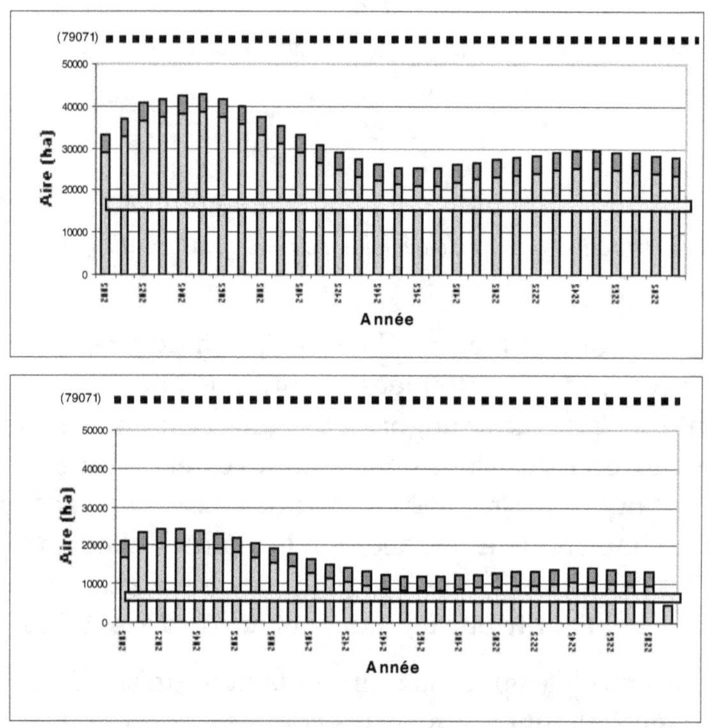

FIG. 13.8 *Résultats d'une modélisation de la qualité d'habitat du caribou.*

On a également présenté aux décideurs les résultats de la modélisation de trois variantes possibles de la politique de gestion du caribou : la politique actuelle, une politique basée sur la restauration ou l'émulation des perturbations naturelles comme les tempêtes ou les incendies, et une politique visant à optimiser la qualité d'habitat du caribou. Les décisions finales sur la gestion du troupeau de caribou, de l'habitat du caribou, de la récolte forestière et des effets sur les prédateurs n'ont pas encore été prises, mais les décideurs disposent des résultats de l'analyse de risques, avec une description claire des incertitudes, et pourront prendre les décisions en connaissance de cause.

Ces modèles de caribou, ainsi que d'autres réseaux bayésiens, sont également utilisés pour susciter la participation et la collaboration de différentes parties prenantes publiques [CBW99] sur des sujets d'aménagement du territoire. On peut mentionner, par exemple, l'utilisation de systèmes consultatifs pour guider la sélection et l'utilisation d'indicateurs pour une gestion durable de la forêt [MP00].

13.3 Utilisation des réseaux bayésiens pour étudier la faune et la flore et gérer les ressources naturelles

La connaissance de la faune, de la flore et des ressources naturelles provient autant de l'expertise que de données statistiques et de recherches de terrain. Pour cette raison, les réseaux bayésiens sont reconnus comme des outils efficaces pour combiner connaissances *a priori*, jugements d'experts et données de terrain, et qui peuvent fournir des résultats utiles même lorsque certaines données sont manquantes ou incomplètes [RS97]. Ce paragraphe détaille la manière dont sont utilisés les modèles décrits dans ce chapitre.

13.3.1 Couplages avec d'autres modèles

La plupart des modèles présentés dans ce chapitre ont consisté à intégrer les réseaux bayésiens à des systèmes d'informations géographiques ou à d'autres procédures d'évaluation. En particulier, les systèmes d'informations géographiques fournissent aux écologistes, aux décideurs et aux parties prenantes (comme le public) des outils clairs et intuitifs grâce auxquels il est possible d'évaluer puis de décider. On peut citer, comme autres exemples, l'utilisation de cartes pour gérer la restauration ou les inondations du bassin supérieur du Mississipi dans le centre des États-Unis [RS97] et pour évaluer des projets de bio-énergie dans la plaine de Farsala en Grèce [RKSN01].

13.3.2 Gestion adaptative

Un domaine d'utilisation très prometteur des réseaux bayésiens est celui de la gestion adaptative, c'est-à-dire une gestion par la mise en place d'essais et apprentissage à partir de l'expérience. Plus formellement, la gestion adaptative consiste à mettre en place des activités de gestion comme de strictes expériences statistiques, avec des traitements et des contrôles, souvent avec des plans d'expérience de type BACI[7] et à évaluer les effets de la gestion du point de vue de certains objectifs clairement formulés. Dans la

---

[7]Before-After, Control Impact, avant et après traitement sur des sites de contrôle et d'impact [SOB01].

gestion des ressources naturelles, la gestion adaptative a été vendue largement mais en fait rarement appliquée d'une manière si formelle. Dans un contexte de prise de décision et de gestion de risques, les réseaux bayésiens et les analyses bayésiennes peuvent être des outils utiles pour aider à formuler les objectifs et les hypothèses de gestion et pour évaluer les résultats d'expérience de gestion adaptative [Wad00].

De plus, dans un contexte de gestion adaptative, les résultats des expérience BACI et le plan d'étude peuvent être utilisés pour ajuster statistiquement ou actualiser les probabilités *a priori* ou conditionnelles du réseau bayésien et même pour affiner la structure même du modèle, y compris l'identification des variables, leurs états et leurs liens. Bien que n'utilisant pas d'expériences BACI, l'utilisation réussie de réseaux bayésiens comme modèles de décision dans la revue annuelle d'espèces dans le plan de la forêt du Nord-Ouest, présenté plus haut, a constitué une forme de gestion adaptative.

Le document [BCH02] développe un cadre de décision pour aider à évaluer les niveaux de satisfaction de gestionnaires de ressources naturelles avec le statu quo et les résultats attendus de changements et utilise des réseaux bayésiens pour estimer spécifiquement les coûts financiers, sociaux et écologiques de changer les principes de gestion. Il cite un exemple utilisant le passage d'agriculture à l'exploitation forestière dans des régions reculées du Royaume-Uni, mais son approche pourrait être appliquée à d'autres problèmes de gestion adaptative. Pour donner un autre exemple, des réseaux bayésiens ont également été utilisés dans des projets de gestion adaptative pour aider la gestion par les villages locaux de prairies semi-arides du Zimbabwe [LBP+02]. Leur approche a mis en évidence le besoin d'une recherche collaborative pour aider au mieux les changements de politiques d'utilisation du territoire.

Le document [NMS06] passe en revue les avantages et les rôles des réseaux bayésiens en gestion adaptative, dans l'Ouest du Canada, et présente une étude de cas montrant comment le modèle du caribou évoqué plus haut est utilisé dans des cycles de gestion adaptative. Dans cette étude, les réseaux bayésiens incluent des nœuds de décision pour l'exploitation forestière (méthodes de suppression de peuplement d'arbres, préparation du site et régénération de la forêt), des nœuds d'utilité pour chaque décision et les effets des décisions sur l'abondance de lichens terrestres comme fourrage important pour les caribous.

Une équipe coordonnée de biologistes, de gardes forestiers, et de fonctionnaires gouvernementaux responsables de la gestion de la ressource utilisent ces modèles pour explorer les options visant à atteindre simultanément les objectifs de gestion de la forêt, du risque d'incendie, et des caribous. Les résultats sont des tests de terrain conçus statistiquement pour apporter les informations cruciales sur les modes de gestion aptes à atteindre les buts recherchés.

13.3.3 Prise de décision en univers incertain et considération des types d'erreurs

La gestion de ressources naturelles est souvent caractérisée par une grande incertitude, concernant, par exemple, la manière dont une espèce particulière va réagir à des changements d'environnement ou d'habitat consécutifs à des activités de gestion du territoire. Les responsables sont souvent confrontés au défi de prendre des décisions d'actions en l'absence d'informations complètes. La manière dont un décideur prend en compte l'incertitude dépend de son attitude face au risque. S'il est adverse au risque, il va adopter un principe de précaution et supposer que les incertitudes vont potentiellement affecter négativement les activités de gestion. En revanche, s'il est neutre face au risque, ou attiré par le risque, il considérera l'incertitude comme une absence de preuve de ces effets néfastes et poursuivra ses activités jusqu'à ce que soit apportée la preuve que des changements de politique doivent être mis en place.

Il n'y a pas d'attitude face au risque qui satisfasse toutes les situations de politique publique dans le domaine de la gestion de ressources naturelles. Les réseaux bayésiens sont utiles pour aider les responsables à évaluer explicitement les types et les conséquences des incertitudes. Les incertitudes concernent les réactions du système aux activités, ou à des combinaisons ou des séquences d'activités. Mais il existe également une incertitude liée à notre manque de compréhension du fonctionnement même du système.

En particulier, deux types d'erreur, les faux positifs (prévoir qu'une espèce rare est présente alors qu'elle est en fait absente) et les faux négatifs (prévoir qu'elle est présente quand elle est absente), peuvent avoir des conséquences très différentes en ce qui concerne les coûts d'opportunité inutilisés quand les sites sont protégés, ou les fonds débloqués pour un inventaire d'espèce rares et une protection du site alors que l'espèce n'est même pas présente. Les modèles de prévision discutés plus haut ont explicitement fourni ces tests sur la précision du modèle et les types d'erreur.

13.3.4 Mise à jour et affinage des modèles

Un aspect utile des réseaux bayésiens est leur aptitude à mettre à jour les distributions de probabilité *a priori* et conditionnelles à partir de fichiers d'exemples. Un exemple [Mar06a] d'une telle mise à jour est le modèle de l'espèce rare de champignon présenté au paragraphe 13.2.1 page 299, utilisant l'algorithme EM (maximisation de l'espérance, voir page 121) implémenté dans Netica. Quand on incorpore un fichier de cas produit à partir de relevés de terrain, l'algorithme EM modifie les distributions de probabilité du modèle pour mieux les ajuster aux circonstances observées. L'utilisateur peut choisir des poids pour les fichiers de cas selon leur représentativité, et les fichiers de cas peuvent comporter des données manquantes pour certaines variables d'entrée. Cette fonctionnalité s'est révélée très utile pour affiner le modèle et améliorer la performance des précisions de présence ou d'absence de l'espèce. Cela a aussi montré que ce processus de mise à jour dynamique s'adapte bien à un cadre d'apprentissage adaptatif, dans lequel une nouvelle connaissance ou une nouvelle information peuvent être utilisées pour améliorer la précision du modèle et justifier des réévaluations de la politique de gestion.

13.4 Conclusion et perspectives

Ce chapitre a passé en revue l'utilisation de réseaux bayésiens pour la prévision, la rétrovision et l'aide à la décision dans le domaine de la gestion de ressources naturelles. Dans ce domaine, les réseaux bayésiens se révèlent des outils souples et utiles pour combiner diverses formes de données, pour gérer les incertitudes ou l'absence de certaines informations ainsi que pour illustrer comment les systèmes écologiques fonctionnent et les conséquences de décisions de gestion.

Les réseaux bayésiens, bien sûr, ne sont qu'une forme de modèle et pour des évaluations ou des besoins de décision critiques , les écologistes comme les responsables ont tout intérêt à comparer les résultats avec ceux d'autres modèles. On peut mentionner les analyses statistiques traditionnelles, les arbres de décision et d'autres méthodes formelles pour l'évaluation du risque environnemental et écologique [O'L05, SS05], telles que la théorie de l'utilité multiattribut, la hiérarchie des buts, le processus hiérarchique analytique (AHP) et la prise de décision multi-critères. Dans tous les cas, il est fortement recommandé, pour commencer tout exercice de modélisation, que les experts et les responsables utilisent de simples diagrammes d'influence pour décrire comment les systèmes doivent fonctionner et quelles parties du système peuvent être affectées par les décisions de gestion.

Les décisions sont toujours prises sur la base de la connaissance actuelle qui, dans ces domaines, est souvent incomplète et en évolution perpétuelle. Également en évolution permanente sont les facteurs qui influencent la décision, les critères de décision et les attitudes face au risque des responsables (qui restent souvent tacites et varient selon les utilités espérées et les probabilités associées aux résultats des décisions de gestion).

Les types de résultats et leur valeurs (utilités ou matrice de gains en termes de théorie des jeux) changent également au cours du temps. Les réseaux bayésiens se révèlent utiles dans un contexte aussi changeant, notamment dans un cadre de gestion adaptative. Ils aident à identifier des hypothèses de gestion testables, des variables clés, des essais de gestion et des expériences statistiques. Ils permettent d'incorporer de nouvelles informations pour réévaluer les effets d'une politique de gestion.

Ainsi, les réseaux bayésiens et les méthodes bayésiennes associées, telles que les approches bayésiennes empiriques, peuvent constituer des outils pour des programmes de surveillance, par exemple pour évaluer la viabilité d'une population dans des plans de conservation de l'habitat [Fol00]. Quand des données sont recueillies, des cas peuvent être incorporés pour améliorer les performances du modèle en utilisant différentes procédures d'apprentissage, implémentées dans les logiciels de réseaux bayésiens. Les responsables peuvent utiliser les modèles actualisés pour déterminer si leur plan d'action doit changer ou être maintenu. Les réseaux bayésiens sont particulièrement utiles dans un contexte de gestion adaptative, pour expliciter les critères de décision, les valeurs seuils qui justifient des remises en causes des politiques de gestion, ainsi que les utilités espérées et les incertitudes associées à chaque décision.

Comme avec n'importe quel outil d'aide à la décision, les responsables doivent comprendre et décrire clairement : les hypothèses du modèle ; les résultats espérés ; les valeurs de chaque résultat potentiel (c'est-à-dire les utilités ou les revenus associés aux résultats) ; les directives de gestion, les priorités et les enjeux (facteurs pris en compte dans la décision) ; leurs propres critères de décision ; leur attitude face au risque (tolérance du risque, importance relative perçue du risque, incertitude de chaque facteur) et également d'autres facteurs entrant en ligne de compte dans la décision et qui ne sont pas représentés dans le modèle tels que le risque politique pour certaines personnalités, le déroulement de carrière futur, l'influence sur d'autres décisions et le risque de litige. Les modélisateurs peuvent apporter une aide concernant la plupart de ces aspects de la décision, mais c'est aux décideurs que revient la responsabilité d'utiliser à bon escient de tels outils.

Chapitre 14

Étude de cas n°6 : diagnostic médical

Ce chapitre a été rédigé par Carmen Lacave[1], de l'université de Castille-La Manche, et Francisco J. Díez[2], de l'université espagnole d'enseignement à distance (UNED).

Le développement de systèmes experts d'aide au diagnostic médical remonte aux années soixante, avec la construction de modèles dans divers domaines, telles que les cardiopathies et les douleurs abdominales aigües. Ces systèmes appliquaient la méthode naïve de Bayes, qui consiste à choisir une variable D représentant les n diagnostics possibles $\{d_i\}$, et m variables H_j (binaires en général) correspondant aux observations possibles, à savoir les symptômes et signes de maladie. Deux hypothèses sont nécessaires pour que le problème puisse être résolu : la première est que les diagnostics soient *exclusifs* et *exhaustifs* ; la seconde, que les observations soient *conditionnellement indépendantes* de chaque diagnostic. La méthode donnait des résultats satisfaisants pour des problèmes simples, mais présentait néanmoins de sérieuses limitations : en médecine, les diagnostics ne sont pas toujours exclusifs (un patient peut être affecté par plusieurs maladies ou troubles), et les observations sont souvent corrélées, même lorsqu'on sait

[1]Département Informatique, 13071 Ciudad Real, Espagne, `carmen.lacave@uclm.es`
[2]Département Intelligence Artificielle, UNED, 28040 Madrid, `fjdiez@dia.uned.es`

qu'une maladie est présente (ce qui contredit l'hypothèse d'indépendance conditionnelle).

Ainsi, lorsque les développeurs de MYCIN, système expert élaboré dans les années soixante-dix à l'Université de Stanford, eurent besoin d'une méthode de raisonnement en univers incertain, ils rejetèrent la méthode naïve de Bayes. Ils développèrent une approche dans laquelle était attribué un facteur de certitude FC(H, E) à chaque règle du type « Si H, alors E ». Même si ces facteurs de certitude étaient définis formellement à partir des probabilités P(H) et P(E | H), ils étaient en fait directement estimés à partir d'avis d'experts et combinés au moyen d'équations *ad hoc*, qui ne respectaient pas les règles du calcul probabiliste. Malgré le succès de MYCIN, dont la proportion de diagnostics corrects était proche de celles des meilleurs experts humains, il fut prouvé par la suite que le modèle comportait des incohérences importantes, ce qui mettait en évidence la nécessité de bases plus solides.

Dans la décennie suivante, la majorité des systèmes experts étaient basés sur la logique floue, ce qui est assez naturel dans le domaine médical où beaucoup de concepts sont définis de manière floue : pression artérielle élevée, douleur aigüe, fatigue légère, symptôme évident, grosse tumeur, maladie grave, forte mortalité, etc. C'est aussi au cours des années quatre-vingts que sont apparus les réseaux bayésiens et les diagrammes d'influence : leur adaptation au diagnostic médical a été rapidement mise en évidence (chapitre 8 page 213). En fait, les premières applications opérationnelles des réseaux bayésiens et des diagrammes d'influence, au début des années quatre-vingt-dix, concernaient des problèmes médicaux. Depuis, de nombreux arguments théoriques et pratiques ont été identifiés en faveur de l'utilisation de modèles probabilistes graphiques en intelligence artificielle. Ainsi, en 1993, les créateurs de MYCIN ont déclaré [DBS93] : « les réseaux bayésiens offrent à présent une méthode viable pour construire des systèmes de diagnostic de grande taille, sans utilisation d'hypothèses (grossières et intrinsèquement imparfaites) d'indépendance conditionnelle et de modularité de la connaissance ».

14.1 Sources d'incertitudes en médecine

L'incertitude et l'imprécision sont présentes dans presque tous les modèles d'intelligence artificielle, pour trois raisons fondamentales : les insuffisances de l'information, le non-déterminisme du réel et les lacunes des modèles. Il existe plusieurs méthodes de raisonnement en univers incertain qui permettent de traiter ces trois formes d'incertitudes.

Nous décrivons ci-après, de manière plus détaillée, les différentes sources d'incertitudes dans le domaine médical.

- **Information incomplète**

  Dans de nombreux cas, l'historique clinique du patient n'est pas disponible, et ce dernier ne peut se rappeler de tous les symptômes qu'il a présentés et de la manière dont la maladie a évolué. Les médecins doivent établir des diagnostics sur la seule base de l'information disponible, même si celle-ci est très limitée.

- **Information inexacte**

  L'information donnée par le patient au médecin peut être mal exprimée ; dans certains cas, le patient peut même mentir au médecin. Il est également possible que des diagnostics antérieurs, contenus dans l'historique clinique du patient, soient erronés. Les tests de laboratoires produisent couramment des faux positifs et des faux négatifs. En conséquence, les médecins doivent toujours, dans une certaine mesure, mettre en doute l'information dont ils disposent.

- **Information imprécise**

  En médecine, beaucoup de données sont difficilement quantifiables. C'est souvent le cas pour les symptômes, tels que la douleur ou la fatigue. Même dans une technique aussi sophistiquée que l'écho-cardiographie par exemple, beaucoup de caractéristiques du patient doivent être évaluées subjectivement, telle que la descente valvulaire ou l'akinésie ventriculaire (mouvement insuffisant de la paroi cardiaque).

- **Non-déterminisme du réel**

  Les cliniciens savent que les patients sont tous différents et qu'il y a peu de règles universelles : les patients ne sont pas comparables à des machines mécaniques ou électriques, dont le comportement est régi par des lois déterministes. Très souvent, les mêmes causes produisent chez des patients différents des effets différents, sans explication apparente. C'est pourquoi les diagnostics médicaux doivent toujours tenir compte de probabilités ou d'exceptions.

- **Modèle incomplet**

  Il existe beaucoup de phénomènes médicaux dont la cause principale est inconnue (on parle de maladies *idiopathiques*), et il est courant que les experts d'un domaine soient en désaccord : en fait, même si toute l'information était disponible, il serait en pratique impossible de la représenter dans un système expert.

- **Modèle inexact**

  Les modèles visant à quantifier l'incertitude, quelle que soit la méthode, nécessitent un nombre élevé de paramètres. Par exemple, dans le cas de réseaux bayésiens, il faut évaluer toutes les probabilités *a priori* et conditionnelles. Toute cette information est rarement disponible : elle doit donc être estimée subjectivement. Il est souhaitable, par la suite, que le modèle de raisonnement puisse tenir compte de ses propres inexactitudes.

Ceci explique pourquoi toutes les méthodes de raisonnement en univers incertain ont été appliquées à la médecine : dans plusieurs cas, le besoin de traiter un problème médical a conduit à élaborer une nouvelle méthode, qui plus tard a été étendue à d'autres domaines. La médecine constitue un excellent banc d'essai pour évaluer les qualités et les limites d'une nouvelle méthode de raisonnement en univers incertain, parce que ce domaine présente pratiquement toutes les formes d'incertitudes que l'on puisse imaginer.

Dans le cas des modèles graphiques probabilistes, cela se vérifie clairement : les premiers systèmes experts basés sur des réseaux bayésiens ont été développés pour des problèmes médicaux et, de notre point de vue, la médecine est le domaine dans lequel le développement des réseaux bayésiens est le plus avancé. Dans ce chapitre, nous analysons le problème général de la construction de réseaux bayésiens médicaux et, comme étude de cas, nous décrivons le développement de PROSTANET, un réseau bayésien destiné au diagnostic du cancer de la prostate.

14.2 Construction de réseaux bayésiens médicaux

Comme dans d'autres domaines, on distingue trois méthodes de construction de réseaux bayésiens :

- **Automatique** : par application d'un algorithme d'apprentissage à une base de données. Les algorithmes d'apprentissage peuvent identifier à la fois la structure (le graphe) du modèle et les paramètres (les probabilités conditionnelles).
- **Manuelle** : avec l'aide d'experts humains, les médecins en l'occurrence : les spécialistes en ingénierie de la connaissance interrogent les experts et ajoutent les nœuds, les liens et les probabilités conditionnelles au réseau bayésien sur la base de la connaissance recueillie. Dans ce cas, le graphe doit être causal, pour des raisons que nous verrons par la suite.
- **Hybride** : dans cette approche, la structure du réseau est décrite avec l'aide des experts humains et les probabilités sont obtenues à partir d'une base de données.

14.2.1 Construction de réseaux bayésiens à partir de bases de données médicales

La manière la plus rapide de construire un réseau bayésien médical consiste à traiter une base de données contenant un nombre suffisant de cas (de patients, typiquement) puis d'appliquer un des nombreux algorithmes d'apprentissage disponibles dans la littérature (voir le chapitre 6 page 117), dont certains sont implémentés dans des logiciels commerciaux ou libres (voir annexe C page 359). Dans le domaine médical, les principaux problèmes posés par cette méthode sont les suivants.

Tout d'abord, les bases de données médicales ne contiennent généralement que quelques observations accompagnées du diagnostic final, tandis que la construction d'un réseau bayésien nécessite l'identification d'un grand nombre de variables intermédiaires, afin de satisfaire les hypothèses d'indépendances conditionnelles. Certes, il existe des algorithmes capables de trouver les variables dites cachées, mais il subsiste deux problèmes. D'une part, la quantité de données requise pour obtenir des résultats fiables est très grande, même si la proportion de variables cachées est faible. D'autre part, quand les variables ainsi identifiées ne correspondent à aucun concept médical, la validité du modèle peut être remise en question.

En deuxième lieu, beaucoup d'algorithmes d'apprentissage nécessitent que la base de données ne comporte aucune donnée absente. Cependant, dans la pratique, toutes les bases de données médicales sont incomplètes, et la proportion de données manquantes est souvent importante. Les méthodes dites d'imputation supposent généralement que les valeurs absentes sont réparties aléatoirement, ce qui est une hypothèse peu réaliste : il y a toujours une raison pour laquelle une valeur est absente. Ainsi, les méthodes d'imputation présentent souvent de fausses corrélations dans la base de données, ce qui conduit à des relations fausses dans le réseau bayésien.

Troisièmement, les réseaux bayésiens construits automatiquement ne sont pas nécessairement causaux. Par exemple, ils peuvent faire apparaître un lien d'un symptôme vers la maladie qui le produit, ce qui est contre-intuitif pour les experts humains. En plus, un réseau bayésien causal peut être transformé en un diagramme d'influence en ajoutant des nœuds de décision et d'utilité, mais cela n'est pas possible pour des réseaux non-causaux. Il existe certes des algorithmes essayant d'établir des modèles causaux à partir de bases de données d'observation, mais ils nécessitent un grand nombre de données et une base de données non biaisée. Or, en médecine, toute base de donnée est biaisée car correspondant toujours à une sous-population de patients, dans un certain contexte médical.

En résumé, il est possible de construire automatiquement des réseaux bayésiens à partir de bases de données, mais le réseau est alors surtout utile comme outil d'analyse des corrélations et des indépendances conditionnelles dans la base de données. Les conclusions, qualitatives ou quantitatives, obtenues à partir d'un tel modèle ne peuvent pas être étendues de manière sûre à la population générale et surtout, il n'est pas possible de donner une interprétation causale au graphe du réseau. En d'autres termes, de tels réseaux bayésiens sont semblables à des méthodes de type boîte noire, telles que la régression logistique ou les réseaux de neurones, dans lesquels il est difficile – voire impossible – d'interpréter la structure et les paramètres du modèle.

14.2.2   Construction à l'aide d'experts humains

Bien qu'il n'y ait aucune référence méthodologique pour la construction manuelle d'un modèle graphique probabiliste, le processus peut être décomposé en deux phases principales. La première consiste à obtenir l'information *qualitative*, ce qui implique l'identification des maladies principales, anomalies et observations possibles, ainsi que les relations entre ces variables, afin de construire un graphe causal. La deuxième phase consiste à recueillir l'information *quantitative*, c'est-à-dire les probabilités numériques.

Nous décrivons chaque phase séparément, bien que dans la pratique les deux tâches soient la plupart du temps indissociables. Par exemple, pendant le processus d'obtention des probabilités, le graphe établi dans la phase précédente peut subir des changements, comme ce fut le cas avec le modèle PROSTANET (qui sera présenté au paragraphe 14.3 page 326), soit parce que de nouvelles relations, oubliées dans la première phase, sont identifiées, soit parce que le nombre élevé de parents d'un certain nœud rend impossible la construction de la table de probabilités conditionnelles. Une solution possible pour diminuer la taille des tables de probabilités consiste à introduire des variables auxiliaires ; dans ce qui suit, nous proposerons un exemple de divorce de variables parentes. Ce type de procédés amène à modifier, en phase de recueil de probabilités, la structure du graphe.

▶ **Construction du graphe causal**

Tout réseau bayésien nécessite un nombre élevé d'hypothèses d'indépendances conditionnelles qui, en principe, devraient être justifiées par une analyse statistique. Cependant, dans la plupart des cas, une telle vérification est impossible en raison de l'absence de données empiriques. La solution palliative usuelle consiste à interroger des experts humains au sujet des mécanismes causaux. Les propriétés d'indépendance probabiliste dans un graphe causal se justifient de la manière suivante :

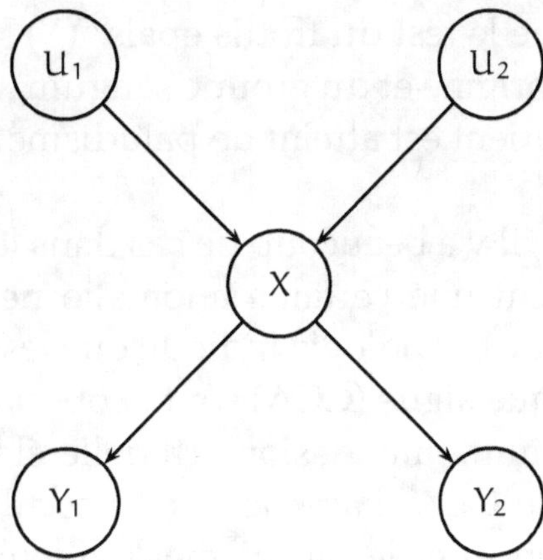

FIG. 14.1 *Indépendances conditionnelles pour un nœud X ayant deux enfants et deux parents*

Indépendance *a priori*. Lorsque deux variables U_1 et U_2 sont telles que *(1)* il n'y a pas de corrélation connue entre elles, *(2)* il n'y a pas de mécanisme causal selon lequel U_1 puisse causer U_2, ni l'inverse et *(3)* il n'y a pas de cause commune aux deux variables, alors on peut supposer qu'elles sont *a priori* indépendantes, c'est-à-dire, $P(u_1, u_2) = P(u_1) \cdot P(u_2)$. Par exemple, le sexe d'un individu et son pays d'origine peuvent être supposés indépendants *a priori*. De façon analogue, quand la corrélation entre deux variables (par exemple, le sexe et l'âge) est faible, nous pouvons la négliger et traiter ces variables comme si elles étaient indépendantes, afin de simplifier la structure du modèle et, par conséquent, le temps de calcul nécessaire pour propager des observations.

Indépendance conditionnelle entre plusieurs effets d'une cause. Si *(1)* X est une cause commune de Y_1 et Y_2, *(2)* le mécanisme causal par lequel X produit Y_1 n'interagit pas avec le mécanisme $X \rightarrow Y_2$, *(3)* il n'y a pas de relation causale connue $Y_1 \rightarrow Y_2$ ni $Y_2 \rightarrow Y_1$, et *(4)* il n'y a pas d'autre cause commune de Y_1 et Y_2, alors, nous pouvons supposer que les deux variables sont indépendantes conditionnellement à X. Par exemple, entre un symptôme Y_1 et un test de laboratoire Y_2 indicatifs d'une même maladie X, il est presque toujours possible de supposer qu'il y a indépendance conditionnelle.

Indépendance conditionnelle entre un effet et ses grand-parents. Si *(1)* les causes de X sont $U_1, \ldots, U_n$, *(2)* le mécanisme $X \rightarrow Y$ est indépendant de la manière dont X s'est produit, et *(3)* il n'y a pas d'autre mécanisme causal connu $U_i \rightarrow Y$, alors on peut supposer que les U_i et Y sont conditionnellement indépendants sachant X. Par exemple, le pays d'origine (U_1) et le groupe sanguin (U_2) sont deux facteurs de risque de paludisme (X) ; en pratique, nous pouvons supposer que la probabilité que le test du frottis épais[3] (Y) soit positif est indépendant du pays d'origine et du groupe sanguin, une fois qu'on sait avec certitude si le patient est atteint de paludisme ou pas.

Malheureusement, il y a beaucoup de cas dans lesquels les mécanismes causaux qui produisent une certaine anomalie ne sont pas connus. Par exemple, un ouvrage de cardiologie indique que les principaux facteurs de risque de crise cardiaque aiguë (CCA) sont : l'obésité, l'effort, une consommation élevée de sodium, une tension artérielle élevée, le diabète, les antécédents familiaux de CCA, l'âge, le sexe masculin, la couleur de peau (blanche, en l'occurrence) et le tabagisme. Évidemment, ces dix facteurs ne sont pas tous causaux ni stochastiquement indépendants. Cependant, il est impossible de savoir dans quelle mesure chacun affecte les autres, parce qu'à notre connaissance, aucune étude épidémiologique n'a analysé les dépendances et les indépendances conditionnelles parmi ces facteurs de risque de CCA.

▶ Application de modèles canoniques

Entre la définition de la structure de réseau et l'acquisition d'informations quantitatives, il est important d'identifier quelles parties du réseau peuvent être modélisées par une porte OU ou tout autre modèle dit canonique [DD06]. Ces modèles sont extrêmement utiles pour l'acquisition de connaissance, non seulement parce qu'ils ont besoin de peu de paramètres, mais également parce que chaque paramètre est beaucoup plus facile à estimer. Par exemple, construire une table de probabilités pour un nœud binaire X ayant cinq parents binaires implique 32 questions du type « quelle est la probabilité de $+x$ lorsque $+u_1$, $\neg u_2$, $+u_3$, $+u_4$ et $\neg u_5$? », à laquelle il est difficile (voire impossible) de répondre, car il est très peu probable qu'un expert humain ait rencontré un patient ayant souffert de U_1, U_3 et U_4 en même temps. De la même manière, lorsqu'on obtient les probabilités à partir d'une base de données, il est très peu probable qu'un patient ait souffert des trois maladies simultanément. En revanche, une porte OU ne nécessiterait que cinq paramètres, correspondant aux cinq questions « quelle est la probabilité que U_i produise X ? », paramètres qui sont plus faciles à estimer.

Du point de vue informatique, les modèles canoniques sont avantageux parce qu'ils requièrent beaucoup moins d'espace mémoire et parce qu'il existe des algorithmes qui, au lieu de développer les tables de probabili-

---

[3]Le test le plus connu pour diagnostiquer le paludisme.

tés associées, propagent les observations directement avec le modèle canonique, permettant une économie importante de mémoire et de temps de calcul. Prenons l'exemple d'un réseau bayésien médical, le CPCS (*Computer-based Patient Case Simulation*, [PPMH94]) : ce modèle ne pouvait pas être résolu exactement, parce que les algorithmes manquaient de mémoire ; en outre, même avec un ordinateur qui aurait eu assez de mémoire, le temps de calcul requis serait beaucoup trop grand. Cependant, les algorithmes récents qui exploitent les propriétés des modèles canoniques peuvent résoudre ce réseau en quelques millisecondes.

Enfin, les modèles canoniques ont également l'avantage de permettre d'expliquer le raisonnement [Pea88b, LD02]. Par exemple, si l'interaction d'un symptôme S avec ses parents est modélisée par une porte OU bruitée, alors, chez un patient, la confirmation d'une maladie causant S minimise la suspicion d'autres causes de S. Ce phénomène est appelé, en anglais, *explaining away*. Inversement, l'élimination de toutes les causes de S à l'exception d'une seule maladie permet de diagnostiquer celle-ci. De cette façon, la porte OU bruitée reproduit par propagation de probabilités le diagnostic différentiel que pratiquent chaque jour les médecins.

En raison de ces avantages, il est souhaitable d'utiliser les modèles canoniques partout où c'est possible. En particulier, les conditions pour l'applicabilité d'une porte OU sont les suivants :

① Le nœud et ses parents doivent être des variables binaires du type absent/présent. Ceci interdit l'application de la porte OU pour des variables telles que le pays d'origine ou la couleur de peau.

② Chaque parent représente une cause qui peut produire l'effet quand les autres causes sont absentes.

③ Il n'y a aucune synergie parmi les causes, en d'autres termes, le mécanisme par lequel la cause U_i produit X est indépendant des mécanismes des autres causes de X.

Les conditions d'applicabilité des autres modèles canoniques sont analogues.

▶ **Acquisition d'informations quantitatives**

L'obtention des données numériques est encore plus difficile que l'acquisition de connaissances qualitatives. En effet, la littérature médicale ne contient qu'une infime partie de l'information requise : les descriptions sont presque toujours qualitatives.

Par exemple, un autre livre de cardiologie indique : « la tumeur primaire la plus commune chez l'adulte est le myxome et 75 % de ces tumeurs sont localisées dans l'oreillette gauche, habituellement chez la femme ». Dans cette phrase, deux termes flous apparaissent, *adulte* et *habituellement*. Ceci pose plusieurs questions : quel est l'âge à partir duquel une personne est considérée comme adulte ? Est-ce que la catégorie adulte inclut les personnes âgées ? Quelle est la fréquence associée à *habituellement* ? Il existe des études psychologiques qui aident à traduire les expressions qualitatives en probabilités numériques, mais les évaluations numériques sont si différentes que ces études se révèlent quasiment inutilisables en pratique.

La seule probabilité numérique dans cet extrait (75 %), dont nous ne savons pas s'il s'agit d'un résultat empirique ou d'une évaluation subjective, n'est pas très utile non plus, parce qu'elle n'indique pas la probabilité d'avoir un myxome dans l'oreillette gauche mais seulement la probabilité d'une telle localisation sachant qu'il y a un myxome. Évidemment, cette information ne peut pas être introduite dans le réseau directement.

Cet exemple simple montre pourquoi, dans beaucoup de cas, il est nécessaire d'obtenir les probabilités à partir d'évaluations subjectives d'experts humains, même si cette tâche est fastidieuse, complexe et parfois source d'erreurs.

14.3   Un exemple de modèle : PROSTANET

Le cancer de la prostate est une maladie très commune chez les hommes âgés de plus de cinquante ans. Il n'est parfois pas facile de le diagnostiquer, parce qu'il se caractérise par des symptômes très semblables à ceux produits par d'autres maladies bénignes[4].

Nous avons construit PROSTANET, un réseau bayésien causal, dans le but d'aider les médecins à établir un diagnostic différentiel entre certaines maladies liées à la prostate. En raison du manque de bases de données pour établir le réseau automatiquement, le modèle a été développée manuellement avec l'aide d'un urologue, le Dr Diego A. Rodríguez Leal, de l'hôpital général de Ciudad Real (Espagne) et avec le logiciel de réseaux bayésiens Elvira [Elv02] (voir page 382).

La raison principale du choix de ce logiciel est qu'il offrait des fonctionnalités d'explication[5] supérieures à celles des programmes disponibles au moment où PROSTANET a été développé. En ce qui concerne la méthodologie, outre une étude bibliographique, nous avons principalement basé notre travail sur une série d'entrevues avec l'expert humain pour déterminer le graphe causal et quasiment toutes les probabilités (seules quelques-

---

[4] Par exemple, l'hypertrophie bénigne de la prostate ou la prostatite chronique.
[5] Les fonctionnalités d'explication sont décrites en détail dans [Lac03].

unes ont été trouvées dans la littérature). En outre, afin d'éviter la propagation d'erreurs jusqu'à la fin du processus, nous avons testé chaque version du modèle. Au total, sept versions différentes du réseau bayésien, décrites dans le tableau 14.1 page 334, ont été construites.

14.3.1   Structure du graphe

Un des principaux problèmes que nous avons rencontrés quand nous avons commencé à construire PROSTANET est qu'il n'existait aucune méthodologie pour développer les réseaux bayésiens médicaux (comme nous l'avons expliqué au paragraphe 14.2.2 page 322), mis à part le bon sens et quelques expériences d'applications médicales [Oni02, Ren01b].

Puisque l'objectif du modèle était le diagnostic du cancer de la prostate, qui devait constituer la variable principale du graphe, nous avons décidé d'employer les mêmes idées que pour la construction de réseaux de similarité [Hec91], qui furent développés comme outils de construction de structures adaptées à une seule anomalie ou maladie.

Nous nous sommes donc initialement concentrés sur la variable représentant le cancer de la prostate pour identifier les principaux signes, symptômes et facteurs de risque associés. Ce processus a conduit à la première version de PROSTANET, qui comportait seulement 30 liens et 26 nœuds comme le montre la figure 14.2 ci-après : la variable principale (cancer de la prostate), les principaux facteurs de risque et les symptômes, signes, tests et les autres maladies pouvant être provoquées par des complications. Ce modèle a été évalué en utilisant les explications verbales d'Elvira, qui sont formulées comme des combinaisons de mots et de nombres. Ceci a amené l'urologue à conclure que le modèle était une représentation trop simpliste du domaine.

Il a alors été décidé d'introduire les principales maladies caractérisées par des signes et symptômes proches de ceux du cancer de la prostate. Après plusieurs retouches et évaluations, nous avons obtenu les deux versions suivantes de PROSTANET. La deuxième version avait 34 nœuds (dont 8 représentaient des maladies) et 46 liens, et la troisième version comportait 43 nœuds et 75 liens. La structure de la troisième version a été considérée comme satisfaisante et définitive par l'expert, même si durant la phase d'acquisition de probabilités, elle a subi quelques modifications mineures, comme nous le verrons au paragraphe suivant. La quatrième version a été obtenue en définissant les valeurs et les noms des états de chaque variable, sans modifier la structure du graphe ; la plupart des variables étaient binaires.

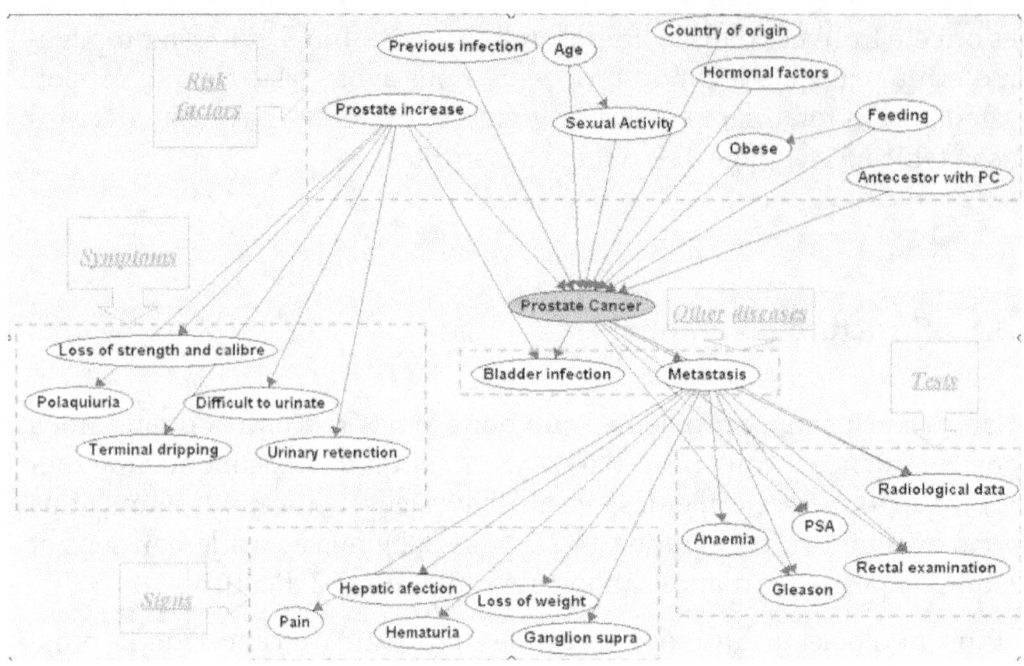

FIG. 14.2 *Première version de* PROSTANET.

14.3.2 Recueil de probabilités

Ce processus est la phase la plus difficile et la plus longue en raison des erreurs et des biais que les humains tendent à introduire lorsqu'ils estiment des probabilités subjectivement [KST82]. Dans notre cas, l'expert devait définir 259 valeurs, comme le montre le tableau 14.1 page 334. Les principaux problèmes concernaient les variables ayant un grand nombre de parents.

Par exemple, la figure 14.3 ci-après montre une sous-partie de PROS-TANET autour du nœud « Prostate Cancer ». Pour obtenir chacune des 2^6 probabilités associées à ce nœud, nous aurions dû poser à l'urologue une question du type : quelle est la probabilité d'avoir un cancer de la prostate sachant que le patient a une congestion de la prostate, une displasie, des facteurs hormonaux, une activité sexuelle normale, qu'il n'est pas obèse, et n'a pas d'antécédents familiaux de cancer de la prostate ? Il était clairement impossible à l'expert d'estimer cette probabilité. Cependant, l'identification de modèles canoniques que nous avons présentés page 324, qui représentent les relations entre un nœud et ses parents, nous a permis de construire de grandes tables de probabilités à partir d'un petit nombre de données. Il y eut ainsi une réduction de 35 % du nombre de probabilités à estimer par l'expert (169 au lieu de 259), même si'il a fallu pour cela ajouter des nœuds et des liens.

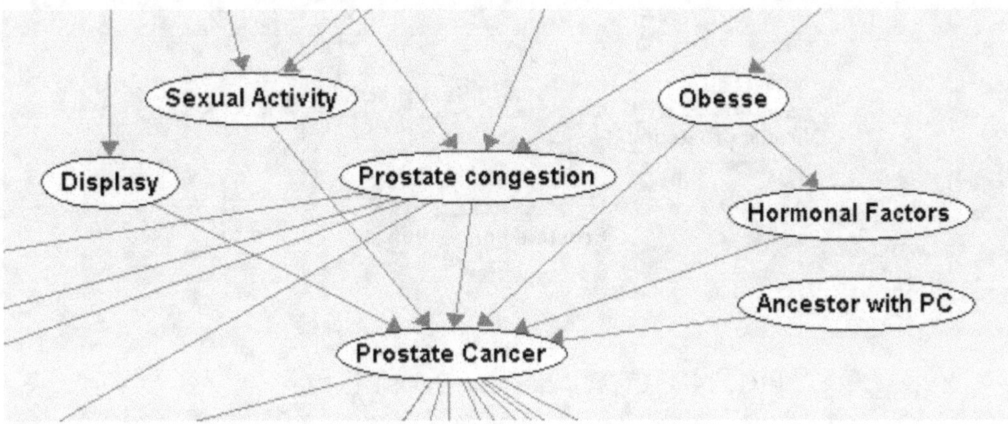

FIG. 14.3 *La variable « Prostate Cancer » et ses six parents, dans la quatrième version de* PROSTANET.

D'autres fonctionnalités utiles du logiciel sont, d'une part, la coloration des liens selon le signe de l'influence qu'ils représentent [Wel90] (les influences positives sont représentées en rouge, les négatives en bleu, les nulles en noir, et les indéfinies en violet) et d'autre part, l'épaisseur des liens proportionnelle à l'influence de la variable amont sur la variable aval (voir par exemple [Lac03]). Par exemple, dans la copie d'écran de la figure 14.4 ci-après l'utilisateur peut voir que l'influence de « *Chronic prostatitis* » sur la congestion de la prostate est positive, ce qui est évident ; que l'influence de l'activité sexuelle sur la congestion de la prostate est négative, parce que plus un homme est actif sexuellement, plus la probabilité qu'il ait une congestion de la prostate est faible ; que l'influence de l'âge sur la congestion de la prostate est indéterminée parce que avant soixante-dix ans, la prostate grossit quand l'homme vieillit, ce qui augmente la probabilité de congestion, mais au-delà, la prostate s'atrophie et risque moins de se congestionner.

La figure 14.4 ci-après montre les différents types d'influences : les liens sont coloriés par Elvira selon la nature de l'influence (positive, négative, indéterminée), et ont une épaisseur proportionnelle à l'importance de l'influence de la variable amont sur la variable aval. Par exemple, nous pouvons donc y lire que l'influence positive de « *Chronic prostatitis* » sur la congestion de la prostate est plus importante que l'influence négative de l'activité sexuelle sur la congestion de la prostate.

Ainsi, la coloration des liens par Elvira nous a aidés de plusieurs manières. Tout d'abord, elle a constitué un moyen de savoir quelles tables de probabilités conditionnelles devaient être définies puisque les liens noirs représentaient des tables de probabilités vides. Il était également très utile de raffiner les probabilités afin de refléter correctement les influences prévues par l'urologue. Dans les modèles causaux, la plupart des influences

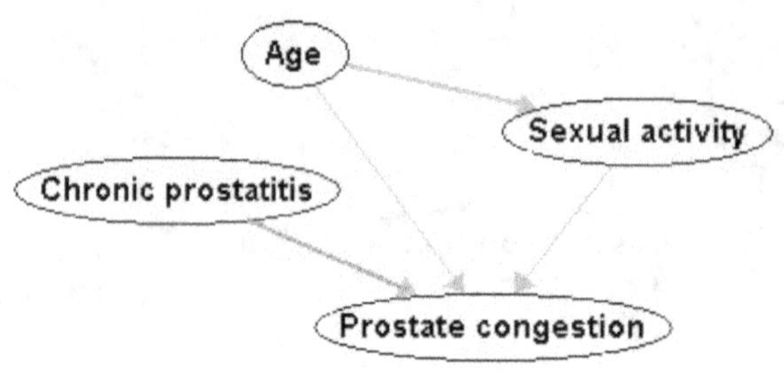

FIG. 14.4 *Copie d'écran de* PROSTANET.

sont positives (liens rouges). Pour cette raison, les liens bleus et violets amènent le modélisateur à soupçonner que certains paramètres puissent être erronés. C'était le cas, par exemple, de la variable « PSA[6] », qui initialement avait cinq parents binaires.

Puisque la variable « PSA » avait quatre états et ne pouvait être représentée par aucun modèle canonique, telle qu'une porte OU bruitée, l'expert devait préciser 128 probabilités.

Évidemment, il était impossible de les déterminer pour refléter convenablement les influences entre nœuds, notamment les influences négatives comme celle de « MedFinas »[7] sur « PSA ». Alors, après plusieurs tentatives infructueuses, où il subsistait toujours des influences indéfinies, nous avons décidé de supprimer le lien de « Rectal examination » vers « PSA », parce que si les médecins savent que l'examen rectal peut altérer les valeurs de PSA, ils ne font pas ce test avant d'avoir les résultats de « PSA ». De plus, nous avons ajouté un nœud auxiliaire, « PSA aux », pour faire divorcer les parents de PSA afin de grouper les facteurs physiques qui peuvent influencer « PSA ». Le nouveau nœud avait seulement trois parents : « Prostate Cancer », « Metastasis » et « Chronic Prostatitis ». Ensuite, nous avons renommé « PSA » en « PSA total » pour éviter la confusion et défini comme parents « PSA aux » et « MedFinas ». Ainsi, l'expert a été en mesure de définir les probabilités.

De plus, après introduction de toutes les probabilités, nous avons pu retirer quelques liens, parce que Elvira mettait en évidence que l'influence qu'ils représentaient était nulle.

---

[6]PSA signifie *Prostate-specific antigen* (antigène prostatique spécifique) : la présence de cette substance dans le sang peut aider à détecter un cancer de la prostate.

[7]MedFinas signifie médication avec le Finasteride, un traitement de l'hyperplasie bénigne de la prostate et d'autres problèmes masculins comme la chute de cheveux.

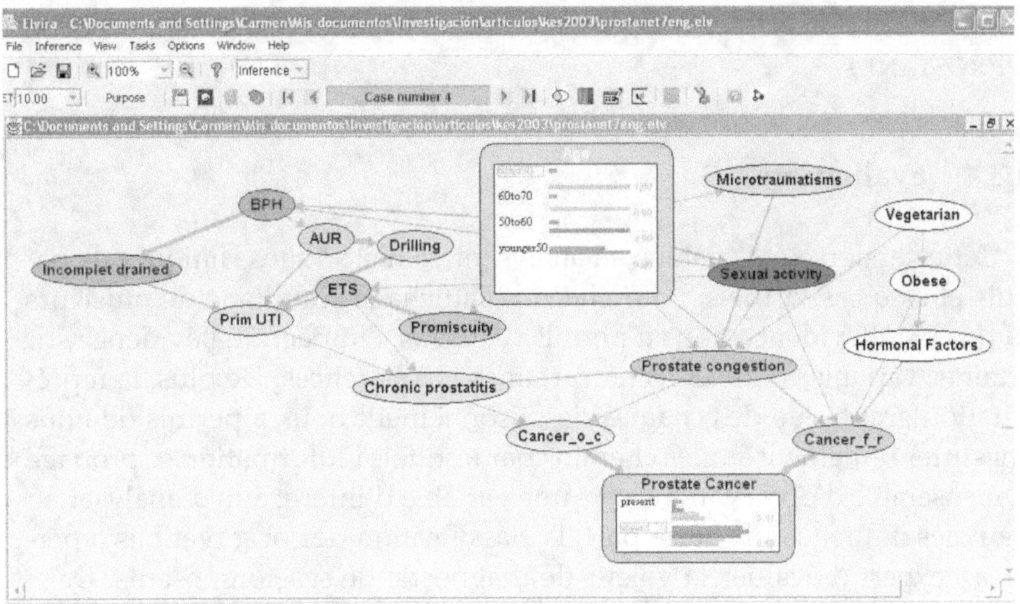

FIG. 14.5 *Analyse de l'effet de l'âge sur le cancer de la prostate*

14.3.3   Déboguage

Après l'introduction de chaque probabilité, nous avons constaté que certaines probabilités étaient surestimées. Par exemple, la probabilité *a priori* d'avoir un cancer de la prostate était supérieure à 50 %, ce qui est vraiment éloigné de la réalité. Toutefois, les fonctionnalités graphiques comme la représentation des chaînes de raisonnement, la représentation des signes des influences, le développement sélectif de nœuds et la représentation simultanée de plusieurs cas d'évidence [Lac03] nous a aidé à détecter certaines valeurs qui avaient été surestimées, comme cela est indiqué sur la figure 14.5 .

Dans cet exemple, nous essayons d'étudier l'effet de la variable « Âge », l'un des facteurs majeurs de risque de cancer de la prostate. Dans l'image nous pouvons voir certains des outils fournis par Elvira permettant cette analyse. Nous avons développé les deux nœuds afin de nous concentrer sur eux. Nous avons créé quatre cas d'évidence afin d'étudier comment les changements d'âge affectent les probabilités *a posteriori* de cancer de la prostate. Chaque cas, représenté avec des couleurs différentes, contient seulement une observation correspondant à l'une des quatre valeurs différentes du nœud « Âge ». De plus, nous avons représenté les chaînes de raisonnement du « Âge » vers « *Prostate Cancer* ». Dans des ces chemins, les nœuds sont coloriés selon le type et l'importance de l'influence que le nœud « Âge » exerce sur eux.

Après cette phase de déboguage, nous avons obtenu la sixième version de PROSTANET.

14.3.4   Évaluation

Cette version a été évaluée en analysant 15 historiques cliniques de patients et cinq cas virtuels. Pour chacun, l'affichage simultané de plusieurs cas [Lac03] d'évidence nous a permis d'étudier l'impact de l'évidence sur certaines variables et de détecter certaines incohérences. De plus, la représentation graphique des chaînes de raisonnement nous a permis de nous concentrer seulement sur les chemins par lesquels l'information se propage d'un ensemble d'observations vers une variable d'intérêt afin d'analyser au mieux les influences. D'autre part, la classification des observations a permis à l'expert d'évaluer la valeur de diagnostic de ses composants. Dans 19 cas sur 20, PROSTANET a donné le même diagnostic que l'expert humain. Dans le cas où le diagnostic était erroné, l'analyse des chaînes du raisonnement, et la classification des observations nous ont permis de détecter les probabilités qui ont dû être ajustées pour obtenir la version finale, représentée sur la figure 14.6 ci-après. On voit sur cette copie d'écran certaines fonctionnalités d'explication d'Elvira, comme le développement de certains nœuds, la représentation graphique de la nature et de l'importance des influences et l'affichage simultané de plusieurs cas.

14.3.5   Historique des versions

Le tableau 14.1 page 334 montre les propriétés les plus importantes de chaque version. Les deux premières colonnes contiennent l'identifiant et la date de la création. Les autres correspondent, respectivement, au nombre de nœuds, de liens, de paramètres (au total), de paramètres restant à évaluer par l'expert, et de paramètres déjà estimés. L'avant-dernière colonne contient le nombre maximal de parents d'un nœud et la dernière indique si le modèle contenait des modèles canoniques ou non.

14.4   Conclusion

Dans ce chapitre, nous avons montré que les systèmes experts médicaux doivent tenir compte de différents types d'incertitudes. C'est une des raisons pour lesquelles les modèles graphiques probabilistes, et notamment les réseaux bayésiens, sont fréquemment utilisés pour construire les systèmes de diagnostic et d'aide à la décision dans le domaine médical. L'obstacle principal à un usage plus courant de tels systèmes est la difficulté

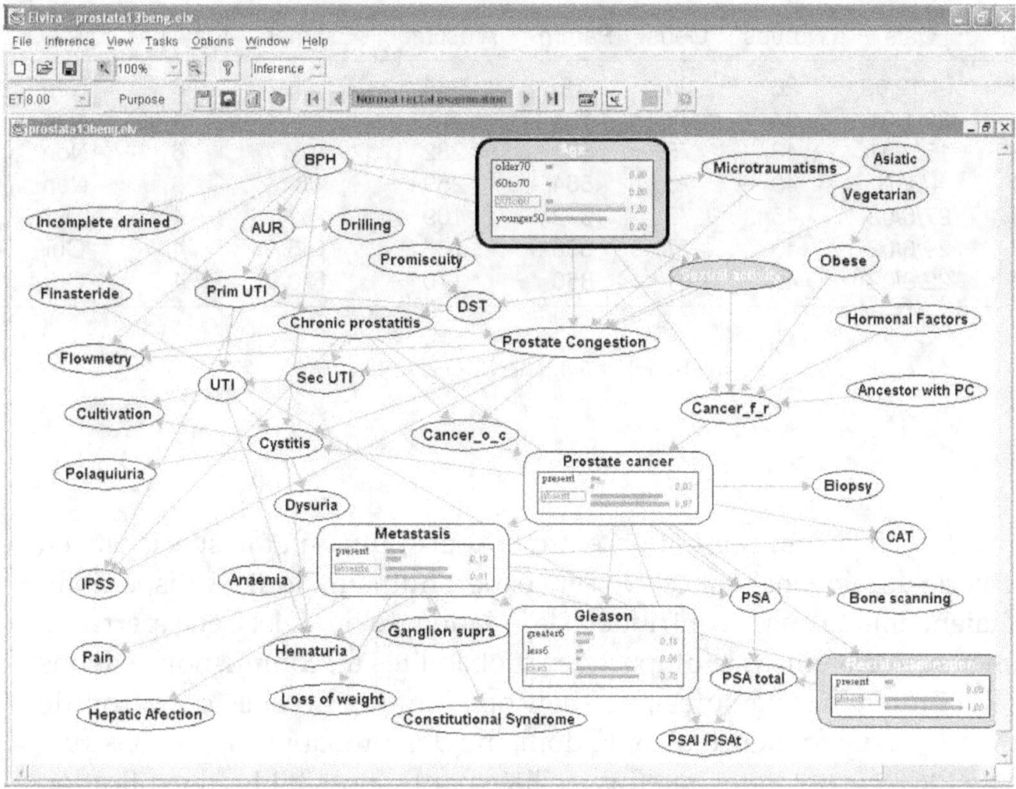

FIG. 14.6 *Le réseau bayésien* PROSTANET

de construction des modèles : en principe, ils peuvent être construits automatiquement à partir de bases de données, mais en pratique, les bases de données médicales ne sont pas de qualité suffisante et les algorithmes d'apprentissage ne parviennent pas à établir des modèles précis à partir de celles-ci. De plus, les modèles construits automatiquement ne sont pas causaux, ce qui les rend difficilement acceptables pour les experts humains. En conséquence, la manière usuelle de construction d'un réseau bayésien médical consiste à établir un graphe causal modélisant la connaissance experte, puis à obtenir les probabilités conditionnelles à partir des bases de données, de la littérature, ou d'évaluations subjectives. Malheureusement, il n'y a aujourd'hui aucune méthodologie établie pour ce processus : la construction de réseaux bayésiens médicaux est plus un art qu'une technique.

Nous nous sommes efforcés dans ce chapitre de décrire les étapes du processus de manière détaillée et de donner quelques conseils généraux en matière d'ingénierie de la connaissance. Nous avons illustré la plupart de ces idées à l'aide d'un exemple détaillé : la construction de PROSTANET, un réseau bayésien pour diagnostiquer le cancer de la prostate, construit à l'aide d'un urologue. Les difficultés principales que nous avons rencontrées

Ver.	Date	Nœuds	Liens	Param.	A estimer	Estimés	Max. par	M. C.
1	14/12/00	26	30	1128	564	0	8	Non
2	28/1/01	34	46	184	92	0	4	Non
3	15/2/01	43	75	564	282	0	6	Non
4	4/3/01	43	75	564	259	68	6	Non
5	27/5/02	45	79	812	169	132	4	Oui
6	29/6/02	45	77	836	165	165	4	Oui
7	22/8/02	47	81	850	170	170	4	Oui

TAB. 14.1 *Versions de* PROSTANET

ont été liées à la communication entre l'expert humain et le spécialiste en ingénierie de la connaissance. Un seul expert humain, dont les disponibilités étaient limitées, a pu contribuer à la création du modèle. Cet expert a dû estimer subjectivement la plupart des probabilités et, comme nous l'avons dit, il a eu tendance à surestimer bon nombre d'entre elles en raison de son manque d'expérience dans le domaine des probabilités. La construction de PROSTANET a été toutefois facilitée par les possibilités d'explication d'Elvira, notamment parce que celles-ci ont permis d'identifier rapidement les paramètres erronés. Le processus complet a nécessité énormément de temps. La construction du graphe causal a duré environ un an. Il serait par conséquent très utile de disposer d'outils facilitant la construction manuelle de réseaux bayésiens, en particulier en ce qui concerne l'estimation subjective de probabilités. De ce point de vue, Elvira constitue un puissant support de dialogue entre le modélisateur et l'expert, mais de nombreuses améliorations restent à apporter.

Quatrième partie

Annexes

Annexe A

Théorie des graphes

L'idée de base de la théorie des graphes est de proposer un outil de manipulation et d'étude d'un ensemble fini sur lequel est définie une relation binaire, quelle que soit cette relation. Bien que cette théorie soit bien développée, la terminologie est plutôt fluide. On se référera à [Ber58], [Ber73] et [Gol80]. Cependant, le domaine des réseaux bayésiens contraint certaines caractéristiques des graphes qu'il utilise. Par exemple, dans ces graphes, un élément ne sera jamais en relation avec lui-même. C'est pourquoi les définitions que l'on donnera ici sont plus proches des définitions données par [CDLS99] et [Mee97] que de celles des livres cités ci-dessus.

A.1 Définitions générales

La théorie des graphes se donne donc pour objectif d'étudier de manière abstraite un type de structure d'ensemble qui ne dépend que d'une relation binaire entre ses éléments. Les graphes peuvent alors être interprétés comme une description des relations entre paires d'éléments. Il peut être ainsi tout autant question d'étudier l'ensemble des villes de France reliées par autoroute (deux villes sont liées s'il existe une autoroute pour aller de l'une à l'autre) que d'analyser le comportement d'un automate (deux états possibles de l'automate sont liés si l'automate est capable de passer du premier au second).

Le caractère abstrait d'une telle description permet à cette théorie d'avoir des champs d'application extrêmement vastes et variés. De plus, elle peut facilement être généralisée à des relations entre ensembles d'éléments (hypergraphe).

▶ **DÉFINITION A.1 (GRAPHE)**
Soit $V = \{v_1, \ldots, v_n\}$ un ensemble fini non vide. Un graphe G sur V est défini par la donnée du couple

$$G = (V, E) \text{ où } E \subset \{(u, v) \,\|\, u, v \in V \text{ et } u \neq v\}^1$$

V est alors nommé l'ensemble des nœuds de G.

On peut considérer E comme la description par extension de la relation binaire citée plus haut. Cette définition a l'avantage de ne présupposer que le minimum sur la relation : on lui interdit seulement d'être réflexive.

Plus particulièrement, il est à noter que cette relation n'a pas à être symétrique : les paires sont ordonnées de sorte que $(u, v) \neq (v, u)$. La définition A.1 se spécialise donc naturellement en plusieurs notions différentes où l'on précisera, par exemple, le respect de la symétrie ou de l'antisymétrie. Les distinctions fondamentales entre types de graphes dépendent de la nature exacte des éléments de E.

▶ **DÉFINITION A.2 (ARÊTE ET ARC)**
Soit un graphe $G = (V, E)$. Pour tout élément $(u, v) \in E$,
- *(u, v) est une arête (noté $(u\!-\!v)$) si et seulement si $(v, u) \in E$,*
- *(u, v) est un arc (noté $(u\!\rightarrow\!v)$) si et seulement si $(v, u) \notin E$.*

La notion d'orientation a beaucoup d'importance pour ces définitions. Dans un arc, les deux éléments de V ne jouent pas le même rôle alors que dans une arête, ces éléments sont symétriques.

EXEMPLE A.1 Pour reprendre les exemples cités plus haut, la relation entre les villes reliées par autoroute est clairement symétrique : les éléments de E dans ce cas, seront bien des arêtes de type (Paris—Lille) ; alors que dans le cas de l'automate, ce n'est pas parce que celui-ci peut passer de l'état A à l'état B qu'il pourra passer de B à A. Les éléments de E seront donc ici des arcs de type ($\text{Etat}_A \rightarrow \text{Etat}_B$).

Cette différenciation entre types d'éléments de E permet alors de définir les sous-types principaux de graphe :

---

[1]Certaines définitions acceptent (u, u) dans E. Elles se réfèrent alors à notre définition de graphe comme à celle de *graphe simple*. De même, ces définitions peuvent inclure la possibilité d'existence de plusieurs paires (u, v) identiques dans E. Il ne sera question par la suite que de graphes simples n'autorisant qu'une occurrence de chaque paire (u, v) dans E.

➤ DÉFINITION A.3 (GRAPHES ORIENTÉS, NON ORIENTÉS, MIXTES)
Un graphe G = (V, E) *est un graphe orienté (noté $\overrightarrow{G}$) si et seulement si tous les éléments de* E *sont des arcs.*

De même, G *est un graphe non orienté (noté $\overline{G}$) si et seulement si tous les éléments de* E *sont des arêtes. Un graphe mixte est un graphe ni orienté, ni non orienté[2].*

NOTE A.2 De telles définitions de E ainsi que des arcs et des arêtes permettent de définir et de manipuler simplement, de manière homogène les graphes orientés, non orientés et mixtes. Elles posent cependant un problème souvent éludé mais qui mérite ici d'être posé. Dans E défini comme plus haut, un arc apparaît une fois $((u{\rightarrow}v))$ alors qu'une arête apparaît deux fois $((u{-}v)$ et $(v{-}u))$. Ce qui implique, par exemple, que le nombre de paires d'éléments de V reliés dans le graphe n'est pas le cardinal de E. Pour être mathématiquement correct, il faudrait définir la relation d'équivalence sur E : $(a, b) \bowtie (c, d) \Leftrightarrow \big[(a, b) = (c, d)$ ou $(a, b) = (d, c)\big]$ et utiliser l'ensemble-quotient $E_{|\bowtie}$ plutôt que E. On retrouverait alors que le cardinal de $E_{|\bowtie}$ est le nombre de paires d'éléments de V liés dans G. On confond souvent (implicitement) E et $E_{|\bowtie}$. On le fera ici aussi, mais explicitement.

Un graphe G peut être désorienté (noté $\widetilde{G}$) en remplaçant tous ses arcs par les arêtes correspondantes. La figure A.3 page 342 est le graphe désorienté du graphe de la figure A.2 ci-après. Le graphe désorienté représente la fermeture symétrique de la relation sous-jacente au graphe initial.

Une relation symétrique (par exemple une relation d'équivalence) entre les éléments de V sera donc représentée par un graphe non orienté alors qu'une relation anti-symétrique (par exemple une relation d'ordre partiel) le sera par un graphe orienté. Plus précisément, le rapport entre relation d'ordre et graphe orienté peut être formalisé comme suit :

➤ DÉFINITION A.4 (ORDRE COMPATIBLE)
Soit un ordre partiel $\prec$ *sur* V, $\prec$ *est dit ordre compatible topologiquement avec* $\overrightarrow{G} = (V, E)$ *lorsque* $\forall (u{\rightarrow}v) \in E, u \prec v.$

Cette définition peut être utile dans les deux sens : on note $\overrightarrow{\mathcal{G}}_\prec$ l'ensemble des graphes orientés sur V avec lesquels $\prec$ est compatible. Réciproquement, on peut définir l'ensemble des relations d'ordre total sur V compatibles avec $\overrightarrow{G}$. Sous certaines conditions décrites dans l'exemple A.4 page 341, l'algorithme A.1 ci-après retrouve un ordre total (dit topologique) compatible avec la structure d'un graphe $\overrightarrow{G}$.

Les deux sous-sections suivantes définissent des notions et des terminologies qui présentent un certain parallélisme pour les graphes orientés puis pour les graphes non orientés (ou mixtes).

---

[2] Même si les notations $\overrightarrow{G}$ et $\overline{G}$ ont le mérite d'expliciter le type du graphe, elles ont le défaut d'alourdir la notation. Il est donc possible que l'on note le graphe G, qu'il soit orienté, mixte ou non orienté. Les notations « lourdes » ne seront utilisées que lorsqu'elles seront indispensables.

```
OrdTopo
  1  Debut
  2      ∀v ∈ V, #v ← 0
  3      Pour i ← 1 ↗ |V| Faire
  4          Choisir v ∈ {v ‖ (#v = 0) ∧ (∀ (u→v) , #u ≠ 0)}
  5          #v ← i
  6  Fin
```

FIG. A.1 *Recherche d'un ordre topologique sur le graphe orienté* $G = (V, E)$

A.2 Notions orientées

Soit un graphe $\vec{G} = (V, E)$, pour tout arc $(u{\rightarrow}v) \in E$, u est l'*origine* de l'arc, v est son *extrémité*. u est alors un *parent* (ou *prédécesseur*) de v ; v est l'*enfant* (ou *successeur*) de u. On notera Π_v l'ensemble des parents de v et Ξ_u l'ensemble des enfants de u. On définit de même l'ensemble des parents ou des enfants d'un sous-ensemble A de V :

- $\Pi_v = \{u \in V \,\|\, (u{\rightarrow}v) \in E\}$;
- $\Pi_A = \{u \in V \setminus A \,\|\, \exists u \in A, (u{\rightarrow}v) \in E\}$;
- $\Xi_u = \{v \in V \,\|\, (u{\rightarrow}v) \in E\}$;
- $\Xi_A = \{v \in V \setminus A \,\|\, \exists v \in A, (u{\rightarrow}v) \in E\}$.

Une *racine* d'un graphe est un nœud sans parent. Une *feuille* est un nœud sans enfant.

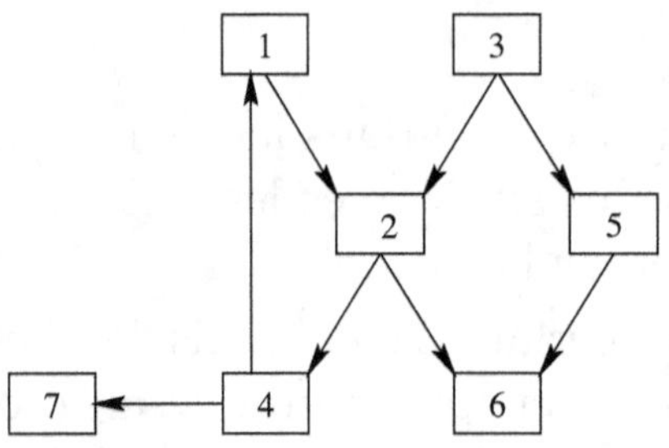

FIG. A.2 *Représentation d'un graphe orienté*

EXEMPLE A.3 Dans la figure A.2 ,
- $\vec{G} = \{\{1, \ldots, 7\}, \{(1,2), (2,4), (2,6), (3,2), (3,5), (4,1), (4,7), (5,6)\}\}$;
- $\Pi_2 = \{1, 3\}$;

- $\Xi_2 = \{4, 6\}$;
- $\Pi_{\{1,2,5\}} = \{4, 3\}$;
- 3 est une racine ;
- 7 est une feuille.

➤ DÉFINITION A.5 (CHEMIN, CIRCUIT)

Dans un graphe orienté $\overrightarrow{G} = (V, E)$, un chemin est une séquence d'arcs $(e_i)_{i \in \{1...p\}}$ vérifiant la propriété suivante : l'origine de tout arc e_i est l'extrémité de l'arc e_{i-1} précédant dans la séquence.

Un circuit est un chemin dont l'extrémité du dernier arc est l'origine du premier.

Un *chemin simple* est un chemin dans lequel aucun arc n'apparaît plus d'une fois. Un *chemin élémentaire* est un chemin dans lequel aucun nœud n'apparaît plus d'une fois.

EXEMPLE A.4 Dans la figure A.2 page précédente,
- $\{(3, 2), (2, 4), (4, 7)\}$ est un chemin (simple) ;
- $\{(1, 2), (2, 4), (4, 1)\}$ est un circuit. Parce qu'il existe au moins un circuit dans $\overrightarrow{G}$, il n'existe pas de relation d'ordre topologiquement compatible avec $\overrightarrow{G}$.

Enfin, il faut définir les notions de *descendants*, d'*ascendants* (ou d'*ancêtres* et de *non-descendants*) d'un nœud :

- $\mathrm{desc}(v) = \{u \in V \| \text{il existe un chemin de } v \text{ vers } u\}$.
  On construit itérativement $\mathrm{desc}(v)$ en utilisant la propriété suivante :
  $$\mathrm{desc}(v) = \cup_{u \in \mathrm{desc}(v)} (\Xi_u).$$
- $\mathrm{anc}(v) = \{u \in V \| \text{il existe un chemin de } u \text{ vers } v\}$.
  De même, itérativement :
  $$\mathrm{anc}(v) = \cup_{u \in \mathrm{anc}(v)} (\Pi_u).$$
- $\mathrm{nd}(v) = \{u \in V \| \text{il n'existe pas de chemin de } v \text{ vers } u\}$
  $= V \setminus (\{v\} \cup \mathrm{desc}(v))$

A.3 Notions non orientées

Il faut noter tout d'abord que, étrangement, les notions non orientées ne s'appliquent pas simplement aux graphes non orientés. En effet, elles sont valables pour tout élément de E (que cet élément soit un arc ou une arête). C'est pourquoi on utilisera dans cette section la notation $(u \leftrightarrow v)$ indiquant que (u, v) ou/et (v, u) est dans E [3].

---

[3] $(u \leftrightarrow v) \iff ((u \rightarrow v) \vee (v \rightarrow u) \vee (u - v))$

Malheureusement, par un abus de langage, $(u{\leftrightarrow}v)$ est appelé également une arête. Pour expliquer cette terminologie, on peut, par exemple, considérer que, pour un graphe G, $(u{\leftrightarrow}v)$ indique la présence d'une arête $(u{-}v)$ dans le graphe « désorienté » correspondant à $\widetilde{G}$.

Soit un graphe $G = (V, E)$ quelconque, pour tout $(u{\leftrightarrow}v)$, u et v sont les *sommets* de l'arête $(u{\leftrightarrow}v)$. On dit alors que u et v sont des *nœuds adjacents*. Un *nœud pendant* est un nœud qui n'est sommet que d'une seule arête.

On notera $\vartheta_u = \{v \in V \| (u{\leftrightarrow}v) \in E\}$ le *voisinage* du nœud u. De même, $\forall A \subset V, \vartheta_A = \{v \in V \setminus A \| \exists u \in A, (u{\leftrightarrow}v) \in E\}$.

Le nœud u n'appartient pas à ϑ_u (de même A n'est pas inclus dans ϑ_A). Parfois il est intéressant de pouvoir manipuler la fermeture du voisinage : $\overline{\vartheta_u} = \vartheta_u \cup \{u\}$ et $\overline{\vartheta_A} = \vartheta_A \cup A$.

NOTE A.5 Comme on l'a déjà indiqué plus haut, ces notions non orientées ont un sens dans un graphe $\overrightarrow{G}$ orienté. Particulièrement :
- les sommets d'un arc sont son origine et son extrémité,
- l'origine et l'extrémité de tout arc sont des nœuds adjacents,
- $\forall u \in V, \vartheta_u = \Pi_u \cup \Xi_u$,
- les nœuds pendants sont soit des racines, soit des feuilles.

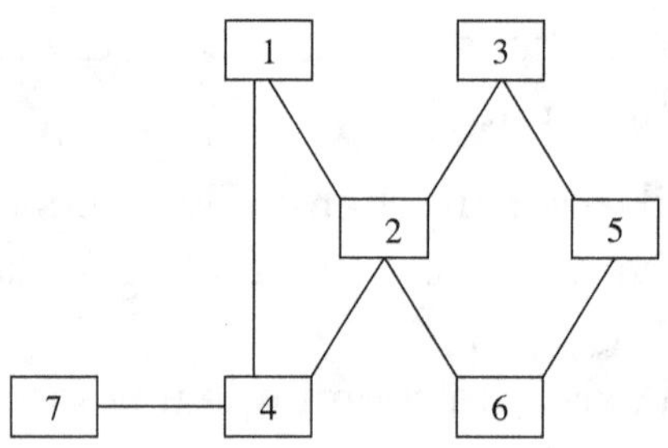

FIG. A.3 *Représentation d'un graphe non orienté*

EXEMPLE A.6 Dans le graphe non orienté de la figure A.3 ,
- $G = \{\{1, \ldots, 7\}, \{(1, 2), (2, 1), (2, 4), (4, 2), \ldots, (5, 6), (6, 5)\}\}$;
- $\vartheta_2 = \{1, 3, 4, 6\}$;
- 7 est pendant.

➡ DÉFINITION A.6 (CHAÎNE, CYCLE)
Dans un graphe quelconque $G = (V, E)$, une chaîne est une séquence d'arêtes $(e_i)_{i \in \{1 \ldots p\}}$ vérifiant la propriété suivante : pour tout $i \in \{2 \ldots p - 1\}$, l'une des extrémités d'une arête e_i est une extrémité de l'arête e_{i-1} précédente ; l'autre extrémité de e_i est une extrémité de l'arc suivant e_{i+1}.

Un cycle est une chaîne dont une extrémité du dernier arc est une extrémité du premier.

NOTE A.7 Un chemin est une chaîne, tout comme un circuit est un cycle. Par contre, dans un graphe orienté, il existe des chaînes qui ne sont pas des chemins (et des cycles qui ne sont pas des circuits). Dans la figure A.2 page 340, $\{(3,2),(2,6),(6,5)\}$ est une chaîne mais pas un chemin.

De même que pour les chemins, une *chaîne simple* est une chaîne dans laquelle aucun arc n'apparaît plus d'une fois. Une *chaîne élémentaire* est une chaîne dans laquelle aucun nœud n'apparaît plus d'une fois.

NOTE A.8 Dans la terminologie anglo-saxonne, *a cycle* représente un circuit. Ce qui pose bien sûr beaucoup de problèmes de traduction. Par exemple, un *DAG* est un *Directed Acyclic Graph* c'est-à-dire un graphe orienté sans circuit, mais avec cycle !

Un chemin, ainsi qu'une chaîne, peut être défini soit par la donnée de la séquence d'arcs/arêtes qui le constitue, soit par celle de la séquence de nœuds qu'il rencontre. Le chemin $\{(1,2),(2,4),(4,3)\}$ peut ainsi s'énoncer plus rapidement par $\{1,2,4,3\}$.

A.4   Typologie et propriétés des graphes

➠ DÉFINITION A.7 (SOUS-GRAPHE ET GRAPHE PARTIEL)
Soit un graphe $G = (V, E)$, $\forall W \subset V, \forall F \subset E$,
- $(W, E \cap W \times W)$ *est un sous-graphe de* G
- (V, F) *est un graphe partiel de* G

Un sous-graphe de G est donc obtenu en supprimant certains nœuds de V (ainsi que les arêtes dont un sommet au moins a été supprimé). Un graphe partiel de G est obtenu en supprimant uniquement certaines arêtes.

➠ DÉFINITION A.8 (CONNEXITÉ, CONNEXITÉ FORTE, GRAPHE COMPLET)
- *connexité : Un graphe* $G = (V, E)$ *est connexe si et seulement si pour tout* $u, v \in V, u \neq v$, *il existe une chaîne entre* u *et* v.
- *connexité forte : Un graphe* G *est fortement connexe si et seulement si pour tout* $u, v \in V, u \neq v$, *il existe un chemin entre* u *et* v.
- *graphe complet : Un graphe* G *est complet si et seulement si* $\forall u, v \in V, u \neq v, (u \leftrightarrow v) \in E$.

La connexité et la complétude sont des notions non orientées alors que la connexité forte nécessite que le graphe soit orienté.

➡ **DÉFINITION A.9 (COMPOSANTE CONNEXE, CLIQUE)**
- *Les composantes connexes d'un graphe sont les sous-graphes connexes maximaux (c'est-à-dire de cardinal maximal).*
- *De même, les cliques d'un graphe sont les sous-graphes complets maximaux.*

Les composantes connexes forment une partition du graphe G, de même que les cliques. Il n'existe pas d'arêtes entre deux nœuds de deux composantes connexes différentes. En revanche, il peut exister des arêtes entre deux nœuds de deux cliques différentes. Un graphe particulier, structure de second niveau, appelé *graphe de jonction* est d'ailleurs défini sur l'ensemble des cliques de G et relie ces deux cliques entre elles s'il existe une telle arête dans G. La figure A.4 représente le graphe de jonction des cliques du graphe de la figure A.3 page 342.

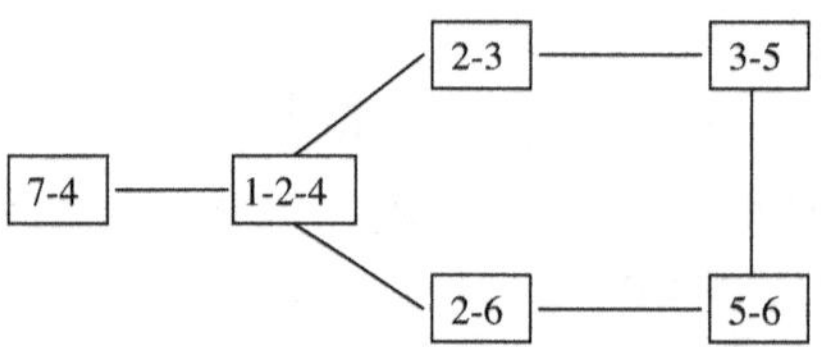

FIG. A.4 *Graphe de jonction de la figure A.3 page 342*

PROPRIÉTÉ A.10
Un graphe est connexe si et seulement s'il n'est composé que d'une composante connexe.

➡ **DÉFINITION A.11 (ARBRE, ARBORESCENCE)**
Un graphe G = (V, E) est un arbre si et seulement s'il est connexe et sans cycle.

Un graphe G est une arborescence si et seulement si G est un arbre et possède une unique racine.

Une fois de plus, il est à noter qu'un arbre est un graphe non nécessairement orienté alors qu'une arborescence implique que G soit orienté.

Une *forêt* est un graphe dont toutes les composantes connexes sont des arbres. Ce qui montre la limite de la terminologie puisque, en théorie des graphes, un arbre (même partiel) est une forêt.

Enfin, les arborescences possèdent une série de propriétés qu'il est intéressant de connaître (voir les références, entre autres [Ber73], pour les démonstrations).

THÉORÈME A.1

Pour tout graphe $G = (V, E)$*, les propositions suivantes sont équivalentes :*

① G *est un arbre.*

② G *est un graphe connexe, sans cycle.*

③ G *est connexe et* $|E| = |V| - 1$*.*

④ G *est connexe et minimal pour* $|E|$*.*

⑤ G *est sans cycle et* $|E| = |V| - 1$*.*

⑥ G *est sans cycle et maximal pour* $|E|$*.*

⑦ $\forall u, v \in V$*, il existe une et une chaîne de* u *à* v*.*

⑧ *Tout graphe partiel de* G *est non connexe.*

Les notions de théorie des graphes présentées ci-dessus sont suffisantes pour la description qualitative des connaissances dans un réseau bayésien. Pour la description quantitative de ces connaissances, il est maintenant nécessaire de définir les concepts principaux de la théorie des probabilités.

Annexe B

Probabilités

Le domaine des réseaux bayésiens a comme particularité d'allier deux champs différents des mathématiques dans le but de représenter l'incertitude : la théorie des graphes, d'une part, qui fournit le cadre nécessaire pour une modélisation qualitative des connaissances ; et la théorie des probabilités, d'autre part, qui permet d'introduire une information quantitative dans ces connaissances.

B.1   Probabilités

La théorie des probabilités propose un cadre mathématique pour représenter quantitativement l'incertain. La présentation qui est faite ici est forcément tronquée puisque orientée vers son utilisation dans le domaine des réseaux bayésiens. En particulier, l'espace sur lequel seront définies les probabilités restera discret et fini. Ce n'est bien sûr pas le cas général mais c'est suffisant pour ce qui suit.

B.1.1 Définitions principales

➡ DÉFINITION B.1 (PROBABILITÉ)
Soit Ω un ensemble fini[1] non vide, $(\mathcal{E}, \cap, \cup)$ une algèbre sur Ω ($\mathcal{E} \subset 2^{\Omega}$, l'ensemble des parties de Ω). Soit $P : \mathcal{E} \longrightarrow [0, 1]$ une fonction à valeurs réelles.

P est une probabilité sur $(\Omega, \mathcal{E})$ si et seulement si elle vérifie :

① *$\forall \mathcal{A} \in \mathcal{E}, 0 \leq P(\mathcal{A}) \leq 1$;*

② *$\forall \mathcal{A}, \mathcal{B} \in \mathcal{E}, \left[\mathcal{A} \cap \mathcal{B} = \emptyset \right] \Rightarrow P(\mathcal{A} \cup \mathcal{B}) = P(\mathcal{A}) + P(\mathcal{B})$. $\mathcal{A}$ et $\mathcal{B}$ sont alors dits mutuellement exclusifs ;*

③ *$P(\Omega) = 1$ (et donc $P(\emptyset) = 0$).*

Tout élément (non nul) minimal au sens de l'inclusion de $\mathcal{E}$ est appelé un *événement élémentaire* sur Ω qu'on nomme souvent l'*univers*. Il est à noter qu'un *événement* sur Ω est une sous-partie de Ω. Un événement (modification de l'univers) est donc en fait représenté par l'ensemble des états de l'univers auxquels il peut mener. Ω est appelé l'*événement certain*. De même, on appellera $\emptyset$ l'*événement impossible*.

EXEMPLE B.1 Si Ω représente un jeu de carte,
- l'événement « tirer l'As de pique » est représenté par le singleton {As de pique},
- « tirer un as » sera représenté par le sous-ensemble de Ω composé des quatre as du jeu ;
- « tirer l'une des cartes du jeu » est l'événement certain lorsqu'on tire une carte dans un jeu. Cet événement est bien représenté par l'ensemble des cartes possibles ;
- « ne tirer aucune carte » ($\emptyset$) est l'événement impossible lorsque l'on tire une carte.

➡ DÉFINITION B.2 (VARIABLE ALÉATOIRE (V.A.))
Une variable aléatoire est une fonction X définie sur Ω :

$$X : \left| \begin{array}{ccc} \Omega & \longrightarrow & \mathcal{D}_X \\ \omega & \longmapsto & X(\omega) \end{array} \right.$$

Pour $x \in \mathcal{D}_X$, on note alors $\{X = x\}$ l'événement $\{ \omega \in \Omega \mid X(\omega) = x \}$.

$\mathcal{D}_X$ est le domaine de définition de X.

Une variable aléatoire permet de caractériser des événements (qui sont des sous-ensembles d'événements élémentaires) par une simple valeur. Si le domaine de définition de la variable X est fini, alors X est une *variable aléatoire discrète*. Comme cette étude se restreint à un Ω fini, les variables aléatoires seront donc toujours considérées comme discrètes. De plus, on parle de *variable aléatoire binaire* lorsque le domaine de définition de la variable ne possède que deux éléments (« 0/1 », « oui/non », etc.).

---

[1] Rappelons que l'on peut définir une probabilité sur des ensembles infinis. Toutefois, il ne sera question que d'ensembles finis dans le cadre de cette présentation.

EXEMPLE B.2 Pour étudier la distribution de probabilité de la somme du tirage de deux dés, il suffit de définir une variable aléatoire représentant cette somme, ce qui permet de manipuler beaucoup plus facilement les événements correspondants (voir le tableau B.1).

$\mathcal{D}_X$	$\dots 1$	2	3	4	5	6	7	8	9	10	11	12	$13 \dots$
$\{X = x\}$	$\emptyset$	$(1,1)$	$(1,2)$ $(2,1)$	$(1,3)$ $(2,2)$ $(3,1)$	$(1,4)$ $(2,3)$ $(3,2)$ $(4,1)$	$(1,5)$ $(2,4)$ $(3,3)$ $(4,2)$ $(5,1)$	$(1,6)$ $(2,5)$ $(3,4)$ $(4,3)$ $(5,2)$ $(6,1)$	$(2,6)$ $(3,5)$ $(4,4)$ $(5,3)$ $(6,2)$	$(3,6)$ $(4,5)$ $(5,4)$ $(6,3)$	$(4,6)$ $(5,5)$ $(6,4)$	$(5,6)$ $(6,5)$	$(6,6)$	$\emptyset$
$P(\{X = x\})$	0	$\frac{1}{36}$	$\frac{1}{18}$	$\frac{1}{12}$	$\frac{1}{9}$	$\frac{5}{36}$	$\frac{1}{6}$	$\frac{5}{36}$	$\frac{1}{9}$	$\frac{1}{12}$	$\frac{2}{18}$	$\frac{1}{36}$	0

TAB. B.1 *Distribution des événements élémentaires en fonction d'une v.a.*

Pour la suite, on suivra la notation suivante : une variable aléatoire sera représentée par une majuscule (A, B, ...). La valeur que prend cette variable aléatoire sera notée par la même lettre mais minuscule ($a \in \mathcal{D}_A$, $b \in \mathcal{D}_B$, $c \in \mathcal{D}_C$, ...). Enfin, quand aucune ambiguïté ne sera possible, on simplifiera au maximum la notation un peu lourde de l'événement représenté par $\{A = a\}$; de telle façon que : $P(\{A = a\}) = P(A = a) = P(a)$.

Pour terminer, il est certainement intéressant de noter la différence entre :
- $P(\mathcal{A})$ qui est la probabilité associée à l'événement $\mathcal{A} \subset \Omega$;
- $P(\{A = a\}) = P(A = a) = P(a)$ qui est la probabilité associée à l'événement $\{A = a\}$;
- $P(A)$ qui est une fonction qui associe à tout élément $a \in \mathcal{D}_A$ la valeur de probabilité de l'événement $P(A = a)$.

B.1.2 Probabilités sur plusieurs variables

Une variable aléatoire est donc un moyen pour condenser une information pertinente sur un univers. Cependant, il faut souvent plus d'une variable aléatoire pour caractériser précisément l'état de l'univers. Pour reprendre l'exemple du tirage de deux dés, la somme des deux tirages est une information intéressante, mais la valeur de chacun des deux tirages est une autre information qui peut s'avérer nécessaire. L'étape suivante est bien sûr d'avoir le moyen de croiser ces différentes sources d'information.

▶ Probabilités jointes

Soit un système (un univers) Ω ; il est pratique de décrire ce système grâce à un ensemble de paramètres qui permet de le caractériser à tout moment. Par exemple, la connaissance de la position, de la vitesse et de l'accélération d'un système mécanique permet de décrire sa trajectoire. Si le système est déterministe, on connaît exactement la valeur de chacun de ces paramètres ; par contre, si le système est probabiliste, il faut tenter de lui adjoindre une probabilité sur ces différentes variables qui permettra de le décrire.

➠ DÉFINITION B.3 (PROBABILITÉS JOINTES)
Soient A et B deux variables aléatoires sur le même univers Ω. On parle alors de probabilité pour la fonction définie sur $\mathcal{D}_A \times \mathcal{D}_B$ par :

$$P_{AB} : \left| \begin{array}{rcl} \mathcal{D}_A \times \mathcal{D}_B & \longrightarrow & [0,1] \\ (a,b) & \longmapsto & P_{AB}(a,b) = P\left(\{A=a\} \cap \{B=b\}\right) \\ & & = P\left(\{\,\omega \in \Omega \mid A(\omega) = a \wedge B(\omega) = b\,\}\right) \end{array} \right. \tag{B.1}$$

Cette définition peut être étendue à tout ensemble fini $U = \{X_1, \ldots, X_n\}$ de variables aléatoires définies sur le même univers Ω.

$$P_U : \left| \begin{array}{rcl} \displaystyle\bigotimes_{i \in \{1,\ldots,n\}} \mathcal{D}_{X_i} & \longrightarrow & [0,1] \\[2ex] u = (x_1, \ldots, x_n) & \longmapsto & P_U(u) = P\left(\displaystyle\bigcap_{i \in \{1,\ldots,n\}} \{X_i = x_i\}\right) \\[2ex] & & = P\left(\left\{\,\omega \in \Omega \mid \displaystyle\bigwedge_{i \in \{1,\ldots,n\}} X_i(\omega) = x_i\right\}\right) \end{array} \right. \tag{B.2}$$

Toutes ces probabilités jointes sont construites à partir de la même fonction de probabilité sur Ω : P. La liste des arguments d'une probabilité jointe est donc suffisante pour la caractériser. C'est pourquoi il est commun de les noter simplement P lorsqu'aucune ambiguïté n'est possible :

$$P_{ABCD}(a,b,c,d) = P(a,b,c,d)$$

Soit U un ensemble fini et non vide de variables aléatoires discrètes sur Ω représentant l'ensemble des paramètres d'un système. U est le *vecteur d'état* du système et $\mathcal{D}_U = \bigotimes_{A \in U} (\mathcal{D}_A)$, le produit cartésien des domaines de définitions de toutes les variables de U, est l'*espace d'états* de U. Enfin, un élément $d \in \mathcal{D}_U$ qui donne une valeur à (ou qui instancie) chacune des variables de U est une *configuration* de U. Une configuration partielle est représentée par l'instanciation d'une partie seulement des variables de U.

Ces notions sont particulièrement importantes dans le domaine des réseaux bayésiens. En effet, c'est à cause de ce produit cartésien des domaines de définitions des variables aléatoires que l'étude probabiliste de systèmes complexes a longtemps été considérée comme impossible en pratique : un produit cartésien d'ensembles représente une croissance exponentielle (explosion combinatoire) de la mémoire et du temps nécessaire pour le manipuler (en fonction du nombre d'ensembles).

▶ Probabilités marginales

Réciproquement, la donnée d'une probabilité jointe d'ensemble de variables permet de retrouver la probabilité jointe de chacun de ses sousensembles. C'est ce qu'on appelle une *probabilité marginale*.

PROPRIÉTÉ B.4 (MARGINALISATION)
Soit U un ensemble fini, non vide de variables aléatoires, $V \subset U$ non vide et $V' = U\backslash V$ et $P(U)$ la probabilité jointe sur les variables de U ; on appelle alors marginalisation de P sur V la fonction :

$$\forall v \in \mathcal{D}_V, P(v) = \sum_{v' \in \mathcal{D}_{V'}} P(v, v') \tag{B.3}$$

Cette fonction correspond à la probabilité jointe des variables de V.

L'opération de marginalisation peut être généralisée à toute fonction f sur un ensemble de variables U. La notation usuelle (voir [Jen96]) pour cette opération est $[f]^{\downarrow V}$ où $V \subset U$. Donc, la propriété B.3 peut s'écrire fonctionnellement :

$$\forall V \subset U, P(V) = [P(U)]^{\downarrow V} = \sum_{v' \in U\backslash V} P(V, v') \tag{B.4}$$

NOTE B.3 Soient, par exemple, deux variables aléatoires T et L dont la probabilité jointe suit le tableau suivant :

$P(l, t)$	l_1	l_2
t_1	0.0578	0.0782
t_2	0.1604	0.0576
t_3	0.5118	0.1342

Par marginalisation, on peut obtenir $P(L = l_1) = P(L = l_1, T = t_1) + P(L = l_1, T = t_2) + P(L = l_1, T = t_3) = 0.73,\ldots$ D'où les deux probabilités marginales :

	l_1	l_2
$P(L)$	0.73	0.27

	t_1	t_2	t_3
$P(T)$	0.136	0.218	0.646

▶ Probabilités conditionnelles

Un concept fondamental en calcul des probabilités, qui permet de tenir compte de l'information, est celui de *probabilité conditionnelle*. Pour un événement ω de l'univers Ω, la valeur $P(\omega)$ est associée au moins implicitement à des conditions de réalisation. Dans l'exemple B.1 page 348, l'événement « tirer un as » ne se produit que si l'on suppose qu'une carte a été tirée. Et c'est bien parce qu'on suppose, dans cet univers Ω, qu'une carte a été tirée que l'événement « ne tirer aucune carte » est l'événement impossible. Dans ce sens, toute probabilité est *conditionnelle* car elle implique un contexte. La question « Quelle est la probabilité de $\mathcal{A}$ » devrait toujours être comprise comme « Étant donné le contexte ϵ, quelle est la probabilité de $\mathcal{A}$? » ; ce qui se note $P(A \mid \epsilon)$.

Soit un univers Ω, $\forall \mathcal{A}, \mathcal{B} \subset \Omega$ ($\mathcal{A}$ et $\mathcal{B}$ sont des événements de Ω), l'expression d'une probabilité conditionnelle de $\mathcal{A}$ par rapport à $\mathcal{B}$ se traduit ainsi par « Étant donné que l'événement $\mathcal{B}$ s'est produit, la probabilité que l'événement $\mathcal{A}$ se produise (ou se soit produit) est x » et s'écrit $P(\mathcal{A} \mid \mathcal{B}) = x$.

L'équivalent, pour des variables aléatoires, s'écrit : $P(a \mid b) = P(A = a \mid B = b) = x$ et se lit « Sur l'ensemble des événements ω vérifiant $B(\omega) = b$, la probabilité pour que $A(\omega) = a$ est x ? ». La fonction $P(A \mid B)$ est donc une fonction de deux variables qui, à tout couple (a, b), associe la valeur $P(a \mid b) = P(A = a \mid B = b)$. Plus généralement, pour toute valeur de b de B, la fonction $P(A \mid b)$ est une probabilité conditionnelle de A, étant donné un événement $B = b$.

EXEMPLE B.4 En notant X la v.a.[2] représentant la somme de deux jets de dés et Y la v.a. représentant la valeur que prend le premier jet, on peut chercher à calculer la probabilité que le premier des deux tirages de dés soit un « 3 », sachant que la somme des deux dés vaut « 10 » : $P(Y = 3 \mid X = 10)$. Ce qui permet, au passage, de montrer qu'un événement possible ($Y = 3$) peut devenir impossible lorsqu'il est conditionné (par $X = 10$).

Reste à lier ces trois probabilités jointes, marginales et conditionnelles :

➡ DÉFINITION B.5 (LOI FONDAMENTALE)

Soient deux variables aléatoires A *et* B *sur le même univers. Pour tout* $a \in \mathcal{D}_A$ *et* $b \in \mathcal{D}_B$, *la probabilité conditionnelle de* $A = a$ *étant donné* $B = b$ *est le nombre* $P(a \mid b)$ *vérifiant :*

$$P(a, b) = P(a \mid b).P(b)$$

ou fonctionnellement, la probabilité conditionnelle de A *étant donné l'événement* $B = b$ *vérifie :*

$$P(A, b) = P(A \mid b).P(b)$$

---

[2] v.a. = variable aléatoire.

NOTE B.5 Si $P(b) = 0$, $P(a \mid b)$ est indéterminée. Cette indétermination n'a toutefois que peu d'incidence car $P(a \mid b).P(b)$ est toujours égale à 0, quelle que soit la valeur donnée à $P(a \mid b)$.

La relation fondamentale se généralise naturellement :

➠ DÉFINITION B.6 (LOI FONDAMENTALE GÉNÉRALISÉE)
Soit un ensemble de variables aléatoires $(A_i)_{i \in \{1,\ldots,n\}}$ *sur le même univers,*

$$
\begin{aligned}
P(a_1, \ldots, a_n) &= P(a_1).P(a_2, \ldots, a_n \mid a_1) \\
&= P(a_1).P(a_2 \mid a_1).P(a_3, \ldots, a_n \mid a_1, a_2) \\
&= \prod_{i=1}^{n} P(a_i \mid a_1, \ldots, a_{i-1})
\end{aligned}
$$

On utilisera parfois la convention $P(X \mid \emptyset) = P(X)$.

NOTE B.6 La factorisation proposée par cette loi fondamentale généralisée n'a pas d'intérêt en termes de complexité algorithmique : on représente une fonction de n variables par n fonctions de 1 jusqu'à n variables. Par exemple, une fonction de n variables binaires nécessite une taille mémoire proportionnelle à 2^n alors que la factorisation, outre le temps de calcul des produits, nécessite une mémoire proportionnelle à $\sum_{i=1}^{n} 2^i = 2^{n+1} - 2$.

Cette définition permet d'arriver naturellement au théorème de Bayes :

THÉORÈME B.1

Si $P(b)$ *est positive alors*

$$
P(a \mid b) = \frac{P(b \mid a).P(a)}{P(b)}
\qquad \text{(Bayes-1)}
$$

Plus généralement,

$$
P(a \mid b, c) = \frac{P(b \mid a, c).P(a \mid c)}{P(b \mid c)}
\qquad \text{(Bayes-2)}
$$

Le théorème de Bayes est plus qu'un théorème opératoire. Il est à la base de tout un pan de la statistique nommée, de manière assez compréhensible, la statistique bayésienne.

Sans entrer dans trop de détails, ce théorème peut en effet s'interpréter comme suit : supposons que l'on s'intéresse à la variable A. Sans plus de renseignements (représenté dans Bayes-2 par C), on peut supposer qu'elle suit une loi de probabilité *a priori* $P(A)$ (resp. $P(A \mid C)$).

Supposons maintenant que B soit observée égale à b. Alors le jugement $P(A)$ doit être révisé, et la loi *a posteriori* de A sachant $B = b$ est obtenue en multipliant $P(A)$ par le coefficient $P(B = b \mid A)/P(B = b)$, où B est fixée à b mais pas A. Cette fonction $P(b \mid A)$ de la variable A est appelée la vraisemblance de A. $P(B = b)$ est fixe et ne sert donc que de coefficient normalisateur. C'est pourquoi on écrit souvent le théorème de Bayes comme suit :

$$
\begin{array}{ccccc}
\textbf{loi } \textit{a posteriori} & \propto & \textbf{loi } \textit{a priori} & \times & \textbf{vraisemblance} \\
P(A \mid B, C) & \propto & P(A \mid C) & \times & P(B \mid A, C)
\end{array}
\qquad \text{(Bayes-3)}
$$

La statistique bayésienne est donc une approche qui tend à autoriser l'application de loi *a priori* sur des quantités inconnues, quitte à effectuer une mise à jour, principalement grâce à cette formule de Bayes, lorsque plus de renseignements auront été récoltés.

B.2   Indépendance conditionnelle

Manipuler des probabilités jointes de plusieurs variables est une tâche ardue qui implique des algorithmes de complexité exponentielle, en fonction du nombre de variables. La simple représentation d'une telle loi jointe demande une taille mémoire exponentielle (voir la note B.6 page précédente). Pour rendre possibles les calculs sur de telles probabilités, il est nécessaire de réduire cette complexité. Cette réduction est rendue possible par l'introduction d'une nouvelle notion : l' *indépendance conditionnelle*.

B.2.1   Définitions

L'indépendance conditionnelle est un concept dont l'importance a été particulièrement soulignée par [Daw79]. Elle s'est imposée naturellement dans le domaine des systèmes experts probabilistes car elle s'interprète qualitativement comme la mise en évidence de relations (non numériques) entre les variables d'un système et permet donc de bâtir directement la structure du modèle en interrogeant les experts.

➡ DÉFINITION B.7 (INDÉPENDANCE CONDITIONNELLE)
Soient un univers Ω et un ensemble V de v.a. sur Ω. Soit $X, Y, Z \subset V$. X est indépendant de Y conditionnellement à Z (noté $X \perp\!\!\!\perp Y \mid Z$) si et seulement si ces ensembles vérifient :

$$
X \perp\!\!\!\perp Y \mid Z \iff
\begin{cases}
\quad P(X \mid Y, Z) = P(X \mid Z) \\
\textit{et} \quad P(Y \mid X, Z) = P(Y \mid Z)
\end{cases}
$$

La notion d'indépendance conditionnelle est une notion qui est définie explicitement à partir d'une probabilité P. C'est pourquoi certains auteurs – tel [Daw79] – utilisent la notation un peu plus lourde : $X \perp\!\!\!\perp Y|Z[P]$.

Un cas particulier d'indépendance conditionnelle est l'indépendance marginale : Z peut être un ensemble vide.

➡ DÉFINITION B.8 (INDÉPENDANCE MARGINALE)

$$X \perp\!\!\!\perp Y \iff \begin{cases} \forall x \in \mathcal{D}_X, P(Y \mid X = x) = p(Y) \\ et \quad \forall y \in \mathcal{D}_Y, P(X \mid Y = y) = p(X) \end{cases}$$

NOTE B.7 Les probabilités conditionnelles sont ici utilisées sans protection. En fait, il faudrait toujours conditionner l'utilisation d'une probabilité conditionnelle par l'assurance de son existence même : « si $\forall y \in \mathcal{D}_Y$ et $\forall z \in \mathcal{D}_Z$, $P(y, z) > 0$ alors on peut utiliser $P(X \mid Y, Z)$ ».

La définition B.7 page précédente de l'indépendance conditionnelle revient à dire que, pour la connaissance de X (resp. Y), la connaissance de la valeur que prend Y (resp. X) n'apporte rien si on connaît déjà la valeur que prend Z. Toute l'information que Y peut apporter sur X est contenue dans l'information que Z peut apporter. L'indépendance marginale indique que Y ne peut apporter aucune information sur X (et réciproquement). Ces relations sont symétriques : X et Y tiennent exactement le même rôle.

La relation d'indépendance conditionnelle entraîne une série de simplifications dans l'écriture des probabilités des variables de X,Y et Z. Ainsi : $\forall X, Y, Z \subset V$,

$$X \perp\!\!\!\perp Y|Z \iff \exists F \text{ telle que } P(X \mid Y, Z) = F(X, Z) \tag{B.5}$$

$$\iff \exists G \text{ telle que } P(Y \mid X, Z) = G(Y, Z) \tag{B.6}$$

$$\iff \exists F, G \text{ telles que } P(X, Y \mid Z) = F(X, Z).G(Y, Z) \tag{B.7}$$

La définition B.5 indique que la probabilité de X conditionnellement à Y et Z est une fonction ne dépendant pas de Y. La suivante (B.6) est la symétrique de la première. La dernière (B.7) propose, elle, une factorisation de la probabilité jointe de X et Y conditionnellement à Z. On remplace ici un produit par une somme : en supposant toute les variables binaires, la représentation de $P(X, Y \mid Z)$ demande une taille mémoire proportionnelle à $2^{|X|}.2^{|Y|}.2^{|Z|}$, alors que la représentation de $P(X, Z).G(Y, Z)$ ne demande qu'une taille mémoire proportionnelle à $\left(2^{|X|} + 2^{|Y|}\right).2^{|Z|}$. Le gain en termes de complexité n'est donc pas négligeable.

Enfin, cette indépendance conditionnelle implique des relations entre les différentes probabilités se traduisant par un ensemble de définitions équivalentes à la définition B.7 page 354 :

$$X \perp\!\!\!\perp Y \,|\, Z \iff P(X \,|\, Y, Z) = P(X \,|\, Z) \tag{B.8}$$

$$\iff P(X, Y \,|\, Z) = P(X \,|\, Z).P(Y \,|\, Z) \tag{B.9}$$

$$\iff P(X, Y, Z) = P(X \,|\, Z).P(Y \,|\, Z).P(Z) \tag{B.10}$$

EXEMPLE B.8 *Dans la population française, quelle est la relation entre la variable « aptitude à la lecture » et la variable « pointure » ?*

Même si la réponse « instinctive » à cette question est l'indépendance marginale entre ces deux variables, on peut cependant remarquer que la pointure (particulièrement si elle est petite) est un indicateur de l'âge de l'individu et donc, dans une certaine mesure, de son aptitude à lire. D'où :

$$\text{« Aptitude à la lecture »} \not\!\perp\!\!\!\perp \text{« pointure »}$$

$$\text{mais}$$

$$\text{« Aptitude à la lecture »} \perp\!\!\!\perp \text{« pointure »} \,|\, \text{« âge »}$$

La relation entre indépendance conditionnelle et factorisation de la loi va jouer par la suite un grand rôle dans la réduction de la complexité d'une représentation de loi jointe. En effet, la représentation de $P(X \,|\, Y, Z)$ demande une taille mémoire proportionnelle à $2^{|X|}.2^{|Y|}.2^{|Z|}$, alors que la représentation de $P(X \,|\, Y)$ ne demande qu'une taille mémoire proportionnelle à $2^{|X|}.2^{|Y|}$.

Plus généralement, supposons une loi jointe $P(X_1, \ldots, X_n)$. Cette loi jointe peut s'écrire par définition des probabilités conditionnelles (et sous réserve de positivité) :

$$P(X_1, \ldots, X_n) = \prod_{i=1}^{n} \left(P(X_i \,|\, X_1, \ldots, X_{i-1}) \right)$$

Comme il a déjà été dit plus haut, cette factorisation n'est pas très intéressante du point de vue de la complexité. En revanche, s'il est possible de simplifier chaque probabilité $P(X_i \,|\, X_1, \ldots, X_{i-1})$ grâce à des indépendances conditionnelles, la complexité du calcul de la loi jointe peut être grandement améliorée :

THÉORÈME B.2

$$\forall i, V_i \subset \{X_1, \ldots, X_{i-1}\} \text{ tel que } X_i \perp\!\!\!\perp (\{X_1, \ldots, X_{i-1}\} \setminus V_i) \,|\, V_i,$$

$$P(X_1, \ldots, X_n) = \prod_{i=1}^{n} P(X_i \,|\, V_i)$$

B.2.2   Propriétés

La relation ternaire d'indépendance conditionnelle vérifie les propriétés suivantes :

Si $X \perp\!\!\!\perp Y \mid Z$		alors $Y \perp\!\!\!\perp X \mid Z$	(P1)
Si $X \perp\!\!\!\perp Y \mid Z$ et $\exists F, U = F(X)$	alors $U \perp\!\!\!\perp Y \mid Z$		(P2)
Si $X \perp\!\!\!\perp Y \mid Z$ et $\exists F, U = F(X)$	alors $X \perp\!\!\!\perp Y \mid Z, U$		(P3)
Si $X \perp\!\!\!\perp Y \mid Z$ et $X \perp\!\!\!\perp W \mid Y, Z$	alors $X \perp\!\!\!\perp Y, W \mid Z$		(P4)

[Lau96] propose une formulation textuelle intuitive de ces propriétés. En pensant en termes d'information, de connaissance, on peut lire $X \perp\!\!\!\perp Y \mid Z$ comme « Connaissant Z, la connaissance de Y n'apporte rien sur X ». [Lau96] adopte l'analogie des livres : « Ayant lu Z, lire le livre Y n'apporte rien de plus sur le livre X ». Dans ce cadre, les propriétés précédentes peuvent être lues comme suit :

Si, ayant lu Z, la lecture de Y n'apporte rien sur le livre X, alors la lecture de X n'apporte rien sur le livre Y.	(P1)
Si, ayant lu Z, la lecture de Y n'apporte rien sur le livre X, alors la lecture de Y n'apporte rien pour la lecture d'un chapitre de X.	(P2)
Si, ayant lu Z, la lecture de Y n'apporte rien sur le livre X alors la lecture de Y n'apporte toujours rien sur ce même livre X après avoir lu un chapitre de X.	(P3)
Si, ayant lu Z, la lecture de Y n'apporte rien sur le livre X et si, après avoir lu Y, la lecture de W n'apporte rien sur le livre X alors la lecture de Y et de W n'apportera rien sur le livre X.	(P4)

Démonstration

Par exemple, pour (P4) : supposons $X \perp\!\!\!\perp Y \mid Z$ et $X \perp\!\!\!\perp W \mid Y, Z$. Alors,

$$\begin{aligned}
X \perp\!\!\!\perp W \mid Y, Z \Rightarrow P(X, Y, Z, W) &= P(X \mid Y, Z).P(W \mid Y, Z).P(Y, Z) \\
(X \perp\!\!\!\perp Y \mid Z, \text{d'où}) &= P(X \mid Z).P(W \mid Y, Z).P(Y \mid Z).P(Z) \\
&= P(X \mid Z).P(W, Y \mid Z).P(Z) \\
\Rightarrow X \perp\!\!\!\perp Y, W \mid Z
\end{aligned}$$

$\square$

Une autre propriété, qui n'est généralement pas vérifiée, est à noter :

Si $X \perp\!\!\!\perp Y \mid Z, W$ et $X \perp\!\!\!\perp Z \mid Y, W$ alors $X \perp\!\!\!\perp Y, Z \mid W$	(P5)

En particulier, (P5) est invalide s'il existe une liaison déterministe entre Y et Z. Elle est vérifiée, par exemple, dans le cas où la loi $P(X, Y, Z, W)$ est une loi strictement positive.

Annexe C

Outils

Tout comme pour les langages de programmation, comparer des outils est toujours délicat. Il est difficile de faire la part des choses entre l'objectif et le subjectif et les préférences ne sont pas forcément aisées à expliciter. Pour cette raison, et comme il s'avérait que chaque auteur avait une préférence différente, nous avons pris le parti de faire de cette difficulté une force. Les outils présentés ici sont donc tous décrits par l'auteur qui les préfère aux autres. Cette annexe n'a donc pas la prétention d'être exhaustive sur les outils existants mais présente simplement cinq outils utilisés et décrits par ceux qui les utilisent.

C.1 Bayes Net Toolbox (BNT)

C.1.1 Présentation

BNT est une bibliothèque open-source de fonctions Matlab pour la création, l'inférence et l'apprentissage de modèles graphiques dirigés ou non dirigés, disponible sur `http ://bnt.sourceforge.net`. Ce projet a été lancé en 1997 par Kevin Murphy et bénéficie maintenant du soutien de nombreux chercheurs qui y apportent de nouvelles fonctions régulièrement, faisant de BNT un outil précieux pour tous les chercheurs.

C.1.2 Modélisation

BNT met à disposition plusieurs densités de probabilité conditionnelles :

- discret ;
- gaussien (avec parents discrets ou gaussiens) ;
- OU bruités ;
- et d'autres types à titre expérimental (multiplexeur, softmax, réseau de neurones).

Il est aussi possible de rajouter des *a priori* de Dirichlet sur les paramètres des densités de probabilités discrètes, ou de faire du *partage* de paramètres pour que la même densité de probabilité soit associée à plusieurs nœuds du réseau (utile par exemple pour les modèle de Markov cachés ou les réseaux bayésiens dynamiques).

BNT propose aussi quelques fonctions permettant de manipuler des réseaux bayésiens *étendus* tels que :
- les diagrammes d'influence (LIMID) ;
- les modèles graphiques temporels tels que les modèles de Markov cachés (HMM), les filtres de Kalman, les réseaux bayésiens dynamiques (DBN).

C.1.3 Apprentissage

- **Paramètres**
  BNT est capable d'estimer les paramètres d'un réseau bayésien à partir de données complètes (par maximum de vraisemblance ou maximum *a posteriori*) ou de données incomplètes grâce à l'algorithme EM.
- **Structure**
  Concernant l'apprentissage de structure, BNT met à disposition plusieurs fonctions de score comme BIC ou le critère BDe. La recherche exhaustive dans l'espace des DAG est proposée à titre illustratif, ainsi qu'une méthode d'échantillonage dans cet espace.
  Les algorithmes K2 (ordonnancement des nœuds), IC/PC (recherche de causalité) et IC*/PC* (recherche de causalité avec variables latentes) sont aussi disponibles. Un package supplémentaire proposé sur le site français de BNT (`http ://bnt.insa-rouen.fr`) propose un certain nombre d'autres méthodes : MWST (arbre de recouvrement maximal), GS (recherche gloutonne), SEM (EM structurel), TANB (réseau bayésien naïf augmenté par un arbre) et bientôt les algorithmes BN-PC (recherche de causalité) et GES (recherche gloutonne dans l'espace des classes d'équivalence de Markov).

C.1.4 Inférence

Algorithmes d'inférence proposés, aussi bien pour des réseaux bayésiens discrets, gaussiens ou mixtes (conditionnels gaussiens) :
- élimination de variables ;
- arbre de jonction ;
- *quickscore* pour les réseaux de type QMR ;
- algorithme de Pearl exact (pour les polyarbres) ou approché ;
- par échantillonage : *likelihood weighting* et *Gibbs sampling*.

C.2 BayesiaLab

C.2.1 Présentation

BayesiaLab est un produit de Bayesia (`www.bayesia.com`), entreprise française dédiée à l'utilisation des méthodes d'aide à la décision et d'apprentissages issues de l'intelligence artificielle ainsi qu'à leurs applications opérationnelles (industrie, services, finance, etc.).

BayesiaLab se présente comme un laboratoire complet de manipulation et d'étude de réseaux bayésiens. Il est développé en Java, et est actuellement disponible en versions française, anglaise et japonaise. BayesiaLab permet de traiter l'ensemble de la chaîne d'étude de la modélisation d'un système par réseau bayésien : modélisation, apprentissage automatique, analyse, utilisation et déploiement.

C.2.2 Modélisation

BayesiaLab est avant tout un environnement graphique. L'ensemble des outils sont donc des outils interfacés graphiquement soit directement avec la souris (création de nœuds, d'arcs, etc.) soit par l'intermédiaire de boîtes de dialogue (pour la saisie des probabilités par exemple).

Pour la modélisation rapide d'un réseau, BayesiaLab propose beaucoup de raccourcis clavier (N+clic crée un nœud, L+glisser crée un arc, etc.). Il possède également une boîte à outils de positionnement automatique des nœuds (raccourci P) qui facilite grandement la construction de tels réseaux.

Il gère un certain nombre de types de nœuds : nœud variable (label ou intervalle), nœud contrainte pour l'expression de contraintes existant entre

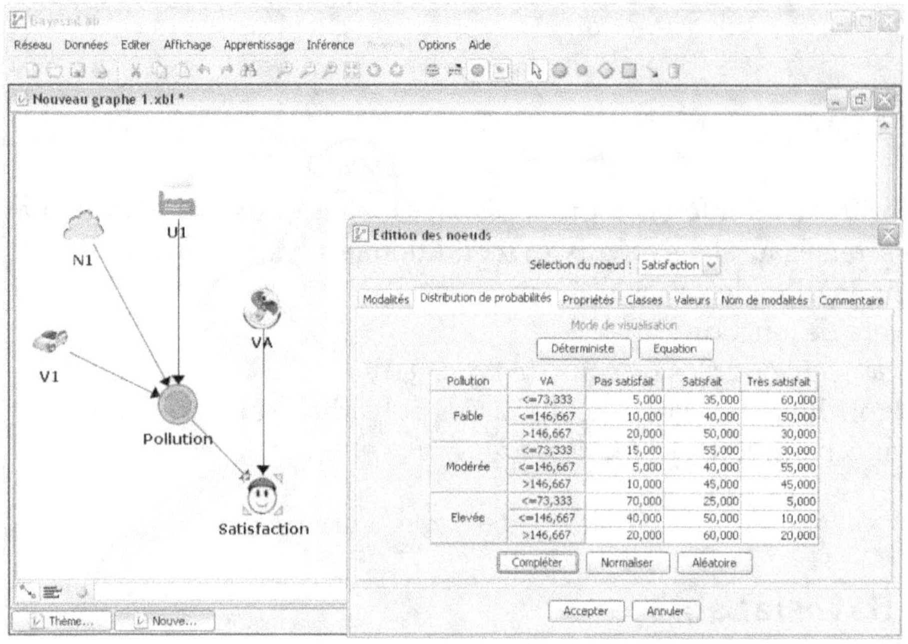

FIG. C.1 *Modélisation et saisie de la TPC sous BayesiaLab*

des nœuds, nœud utilité pour la qualification des états, nœud décision pour les politiques d'actions. Il propose également un éditeur de constantes (réel, entier, booléen, chaîne) utilisables dans les équations.

Pour l'édition des nœuds, il propose :
- des assistants pour la génération et le nommage des nœuds label et intervalle ;
- différents modes de saisie des distributions de probabilités conditionnelles : probabiliste, déterministe et équation ;
- un éditeur de formules puissant doté d'une librairie complète de fonctions et d'opérateurs (fonctions probabilistes discrètes et continues, fonctions arithmétiques et trigonométriques, etc.), extensible par le biais de *plug-ins* ;
- des outils de complétion et de normalisation de tables, copier / coller entre tables et applications externes (type tableur ou traitement de texte) ;
- l'association de propriétés telles qu'une marque de couleur, une image, un indice temporel, un coût d'observation ;
- un éditeur de classes permettant de définir des ensembles de nœuds partageant les mêmes caractéristiques ; un nœud peut appartenir à plusieurs classes et des actions peuvent être réalisées sur l'ensemble

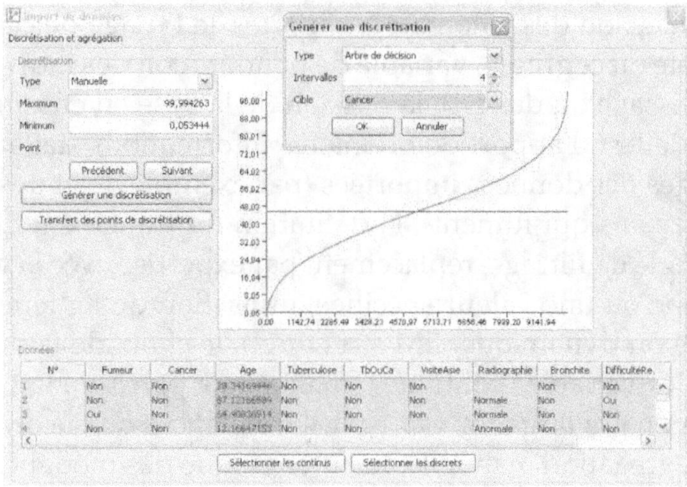

FIG. C.2 *Import de données sous BayesiaLab : discrétisation et agrégation*

des nœuds d'une classe (déplacement, suppression, copie, modification des propriétés, masquage des nœuds) ;
- des valeurs numériques à associer aux modalités des variables (label ou intervalle) pour permettre des calculs de valeurs espérées au niveau de chaque variable et globalement pour l'ensemble du réseau ;
- des noms longs à associer aux modalités des variables (label ou intervalle) ;
- des fonctionnalités de documentation et de traçabilité des modèles par le biais des commentaires hypertextes associés aux nœuds (de tels commentaires peuvent également être associés aux arcs et au graphe).

C.2.3   Apprentissage

L'apprentissage est un des points forts de BayesiaLab. Il utilise des méthodes et des algorithmes qui sont à la pointe de la recherche dans le domaine (les fondateurs de Bayesia étant des chercheurs spécialisés dans l'apprentissage et particulièrement dans l'apprentissage de réseaux bayésiens).

L'apprentissage dans BayesiaLab prend comme entrée un fichier texte ou un lien ODBC décrivant l'ensemble des cas (un cas par ligne ou un cas par colonne). Ce fichier peut intégrer un ensemble de caractères indiquant les valeurs manquantes.

Les assistants d'importation permettent la configuration de la lecture (séparateurs, ligne de titre, valeurs manquantes, transposition), l'échantillonnage, la sélection des colonnes à importer, le typage de ces colonnes (variable discrète ou continue, variable de pondération des individus, individu d'apprentissage ou de test), la scission de la base en ensembles d'apprentissage et de test, l'apport de premières informations statistiques, des règles de filtrages des données importées (par exemple, rejet des jeunes de moins de quinze ans qui fument), la définition du traitement des valeurs manquantes (règle de filtrage, replacement par expertise avec la valeur modale, la moyenne ou une valeur spécifiée, utilisation de l'inférence : complétion statique ou dynamique, EM structurel), le choix de la méthode de discrétisation des variables continues (manuelle à partir de la fonction de répartition, par égales largeurs, par égales fréquences ou encore par arbre de décision), l'agrégation manuelle ou automatique des modalités pour les variables ayant un grand nombre de modalités (par exemple, la CSP). Afin de garder l'ensemble de ces ajustements, il est possible d'enregistrer la base de données associée au réseau avec les différents traitements subis (discrétisations, filtrages ...).

En tant que laboratoire d'étude de réseaux bayésiens, BayesiaLab offre un très large choix dans les algorithmes à utiliser pour exploiter ces données. Il propose :

- La prise en compte de la connaissance experte exprimée sous la forme d'un graphe initial et d'un nombre de cas équivalents, des indices temporels des variables (pas d'ajout d'arc entre du futur vers le passé), des contraintes définies sur les nœuds et les classes.
- Une gestion rigoureuse des valeurs manquantes.
- Une fonction de stratification, ainsi que la prise en compte d'une variable de pondération (coefficient de redressement).
- Une complexité structurelle modifiable (jouant le rôle de seuil de significativité).
- Un apprentissage des paramètres (tables de probabilités).
- La découverte d'associations pour mettre en évidence l'ensemble des relations probabilistes directes présentes dans les données.
  La recherche commence généralement par un graphe non connecté, mais il est également possible de commencer à partir d'une structure initiale (fournie par un expert ou résultant d'un précédent apprentissage). Sauf s'ils sont fixés par l'expert, les arcs pourront alors être remis en cause lors de l'apprentissage. Cinq algorithmes sont proposés : arbre de recouvrement maximal, deux algorithmes de recherche dans les classes d'équivalence, une recherche Taboo dans l'espace des RB et une recherche Taboo dans l'espace des ordres de nœuds.
- La caractérisation probabiliste d'un nœud cible (apprentissage entièrement focalisé sur ce nœud cible). Six algorithmes sont proposés : naïf augmenté ou non, couverture de Markov augmentée ou non, Enfants&Epouses, et couverture de Markov augmentée minimale).

- Un apprentissage semi-supervisé visant à rechercher dépendances probabilistes directes du nœud cible avec des nœuds proches,
- Le clustering des individus pour la création d'une variable latente (c'est-à-dire sans données correspondant dans la base) synthétisant les variables connectées (nombre de modalités spécifié *a priori* ou recherché automatiquement).
- Le clustering des variables pour regrouper les variables proches sémantiquement (visualisation dynamique des groupes avec la couleur des nœuds et un dendrogramme).
- Le clustering multiple appliquant un clustering des individus sur chaque concept identifié par le clustering de variables (synthèse d'une nouvelle variable par concept, création d'un nouveau réseau avec les variables originales et les nouvelles variables latentes, création de la base de données correspondant).
- Des outils de validation pour l'évaluation des modèles obtenus (matrice de confusion, courbe de lift, courbe de gains, courbe Roc, rapport d'analyse de la pureté du clustering et cartographie des clusters obtenus).

C.2.4 Exploitation

Le logiciel gère deux types d'inférence : exacte (basée sur l'arbre de jonction) et une inférence approchée lorsque les réseaux sont de complexité trop grande. L'approximation peut se faire soit par échantillonnage stochastique (*Likelihood Weighting*), soit par inférence exacte sur un graphe simplifié (suppression des relations les plus faibles et causant la plus grande complexité). Pour les réseaux de grande taille, un mode d'inférence exacte basé sur les requêtes est également disponible (relevance reasoning). Ce mode permet, par l'analyse des observations et des nœuds requêtés, de construire l'arbre de jonction minimal.

L'exploitation nécessite la possibilité d'insérer des observations dans le réseau. BayesiaLab permet d'insérer des évidences certaines positives ou négatives (ce nœud a cette valeur ou n'a pas cette valeur), des vraisemblances (une valeur entre 0 et 100 sur chaque modalité), et des distributions de probabilités.

BayesiaLab exploite le réseau bayésien en interactif (à partir d'observations entrées manuellement à partir des « moniteurs » ou automatiquement à partir d'un fichier d'observations) ou en « batch » (effectuer une série d'évaluations de variables à partir d'un fichier d'observations).

① **En mode interactif :**
  - L'affichage des probabilités marginales ainsi que l'insertion des ob-

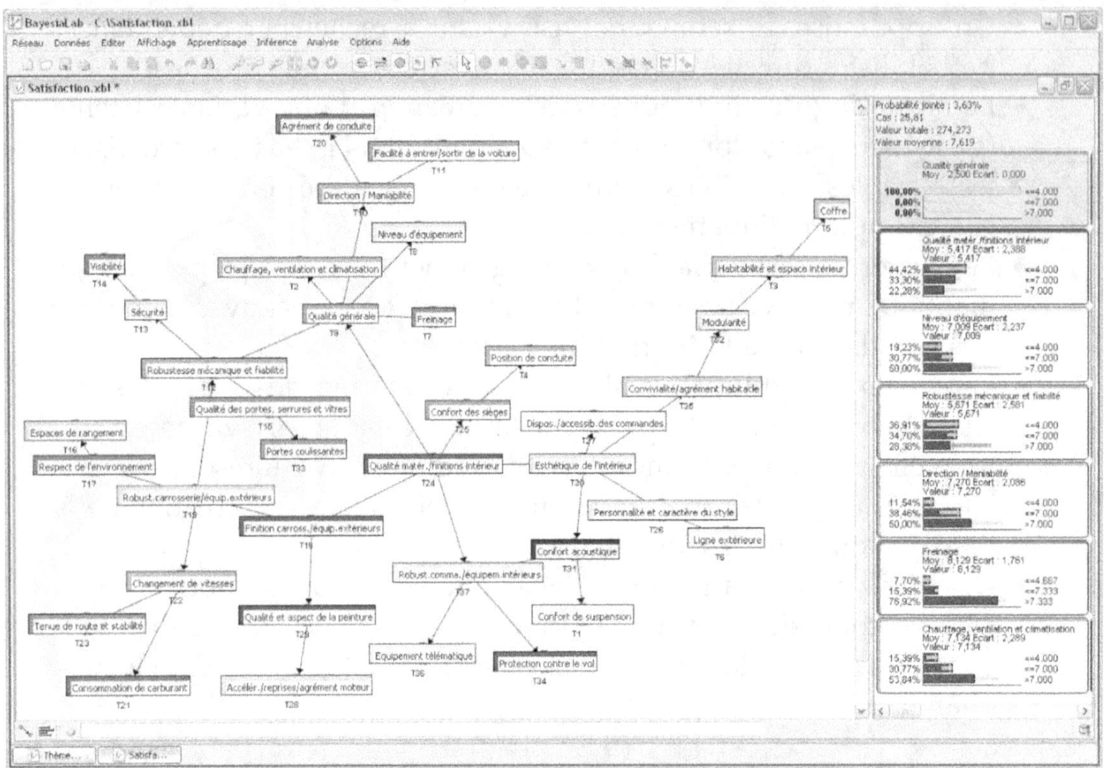

FIG. C.3 *Exploitation d'un réseau appris par BayesiaLab de manière non supervisée sur un questionnaire de satisfaction - Étude de l'impact d'une mauvaise qualité générale sur l'ensemble des facteurs.*

servations se fait à partir des moniteurs. Afin d'évaluer l'impact des observations, les moniteurs peuvent indiquer la variation des probabilités relativement à la distribution marginale précédente ou à une distribution de référence. Il est également possible de mettre en évidence les variations maximales positive et négative.

- La zone supérieure de la fenêtre des moniteurs est réservée à l'affichage de la probabilité jointe correspondant aux observations courantes, au nombre de cas correspondant lorsqu'une base de données est associée, à la valeur totale et moyenne lorsque des nœuds ont des valeurs numériques associées à leurs modalités.

- Un coût d'observation peut être associé à chaque nœud, permettant la génération automatique d'un questionnaire adaptatif centré sur une variable cible ou sur une modalité cible (« quelle est la séquence dynamique de questions à poser pour estimer, au mieux et à moindre coût, la valeur de la variable/modalité cible »). Il permet donc directement de transformer un réseau bayésien en outil de diagnostic automatique.

- Il est possible d'associer un fichier d'observations au réseau et de le parcourir interactivement. Les valeurs des variables observables sont alors automatiquement observées avec les valeurs décrites dans le fichier.

- Une fonction d'actualisation bayésienne interactive peut également exploiter ce fichier d'observations pour mettre à jour les distributions de probabilités des variables non observables.

② **En mode batch :**

- Lorsque le réseau possède une variable cible, l'étiquetage hors ligne permet de calculer, pour chaque ligne de la base, la valeur prédite de la cible et la probabilité sur laquelle repose cette prédiction. Cette même fonction est disponible également dans le cadre de l'explication la plus probable.

- L'inférence hors ligne calcule, pour chaque cas décrit dans la base, la distribution de probabilités *a posteriori* de tous les nœuds déclarés comme non observables. Dans le cas de l'explication la plus probable, les distributions de probabilités sont remplacées par les vraisemblances.

- La probabilité jointe hors ligne permet de calculer la probabilité jointe de chaque ligne. Les cas atypiques peuvent ainsi être détectés rapidement.

- Il est également possible de générer une base de cas correspondant à la distribution de probabilités représentée par le réseau, soit automatiquement en mémoire et associée au réseau, soit dans un fichier.

- La fonction d'imputation permet de sauvegarder la base de données associée en remplaçant les valeurs manquantes par inférence, soit en tirant les valeurs selon la loi *a posteriori*, soit en choisissant les valeurs ayant le maximum de vraisemblance.

C.2.5   Analyse

Des outils d'analyse très intéressants et assez innovants sont intégrés également dans BayesiaLab. Tous ces outils prennent en compte le contexte des observations.

- Force des arcs.

  On parle ici d'importance de l'arc pour la loi de probabilité exprimée par le réseau bayésien. Lors de cette analyse, les arcs sont affichés avec une épaisseur directement proportionnelle à leur force. Cette valeur peut également servir à modifier le positionnement automatique des nœuds (plus la force est grande, plus les nœuds sont proches).

- Corrélation de Pearson.

  Les valeurs numériques associées aux modalités des nœuds permettent de calculer, pour chaque arc, le coefficient R de Pearson. Les corrélations positives sont affichées en bleu, les négatives en rouge, l'épaisseur des arcs dépendant de la force de la corrélation.

- Apport d'information pour le nœud/modalité cible.
  Ces fonctions calculent pour chaque nœud son apport d'information sur le nœud cible ou une de ses modalités.
- Analyse de sensibilité de la cible.
  Cet outil permet de visualiser, sous forme de « tours de Hanoï », l'impact des nœuds sur le nœud cible, c'est-à-dire la plage de variation des probabilités de la cible en fonction des différentes valeurs des nœuds.
- Analyse de sensibilité des paramètres.
  Mesure de l'impact de l'incertitude associée aux nœuds « paramètres » sur les nœuds cibles. Les nœuds paramètres sont par défaut les nœuds racines (c'est-à-dire sans parent), les nœuds cibles étant par défaut les nœuds feuilles (c'est-à-dire sans enfant). Le résultat de l'analyse se présente sous deux formes : une courbe représentant la fonction de répartition des probabilités de chaque modalité, ou un histogramme représentant la fonction de densité de probabilités.
- Explication la plus probable.
  Calcul de la configuration correspondant à la probabilité jointe maximale. Les moniteurs affichent la vraisemblance que les modalités appartiennent à cette configuration. La probabilité jointe affichée dans la partie supérieure de la zone des moniteurs correspond à la probabilité jointe de cette explication la plus probable.
- Édition de rapports complets pour chaque analyse.
- Visualisation du graphe essentiel.
  Cette visualisation permet une première approche de la causalité dans le réseau bayésien. L'outil permet également de choisir l'orientation d'un arc (connaissance d'une causalité) et de propager la contrainte dans l'ensemble des orientations de la structure avec mise à jour des tables de probabilités.
- Analyse des observations.
  Calcul d'une mesure globale de contradiction des observations et répartitions des observations en trois groupes : celles confirmant l'observation de référence, celles l'infirmant, et les neutres.
- Optimisation de la modalité cible.
  Recherche des combinaisons d'observations permettant de maximiser la probabilité *a posteriori* de la cible (c'est-à-dire maximisation de la vraisemblance). Il est également possible de pondérer la vraisemblance par la probabilité jointe des observations (maximisation de l'*a posteriori*). Les observations peuvent être stockées en mémoire ou sauvegardées dans un fichier.

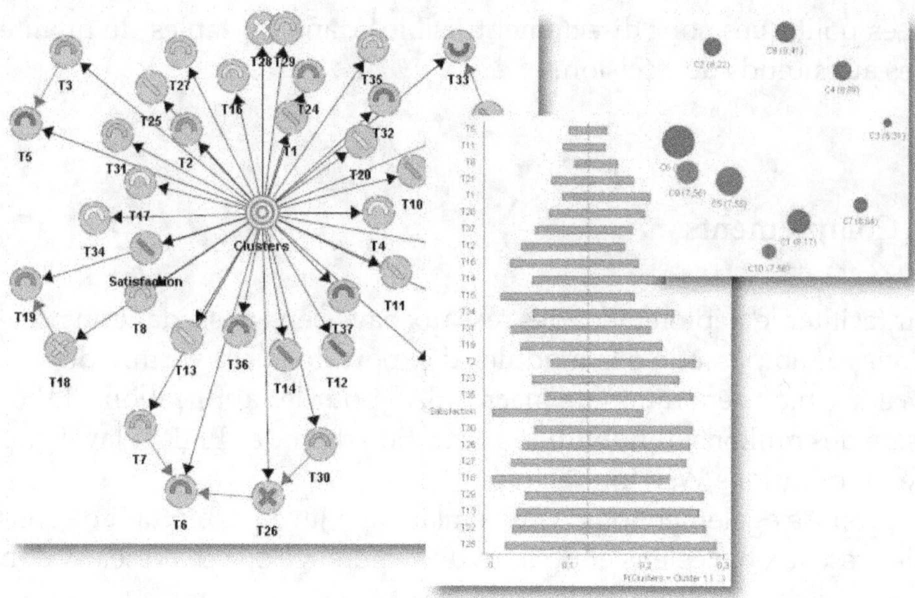

FIG. C.4 *Analyse de réseau bayésien sous BayesiaLab : apport d'information sur une valeur cible du nœud Cluster,sensibilité de la modalité Cluster 1, cartographie des 10 valeurs du nœud Cluster*

C.2.6   Prise en compte de la dimension temporelle

BayesiaLab permet de représenter des réseaux bayésiens dynamiques. À ce sujet, il propose :

- une représentation compacte des réseaux bayésiens dynamiques s'appuyant sur l'hypothèse de Markov, du premier ordre ou supérieure ;
- un nœud « temps » pour la prise en compte explicite du temps dans les équations ;
- l'association de fichiers d'observations temporelles (observations positives ou vraisemblances) ;
- une simulation temporelle pas à pas ou par période avec édition graphique des évolutions de probabilités et affichage des utilités (moyenne de chacune et somme globale).

C.2.7   Aide à la décision

L'utilisation de nœuds de décision et de nœuds d'utilité permet à BayesiaLab de définir des politiques d'actions visant à optimiser l'utilité globale. Alors que dans le cas des réseaux bayésiens statiques, la politique obtenue par programmation dynamique est optimale, l'apprentissage par renforcement utilisé dans le cas des réseaux dynamiques ne permet pas de le garantir. Les politiques sont directement lisibles dans les tables de qualités associées aux nœuds de décision.

C.2.8 Compléments

Pour faciliter le déploiement des réseaux bayésiens possédant un nœud cible, BayesiaLab possède des modules d'export de la couverture de Markov de cette cible : génération de macros SAS pour les applications de scoring visant des millions d'individus, génération de codes PHP et JavaScript pour des applications Web interactives.
Bayesia propose également des APIs[1] en langage Java permettant de construire des réseaux bayésiens et de faire de l'inférence sur ces réseaux dans des logiciels tiers.

Ces APIs sont d'ailleurs exploitées par Bayesia Market Simulator, un logiciel permettant de faire du *trade-off*. Cet outil calcule les parts de marché espérées pour de nouvelles offres dans un contexte concurrentiel, en utilisant un réseau bayésien modélisant le choix des offres en fonction des caractéristiques des individus (réseaux appris par BayesiaLab sur des données d'enquêtes).

Bayesia propose également une suite logicielle d'aide au diagnostic et au dépannage des systèmes techniques. Cette suite logicielle est principalement composée de BEST Author pour la modélisation hiérarchique fonctionnelle des systèmes, de BEST Decision Tree pour la modélisation de la connaissance procédurale, de BEST Troubleshooter pour le diagnostic, de BEST Reporting pour le suivi d'activité, et de BEST Data Server pour la centralisation et la gestion des informations persistantes.

C.2.9 Conclusion

Bien que dernier arrivé sur le scène des logiciels de manipulation de réseaux bayésiens, BayesiaLab a beaucoup d'atouts et se démarque par des fonctionnalités originales et une intégration poussée de l'ensemble du processus, de la modélisation à l'utilisation. En tant que laboratoire de modélisation, d'apprentissage et d'analyse de réseaux bayésiens, BayesiaLab semble bien fournir l'un des environnements les plus complets et les plus professionnels du marché.

---

[1]Application Programming Interface : utilisation de l'outil comme composant logiciel.

C.3   Hugin

C.3.1   Présentation

Hugin est un outil de construction de réseaux bayésiens, probablement le plus connu et le plus utilisé commercialement (`http ://www.hugin.com`). Cet outil présente les fonctions principales suivantes :

- construction de bases de connaissance fondées sur des réseaux bayésiens ou des diagrammes d'influence ;
- développement de réseaux bayésiens orientés objets ;
- apprentissage de structure et de paramètres.

Il est fourni sous forme d'un environnement graphique (Hugin Explorer), et d'un environnement de développement (Hugin Developer) permettant de piloter l'ensemble des fonctions de définition, d'inférence et d'apprentissage à partir d'une application Java, C ou Visual Basic.

La société danoise Hugin Expert A/S, qui édite ce logiciel, a été créée en 1989 et est basée à Aalborg au Danemark. La société a été créée après un projet ESPRIT, qui avait pour but de développer des systèmes experts de diagnostic dans le domaine médical. Hugin s'est ensuite développée progressivement, toujours en relation étroite avec l'université d'Aalborg. Hewlett Packard a investi dans Hugin en 1998, en prenant 45 % des parts de la société.

C.3.2   Construction des modèles

La création de réseaux bayésiens dans Hugin Explorer s'effectue avec un environnement graphique simple et assez intuitif. Cette interface permet de gérer plusieurs types de nœuds :

- nœud discret ;
- nœud continu ;
- nœud d'utilité ;
- nœud de décision.

La création de modèles présente cependant certaines contraintes :

- Hugin ne permet de gérer que des nœuds continus gaussiens.
- Un nœud continu ne peut pas être parent d'un nœud discret.
- On ne peut pas utiliser dans le même modèle des nœuds continus et des nœuds d'utilité ou de décision.

① **Réseaux bayésiens à variables discrètes**

La construction d'un réseau bayésien standard à variables discrètes s'effectue de façon très simple en définissant graphiquement l'architecture du réseau et les tables de probabilités.

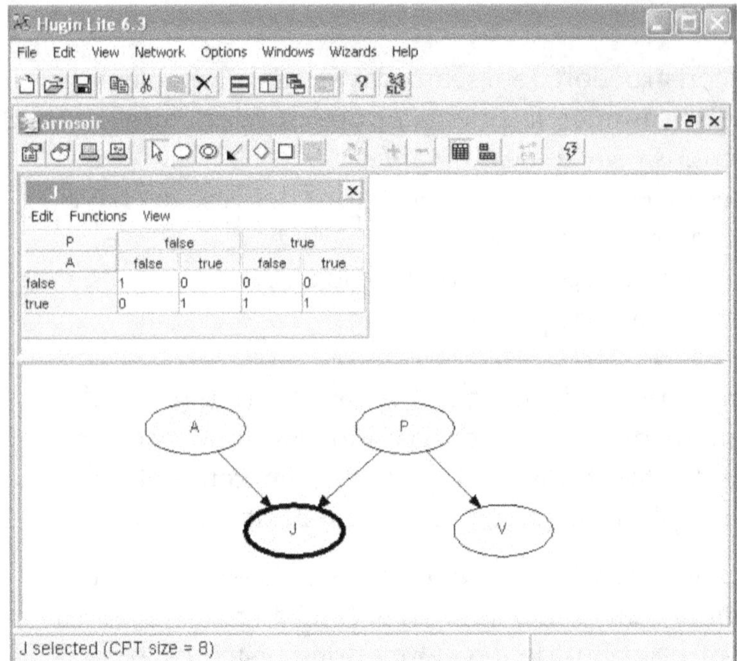

La création de modèles avec Hugin s'effectue grâce à un éditeur graphique, qui permet de définir à la fois l'architecture du modèle et les tables de probabilités d'un nœud conditionnellement à ses parents.

FIG. C.5 Création de modèles avec Hugin

La saisie des tables de probabilités peut être fastidieuse, notamment pour un nœud avec beaucoup de parents. Dans ce cas, et si cela est possible, Hugin permet de définir ce nœud comme une expression, arithmétique ou logique, de l'état de ses parents.

② **Réseaux bayésiens continus**

Hugin permet d'utiliser des nœuds continus dans un réseau bayésien. Lorsqu'un nœud discret est parent d'un nœud continu, la variance et la moyenne de ce dernier doivent être définies selon les états du nœud continu. Lorsqu'un nœud continu est parent d'un autre nœud continu, la distribution de ce dernier est égale à la somme de deux lois normales, l'une définie *a priori*, et l'autre égale à la distribution du nœud parent.

③ **Diagrammes d'influence**

Un diagramme d'influence est, par définition, un réseau bayésien auquel on a ajouté des nœuds de décision et d'utilité. L'exemple ci-dessus décrit la modélisation d'une prise de décision dans le domaine du forage pétrolier.

Un ingénieur doit choisir ou non de creuser à un certain point. Il ne connaît pas la quantité de pétrole éventuellement présente. Le puits peut être sec, humide, ou imbibé de pétrole.

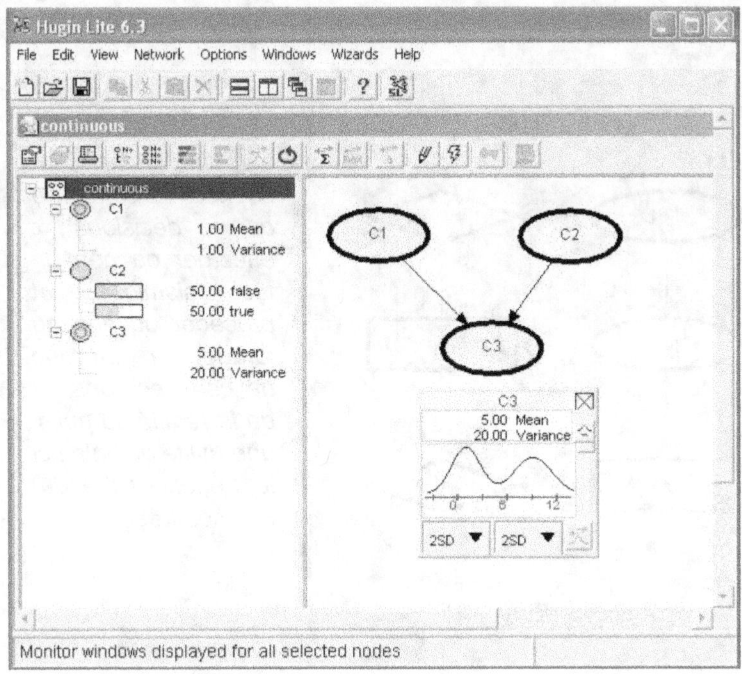

FIG. C.6 *Modèles continus avec Hugin*

Pour avoir une information complémentaire, l'ingénieur peut décider de faire une mesure d'écho sismique sur ce puits. Le résultat de ce test indiquera que la structure du terrain est *fermée* (ce qui est un bon signe de présence de pétrole), *ouverte* (moyen), ou *sans structure* (présence de pétrole improbable).

La structure des coûts est la suivante. Le test sismique coûte 10 000 $, creuser coûte 70 000 $. La recette attendue si le puits est imbibé est de 270 000 $, de 120 000 $ s'il est humide, et de 0 $ s'il est sec. Enfin, bien entendu, si l'ingénieur décide de ne pas creuser, la recette attendue est nulle.

Hugin permet de représenter ce problème grâce au diagramme d'influence de la figure C.7 ci-après. La première décision est d'effectuer ou non le test sismique. Si on décide de faire ce test, le résultat obtenu sera fonction de la configuration réelle du puits, avec une certaine incertitude. À partir du résultat du test sismique, on décidera de creuser ou non.

Le diagramme d'influence permet de guider la décision, car il indique l'utilité espérée de chaque décision. Ainsi l'utilité *a priori* de faire le test sismique est légèrement supérieure (22.5) à celle de ne pas le faire (20).

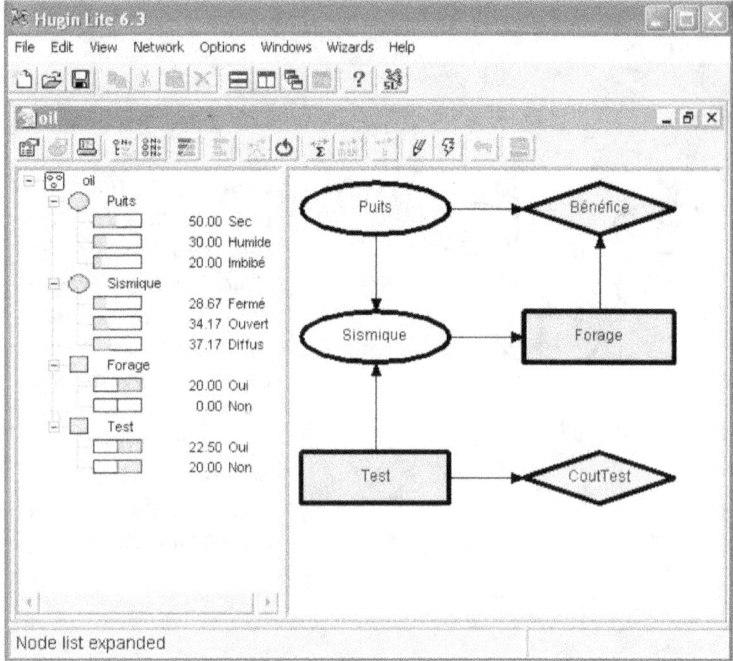

Ce diagramme d'influence comporte deux décisions : effectuer ou non un test sismique, et procéder ou non au forage. En fonction de ces décisions, et de la réalité du puits, une utilité globale (ici le bénéfice attendu) est mesurée.

FIG. C.7 *Diagrammes d'influence avec Hugin*

C.3.3   Inférence

L'inférence dans Hugin s'effectue grâce au calcul d'un arbre de jonction sur le réseau. Le mode le plus simple d'inférence consiste à entrer des observations dans le réseau, simplement en cliquant sur la valeur observée.

Les copies d'écran de la figure C.8 ci-après montrent l'utilisation de l'inférence pour l'exemple de l'arrosage du jardin étudié dans les premières pages du livre. Dans l'écran de gauche, aucune observation n'a été effectuée. Dans l'écran de droite, l'observation « l'herbe du jardin est mouillée » a été effectuée, et les probabilités des autres nœuds sont révisées.

Hugin permet également de saisir des observations partielles, grâce à la fonction de saisie de vraisemblance. Dans l'exemple du forage ci-dessus, on peut disposer de l'information selon laquelle le puits n'est pas sec : il est donc nécessairement humide ou imbibé. Cette information peut être entrée dans Hugin en indiquant que la vraisemblance de l'observation « Le puits est sec » est nulle.

On remarque alors que, sauf information complémentaire, les probabilités des deux autres événements restent dans le même rapport qu'initialement. L'utilité de réaliser le test sismique devient alors inférieure à celle de ne pas le faire : en effet, le puits étant certainement humide ou imbibé, le forage aura toujours un résultat bénéficiaire, et le test devient inutile.

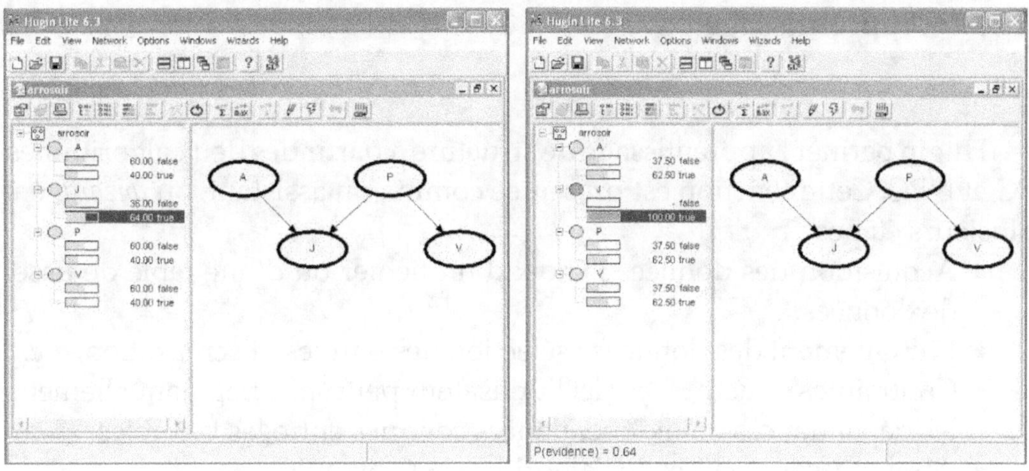

FIG. C.8 *Utilisation de Hugin pour l'inférence*

Le type d'inférence standard, c'est-à-dire le calcul de la probabilité des nœuds non observés conditionnellement aux observations, s'appelle la propagation *Sum normal* dans Hugin, qui offre d'autres modes d'inférences. En particulier, la propagation *Max normal* permet de trouver *la configuration du réseau la plus probable*, ayant effectué certaines observations.

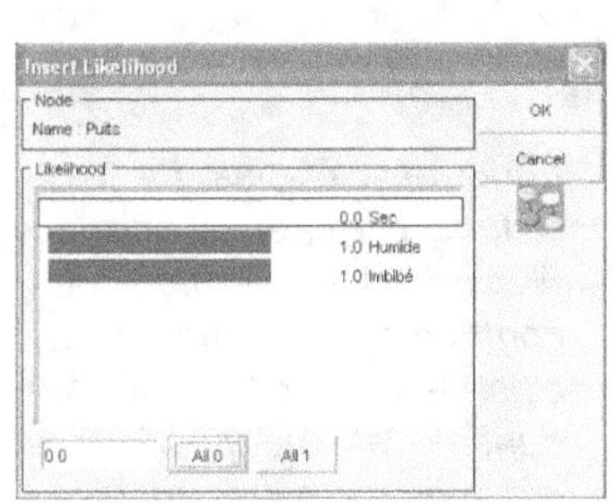

L'inférence dans Hugin peut également s'effectuer à partir d'observations partielles, comme ci-dessus.

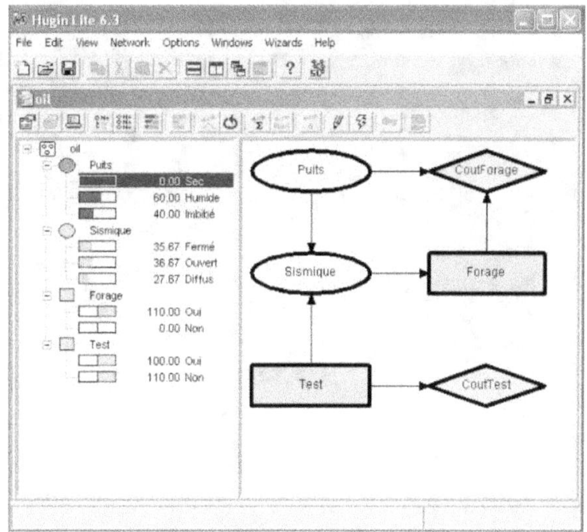

FIG. C.9 *Observations partielles dans Hugin*

C.3.4 Apprentissage

Hugin permet l'apprentissage de structure à partir des deux algorithmes PC et NPC. Cette fonction est présentée comme un assistant, ou *wizard*, en plusieurs étapes :

- Acquisition des données : choix d'un fichier ou d'une table de base de données.
- Prétraitement des données : sélection des entrées, discrétisation, etc.
- Contraintes structurelles : ici l'utilisateur peut spécifier manuellement les dépendances ou indépendances connues entre les variables.
- Apprentissage : choix de l'algorithme PC ou NPC.
- Résolution des incertitudes : l'utilisateur est sollicité ici dans le cas où certains liens, ou certaines orientations des liens n'ont pu être établies par l'algorithme.
- Sélection des liens : l'utilisateur peut visualiser la significativité de chacun des liens, et sélectionner ceux qui dépassent un certain seuil.
- Distribution *a priori* : si une information sur la distribution des données est connue, on peut l'indiquer à ce stade, ainsi que le nombre d'exemples sur lesquels cette information a été obtenue.
- Apprentissage EM : c'est la dernière étape, au cours de laquelle les tables de probabilités du réseau sont apprises.

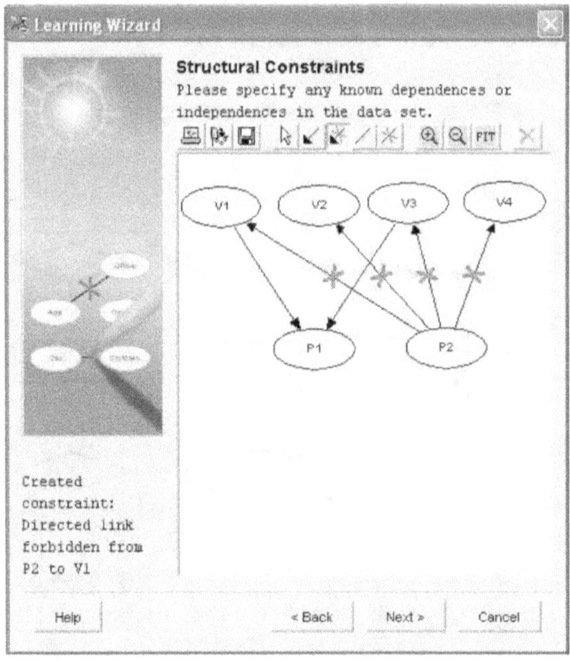

L'une des étapes de l'assistant d'apprentissage de Hugin : la définition des contraintes structurelles, c'est-à-dire des dépendances et indépendances connues entre les variables.

FIG. C.10 *L'assistant d'apprentissage de structure dans Hugin*

L'apprentissage de paramètres, c'est-à-dire des tables de probabilités, peut s'effectuer à tout moment sur un réseau existant. Deux options existent pour cet apprentissage :

- L'apprentissage séquentiel, aussi appelé adaptation, permet de modifier la distribution du réseau à partir de chaque exemple observé.
- L'apprentissage global permet de recalculer les tables de probabilités du réseau à partir d'un ensemble d'exemples.

L'apprentissage global est réalisé par l'algorithme EM. Signalons enfin que Hugin peut également être utilisé pour générer des bases de cas à partir d'un réseau entièrement défini.

C.3.5 Compléments

Une fonctionnalité intéressante de Hugin est la possibilité de gérer des réseaux imbriqués, appelés réseaux orientés objet. Il s'agit d'insérer une instance d'un réseau déjà créé au sein d'un nouveau réseau, en le représentant par un seul nœud.

Hugin offre également une API, c'est-à-dire une interface programmeur, complète. Cette API est disponible en C/C++, Java, et Visual Basic.

Un langage de représentation de réseaux bayésiens permet également de créer des réseaux bayésiens par d'autres biais, pour les charger et les manipuler ensuite dans Hugin.

Un produit dérivé de Hugin, Hugin Advisor, a été créé pour faciliter le développement d'applications de diagnostic. Advisor est particulièrement adapté pour les centres d'appels de dépannage, afin de guider les opérateurs. Advisor permet en quelque sorte de systématiser l'approche des questionnaires adaptatifs qui a été présentée dans l'une des études de cas ci-dessus. La séquence de questions posées est optimisée pour aboutir le plus rapidement possible (en probabilité) à un diagnostic.

C.3.6 Conclusion

Hugin est aujourd'hui l'un des produits les plus robustes et les plus simples à utiliser pour construire des réseaux bayésiens. Il dispose d'algorithmes puissants et est très facile à intégrer dans des applications existantes. Même si les autres produits présentés dans cette section sont des *challengers* sérieux, en particulier pour l'apprentissage de structure qui est relativement récent dans Hugin, Hugin reste un produit de référence.

C.4 Netica

C.4.1 Présentation

Développé depuis 1992 et commercialisé depuis 1995 par la société canadienne Norsys (`http ://www.norsys.com`), basée à Vancouver, le logiciel de réseaux bayésiens Netica est actuellement l'un des plus diffusés à l'échelle mondiale. Netica est utilisé pour le diagnostic, la prévision ou la simulation dans les domaines de la finance, de l'environnement, de la médecine, de l'industrie et dans un grand nombre d'applications nécessitant de raisonner en univers incertain.

Une version gratuite du logiciel, entièrement fonctionnelle, est téléchargeable sur le site Internet de Norsys. Les seules limitations de la version gratuite sont que la taille des réseaux bayésiens est limitée à 15 variables et que l'apprentissage à partir de données ne peut être effectué que par échantillons de 1 000 cas à la fois. Norsys propose des tarifs réduits pour les étudiants et enseignants.

C.4.2 Construction des modèles

La création d'un réseau bayésien ou d'un diagramme d'influence sous Netica s'effectue, comme avec la majorité des logiciels, par l'intermédiaire d'une interface graphique (figure C.11 ci-après). L'utilisateur crée et dispose les nœuds correspondant aux variables aléatoires, de décision ou d'utilité du modèle, puis précise la structure du réseau en traçant les liens entre variables.

Dans un deuxième temps, les relations entre variables sont décrites en saisissant numériquement les tables de probabilités conditionnelles, en utilisant des équations ou encore en spécifiant les paramètres de lois de probabilités prédéfinies. L'interface de Netica permet d'introduire des variables continues, que l'on définit par des équations ou en utilisant les lois de probabilités continues classiques. Cependant, les algorithmes internes de Netica ne gèrent en réalité que les variables aléatoires discrètes. Il est donc nécessaire de discrétiser l'ensemble des valeurs possibles des variables continues. En fonction de la finesse de la discrétisation, une certaine imprécision entache ainsi la précision des calculs (notamment parce que les tables de probabilités sont remplies par tirages aléatoires). Il faut cependant garder à l'esprit que les algorithmes permettant de gérer des variables continues dans les réseaux bayésiens ne s'appliquent que sous certaines conditions (distributions normales, linéarité des relations entre variables). Par conséquent, l'utilisation de tels algorithmes implique souvent des approximations qui introduisent également de l'imprécision. Le choix de l'approxi-

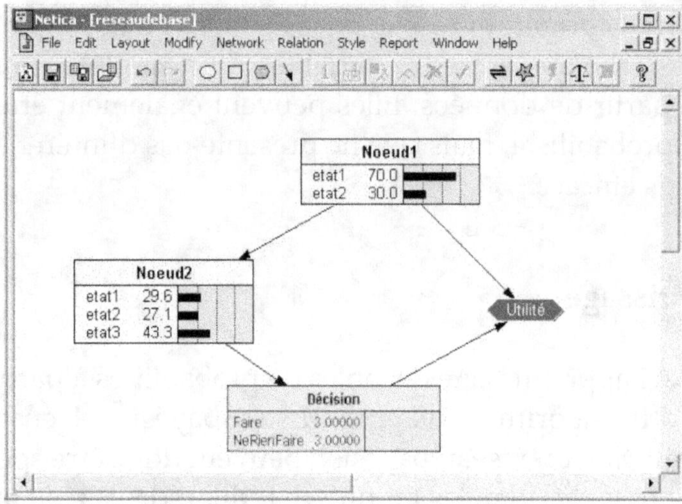

FIG. C.11 *Netica : exemple de diagramme d'influence comprenant deux variables aléatoires, une variable de décision et une fonction d'utilité*

mation la plus convenable dépend naturellement de l'application.

Les novices apprécient la sobriété et la simplicité de l'interface graphique qui permettent une prise en main rapide du logiciel. Pour qui dispose de notions élémentaires de probabilités, l'autoformation à l'outil s'effectue généralement en quelques heures. Les utilisateurs plus avancés découvrent, par la pratique, les nombreux raccourcis et astuces de saisies qui simplifient remarquablement la phase de création des modèles.

C.4.3   Inférence

Lorsque la saisie du modèle est terminée, l'utilisateur compile le réseau bayésien, c'est-à-dire qu'il ordonne à Netica de transformer le modèle en un arbre de jonction grâce auquel l'inférence probabiliste devient possible. L'arbre de jonction restera invisible pour l'utilisateur, même si sa structure peut être imprimée si nécessaire.

L'utilisateur spécifie à l'aide de l'interface graphique une ou plusieurs observations et visualise immédiatement leur impact sur les autres variables, calculé par l'outil en propageant les observations à travers l'arbre de jonction (l'algorithme utilisé est rapide et mathématiquement exact). Les observations peuvent prendre différentes formes, telles que « la variable X a une certaine valeur », « la variable Y n'a pas une certaine valeur », s'exprimer à l'aide de vraisemblances probabilistes, etc.

Netica peut inverser des liens, absorber des nœuds, en gardant bien sûr inchangée la loi de probabilité globale du réseau bayésien. Ces opérations sont utiles pour transformer un réseau bayésien lors de sa construction, ou pour explorer les relations entre les variables d'un modèle construit par apprentissage à partir de données. Elles peuvent également être utilisées pour l'inférence probabiliste, mais cela ne présente pas d'intérêt, l'arbre de jonction étant plus efficace.

C.4.4 Apprentissage

Netica permet l'apprentissage de tables de probabilités à partir de données, au moyen d'un algorithme d'apprentissage bayésien. L'ensemble des tables de probabilités d'un réseau bayésien peuvent donc être spécifiées en introduisant une base de données ou un échantillon de cas, de taille suffisamment grande. Netica reconnaît les fichiers CSV, les fichiers texte délimités par des tabulations, ainsi que les bases de données compatibles ODBC.

Si le nombre de données manquantes est important, Netica utilise soit l'algorithme de maximisation de l'espérance, soit une méthode de descente de gradient (semblable à la descente de gradient des réseaux neuronaux). Dans certaines applications, ces algorithmes se révèlent efficaces pour apprendre des relations avec des variables pour lesquelles il n'existe pas de données (nœuds cachés ou variables latentes).

Un algorithme d'apprentissage de structure sera prochainement disponible dans le logiciel.

C.4.5 Autres fonctionnalités

Netica dispose de nombreuses autres fonctionnalités, dont certaines ne sont offertes que par ce logiciel :

- études de sensibilité permettant de mesurer l'influence d'une variable sur une autre (information mutuelle, réduction de variance, etc.) ;
- traitement d'un fichier de cas (par exemple pour faire automatiquement de l'inférence sur chaque cas) avec création d'un fichier de résultats ;
- utilisation d'un fichier de cas pour évaluer les performances (en diagnostic ou en prévision) d'un réseau bayésien, avec des mesures du type taux d'erreur, scoring logarithmique et quadratique (Brier), courbe ROC, matrice de confusion ;
- expansion temporelle d'un réseau bayésien ;
- fonction *diff*, pour visualiser les différences entre deux réseaux bayésiens ;
- cryptage d'un réseau bayésien, permettant de livrer à un utilisateur final une application sans que celui-ci n'ait accès à la structure interne

du modèle ;
- possibilité d'introduire plusieurs variables de décision et d'utilité dans un diagramme d'influence, obtention de la solution maximisant l'espérance de l'utilité et visualisation de l'espérance de l'utilité de chaque décision possible ;
- interface graphique proposant de multiples représentations graphiques des nœuds, l'introduction de commentaires, la création de liens non rectilignes (pour améliorer la lisibilité), le copier-coller vers d'autres applications ;
- très nombreuses fonctions mathématiques et lois de probabilité prédéfinies (dont certaines spécifiques aux réseaux bayésiens, comme le « ou », le « max » et la somme bruités *noisy*).

De nouvelles fonctions ont été introduites récemment :
- génération de graphiques SVG, pour une meilleure qualité de publication papier ou Internet ;
- discrétisation automatique de variables continues à partir d'un fichier de cas ;
- coloriage des nœuds ;
- nouveau format des fichiers `.neta` (format binaire plus compact et plus rapide que l'ancien format texte `.dne`, qui demeure néanmoins opérationnel) ;
- possibilité de masquer les informations confidentielles d'un réseau bayésien afin de protéger la propriété intellectuelle ;
- définition et gestion d'ensembles de nœuds.

La qualité de la documentation de Netica est remarquable. L'aide en ligne du logiciel, en particulier, est très complète et pédagogique.

L'API de Netica, disponible sur le site de Norsys, permet aux développeurs d'intégrer les réseaux bayésiens et le raisonnement probabiliste dans leurs propres logiciels. Les langages C, C++, Java et Visual Basic sont reconnus directement. D'autres langages (Prolog, LISP ou FORTRAN) à même de s'interfacer avec les premiers cités peuvent également être utilisés. L'API de Netica est entièrement compatible avec l'interface graphique : un modèle construit avec l'API peut être édité avec l'interface graphique, et réciproquement. Il est même possible d'utiliser l'API et l'interface graphique simultanément. Ainsi, un utilisateur final peut éditer graphiquement un réseau bayésien, tandis que le programmeur débogue l'application, ce qui facilite le développement.

C.4.6 Conclusion

D'une conception simple, et doté d'une interface graphique conviviale, Netica est assurément un excellent logiciel pour qui souhaite s'initier rapidement aux réseaux bayésiens. Les experts apprécient également sa puissance et la facilité avec laquelle l'outil permet de déployer des solutions opérationnelles à base de réseaux bayésiens.

Le produit se prête remarquablement aux applications industrielles des réseaux bayésiens, et notamment celles dans lesquelles la connaissance décrite est essentiellement d'origine experte. La représentation graphique des modèles par Netica, simple et expressive, constitue un support de brainstorming très efficace. La rapidité de la compilation et de l'inférence, ainsi que la visualisation des lois de probabilités par des histogrammes contribuent également à faciliter la validation du modèle par les experts.

En raison de la large diffusion du logiciel, de nombreuses organisations à travers le monde proposent des services et des ressources liées à Netica : formations, tutoriels, algorithmes d'apprentissage de structure, interface de programmation en LISP, etc.

C.5 Elvira

C.5.1 Introduction

Le logiciel de construction et d'utilisation de modèles probabilistes graphiques Elvira est développé par les universités d'Almería, du Pays Basque, de Castille-La Manche, de Grenade et par l'université nationale d'enseignement à distance (UNED). La création d'Elvira s'est effectuée dans le cadre de deux projets de recherche soutenus par le ministère espagnol de la science et de la technologie : ELVIRA, de 1997 à 2001 et ELVIRA II, de 2001 à 2004.

Plus précisément, ces projets ont donné lieu à une mise en commun de moyens par différentes équipes de recherche qui auparavant travaillaient isolément sur plusieurs aspects des modèles probabilistes graphiques comme l'apprentissage, la propagation, ou les diagrammes d'influence. Il était fréquent qu'une équipe soit obligée de développer un outil pour tester un algorithme particulier. Dans le but d'améliorer ce fonctionnement, les différentes équipes ont dans un premier temps envisagé d'utiliser l'un des logiciels du marché, mais ont renoncé à cette possibilité, considérant que ces logiciels n'offraient pas suffisamment de flexibilité pour une activité de recherche.

Bien évidemment, les logiciels commerciaux ne permettaient pas de faire évoluer le code, et les logiciels libres ont été considérés comme trop restreints dans leur fonctionnalités ou nécessitant trop de travail pour les adapter.

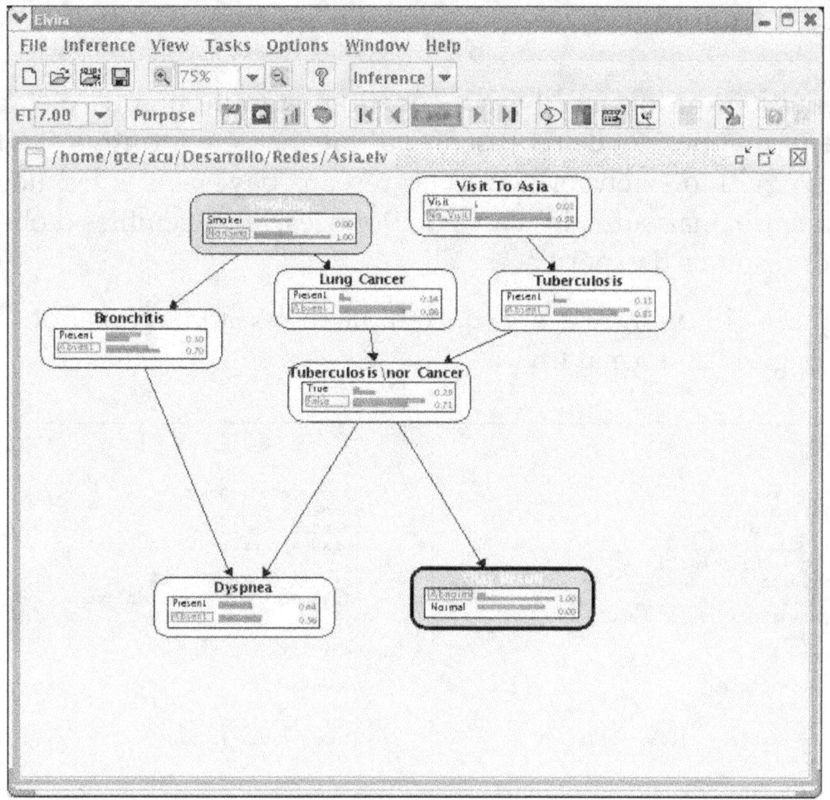

FIG. C.12 *Le réseau bayésien Asia, saisi sous le logiciel Elvira*

Elvira est doté d'une interface graphique conviviale et peut être utilisé dans le cadre d'applications opérationnelles. Cependant, sa vocation première est bien d'être un outil de recherche, qui offre la possibilité d'implémenter et de tester de nouveaux algorithmes, qu'il s'agisse d'apprentissage, de propagation, ou de décision.

Typiquement, il est possible dans Elvira de faire effectuer la même tâche par plusieurs algorithmes, ce qui permet de comparer leurs performances respectives. On peut citer à titre d'exemple les nombreuses méthodes de calcul approché des réseaux bayésiens dont dispose l'outil. Les programmeurs d'Elvira font évoluer le logiciel de manière continue, ce qui peut apparaître comme une faiblesse, mais se révèle nécessaire pour les besoins de recherche des différents participants.

Écrit en Java, Elvira fonctionne sous Unix, Linux et Windows. Elvira est un projet ouvert. L'environnement et tous les codes sources sont librement téléchargeables sur Internet, à l'adresse : `leo.ugr.es/~elvira`

C.5.2 Le format Elvira

La définition du format Elvira a constitué la toute première étape du projet. Ce format permet de représenter d'une manière intuitive et à l'aide de fichiers ASCII (d'extension `.elv`) les réseaux bayésiens et les diagrammes d'influence, mais aussi les bases de données, les ensembles d'observation, ou les résultats d'expériences.

La figure C.13 montre à titre d'exemple le réseau bayésien de l'exercice 3.1.1 page 42 au format Elvira.

```
// Bayesian Network
//   Elvira format
bnet  "reseau_simple" {
  // Network Properties
  kindofgraph = "directed";
  visualprecision = "0.00";
  version = 1.0;
  default node states = (present ,
absent) ;

// Variables
  node S(finite-states) {
    title = "Sexe";
    kind-of-node = chance;
    type-of-variable = finite-states;
    pos_x =136;
    pos_y =82;
    relevance = 7.0;
    purpose = "";
    num-states = 2;
    states = ("femme" "homme");
  }

  node D(finite-states) {
    title = "Daltonisme";
    kind-of-node = chance;
    type-of-variable = finite-states;
    pos_x =322;
    pos_y =103;
```
```
    relevance = 7.0;
    purpose = "";
    num-states = 2;
    states = ("present" "absent");
}

// Links of the associated graph
link S D;

//Network Relationships :
  relation S {
    comment = "";
    kind-of-relation = potential;
    deterministic=false;
    values= table (0.5 0.5 );
  }

  relation D S {
    comment = "";
    kind-of-relation = potential;
    deterministic=false;
    values=
    table (0.0050 0.08 0.995 0.92 );
  }

}
```

FIG. C.13 *Exemple de réseau bayésien au format Elvira*

C.5.3 Interface graphique

L'interface graphique d'Elvira ressemble à celle d'autres logiciels. Elle fonctionne en trois modes : édition, apprentissage ou inférence. En mode édition, l'utilisateur crée le réseau bayésien ou le diagramme d'influence et dispose de fonctions habituelles comme *Undo-Redo* (annulation ou répétition de la dernière action), un zoom, etc. Le mode apprentissage est utilisé pour construire des réseaux bayésiens à partir de bases de données. En mode inférence, plusieurs possibilités particulièrement intéressantes sont offertes : par exemple, Elvira peut colorer les liens ou leur donner des épaisseurs variables en fonction de certaines considérations sur la nature des liens, ce qui donne une vision qualitative des liens entre variables. Elvira est capable de détecter automatiquement les nœuds importants d'un réseau bayésien et de leur appliquer un mode d'affichage détaillé, comprenant des histogrammes représentant les lois de probabilité de chaque variable. Il est possible d'afficher simultanément plusieurs lois de probabilité pour une même variable, par exemple la loi marginale et la loi conditionnelle à l'observation d'un cas. Elvira peut également colorier les nœuds pour montrer qualitativement l'impact d'une observation.

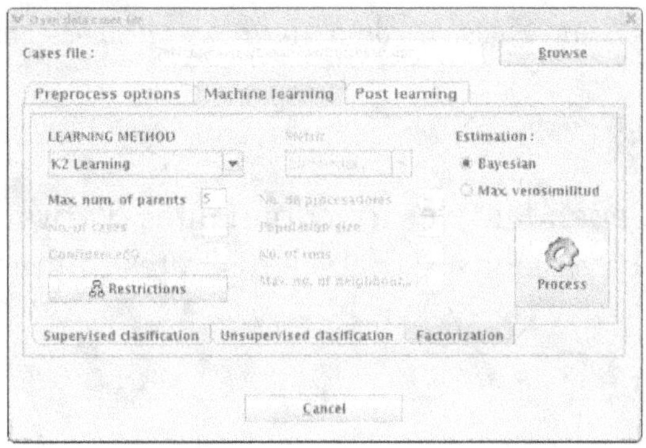

FIG. C.14 *Fonctions d'apprentissage du logiciel Elvira*

C.5.4   Principales fonctionnalités

Plusieurs méthodes de propagation, exactes ou approchées, sont implémentées dans Elvira. Il est possible d'effectuer une inférence directement à partir de la ligne de commande ou via l'interface graphique. La figure C.12 page 383 est une copie d'écran du logiciel qui montre une inférence dans le réseau bayésien Asia, à partir de deux observations (le patient est « nonfumeur » ; le résultat de sa radiographie est « anormal »).

Elvira est doté d'algorithmes d'apprentissage de paramètres et de structure. Les algorithmes d'apprentissage de structure sont fondés sur les tests d'indépendance conditionnelle et sur les fonctions de scoring : algorithme PC, K2, etc. La figure C.14 montre un choix d'algorithmes qui s'offre à l'utilisateur lorsque celui-ci importe dans Elvira une base d'exemples. Elvira est capable de traiter des réseaux bayésiens comportant des variables conti-

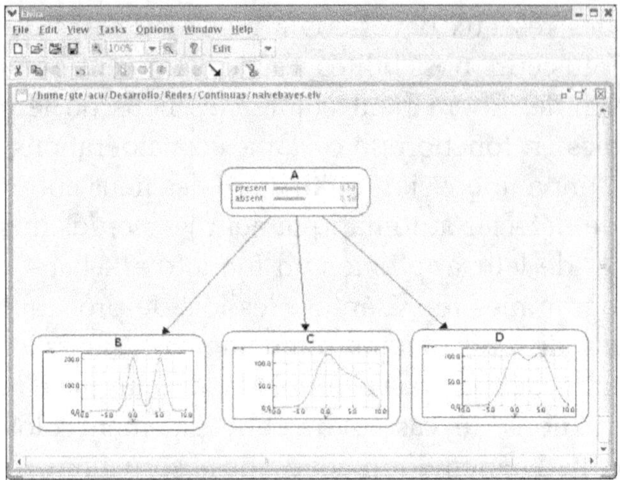

FIG. C.15 *Exemple de réseau bayésien comportant des variables continues (logiciel El-vira)*

nues (figure C.15). Cependant, les fonctionnalités d'apprentissage sont ré-servées aux réseaux bayésiens à variables discrètes uniquement.

Remerciements

Nous tenons à remercier toutes les personnes ayant contribué à l'écriture de cet ouvrage, et tout particulièrement Brent Boerlage, Marc Bouissou, Andrés Cano, Gilles Deleuze, Anne Dutfoy, Timothy Haas, Richard Holthausen, Régis Lebrun, Danny Lee, Randy Molina, Brian Nyberg, Scott McNay, Sandrine Pierlot, Martin Raphael, Diego Rodríguez Leal, Mary Rowland, Doug Steventon, Randy Sulyma, Glenn Sutherland, Adrian Walton et Jennie Yendall.

Bibliographie

[AdC01]   Silvia Acid et Luis M. de Campos. A hybrid methodology for learning belief networks : Benedict. *Int. J. Approx. Reasoning*, 27(3) :235–262, 2001.

[ADS94]   R. N. Allan et M. G. Da Silva. Evaluation of reliability indices and outage costs in distribution systems. *IEEE Transactions on Power Systems*, 10(1), 1994.

[Aka70]   H. Akaike. Statistical predictor identification. *Ann. Inst. Statist. Math.*, 22 :203–217, 1970.

[Ale02]   C. Alexander. *Mastering Operational Risk*. FT – Prentice Hall, London, 2002.

[AMP95]   S. Andersson, D. Madigan, et M. Perlman. A characterization of markov equivalence classes for acyclic digraphs. Technical Report 287, Department of Statistics, University of Washington, 1995.

[AR02]   A. R. Ali et T. Richardson. Markov equivalence classes for maximal ancestral graphs. In *Proc. of the 18th Conference on Uncertainty in Artificial Intelligence (UAI)*, pages 1–9, 2002.

[ARSZ05]   Ayesha R. Ali, Thomas Richardson, Peter Spirtes, et J. Zhang. Orientation rules for constructing markov equivalence classes of maximal ancestral graphs. Technical Report 476, Dept. of Statistics, University of Washington, 2005.

[AS/99]   AS/NZS. *Risk Management : Australia/New Zealand standards*. AS/NZS 4360, 1999.

[Att99]   Hagai Attias. Inferring parameters and structure of latent variable models by variational bayes. In Kathryn B. Laskey et Henri Prade, editors, *Proceedings of the 15th Conference on Uncertainty in Artificial Intelligence (UAI-99)*, pages 21–30, S.F., Cal., July 30–August 1 1999. Morgan Kaufmann Publishers.

[AU98]   A. Aho et J. Ullman. *Concepts fondamentaux de l'informatique*. Dunod, 1998.

[AW02]   Vincent Auvray et Louis Wehenkel. On the construction of the inclusion boundary neighbourhood for markov equivalence classes of Bayesian network structures. In Adnan Darwiche et Nir Friedman, editors, *Proceedings of the 18th Conference on Uncertainty in Artificial Intelligence (UAI-02)*, pages 26–35, S.F., Cal., 2002. Morgan Kaufmann Publishers.

[Ayy01]   B. M. Ayyub. *Elicitation of Expert Opinions for Uncertainty and Risks*. CRC Press, 2001.

[BA88]   R. Billinton et R. A. Allan. *Reliability Assessment of Large Electric Power Systems*. Kluwer Academic Publishers, 1988.

[Bar98]   Bernard Barthélémy. *Gestion des risques : méthode d'optimisation globale*. Éditions d'Organisation, 1998.

[BCH02]   P. J. Bacon, J. D. Cain, et D. C. Howard. Belief network models of land manager decisions and land use change. *Journal of Environmental Management*, 65(1) :1–23, 2002.

[Ber58]   C. Berge. *Théorie des graphes et ses Applications*. Dunod, 1958.

[Ber73]   C. Berge. *Graphs and Hypergraphs*. North-Holland, Amsterdam, 1973.

[BGH$^+$02]   R. Barco, R. Guerrero, G. Hylander, L. Nielsen, M. Partanen, et S. Patel. Automated troubleshooting of mobile networks using Bayesian networks. In *IASTED International Conference Communication Systems and Networks*, Malaga, Spain, 2002.

[BGS97]   A. Becker, D. Geiger, et A. A. Schäffer. Automatic selection of loop breakers for genetic linkage analysis. Technical report, Computer Science Department, Technion, Israel, March 1997.

[BJC$^+$05]   J. Bromley, N. A. Jackson, O. J. Clymer, A. M. Giacomello, et F. V. Jensen. The use of Hugin to develop Bayesian networks as an aid to integrated water resource planning. *Environmental Modelling and Software*, 20(2) :231–242, 2005.

[BK02]   C. Borgelt et R. Kruse. *Graphical Models - Methods for Data Analysis and Mining*. John Wiley & Sons, Chichester, United Kingdom, 2002.

[BL92]   R. Billinton et W. Li. A Monte-Carlo method for multi-area generation system reliability assessment. *IEEE Transactions on Power Systems*, 7(4), 1992.

[BL94]   R. Billinton et W. Li. *Reliability Assessment of Electrical Power Systems Using A Monte Carlo Approach*. Kluwer Academic Publishers, 1994.

[BLN01]   O. Bangsø, H. Langseth, et T. D. Nielsen. Structural learning in Object Oriented Domains. In I. Russell et J. Kolen, editors,

Proceedings of the Fourteenth International Florida Artificial Intelligence Research Society Conference (FLAIRS-01), pages 340–344, Key West, Florida, USA, 2001. AAAI Press.

[BM03]   Bernadette Bouchon-Meunier et Christophe Marsala. *Logique floue, principes, aide à la décision*. Traité IC2, série informatique et systèmes d'information. Éditions Hermes, 2003.

[BM04]   M. Bendou et P. Munteanu. Nouvel algorithme d'apprentissage des classes d'équivalence des réseaux bayésiens. In Michel Liquière et Marc Sebban, editor, *Sixième Conférence Apprentissage CAp'2004*, pages 129–141, Montpellier, France, 2004. Presses Universitaires de Grenoble.

[Bou93]   R. Bouckaert. Probabilistic network construction using the minimum description length principle. *Lecture Notes in Computer Science*, 747 :41–48, 1993.

[BRM02]   Mark Brodie, Irina Rish, et Sheng Ma. Intelligent probing : A cost-effective approach to fault diagnosis in computer networks. *IBM Systems Journal*, 41(3) :372–385, 2002.

[BS95]   R. Billinton et A. Sankarakrishnan. Sequential Monte Carlo simulation for composite power system reliability analysis with time varying loads. *IEEE Transactions on Power Systems*, 10(1), 1995.

[BT98]   C. M. Bishop et M. E. Tipping. A hierarchical latent variable model for data visualisation. *IEEE T-PAMI*, 3(20) :281–293, 1998.

[Bun91]   W. Buntine. Theory refinement on Bayesian networks. In Bruce D'Ambrosio, Philippe Smets, et Piero Bonissone, editors, *Proceedings of the 7th Conference on Uncertainty in Artificial Intelligence*, pages 52–60, San Mateo, CA, USA, July 1991. Morgan Kaufmann Publishers.

[BW00]   Olav Bangsø et Pierre-Henri Wuillemin. Object Oriented Bayesian Networks : A framework for topdown specification of large Bayesian networks and repetitive structures, Technical Report CIT-87.2-00-obphw1. Technical report, Department of Computer Science, University of Aalborg, September 2000.

[Cai04]   Jeremy Cain. *Planning improvements in natural resources management – guidelines for using Bayesian networks to support the planning and management of development programmes in the water sector and beyond*. Centre for Ecology and Hydrology, UK, 2004.

[CBL97a]   Jie Cheng, David Bell, et Weiru Liu. An algorithm for Bayesian network construction from data. In *Proceedings of the 6th International Workshop on Artificial Intelligence and Statistics AI&STAT'97*, pages 83–90, 1997.

[CBL97b]   Jie Cheng, David Bell, et Weiru Liu. Learning belief networks from data : An information theory based approach. In *Proceedings of the sixth ACM International Conference on Information and Knowledge Management CIKM*, pages 325–331, 1997.

[CBW99]   J. D. Cain, C. H. Batchelor, et D. K. N. Waughray. Belief networks : a framework for the participatory development of natural resource management strategies. *Environment, Development and Sustainability*, 1 :123–133, 1999.

[CC02]   Fabio Cozman et Ira Cohen. Unlabeled data can degrade classification performance of generative classifiers. In *Fifteenth International Florida Artificial Intelligence Society Conference*, pages 327–331, 2002.

[CDLS99]   Robert Cowell, A. Dawid, Steffen Lauritzen, et David Spiegelhalter. *Probabilistic Networks and Expert Systems*. Statistics for Engineering and Information Science. Springer-Verlag, 1999.

[CG99]   Jie Cheng et Russell Greiner. Comparing Bayesian network classifiers. In *Proceedings of the Fifteenth Annual Conference on Uncertainty in Artificial Intelligence (UAI–99)*, pages 101–108, San Francisco, CA, 1999. Morgan Kaufmann Publishers.

[CG01]   Jie Cheng et Russell Greiner. Learning Bayesian belief network classifiers : Algorithms and system. In *Proceedings of the Canadian Conference on AI 2001*, volume 2056, pages 141–151, 2001.

[CGH95]   D. Chickering, D. Geiger, et D. Heckerman. Learning Bayesian networks : Search methods and experimental results. In *Proceedings of Fifth Conference on Artificial Intelligence and Statistics*, pages 112–128, 1995.

[CGK$^+$02]   Jie Cheng, Russell Greiner, Jonathan Kelly, David Bell, et Weiru Liu. Learning Bayesian networks from data : An information-theory based approach. *Artificial Intelligence*, 137(1–2) :43–90, 2002.

[CH92]   G. Cooper et E. Hersovits. A Bayesian method for the induction of probabilistic networks from data. *Machine Learning*, 9 :309–347, 1992.

[CH96]   D. Chickering et D. Heckerman. Efficient Approximation for the Marginal Likelihood of Incomplete Data given a Bayesian Network. In *UAI'96*, pages 158–168. Morgan Kaufmann, 1996.

[Chi95]   David Chickering. A transformational characterization of equivalent Bayesian network structures. In Philippe Besnard et Steve Hanks, editors, *Proceedings of the 11th Conference on Uncertainty in Artificial Intelligence (UAI'95)*, pages 87–98, San Francisco, CA, USA, August 1995. Morgan Kaufmann Publishers.

[Chi96]   David Chickering. Learning equivalence classes of Bayesian network structures. In Eric Horvitz et Finn Jensen, editors, *Proceedings of the 12th Conference on Uncertainty in Artificial Intelligence (UAI-96)*, pages 150–157, San Francisco, August 1–4 1996. Morgan Kaufmann Publishers.

[Chi02a]   David Chickering. Learning equivalence classes of Bayesian-network structures. *Journal of Machine Learning Research*, 2 :445–498, February 2002.

[Chi02b]   David Chickering. Optimal structure identification with greedy search. *Journal of Machine Learning Research*, 3 :507–554, November 2002.

[Chr97]   R. Christensen. *Log-Linear Models and Logistic Regression*. Springer, 1997.

[CK02]   R. Castelo et T. Kocka. Towards an inclusion driven learning of Bayesian networks. Technical Report UU-CS-2002-05, Institute of information and computing sciences, University of Utrecht, 2002.

[CL68]   C. K. Chow et C. N. Liu. Approximating discrete probability distributions with dependence trees. *IEEE Trans. on Info. Theory*, IT-l4 :462–467, 1968.

[Cla03]   J. S. Clark. Uncertainty and variability in demography and population growth : a hierarchical approach. *Ecology*, 84(6) :1370–1381, 2003.

[CLR94]   T. Cormen, C. Leiserson, et R. Rivest. *Introduction à l'algorithmique*. Dunod, 1994.

[CM02]   David Chickering et Christopher Meek. Finding optimal Bayesian networks. In Adnan Darwiche et Nir Friedman, editors, *Proceedings of the 18th Conference on Uncertainty in Artificial Intelligence (UAI-02)*, pages 94–102, S.F., Cal., 2002. Morgan Kaufmann Publishers.

[Coo88]   G. Cooper. Probabilistic inference using belief network is np-hard. Technical Report KSL-87-27, Medical Computer Science, Stanford University, Stanford, California, 1988.

[Coo90]   G. Cooper. Computational complexity of probabilistic inference using Bayesian belief networks. *Artificial Intelligence*, 42(2) :393–405, 1990.

[Cor03]   F. Corset. *Optimisation de la maintenance à partir de réseaux bayésiens et fiabilité dans un contexte doublement censuré*. PhD thesis, Université Joseph Fourier, 2003.

[CS96]   P. Cheeseman et J. Stutz. Bayesian classification (AUTO-CLASS) : Theory and results. In U. Fayyad, G. Piatetsky-Shapiro, P Smyth, et R. Uthurusamy, editors, *Advances in Knowledge Discovery and Data Mining*, pages 607–611. AAAI Press/MIT Press, 1996.

[CSA97]   CSA. *Gestion des risques : guide à l'intention des décideurs (Norme nationale du Canada)*. CAN/CSA-Q850-97, 1997.

[CY99]   Gregory F. Cooper et Changwon Yoo. Causal discovery from a mixture of experimental and observational data. In *UAI '99 : Proceedings of the Fifteenth Conference on Uncertainty in Artificial Intelligence*, pages 116–125, 1999.

[D'a93]   Bruce D'ambrosio. Incremental probabilistic inference. In *Proceedings of the ninth Conference on Uncertainty in Artificial Intelligence*, pages 301–308. Morgan Kaufmann, 1993.

[Daw79]   A. P. Dawid. Conditionnal independence in statistical theory. *Journal of the Royal Statistical Society, Series B*, 41(1) :1–39, 1979.

[Daw98]   A. Dawid. Conditionnal independence. In S. Kotz, S. C. Read, et D. L. Banks, editors, *Encyclopedia of Statistical Science*, pages 146–155. Wiley-interscience, New York, 1998.

[DBS93]   R. Davis, B. G. Buchanan, et E. H. Shortliffe. Retrospective on «Production rules as a representation for a knowledge-based consultation program». *Artificial Intelligence*, 59 :181–189, 1993.

[DD99]   Denver Dash et Marek J. Druzdzel. A hybrid anytime algorithm for the construction of causal models from sparse data. In Kathryn B. Laskey et Henri Prade, editors, *Proceedings of the Fifteenth Conference on Uncertainty in Artificial Intelligence, UAI 99*, pages 142–149. Morgan Kaufmann, 1999.

[DD00]   Marek Druzdzel et F. Díez. Criteria for combining knowledge from different sources in probabilistic models. In *Working Notes of the workshop on* Fusion of Domain Knowledge with Data for Decision Support, *Sixteenth Annual Conference on Uncertainty in Artificial Intelligence (UAI–2000)*, pages 23–29, Stanford, CA, 30 June 2000.

[DD03]   Denver Dash et Marek J. Druzdzel. Robust independence testing for constraint-based learning of causal structure. In *UAI '03, Proceedings of the 19th Conference in Uncertainty in Artificial Intelligence*, pages 167–174, 2003.

[DD06]   F. J. Díez et M. J. Druzdzel. Canonical probabilistic models for knowledge engineering. Technical Report, CISIAD, UNED, Madrid, 2006. In preparation.

[dH00]   Luis de Campos et Juan Huete. A new approach for learning belief networks using independence criteria. *International Journal of Approximate Reasoning*, 24(1) :11–37, 2000.

[Die93]   F. Diez. Parameter adjustement in Bayes networks. The generalized noisy OR–gate. In *Proceedings of the 9th Conference on Uncertainty in Artificial Intelligence*, pages 99–105, Washington D. C., 1993. Morgan Kaufmann, San Mateo, CA.

[DLR77]   A. Dempster, N. Laird, et D. Rubin. Maximum likelihood from incomplete data via the EM algorithm. *Journal of the Royal Statistical Society*, B 39 :1–38, 1977.

[DT92]   D. Dor et M. Tarsi. A simple algorithm to construct a consistent extension of a partially oriented graph. Technical Report R-185, Cognitive Systems Laboratory, UCLA Computer Science Department, 1992.

[DVHJ00]   M. Druzdel, L. Van der Gaag, M. Henrion, et F. Jensen. Building probabilistic networks : «Where do the numbers come from ?» guest editors introduction. *IEEE Transactions on Knowledge and Data Engineering*, 12(4) :481–486, 2000.

[EGS05]   F. Eberhardt, C. Glymour, et R. Scheines. On the number of experiments sufficient and in the worst case necessary to identify all causal relations among n variables. In *Proc. of the 21st Conference on Uncertainty in Artificial Intelligence (UAI)*, pages 178–183, 2005.

[Elv02]   The Elvira Consortium. Elvira : An environment for creating and using probabilistic graphical models. In *Proceedings of the First European Workshop on Probabilistic Graphical Models (PGM'02)*, pages 1–11, Cuenca, Spain, 2002.

[ES95]   Kazuo J. Ezawa et Til Schuermann. Fraud/uncollectible debt detection using a Bayesian network based learning. In Philippe Besnard et Steve Hanks, editors, *Proceedings of the Eleventh Conference on Uncertainty in Artificial Intelligence*, San Mateo, CA, 1995.

[ESH96]   M. A. H. El-Sayed et H. J. Hinz. Composite reliability evaluation of inter-connected power systems. *Electric Machines and Power Systems*, 1996.

[FGG97]   N. Friedman, D. Geiger, et M. Goldszmidt. Bayesian network classifiers. *Machine Learning*, 29(2-3) :131–163, 1997.

[FGW99]   Nir Friedman, Moises Goldszmidt, et Abraham Wyner. Data analysis with Bayesian networks : A bootstrap approach. In *Proceedings of the Fifteenth Annual Conference on Uncertainty in Artificial Intelligence (UAI–99)*, pages 206–215, San Francisco, CA, 1999. Morgan Kaufmann Publishers.

[FK00]   Nir Friedman et Daphne Koller. Being Bayesian about network structure. In C. Boutilier et M. Goldszmidt, editors, *Proceedings of the 16th Conference on Uncertainty in Artificial Intelligence (UAI-00)*, pages 201–210, SF, CA, June 30– July 3 2000. Morgan Kaufmann Publishers.

[FMR98]   Nir Friedman, Kevin Murphy, et Stuart Russell. Learning the structure of dynamic probabilistic networks. In Gregory F. Cooper et Serafín Moral, editors, *Proceedings of the 14th Conference on Uncertainty in Artificial Intelligence (UAI-98)*, pages 139–147, San Francisco, July 24–26 1998. Morgan Kaufmann.

[Fol00]   P. Foley. Problems in extinction model selection and parameter estimation. *Environmental Management*, 26 :55–73, 2000.

[FR98]   Chris Fraley et Adrian Raftery. How many clusters ? Which clustering method ? Answers via model-based cluster analysis. *The Computer Journal*, 41(8) :578–588, 1998.

[Fri97]   Nir Friedman. Learning belief networks in the presence of missing values and hidden variables. In *Proc. 14th International Conference on Machine Learning*, pages 125–133. Morgan Kaufmann, 1997.

[Fri98]   Nir Friedman. The Bayesian structural EM algorithm. In Gregory Cooper et Serafín Moral, editors, *Proceedings of the 14th Conference on Uncertainty in Artificial Intelligence (UAI-98)*, pages 129–138, San Francisco, July 24–26 1998. Morgan Kaufmann.

[GD04]   Daniel Grossman et Pedro Domingos. Learning Bayesian network classifiers by maximizing conditional likelihood. In *Machine Learning, Proceedings of the Twenty-first International Conference (ICML 2004)*, page (CDRom), 2004.

[Gei92]   Dan Geiger. An entropy-based learning algorithm of Bayesian conditional trees. In *Uncertainty in Artificial Intelligence : Proceedings of the Eighth Conference (UAI-1992)*, pages 92–97, San Mateo, CA, 1992. Morgan Kaufmann Publishers.

[GG84]   S. Geman et D. Geman. Stochastic relaxation, Gibbs distributions, and the Bayesian restoration of images. *IEEE Transactions on Pattern Analysis and Machine Intelligence*, 6(6) :721–741, November 1984.

[GGL04]   S. Gaultier-Gaillard et J.P. Louisot. Diagnostic des risques, identifier, analyser et cartographier les vulnérabilités. Technical report, AFNOR, 2004.

[GGS97]   Russell Greiner, Adam Grove, et Dale Schuurmans. Learning Bayesian nets that perform well. In *Proceedings of the Thirteenth*

Annual Conference on Uncertainty in Artificial Intelligence (UAI–97), pages 198–207, San Francisco, CA, 1997. Morgan Kaufmann Publishers.

[GH96]   Dan Geiger et David Heckerman. Knowledge representation and inference in similarity networks and Bayesian multinets. *Artificial Intelligence*, 82(1–2) :45–74, 1996.

[GL01]   Steven Gillispie et Christiane Lemieux. Enumerating markov equivalence classes of acyclic digraph models. In *Uncertainty in Artificial Intelligence : Proceedings of the Seventeenth Conference (UAI-2001)*, pages 171–177, San Francisco, CA, 2001. Morgan Kaufmann Publishers.

[Gol80]   M. Golumbic. *Algorithmic Graph Theory and Perfect Graphs*. Academic Press, New York, 1980.

[GP90]   D. Geiger et J. Pearl. Logical and algorithmic properties of independence and their application to Bayesian networks. *Annals of Mathematics and AI*, 2(1–4) :165–178, 1990.

[GPP91]   D. Geiger, A. Paz, et J. Pearl. Axioms and algorithms for inferences involving probabilistic independence. *Information and Computation*, 91(1) :128–141, 1991.

[GRS96]   W. R. Gilks, S. Richardson, et D. J. Spiegelhalter. *Markov Chain Monte Carlo in Practice*. Interdisciplinary Statistics. Chapman & Hall, 1996.

[GSSZ05]   Russell Greiner, Xiaoyuan Su, Bin Shen, et Wei Zhou. Structural extension to logistic regression : Discriminative parameter learning of belief net classifiers. *Machine Learning Journal*, 59(3) :297–322, 2005.

[Haa91]   T. C. Haas. A Bayesian belief network advisory system for aspen regeneration. *Forest Science*, 37(2) :627–654, 1991.

[Haa92]   T. C. Haas. A Bayes network model of district ranger decision making. *AI Applications*, 6(3) :72–88, 1992.

[HB95]   E. Horvitz et M. Barry. Display of information for time-critical decision making. In Philippe Besnard et Steve Hanks, editors, *Proceedings of the Eleventh Conference on Uncertainty in Artificial Intelligence*, San Mateo, CA, 1995.

[HBH$^+$98] E. Horvitz, J. Breese, D. Heckerman, D. Hovel, et K. Rommelse. The lumiere project : Bayesian user modeling for inferring the goal and needs of software users. In Gregory F. Cooper et Serafin Moral, editors, *Proceedings of the Fourteenth Conference on Uncertainty in Artificial Intelligence*, pages 362–369. Morgan Kaufmann Publishers, 1998.

[Hec91]   D. E. Heckerman. *Probabilistic Similarity Networks*. MIT Press, Cambridge, MA, 1991.

[Hec98]   David Heckerman. A tutorial on learning with Bayesian network. In Michael I. Jordan, editor, *Learning in Graphical Models*, pages 301–354. Kluwer Academic Publishers, Boston, 1998.

[Hen88]   Max Henrion. Propagating uncertainty in Bayesian networks by probabilistic logic sampling. In John F. Lemmer et Laveen M. Kanal, editors, *Uncertainty in Artificial Intelligence 2*, pages 149–163. Elsevier Science Publishers B. V. (North-Holland), Amsterdam, 1988.

[Hen89]   M. Henrion. Some practical issues in constructing belief networks. In L. N. Kanal, T. S. Levitt, et J. F. Lemmer, editors, *Uncertainty in Artificial Intelligence 3*, volume 8 of *Machine Intelligence and Pattern Recognition*, pages 161–174. North-Holland, Amsterdam, 1989.

[HGC94]   D. Heckerman, D. Geiger, et M. Chickering. Learning Bayesian networks : The combination of knowledge and statistical data. In Ramon Lopez de Mantaras et David Poole, editors, *Proceedings of the 10th Conference on Uncertainty in Artificial Intelligence*, pages 293–301, San Francisco, CA, USA, July 1994. Morgan Kaufmann Publishers.

[HGJ97]   P. Hart, E. Graham, et M. Jamey. Query-free information retrieval. *IEEE Intelligent System*, 1997.

[HGPS02]   William Hsu, Haipeng Guo, Benjamin Perry, et Julie Stilson. A permutation genetic algorithm for variable ordering in learning Bayesian networks from data. In W. Langdon, E. Cantú-Paz, K. Mathias, R. Roy, D. Davis, R. Poli, K. Balakrishnan, V. Honavar, G. Rudolph, J. Wegener, L. Bull, M. A. Potter, A. C. Schultz, J. Miller, E. Burke, et N. Jonoska, editors, *GECCO 2002 : Proceedings of the Genetic and Evolutionary Computation Conference*, pages 383–390, New York, 9-13 July 2002. Morgan Kaufmann Publishers.

[HMC97]   D. Heckerman, C. Meek, et G. Cooper. A Bayesian approach to causal discovery. Technical Report MSR-TR-97-05, Microsoft Research, 1997.

[HSC89]   E. Horvitz, J. Suermondt, et G. Cooper. Bounded conditioning : Flexible inference for decisions under scarce resources. In *Proceedings of the fifth Conference on Uncertainty in Artificial Intelligence*, pages 182–193. North Holland, 1989.

[ISO00]   ISO. *Risk Management terminology : working draft for ISO risk management terminology*. ISO/TMB WG RMT 34, 2000.

[Jen96]   Finn Jensen. *An introduction to Bayesian Networks*. Taylor and Francis, London, United Kingdom, 1996.

[JGJS98]   Michael Jordan, Zoubin Ghahramani, Tommi Jaakkola, et Lawrence Saul. An introduction to variational methods for graphical models. In Michael Jordan, editor, *Learning in Graphical Models*, pages 105–162. Kluwer Academic Publishers, Boston, 1998.

[JJNH91]   R. Jacobs, M. Jordan, S. Nowlan, et G. Hinton. Adaptive mixtures of local experts. *Neural Computation*, 3 :79–87, 1991.

[JKK$^+$]   Finn V. Jensen, Uffe Kjærulff, Brian Kristiansen, Claus Skaanning Helge Langseth, Jiri Vomlel, et Marta Vomlelova. The sacso methodology for troubleshooting complex systems.

[JLO90]   F. Jensen, S. Lauritzen, et K. Olesen. Bayesian updating in causal probabilistic networks by local computations. *Computational Statistics Quarterly*, 4 :269–282, 1990.

[JM00]   L. Jouffe et P. Munteanu. Smart-greedy+ : Apprentissage hybride de réseaux bayésiens. In *Colloque francophone sur l'apprentissage, CAP, St. Etienne*, June 2000.

[JM01]   L. Jouffe et P. Munteanu. New search strategies for learning Bayesian networks. In *Proceedings of Tenth International Symposium on Applied Stochastic Models and Data Analysis, ASMDA, Compiègne*, pages 591–596, June 2001.

[Jor95]   Michael I. Jordan. Why the logistic function ? A tutorial discussion on probabilities and neural networks. Technical Report 9503, Computational Cognitive Science, August 1995.

[Jor98]   M. Jordan. *Learning in Graphical Models*. Kluwer Academic Publishers, Dordecht, The Netherlands, 1998.

[KGV83]   S. Kirkpatrick, C. Gelatt, et M. Vecchi. Optimization by simulated annealing. *Science, Number 4598, 13 May 1983*, 220, 4598 :671–680, 1983.

[KH96]   Hiromitsu Kumamoto et Ernest J. Henley. *Probabilistic Risk Assessment and Management for Engineers and Scientists*. IEEE Press, 1996.

[KHG$^+$99] S. Kuikka, N. Hildén, H. Gislason, S. Hansson, H. Sparholt, et O. Varis. Modeling environmentally driven uncertainties in Baltic cod (Gadus morhua) management by Bayesian influence diagrams. *Canadian Journal of Fisheries and Aquatic Sciences*, 56 :629–641, 1999.

[Kjæ93]   Uffe Kjærulff. Approximation of Bayesian networks through edge removals. Research Report IR-93-2007, Department of Computer Science, Aalborg University, Denmark, August 1993.

[Kjæ94]   Uffe Kjærulff. Reduction of computational complexity in Bayesian networks through removal of weak dependences. In *Proceedings of the Tenth Conference on Uncertainty in Artificial Intelligence*, pages 374–382, San Francisco, California, July 1994. Association for Uncertainty in Artificial Intelligence, Morgan Kaufmann Publishers.

[KP83]   J. H. Kim et J. Pearl. A computational model for combined causal and diagnostic reasoning in inference systems. In *Proceedings IJCAI-83*, pages 190–193, Karlsruhe, Germany, 1983.

[KP99]   E. Keogh et M. Pazzani. Learning augmented Bayesian classifiers : A comparison of distribution-based and classification-based approaches. In *Proceedings of the Seventh International Workshop on Artificial Intelligence and Statistics*, pages 225–230, 1999.

[Kra98]   Paul Krause. Learning probabilistic networks, 1998.

[KSC84]   H. Kiiveri, T. Speed, et J. Carlin. Recursive causal models. *Journal of Australian Math Society*, 36 :30–52, 1984.

[KST82]   D. Kahneman, P. Slovic, et A. Tversky, editors. *Judgement under Uncertainty : Heuristics and Biases*. Cambridge University Press, Cambridge, UK, 1982.

[KZ02]   T. Kocka et N. Zhang. Dimension correction for hierarchical latent class models. In Adnan Darwiche et Nir Friedman, editors, *Proceedings of the 18th Conference on Uncertainty in Artificial Intelligence (UAI-02)*, pages 267–274, S.F., Cal., 2002. Morgan Kaufmann Publishers.

[Lac03]   C. Lacave. *Explanation in causal Bayesian networks. Medical applications*. PhD thesis, Dept. Inteligencia Artificial. UNED, Madrid, Spain, 2003. In Spanish.

[Lau95]   S. Lauritzen. The EM algorithm for graphical association models with missing data. *Computational Statistics and Data Analysis*, 19 :191–201, 1995.

[Lau96]   Steffen Lauritzen. *Graphical models*. Number 17 in Oxford Statistical Science Series. Clarendon Press, Oxford, 1996.

[LB93]   Wai Lam et Fahiem Bacchus. Using causal information and local measures to learn Bayesian networks. In David Heckerman et Abe Mamdani, editors, *Proceedings of the 9th Conference on Uncertainty in Artificial Intelligence*, pages 243–250, San Mateo, CA, USA, July 1993. Morgan Kaufmann Publishers.

[LBP⁺02]   T. Lynam, F. Bousquet, C. Le Page, P. d'Aquino, O. Barreteau, F. Chinembiri, et B. Mombeshora. Adapting science to adaptive managers : spidergrams, belief models, and multi-agent systems modeling. 5(2) :24. *Conservation Ecology*, 5(2) :24, 2002.

[LD02]   C. Lacave et F. J. Díez. A review of explanation methods for Bayesian networks. *Knowledge Engineering Review*, 17 :107–127, 2002.

[Lee00]   D. C. Lee. Assessing land-use impacts on bull trout using Bayesian belief networks. In S. Ferson et M. Burgman, editors, *Quantitative methods for conservation biology*, pages 127–147. Springer, New York., 2000.

[LF04]   P. Leray et O. Francois. Réseaux bayésiens pour la classification – méthodologie et illustration dans le cadre du diagnostic médical. *Revue d'Intelligence Artificielle*, 18/2004 :169–193, 2004.

[LF05]   P. Leray et O. Francois. Bayesian network structural learning and incomplete data. In *Proceedings of the International and Interdisciplinary Conference on Adaptive Knowledge Representation and Reasoning (AKRR 2005)*, pages 33–40, Espoo, Finland, 2005.

[LIT92]   Pat Langley, Wayne Iba, et Kevin Thompson. An analysis of Bayesian classifiers. In *Proceedings of the Tenth National Conference on Artificial Intelligence*, pages 223–228, San Jose, CA, 1992. AAAI Press.

[LKMY96]   P. Larrañaga, C. Kuijpers, R. Murga, et Y. Yurramendi. Learning Bayesian network structures by searching the best order ordering with genetic algorithms. *IEEE Transactions on System, Man and Cybernetics*, 26 :487–493, 1996.

[LP01]   André Lannoy et Henry Procaccia. *L'utilisation du jugement d'expert en sûreté de fonctionnement*. Lavoisier, 2001.

[LR97]   D. C. Lee et B. E. Rieman. Population viability assessment of salmonids by using probabilistic networks. *No. Amer. J. Fish. Manage.*, 17 :1144–1157, 1997.

[LRS04]   Evelina Lamma, Fabrizio Riguzzi, et Sergio Storari. Exploiting association and correlation rules - parameters for improving the k2 algorithm. In Ramon López de Mántaras et Lorenza Saitta, editors, *Proceedings of the 16th Eureopean Conference on Artificial Intelligence, ECAI'2004*, pages 500–504. IOS Press, 2004.

[LS88]   Steffen Lauritzen et David Spiegelhalter. Local computations with probabilities on graphical structures and their application to expert systems. *Journal of the Royal Statistical Society, Series B*, 50(2) :157–224, 1988.

[Mac03]   David MacKay. *Information Theory, Inference and Learning Algorithms*. Cambridge University Press, 2003.

[Mal91]   F. M. Malvestuto. A unique formal system for binary decompositions of database relations, probability distributions, and graphs. *Information Science*, 1991.

[Mar05]   B. G. Marcot. Meeting with Southern Oregon Mardon Skipper Team. Technical report, USDA ForestService, 2005. En cours.

[Mar06a]   B. G. Marcot. Characterizing species at risk I : modeling rare species under the northwest forest plan. *Ecology and Society (online)*, 2006.

[Mar06b]   B. G. Marcot. Habitat modeling for biodiversity conservation. *Northwestern Naturalist*, 87(1) :56–65, 2006.

[MB02]   P. Munteanu et M. Bendou. The EQ framework for learning equivalence classes of Bayesian networks. In *First IEEE International Conference on Data Mining (IEEE ICDM)*, pages 417–424, San José, November 2002.

[Mee97]   C. Meek. *Graphical Models : Selecting causal and statistical models*. PhD thesis, Carnegie Mellon University, 1997.

[MHR$^+$01]   B. G. Marcot, R. S. Holthausen, M. G. Raphael, M. M. Rowland, et M. J. Wisdom. Using Bayesian belief networks to evaluate fish and wildlife population viability under land management alternatives from an environmental impact statement. *Forest Ecology and Management*, 153(1-3) :29–42, 2001.

[MLM06]   S. Meganck, P. Leray, et B. Manderick. Learning causal Bayesian networks from observations and experiments : A decision theoritic approach. In *Proceedings of the Third International Conference, MDAI 2006*, volume 3885 of *Lecture Notes in Artificial Intelligence*, pages 58–69, Tarragona, Spain, 2006. Springer.

[MLM07]   S. Maes, P. Leray, et S. Meganck. Causal graphical models with latent variables : learning and inference. In Dawn E. Holmes et Lakhmi Jain, editors, *Innovations in Bayesian Networks : Theory and Applications*, Germany, 38 pages, 2007. Springer.

[MMBE06]   R. S. McNay, B. G. Marcot, V. Brumovsky, et R. Ellis. A Bayesian approach to evaluating habitat suitability for woodland caribou in north-central British Columbia. *Canadian Journal of Forest Research*, 2006. En révision.

[MML07]   S. Maes, S. Meganck, et P. Leray. An integral approach to causal inference with latent variables. In Federica Russo et Jon Williamson, editors, *Causality and Probability in the Sciences*. Texts In Philosophy series, London College Publications, 23 pages, 2007.

[MMLM06] S. Meganck, S. Maes, P. Leray, et B. Manderick. Learning semi-markovian causal models using experiments. In *The third European Workshop on Probabilistic Graphical Models PGM'06*, pages ?–?, Prague, Czech Republic, 2006.

[MP00] G. A. Mendoza et R. Prabhu. Development of a methodology for selecting criteria and indicators of sustainable forest management : a case study on participatory assessment. *Environmental Management*, 26 :659–673, 2000.

[MRR+53] N. Metropolis, A. W. Rosenbluth, M. N. Rosenbluth, A. H. Teller, et E. Teller. Equation of state calculations by fast computing machines. *Journal of Chemical Physics*, 21 :1087–1092, 1953.

[MRY+93] D. Madigan, A. Raftery, J. York, J. Bradshaw, et R. Almond. Strategies for graphical model selection. In P. Cheeseman et R. Oldford, editors, *Selecting Models from Data : Artificial Intelligence and Statistics IV*, pages 91–100. Springer, 1993.

[MS97] C. C. Mera et C. Singh. A sequential Monte Carlo simulation model for composite power system reliability evaluation. In *Proceedings of PMAPS '97*, 1997.

[Mur02] K. Murphy. *Dynamic Bayesian Networks : Representation, Inference and Learning*. PhD thesis, University of california, Berkeley, 2002.

[MV95] J. Martin et K. Vanlehn. Discrete factor analysis : Learning hidden variables in Bayesian network. Technical report, Department of Computer Science, University of Pittsburgh, 1995.

[MW01] Kevin Murphy et Yair Weiss. The factored frontier algorithm for approximate inference in DBNs. In Jack Breese et Daphne Koller, editors, *Proceedings of the Seventeenth Conference on Uncertainty in Artificial Intelligence (UAI- 01)*, pages 378–385, San Francisco, CA, August 2–5 2001. Morgan Kaufmann Publishers.

[Nea93] Radford Neal. Probabilistic inference using Markov chain Monte Carlo methods. Technical Report CRG-TR-93-1, Department of Computer Science, University of Toronto, September 1993.

[New94] J. D. Newberry. Scientific opinion, not process. *Journal of Forestry*, 92(4) :44, 1994.

[NH98] Radford Neal et Geoffrey Hinton. A view of the EM algorithm that justifies incremental, sparse and other variants. In Michael Jordan, editor, *Learning in Graphical Models*, pages 355–368. Kluwer Academic Publishers, Boston, 1998.

[NJ02]   A. Y. Ng et M. I. Jordan. On discriminative vs. generative classifiers : A comparison of logistic regression and naive bayes. In T. G. Dietterich, S. Becker, et Z. Ghahramani, editors, *Advances in Neural Information Processing Systems 14*, pages 841–848, Cambridge, MA, 2002. MIT Press.

[NMS06]   J. B. Nyberg, B. G. Marcot, et R. Sulyma. Using Bayesian belief networks in adaptive management. *Canadian Journal of Forest Research*, 2006. En presse.

[Now91]   S. Nowlan. *Soft competitive adaptation : Neural Network Learning Algorithms based on Fitting Statistical Mixtures*. PhD thesis, Carnegie Mellon Univ., Pittsburgh, 1991.

[ODW01]   Agnieszka Onisko, Marek Druzdzel, et Hanna Wasyluk. Learning Bayesian network parameters from small data sets : Application of noisy-or gates. *International Journal of Approximate Reasoning*, 27(2) :165–182, 2001.

[O'L05]   J. O'Laughlin. Policies for risk assessment in federal land and resource management decisions. *Forest Ecology and Management*, 211(1-2) :15–27, 2005.

[Oni02]   A. Oniśko. *Probabilistic Causal Models in Medicine : Application to Diagnosis of Liver Disorders*. PhD thesis, Institute of Computer Science, Białystok University of Technology, Białystok, Poland, 2002.

[PB99]   Gilles Pagès et Claude Bouzitat. *En passant par hasard... Les probabilités de tous les jours*. Vuibert, 1999.

[PDG$^+$02]   S. Populaire, T. Den$\frac{1}{2}$ux, A. Guilikeng, P. Gineste, et J. Blanc. Fusion of expert knowledge with data using belief functions : a case study in wastewater treatment. In *Proceedings of the 5th International Conference on Information Fusion, IF 2002*, pages 1613 – 1618, 2002.

[Pea86]   J. Pearl. Fusion, propagation, and structuring in belief networks. *Artificial Intelligence*, 29 :241–288, 1986.

[Pea87a]   J. Pearl. Bayes decision methods. In *Encyclopedia of AI*, pages 48–56. Wiley Interscience, New York, 1987.

[Pea87b]   J. Pearl. Evidential reasoning using stochastic simulation of causal models. *Artificial Intelligence*, 32(2) :245–258, 1987.

[Pea88a]   J. Pearl. *Probabilistic Reasoning in Intelligent Systems*. Morgan Kaufmann, San Mateo, CA, 1988.

[Pea88b]   J. Pearl. *Probabilistic Reasoning in Intelligent Systems : Networks of Plausible Inference*. Morgan Kaufmann, San Mateo, CA, 1988. Revised second printing, 1991.

[Pea99]   J. Pearl. Reasoning with cause and effect. In *Proceedings of the International Joint Conference on Artificial Intelligence*, pages 1437–1449, San Francisco, 1999. Morgan Kaufmann.

[Pea00]   Judea Pearl. *Causality : Models, Reasoning, and Inference*. Cambridge University Press, Cambridge, England, 2000.

[Pea01]   J. Pearl. *Causality*. Cambridge University Press, 2001.

[PLL00]   J. Peña, J. Lozano, et P. Larrañaga. An improved Bayesian structural EM algorithm for learning Bayesian networks for clustering. *Pattern Recognition Letters*, 21 :779–786, 2000.

[PPMH94]   Malcolm Pradhan, Gregory Provan, Blackford Middleton, et Max Henrion. Knowledge engineering for large belief networks. In *Proceedings of the Tenth Annual Conference on Uncertainty in Artificial Intelligence (UAI–94)*, pages 484–490, San Francisco, CA, 1994. Morgan Kaufmann Publishers.

[PPSP01]   Jean Pompée, Olivier Pourret, Yves Schlumberger, et Michel De Pasquale. A probabilistic improvement in defining operating rules against voltage collapse. In *Proceedings of Bulk Power Systems Dynamics and Control V*, Onomichi, Japon, 2001.

[PPSP02]   Jean Pompée, Olivier Pourret, Yves Schlumberger, et Michel De Pasquale. Calculation and use of system state probabilities using Bayesian belief networks. In *Proceedings of PMAPS 2002*, Naples, Italie, 2002.

[PV91]   Judea Pearl et Tom Verma. A theory of inferred causation. In James Allen, Richard Fikes, et Erik Sandewall, editors, *KR'91 : Principles of Knowledge Representation and Reasoning*, pages 441–452, San Mateo, California, 1991. Morgan Kaufmann.

[RD03]   M. Richardson et P. Domingos. Learning with knowledge from multiple experts. In *Proceedings of the Twentieth International Conference on Machine Learning (ICML 2003)*, pages 624–631, Washington, DC, 2003. Morgan Kaufmann.

[Rec99]   K. H. Reckhow. Water quality prediction and probability network models. *Canadian Journal of Fisheries and Aquatic Sciences*, 56 :1150–1158, 1999.

[Ren01a]   S. Renooij. Probability elicitation for belief networks : Issues to consider. *Knowledge Engineering Review*, 16(3) :255–269, 2001.

[Ren01b]   S. Renooij. *Qualitative Approaches to Quantifying Probabilistic Networks*. PhD thesis, Institute for Information and Computing Sciences, Utrecht University, The Netherlands, 2001.

[Ris78]   J. Rissanen. Modelling by shortest data description. *Automatica*, 14 :465–471, 1978.

[RJJ+03]   M. M. Rowland, Wisdom M. J., D. H. Johnson, B. C. Wales, J. P. Copeland, et F. B. Edelmann. Evaluation of landscape models for wolverines in the interior northwest, United States of America. *J. Mamm.*, 84(1) :92–105, 2003.

[RKSN01]   S. Rozakis, L. Kallivroussis, P. G. Soldatos, et I. Nicolaou. Multiple criteria analysis of bio-energy projects : evaluation of bio-electricity production in Farsala Plain, Greece. *Journal of Geographic Information and Decision Analysis*, 5(1) :48–64, 2001.

[Rob77]   R. Robinson. Counting unlabeled acyclic digraphs. In C. Little, editor, *Combinatorial Mathematics V*, volume 622 of *Lecture Notes in Mathematics*, pages 28–43, Berlin, 1977. Springer.

[Rob94]   Christian Robert. *The Bayesian Choice : a decision-theoretic motivation*. Springer, New York, 1994.

[RS97]   M. Ramoni et P. Sebastiani. Learning Bayesian networks from incomplete databases. In D. Geiger et P. P. Shenoy, editors, *Proceedings of the Thirteenth Conference Uncertainty in artificial intelligence*, pages 401–408, Brown University, Providence, Rhode Island, USA, 1997. Morgan Kaufmann Publishers, San Francisco CA.

[RS98]   Marco Ramoni et Paola Sebastiani. Parameter estimation in Bayesian networks from incomplete databases. *Intelligent Data Analysis*, 2(1-4) :139–160, 1998.

[RS00]   Marco Ramoni et Paola Sebastiani. Robust learning with missing data. *Machine Learning*, 45 :147–170, 2000.

[RS02]   T. Richardson et P. Spirtes. Ancestral graph markov models. Technical Report 375, Dept. of Statistics, University of Washington, 2002.

[Rub76]   D. B. Rubin. Inference and missing data. *Biometrika*, 63 :581–592, 1976.

[RW99]   S. Renooij et C. Witteman. Talking probabilities : communicating probabilistic information with words and numbers, 1999.

[RWR+01]   M. G. Raphael, M. J. Wisdom, M. M. Rowland, R. S. Holthausen, B. C. Wales, B. G. Marcot, et T. D. Rich. Status and trends of habitats of terrestrial vertebrates in relation to land management in the interior Columbia river basin. *Forest Ecology and Management*, 153(1–3) :63–87, 2001.

[Sak84]   M. Sakarovitch. *Optimisation Combinatoire – Méthodes Mathématiques et Algorithmiques : Graphes et Programmation Linéaire*. Hermann, Paris, 1984.

[SC91]   H. J. Suermondt et G. F. Cooper. Initialization for the method of conditioning in Bayesian belief networks. *Artificial Intelligence*, 42(2–3) :393–405, 1991.

[Sch78]   G. Schwartz. Estimating the dimension of a model. *The Annals of Statistics*, 6(2) :461–464, 1978.

[SCR00]   J. T. Schnute, A. Cass, et L. J. Richards. A Bayesian decision analysis to set escapement goals for Fraser river sockeye salmon (Oncorhynchus nerka). *Canadian Journal of Fisheries and Aquatic Sciences*, 57 :962–979, 2000.

[SGC02]   J. Sacha, L. Goodenday, et K. Cios. Bayesian learning for cardiac spect image interpretation. *Artificial Intelligence in Medecine*, 26 :109–143, 2002.

[SGS93]   Peter Spirtes, Clark Glymour, et Richard Scheines. *Causation, prediction, and search.* Springer-Verlag, 1993.

[SGS00]   Peter Spirtes, Clark Glymour, et Richard Scheines. *Causation, Prediction, and Search.* The MIT Press, 2 edition, 2000.

[Shi00]   Bill Shipley. *Cause and Correlation in Biology.* Cambridge University Press, 2000.

[SL90]   D. Spiegelhalter et S. Lauritzen. Sequential updating of conditional probabilities on directed graphical structures. *Networks*, 20 :579–605, 1990.

[Sme00]   P. Smets. Data fusion in the transferable belief model. In *Proceedings of FUSION'2000*, pages 21–33, Paris, France, 2000.

[Smi89]   J. Q. Smith. Influence diagrams for statistical modeling. *Annals of Statistics*, 17(2) :564–572, 1989.

[SMR95]   Peter Spirtes, Christopher Meek, et Thomas Richardson. Causal inference in the presence of latent variables and selection bias. In Philippe Besnard et Steve Hanks, editors, *UAI '95 : Proceedings of the Eleventh Annual Conference on Uncertainty in Artificial Intelligence, August 18-20, 1995, Montreal, Quebec, Canada*, pages 499–506. Morgan Kaufmann, 1995.

[SOB01]   A. Stewart-Oaten et J. R. Bence. Temporal and spatial variation in environmental impact assessment. *Ecological Monographs*, 71(2) :305–339, 2001.

[SPP02]   Yves Schlumberger, Jean Pompée, et Michel De Pasquale. Updating operating rules against voltage collapse using new probabilistic techniques. In *Proceedings of IEEE PES 2002*, Yokohama, Japon, 2002.

[Sri93]   Sampath Srinivas. A generalization of the noisy-or model. In David Heckerman et Abe Mamdani, editors, *Proceedings of the 9th Conference on Uncertainty in Artificial Intelligence*, pages 208–218, San Mateo, CA, USA, July 1993. Morgan Kaufmann Publishers.

[SS05]   R. N. Sampson et R. W. Sampson. Application of hazard and risk analysis at the project level to assess ecologic impact. *Forest Ecology and Management*, 211(1-2) :109–116, 2005.

[SSA06]   J. D. Steventon, G. D. Sutherland, et P. Arcese. A population-viability based risk assessment of marbled murrelet nesting habitat policy in British Columbia (in revision). *Canadian Journal of Forest Research*, 2006.

[Stu92]   M. Studený. Conditional independence relations have no complete characterization. In *Proceedings of 11-th Prague Conference on Information Theory, Statistical Decision Foundation and Random Processes*, pages 377–396, Czech, 1992.

[Stu97]   M. Studený. Semigraphoids and structures of probabilistic conditional independence. *Annals of Mathematics and Artificial Intelligence*, 21(1) :71–98, 1997.

[Suz99]   Joe Suzuki. Learning Bayesian belief networks based on the MDL principle : An efficient algorithm using the branch and bound technique. *IEICE Transactions on Information and Systems*, E82-D(2) :356–367, 1999.

[SV93]   Moninder Singh et Marco Valtorta. An algorithm for the construction of Bayesian network structures from data. In David Heckerman et E. H. Mamdani, editors, *Proceedings of the Ninth Annual Conference on Uncertainty in Artificial Intelligence UAI 93*, pages 259–265. Morgan Kaufmann, 1993.

[TAGB06]   Franco Taroni, Colin Aitken, Paolo Garbolino, et Alex Biedermann. *Bayesian Networks And Probabilistic Inference in Forensic Science*. Wiley, 2006.

[TK01]   Simon Tong et Daphne Koller. Active learning for structure in Bayesian networks. In *Proceedings of the Seventeenth International Joint Conference on Artificial Intelligence, IJCAI 2001*, pages 863–869. Morgan Kaufmann, 2001.

[TMH01]   Bo Thiesson, Christopher Meek, et David Heckerman. Accelerating EM for large databases. *Machine Learning*, 45(3) :279–299, 2001.

[TP02]   Jin Tian et Judea Pearl. On the testable implications of causal models with hidden variables. In *UAI '02, Proceedings of the 18th Conference in Uncertainty in Artificial Intelligence*, pages 519–527, 2002.

[TP03]   Jin Tian et Judea Pearl. In the identification of causal effects. Technical Report R-290-L, UCLA, 2003.

[TSG92]   Andrew Thomas, David J. Spiegelhalter, et Wally R. Gilks. BUGS : A program to perform Bayesian inference using Gibbs sampling. In J. M. Bernardo, J. O. Berger, A. P. Dawid, et Adrian F. M. Smith, editors, *Bayesian Statistics 4*, pages 837–842, Oxford, UK, 1992. Oxford University Press.

[UPK⁺97] K. Uhlen, A. Petterteig, G. H. Kjolle, A. T. Holen, G. G. Lovas, et M. Meisingset. On-line security assessment and control - probabilistic vs. deterministic operational criteria. *IEEE Workshop, Palo Alto, 1997*, 1997.

[Var97] O. Varis. Bayesian decision analysis for environmental and resource management. *Environmental Modelling and Software*, 12 :177–185, 1997.

[VP88] T. Verma et J. Pearl. Causal networks : Semantics and expressiveness. In *Proceedings of the Fourth Workshop on Uncertainty in Artificial Intelligence*, pages 352–359. Association for Uncertainty in Artificial Intelligence, 1988.

[VP91] T. Verma et J. Pearl. Equivalence and synthesis of causal models. In M. Henrion, R. Shachter, L. Kanal, et J. Lemmer, editors, *Proceedings of the Sixth Conference on Uncertainty in Artificial Intelligence*, pages 220–227, San Francisco, 1991. Morgan Kaufmann.

[vRW⁺02] L. van der Gaag, S. Renooij, C. Witteman, B. Aleman, et B. Taal. Probabilities for a probabilistic network : a case study in oesophageal cancer. *Artificial Intelligence in Medicine*, 25(2) :123–148, june 2002.

[vvT03] S. van Dijk, L. van der Gaag, et D. Thierens. A skeleton-based approach to learning Bayesian networks from data. In *Proceedings of the Seventh Conference on Principles and Practice of Knowledge Discovery in Databases*. Kluwer, 2003.

[Wad00] P. R. Wade. Bayesian methods in conservation biology. *Conservation Biology*, 14(5) :1308–1316, 2000.

[Wal04] A. Walton. *Application of Bayesian networks to large-scale predictive ecosystem mapping. M. S. Thesis.* PhD thesis, University of Northern British Columbia, 2004.

[Wel90] M. P. Wellman. Fundamental concepts of qualitative probabilistic networks. *Artificial Intelligence*, 44 :257–303, 1990.

[Whi90] J. Whittaker. *Graphical Models in Applied Multivariate Statistics*. John Wiley, Chichester, England, 1990.

[Wil94] N. Wilson. Generating graphoids from generalized conditional probability. In R. Lopez de Mantaras et D. Poole, editors, *Proceedings of the Tenth Conference on Uncertainty in Artificial Intelligence*, pages 583–590, San Francisco, CA, 1994. Morgan Kaufmann.

[Wil05]   Jon Williamson. *Bayesian Nets And Causality : Philosophical And Computational Foundations*. Oxford University Press, 2005.

[WLL04]   Man Leung Wong, Shing Yan Lee, et Kwong Sak Leung. Data mining of Bayesian networks using cooperative coevolution. *Decision Support Systems*, 38(3) :451–472, 2004.

[WM06]   A. Walton et D. Meidinger. Capturing expert knowledge for ecosystem mapping using Bayesian networks (sous presse). *Canadian Journal of Forest Research*, 2006.

[WRW$^+$02]   M. J. Wisdom, M. M. Rowland, B. C. Wales, M. A. Hemstrom, W. J. Hann, M. G. Raphael, R. S. Holthausen, R. A. Gravenmier, et T. D. Rich. Modeled effects of sagebrush-steppe restoration on Greater sage-grouse in the interior Columbia Basin, U.S.A. *Conservation Biology*, 16(5) :1223–1231, 2002.

[WWR$^+$02]   M. J. Wisdom, B. C. Wales, M. M. Rowland, M. G. Raphael, R. S. Holthausen, T. D. Rich, et V. A. Saab. Performance of Greater sage-grouse models for conservation assessment in the interior Columbia basin, u.s.a. *Conservation Biology*, 16(5) :1232–1242, 2002.

[YNH99]   D. C. Yu, T. C. Nguyen, et P. Haddawy. Bayesian network model for reliability assessment of power systems. *IEEE Transactions on Power Systems*, 14(2), 1999.

[Yor92]   Jeremy York. Use of the Gibbs sampler in expert systems. *Artificial Intelligence*, 56 :115–130, 1992.

[Zha02]   N. Zhang. Hierarchical latent class models for cluster analysis. In *Proceedings of AAAI'02*, pages 230–237, 2002.

[Zha03]   N. Zhang. Structural EM for hierarchical latent class model. Technical report, HKUST-CS03-06, 2003.

[Zha06]   Jiji Zhang. *Causal Inference and Reasoning in Causally Insufficient Systems*. PhD thesis, Carnegie Mellon University, July 2006.

[ZNJ04]   N. Zhang, T. Nielsen, et F. Jensen. Latent variable discovery in classification models. *Artificial Intelligence in Medicine*, 30(3) :283–299, 2004.

[ZS05a]   J. Zhang et P. Spirtes. A characterization of markov equivalence classes for ancestral graphical models. Technical Report 168, Dept. of Philosophy, Carnegie-Mellon University, 2005.

[ZS05b]   J. Zhang et P. Spirtes. A transformational characterization of markov equivalence for directed acyclic graphs with latent variables. In *Proc. of the 21st Conference on Uncertainty in Artificial Intelligence (UAI)*, pages 667–674, 2005.

Liste des tables

Index